高等学校"十一五"精品规划教材

测 量 学

主　编　张剑锋　邵黎霞

副主编　刘干斌　叶　明

中国水利水电出版社
www.waterpub.com.cn

内 容 提 要

　　本书为高等学校"十一五"精品规划教材之一。主要内容有：绪论，水准测量，角度测量，距离测量与直线定向，测量误差的基本知识，控制测量，地形图的基本知识，地形图的应用，大比例尺地形图测绘，测设的基本工作，工业与民用建筑中的施工测量，线路测量，全站型电子速测仪，GPS全球定位系统简介，以及实验、实习指导书。本书主要特色为强调新设备、新技术的应用，结合现有的标准、规范，以达到理论与实践的紧密联系。

　　本书可作为土木工程、建筑学、城市规划、给排水、房地产经营与管理以及测绘工程等专业的测量学课程教材，也可作为土建工程技术人员的继续教育教材。

图书在版编目（CIP）数据

测量学 / 张剑锋，邵黎霞主编 . —北京：中国水利水电出版社，2009（2021.7 重印）
　高等学校"十一五"精品规划教材
　ISBN 978 - 7 - 5084 - 6170 - 0

Ⅰ . 测… Ⅱ . ①张…②邵… Ⅲ . 测量学-高等学校-教材　Ⅳ . P2

中国版本图书馆 CIP 数据核字（2008）第 204593 号

书　　名	高等学校"十一五"精品规划教材 **测量学**
作　　者	主编　张剑锋　邵黎霞
出版发行	中国水利水电出版社 （北京市海淀区玉渊潭南路 1 号 D 座　100038） 网址：www. waterpub. com. cn E - mail：sales@ waterpub. com. cn 电话：(010) 68367658（营销中心）
经　　售	北京科水图书销售中心（零售） 电话：(010) 88383994、63202643、68545874 全国各地新华书店和相关出版物销售网点
排　　版	中国水利水电出版社微机排版中心
印　　刷	北京瑞斯通印务发展有限公司
规　　格	184mm×260mm　16 开本　21.5 印张　510 千字
版　　次	2009 年 1 月第 1 版　2021 年 7 月第 6 次印刷
印　　数	16001—18000 册
定　　价	**49.00 元**

重印说明

  本教材经过近几年的使用，得到了相关专业广大师生及同行的认可及喜爱，在此表示诚挚的谢意。值此重印之际，作者对原书中的疏漏、错误等不足之处作了认真的修正。

  由于编者水平有限，书中还会存在不足之处，恳请广大读者和专家批评指正。相信经过不断地总结提高，会使本教材日臻完善。

作 者

2011 年 6 月

前　言

　　1999 年 1 月 1 日颁布实施的《中华人民共和国高等教育法》规定："高等教育的任务是培养具有创新精神和实践能力的高级专门人才。"实践能力一般是指综合应用专业技术知识完成某项任务的能力，衡量其强弱的标准是完成任务的质量和效率。测量学作为土建类专业一门重要的专业基础课程，培养学生工程实践能力主要体现在测、算、绘三个方面。正如宁津生院士在各种学术会议上多次强调的：测绘学科是受新技术影响最大的传统学科之一，3S 技术——GPS（全球定位系统）、GIS（地理信息系统）和 RS（遥感系统）的不断发展、成熟与应用的日益普及，赋予了测量学传统教学内容测、算、绘崭新的诠释。在 21 世纪，如果不将测绘新技术，尤其是市场上已经非常成熟的新技术引入到测量学课程的教学中，是很难让工程界信服我们高等学校培养的学生具有较强的实践能力。

　　本书编写的基本思路是：顺应高等教育改革的形势，不但要满足土木工程专业测量教学的需要，而且应适应宽口径、复合型人才培养的需要；注重学生基本素质、基本能力的培养，据此本书各部分的内容组织分为基本知识技能培养、知识技能拓宽与提高两个层次；综合考虑教学需求多样性的要求，内容具有多层次、系统而全面的特点；在总结已有教学经验的基础上，把握好技术发展与教学需要的关系，在体系和内容上争取达到先进性和实用性兼备的要求。

　　本书由张剑锋、邵黎霞担任主编并统稿，刘干斌和叶明任副主编。各章编写分工如下：张剑锋编写第一～四章和第十～十三章及第十四章的第一～四节以及实验、实习指导书。邵黎霞编写第五章，刘干斌编写第六章，叶明编写第七～九章，戴文琰编写第十四章的第五～七节。感谢蔡泽伟、劳晓荔、邹逸江、乐瑞君、陈瑶峰、樊斐、高峰、葛笑扬、李斯琦、卢利萍、庞文斌、邢园俊、杨玲巍、张雪梅、章喆懿等给予的帮助。

　　本书适用于土木工程专业各方向和建筑学、城市规划、给排水、房地产经营与管理以及测绘工程等专业作为测量学课程教材。也可用于土建工程技术人员的继续教育教材。

　　由于编者水平有限，书中存在不足之处，有待不断总结经验和提高，同时恳请有关读者和专家批评指正。

编　者

2008 年 11 月

目 录

重印说明

前言

第一章 绪论 ··· 1

    第一节 测量学概述 ····································· 1

    第二节 国内外测量学发展概况 ························· 2

    第三节 地面点位的确定及坐标系统 ····················· 4

    第四节 水平面代替水准面的限度 ······················· 9

    第五节 测量工作的原则和程序 ························· 11

    思考题与习题 ··· 13

第二章 水准测量 ··· 14

    第一节 水准测量原理 ································· 14

    第二节 水准测量的仪器和工具 ························· 17

    第三节 自动安平水准仪的原理 ························· 20

    第四节 水准仪的使用 ································· 21

    第五节 水准测量的外业 ······························· 23

    第六节 水准测量的内业 ······························· 28

    第七节 自动安平水准仪的检验与校正 ··················· 31

    第八节 微倾式水准仪 ································· 32

    第九节 水准测量的误差分析 ··························· 36

    第十节 其他水准测量工具简介 ························· 39

    思考题与习题 ··· 41

第三章 角度测量 ··· 43

    第一节 水平角测量原理 ······························· 43

    第二节 电子经纬仪 ····································· 43

    第三节 水平角观测 ····································· 49

    第四节 竖直角观测 ····································· 54

    第五节 电子经纬仪的检验和校正 ······················· 56

    第六节 水平角测量的误差 ····························· 62

    第七节 光学经纬仪简介 ······························· 65

    思考题与习题 ··· 70

第四章 距离测量与直线定向 ······························· 72

    第一节 钢尺量距的方法 ······························· 72

第二节　钢尺的检定 ……………………………………………………………… 76

第三节　钢尺量距误差分析 ………………………………………………………… 76

第四节　视距测量 ………………………………………………………………… 78

第五节　光电测距 ………………………………………………………………… 81

第六节　直线定向 ………………………………………………………………… 84

第七节　罗盘仪测定磁方位角 …………………………………………………… 87

第八节　陀螺经纬仪测定真方位角 ……………………………………………… 90

思考题与习题 ……………………………………………………………………… 91

第五章　测量误差的基本知识 …………………………………………………… 93

第一节　概述 ……………………………………………………………………… 93

第二节　衡量精度的指标 ………………………………………………………… 96

第三节　等精度观测值的最可靠值 ……………………………………………… 100

第四节　误差传播定律 …………………………………………………………… 102

第五节　不等精度观测的最可靠值及中误差 …………………………………… 106

思考题与习题 ……………………………………………………………………… 109

第六章　控制测量 ………………………………………………………………… 110

第一节　概述 ……………………………………………………………………… 110

第二节　导线测量 ………………………………………………………………… 112

第三节　小三角测量 ……………………………………………………………… 123

第四节　交会定点 ………………………………………………………………… 130

第五节　三、四等水准测量 ……………………………………………………… 133

第六节　三角高程测量 …………………………………………………………… 136

思考题与习题 ……………………………………………………………………… 139

第七章　地形图的基本知识 ……………………………………………………… 141

第一节　概述 ……………………………………………………………………… 141

第二节　国家基本比例尺地形图 ………………………………………………… 143

第三节　国家基本比例尺地形图的分幅和编号 ………………………………… 145

第四节　地形图辅助要素 ………………………………………………………… 149

第五节　地物的表示 ……………………………………………………………… 151

第六节　地貌的表示 ……………………………………………………………… 156

第七节　地籍图的基本知识 ……………………………………………………… 160

思考题与习题 ……………………………………………………………………… 162

第八章　地形图的应用 …………………………………………………………… 163

第一节　地形图判读 ……………………………………………………………… 163

第二节　地形图的基本应用 ……………………………………………………… 169

第三节　地形图在规划设计中的应用 …………………………………………… 177

第四节　地形图在平整土地中的应用 …………………………………………… 179

第五节　地形图在城市规划中的应用 …………………………………………… 183

第六节　地形图的野外应用 ·· 185

思考题与习题 ·· 189

第九章　大比例尺地形图测绘 ·· 190

第一节　大比例尺地形图的传统测绘方法 ························· 190

第二节　大比例尺地形图的数字化测图方法 ····················· 195

第三节　地形图的绘制 ·· 197

第四节　地籍测量简介 ·· 199

第五节　航空摄影测量简介 ·· 203

第六节　"3S"技术简介 ··· 207

思考题与习题 ·· 210

第十章　测设的基本工作 ·· 212

第一节　水平距离、水平角和高程的测设 ························· 212

第二节　点的平面位置的测设 ·· 216

第三节　已知坡度直线的测设 ·· 221

第四节　圆曲线测设 ·· 222

思考题与习题 ·· 227

第十一章　建筑施工测量 ·· 228

第一节　概述 ·· 228

第二节　建筑场地上的施工控制测量 ·································· 230

第三节　建筑施工中建筑物的测量工作 ······························ 234

第四节　高层建筑物施工测量 ·· 238

第五节　建筑物的变形观测 ·· 241

第六节　竣工总平面图的编绘 ·· 247

思考题与习题 ·· 249

第十二章　线路测量 ··· 251

第一节　线路测量的基本要求 ·· 251

第二节　铁路、公路测量 ·· 252

第三节　架空索道测量 ·· 255

第四节　自流和压力管线测量 ·· 256

第五节　架空送电线路测量 ·· 258

第十三章　全站型电子速测仪 ··· 261

第一节　概述 ·· 261

第二节　全站仪结构及原理 ·· 262

第三节　全站仪测量功能 ·· 263

第四节　全站仪的使用方法 ·· 267

第五节　全站仪的检校 ·· 276

第六节　误差分析 ··· 279

第十四章　GPS 全球定位系统简介 ·· 283

第一节　概述 ··· 283

第二节　GPS 全球定位系统的组成 ·· 285

第三节　GPS 坐标系统 ··· 288

第四节　GPS 定位的基本原理 ··· 289

第五节　GPS 的外业测量 ··· 294

第六节　GPS 的内业工作 ··· 300

第七节　误差分析 ··· 302

实 验、实 习 指 导 书

第一部分　测量实验指导书 ·· 305

实验一　水准仪的使用和水准测量 ·· 305

〔一〕自动安平水准仪的使用和水准测量 ·································· 305

〔二〕微倾式水准仪的使用 ··· 307

实验二　水准仪的检验和校正 ··· 308

实验三　经纬仪的使用和水平角测量 ·· 309

〔一〕经纬仪的使用 ··· 309

〔二〕水平角测量 ··· 313

实验四　竖直角测量 ·· 314

实验五　电子经纬仪的检验与校正 ··· 315

实验六　视距测量 ·· 320

实验七　距离丈量与磁方位角的测定 ·· 321

〔一〕距离丈量（钢尺量距） ·· 321

〔二〕磁方位角的测定 ··· 322

实验八　经纬仪配合小平板仪测绘地形 ······································ 322

实验九　测设水平角、水平距离和已知高程 ································· 324

实验十　全站仪的使用 ··· 326

实验十一　GPS 的使用 ··· 326

第二部分　测量实习指导书 ·· 330

参考文献 ··· 334

第一章 绪 论

第一节 测 量 学 概 述

一、测量学的内容

测量学是研究地球及其表面各种形态的学科，主要任务是测定地球表面的点位和几何形状，并绘制成图，以及测定和研究地球的形状和大小。测量学的内容包括测定和测设两个部分。测定是指使用测量仪器和工具，通过测量和计算，得到一系列测量数据，或把地球表面的地形缩绘成地形图，供经济建设、规划设计、科学研究和国防建设使用；测设是指把图纸上规划设计好的建筑物的位置在地面上标定出来，作为施工的依据。

测绘是测量和绘图的简称。测量是用水准仪、经纬仪等仪器测出某一地区的地形和地貌；绘图是将测量取得的成果按照一定的比例画到图纸上的过程。

二、测量学的分类

测量学涉及到地球科学和测绘科学技术等学科。

地球科学包含大地测量学和地图学等学科。大地测量学研究的是地球的大小和形状，解决大范围地区的控制测量和地球重力场问题，大地测量必须考虑地球曲率的影响。其中几何大地测量学、物理大地测量学、动力大地测量学和空间大地测量学等都属于大地测量学的范畴。

测绘科学技术包含大地测量技术、摄影测量与遥感技术、地图制图技术、工程测量技术、海洋测绘、测绘仪器等。大地测量定位、重力测量、测量平差等属于大地测量技术的范畴；摄影测量与遥感技术是一门通过获取目标物的影像数据，从中提取语义和非语义信息，并用图形、图像和数字形式表达的学科，其中地物波谱学、近景摄影测量、航空摄影测量、遥感信息工程等属于其范畴；地图制图技术是一门研究各种地图的制作理论、原理、工艺技术和应用的一门学科，其中地图投影、地图设计与编绘、图形图像复制技术和地理信息系统等属于其范畴；工程测量技术是研究各种工程在规划设计、施工放样和运营管理等阶段中的测量方法，其中地籍测量、精密工程测量等属于其范畴；海洋测绘是测量海洋底部地球物理场的性质及其变化特征，并绘制成不同比例尺的海图和专题海图，其中海洋大地测量、海洋重力测量、海洋磁力测量、海洋跃层测量和海洋声速测量等属于其范畴。

三、测量学的应用

在国民经济和社会发展规划中，测量信息是最重要的基础信息之一，各种规划及地籍管理，首先要有地形图和地籍图。另外，在各项工农业基本建设中，从勘测设计阶段到施工、竣工阶段，都需要进行大量的测绘工作。在国防建设中，军事测量和军用地图是现代大规模诸兵种协同作战不可缺少的重要保障。至于远程导弹、空间武器、人造卫星或航天器的发射，要保证其精确入轨，随时校正轨道和命中目标，除了应测设出发射点相应目标点的精确坐标、方位、距离外，还必须掌握地球形状、大小的精确数据和有关地域的重力场资料。在科学实验方面，如空间科学技术的研究，地壳的形变、地震预报以及地极周期性运动的研究等，都要应用测绘资料。即使在国家的各级管理工作中，测量和地图资料也是不可缺少的重要工具。

本书主要介绍普通测量学和土木工程测量学等有关知识。土木工程测量学属于工程测量学的范畴，它主要面向土木建筑环境、道路、桥梁、水利等学科。主要研究方面如下：

（1）研究测绘地形图的理论和方法。地形图是土木工程勘察、规划、设计的依据。土木工程测量是研究确定地球表面局部区域地物和地貌的空间三维坐标的原理和方法。研究局部地区地图投影理论，以及将测量资料按比例绘制成地形图或制作成电子地图的原理和方法。

（2）研究在地形图上进行规划、设计的基本原理和方法。研究在地形图上进行土地平整、土方计算、道路悬线和区域规划的基本原理和方法。

（3）研究建筑物施工放样、建筑质量检测的技术和方法。施工放样是工程施工的依据。土木工程测量研究是将规划设计在图纸上的建筑物位置准确地标定在地面上的技术和方法。研究施工过程及大型结构建筑物安装过程中的监测技术，以保证施工质量和安全。

（4）对大型建筑物的安全性进行变形监测。在大型建筑物施工过程中或竣工后，为确保工程进度和安全，应对建筑物进行位移和变形监测。

学习本课程之后，要求达到掌握普通测量学的基本知识和基础理论；能正确使用工程水准仪、工程经纬仪等仪器和工具；了解大比例尺地形图的成图原理和方法；在工程设计和施工中，具有正确应用地形图和有关测量资料的能力和进行一般工程施工测设的能力，以便能灵活应用所学的测量知识为其专业工作服务。

第二节 国内外测量学发展概况

一、我国测量学的发展概况

我国是世界文明古国，由于生产和生活的需要，测量工作开始得很早。在测时方面，为了不误农时，远在颛顼高阳氏时就已开始观测日、月、五星，定一年的长短。春秋战国时编制了四分历，一年为 365.25 日，与罗马人采用的儒略历相同。在地图测绘方面，由于行军作战的需要，历代皇帝都很重视。现在能见到的最早的古地图是长沙马王堆三号墓出土的公元前 168 年陪葬的古长沙国地图和驻军图，图上有山脉、河流、居民地、道路和军事要素。清代康熙年间绘制的《皇舆全览图》，又名《皇舆遍览全图》，是康熙朝绘制全国舆图中刊刻年代较早而又罕见的善本舆图。此图所绘地域幅员辽阔，东北至萨哈连岛（库页岛），东南至台湾，西至阿克苏以西叶勒肯城，北至白尔鄂博（贝加尔湖），南至崖州（海南岛）。图上注有经纬线，用梯形投影法，以北京为本初子午线，东经 320° 至西经

360°，北纬180°至550°。

我国古代测量长度的工具有丈杆、测绳、步车和记里鼓车；测量高程的仪器工具有矩和水平（水准仪）；测量方向的仪器有望筒和指南针（战国时期利用天然磁石制成指南工具——司南，宋代出现人工磁铁制成的指南针）。测量技术的发展与数理知识紧密关联。公元前问世的《周髀算经》和《九章算术》都有利用相似三角形进行测量的记载。

中华人民共和国成立后，我国测绘事业有了很大的发展。建立和统一了全国坐标系统和高程系统；建立了遍及全国的大地控制网、国家水准网、基本重力网和卫星多普勒网，完成了国家大地网和水准网的整体平差；完成了国家基本图的测绘工作。

2005年国家测绘局测量珠穆朗玛峰高度采用了经典测量与卫星GPS测量结合的技术方案，并首次在珠峰测量中使用了冰雪深雷达探测仪。测量结果：峰顶岩石面海拔为8844.43m。珠穆朗玛峰峰顶岩石面高程测量精度为±0.21m，峰顶冰雪深度3.50m。

2008年建成的杭州湾跨海大桥，北起浙江嘉兴海盐郑家埭，南至宁波慈溪水路湾，全长36km，是世界上最长的跨海大桥。GPS参考站在杭州湾跨海大桥的成功应用及在实践中形成的规程和细则，弥补了中国跨海大桥这方面的空白；创造性地提出过渡曲面拟合法，使海中GPS拟合高程的精度达到三等水准的精度；用测距三角高程法配合GPS拟合高程法进行连续多跨跨海高程贯通测量，创造出一种快速海中高程贯通测量的方法；杭州湾跨海大桥在国内首次采用GIS技术研制成基于B/S模式的大型桥梁测绘资料管理系统。

我国航天远洋测量船基地自1978年组建以来，先后实现了中国航天测量从陆地到海洋，海上测控技术从火箭测量到卫星测量，从仅能跟踪测量到能测能控，从仅测国内卫星到提供国外商业测控支持，从卫星测控到载人航天器测控，从地球轨道测控到月球轨道测控的六大历史跨越。第三代航天测量船远望六号船船上装有S波段统一测控系统、C波段统一测控系统和C波段脉冲雷达通信等大型测控通信设备，能够完成对火箭、卫星、飞船等各类航天飞行器的海上跟踪测控任务，并能与任务中心进行实时通信和数据交换。

在2008年神舟七号任务的测控通信中，科技人员通过利用我国自行研制的光电望远镜、反射式脉冲雷达共同解决了非合作方式的测量难题，实现了多目标的测量控制和管理，保证了伴星、飞船以及留轨舱相互之间不发生碰撞，精确地完成了对它们飞行轨道的测量与控制；我国的"天链一号"中继卫星首次参加，标志着我国真正走出了天地基一体化测控通信系统发展道路的第一步。与单纯的地基测控通信系统相比，天基测控系统的优势是几乎不受地球曲率的影响，一颗地球同步轨道卫星就可以覆盖1/3地球面积，比远洋船和测控站覆盖的范围要大得多。

二、国外测量学的发展概况

在国外，17世纪初测量学在欧洲得到较大发展。1617年荷兰斯纳留斯首次进行了三角测量。1608年荷兰的汉斯发明了望远镜，随后被应用到测量仪器上，使测绘学科产生了巨大变革。随着第一次产业革命的兴起，测量的理论和方法不断得到发展。1687年牛顿发现了万有引力，提出了地球是一个旋转的椭球体。1794年高斯提出的最小二乘法理论，以及随后提出的精确椭圆柱投影，对测绘科学理论的发展起到了重要的推动作用。在19世纪中许多国家都进行了全国地形测量。20世纪初随着飞机的出现和摄影测量理论的发展，产生了航空摄影测量，给测绘科学又一次带来巨大的变革。

20 世纪 50 年代以来，测绘技术又朝电子化和自动化方向发展。例如利用电磁波测距仪可精密测量远达几十公里的距离；电子计算机的出现，不仅加快了计算速度，并且改变了测量仪器和方法。特别是 1957 年人造地球卫星的发射，促使测绘工作有了新的飞跃，开辟了卫星大地测量学这一新领域。多普勒定位是空间技术用于大地测量并得到普遍应用的一种先进技术。70 年代，出现了全球定位系统（GPS），它能使精密控制测量达到厘米级精度。人们还可以利用遥感、遥测技术获得丰富的图像信息，编制大区域的小比例尺影像地图和专题地图。同时还出现了惯性测量系统和甚长基线干涉测量，前者是根据惯性原理设计的测定地面点大地元素的装置，后者是一种独立站射电干涉测量技术，用来测定相距很远的地面的相对位置。总之，20 世纪 50 年代以来，测量学的理论和技术发生了巨大的变化。

2007 年建成的法国米约大桥桥面距地面高 270m，索塔最高点距地面高 343m，是目前世界上最高的桥。大桥总共有 7 根桥墩，14 组共 154 条钢索，整个桥面在各种力的精致平衡中躺着。2001 年测绘专家皮埃尔·诺丁负责大桥的测绘。他建立了一套卫星定位系统的坐标体系，用全球卫星定位系统 GPS530RTK 固定观测站，加上德国莱卡移动 GPS 系统，对整个施工现场和大桥的建筑进程都作了准确的跟踪定位。除了卫星定位以外，还在大桥和山谷中设置了 300 多个测量反射棱镜。通过这些措施，保证了桥墩、桥身即使有 0.3mm 微弱的走样，也能够很容易被察觉。大桥历时 3 年建成，建筑物的垂直误差不超过 5mm。

瑞士阿尔卑斯山的特长双线铁路隧道哥特哈德长达 57km，为进行该工程，特地重新作了国家大地测量（LV95），采用 GPS 技术施测的控制网，平面精度达 ±7mm，高程精度约 ±2 cm。以厘米级的精度确定出了整个地区的大地水准面。为加快进度和避开不良地质段，中间设了 3 个竖井，共 4 个贯通面，横向贯通误差允许值为 69～92mm（较只设一个贯通面可缩短工期 11 年）。

第三节　地面点位的确定及坐标系统

既然测量学是研究如何测定地面点位的学科，因此首先应了解地面点位的表示方法，了解确定地面点位的基准。由于测量工作都是在地球表面上进行的，所以先介绍关于地球形状和大小的知识。

一、地球的形状和大小

地球自然表面很不规则，有高山、丘陵、平原和海洋。其中最高的珠穆朗玛峰高出海水面达 8844.43m，最低的马里亚纳海沟低于海水面达 11022m。这样的高低起伏，相对于地球半径 6371km 来说还是很小的，再顾及到海洋约占整个地球表面的 71%，因此，人们把海水面所包围的地球形体看作地球的形状。

由于地球的自转运动，地球上任一点都要受到离心力和地球引力的双重作用，这两个力的合力称为重力，重力的方向线称为铅垂线。铅垂线是测量工作的基准线。静止的水面称为水准面，水准面是受地球重力影响而形成的，是一个处处与重力方向垂直的连续曲面，并且是一个重力场的等位面。与水准面相切的平面称为水平面。水面可高可低，因此符合上述特点的水准面有无数多个，其中与平均海水面吻合并向大陆、岛屿内延伸而形成的闭合曲面，称为大地水准面。大地水准面是测量工作的基准面。由大地水准面所包围的地球形体，称为大地体。

用大地体表示地球体是恰当的，但由于地球内部质量分布不均匀，引起铅垂线的方向产生不规则的变化，致使大地水准面成为一个复杂的曲面［图1-1（a）］，无法在这曲面上进行测量数据处理。为了使用方便，通常用一个非常接近于大地水准面，并可用数学式表示的几何形体（即地球椭球）来代替地球的形状［图1-1（b）］，作为测量计算工作的基准面。地球椭球是一个椭圆绕其短轴旋转而成的形体，故地球椭球又称旋转椭球。如图1-2所示，旋转椭球体由长半径a（或短半径b）和扁率α所决定。我国目前采用的元素值为：

(1) 长半径 $a=6378140\text{m}$

(2) 扁率 $\alpha=1:298.257$

其中 $\alpha=\dfrac{a-b}{a}$

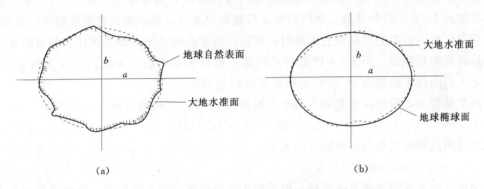

图1-1 地球自然表面、大地水准面和地球椭球面的关系

(a) 大地水准面；(b) 地球椭球面

1954年北京坐标系的椭球参数：克拉索夫斯基椭球，长半径$a=6378245\text{m}$，扁率$\alpha=1/298.3$，是从苏联远东控制网引入。我国现在使用的是"1980国家大地坐标系"，是以陕西泾阳县永乐镇某点为大地原点，进行了大地定位由此而建立起来全国统一坐标系。

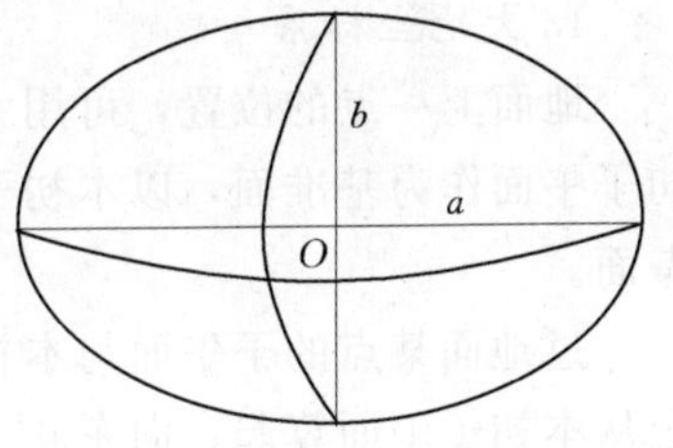

图1-2 旋转椭球

二、确定地面点位的方法

测量工作的基本任务是确定地面点的位置，确定地面点的空间位置需用三个量。在测量工作中，是将地面点A、B、C、D、E（图1-3）沿铅垂线方向投影到大地水准面上，得到a、b、c、d、e等投影位置。地面点A、B、C、D、E的空间位置，就可用a、b、c、d、e等投影位置在大地水准面上的坐标及到A、B、C、D、E的铅垂距离H_A、H_B、…来表示。

（一）大地点的高程

地面点到大地水准面的铅垂距离，称为该点的绝对高程，或称海拔。图1-4中的H_A和H_C即为A点和C点的绝对高程。海水受潮汐和风浪的影响，是个动态的曲面。我国在青岛设立验潮站，长期观察和记录黄海海面的高低变化，取其平均值作为大地水准面的位置（其高程为零），并在青岛建立了水准原点。目前，我国采用"1985年高程基准"，

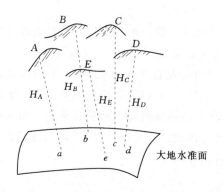
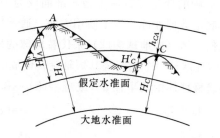

图 1－3 地面点的空间位置表示　　　　图 1－4 地面点的高程和假定高程

青岛水准原点的高程为 72.260m，全国各地的高程都以它为基准进行测算。但 1987 年以前使用的是 1956 年高程基准，利用旧的高程测量成果时，要注意高程基准的统一和换算。

当个别地区引用绝对高程有困难时，可采用假定高程系统，即采用任意假定的水准面为起算高程的基准面。图 1－4 中地面点到某一假定水准面的铅垂距离，称为假定高程。例如，A 点的假定高程为 H'_A，C 点的假定高程为 H'_C。

两个地面点之间的高程差称为高差。地面点 A 与 C 之间的高差 h_{CA} 为

$$h_{CA} = H_A - H_C = H'_A - H'_C$$

由此可见两点间的高差与高程起算面无关。

（二）地面点在投影面上的坐标

地面点在地球椭球面上的坐标一般采用大地坐标系、地心坐标系、独立平面直角坐标系、高斯平面坐标系来表示，为了实用方便起见，常采用独立平面直角坐标系和高斯平面直角坐标系来表示地面点位。

1. 大地坐标系

地面上一点的位置，可用大地坐标表示。大地坐标系以参考椭球面作为基准面，以本初子午面作为基准面，以本初子午面和赤道面作为椭球面上确定某一点投影位置的两个参考面。

过地面某点的子午面与本初子午面之间的夹角，称为该点大地经度，用 L 表示。规定从本初子午面算起，向东 $0°\sim180°$ 称为东经；向西 $0°\sim180°$ 称为西经。过地面某点的椭球面法线与赤道面的夹角，称为该点的大地纬度，用 B 表示。规定从赤道算起，由赤道向北 $0°\sim90°$ 称为北纬；由赤道向南 $0°\sim90°$ 称为南纬。

P 点的大地经度、纬度，可由天文观测方法测得 P 点的天文经度、纬度，如图 1－5 所示，再利用 P 点的法线与铅垂线的相对关系换算为大地经度、纬度。在一般测量工作中，可以考虑这种变化。

2. 地心坐标系

地心坐标系属空间三维直角坐标系，用于卫星大地测量。地心坐标系取地球质心为坐标系原点，x、y 轴在地球赤道平面内，本初子午面与赤道平面的交线为 x 轴，z 轴与地球自转轴相重合。地面点的空间位置用三维直角坐标 x_A、y_A、z_A 表示（见图 1－6）。全

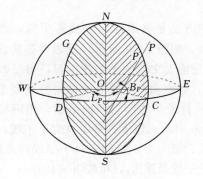

图 1-5 大地坐标系

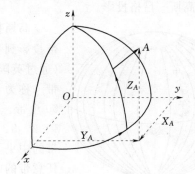

图 1-6 地心坐标系

球定位系统（GPS）采用的就是地心坐标系。

地心坐标系和大地坐标系可以通过一定的数学公式进行换算。

3. 独立平面直角坐标系

大地水准面虽是曲面，但当测量区域（如半径不大于 10km 的范围）较小时，可以用测区中心点 a 的切平面来代替曲面（图 1-7），地面点在投影面上的位置就可以用平面直角坐标来确定。测量工作中采用的平面直角坐标如图 1-8 所示。规定南北方向为纵轴。并记为 x 轴，x 轴向北为正，向南为负，以东西方向为横轴，并记为 y 轴，y 轴向东为正，向西为负。地面上某点 P 的位置可用 x_P 和 y_P 来表示。平面直角坐标系中象限按顺时针方向编号，x 轴与 y 轴互换，这与数学上的规定是不同的，其目的是为了定向方便，将数学中的公式直接应用到测量计算中，不需作任何变更。原点 O 一般选在测区的西南角（见图 1-7），使测区内各点的坐标均为正值。

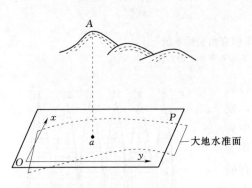

图 1-7 切平面代替曲面

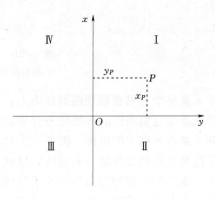

图 1-8 平面直角坐标

4. 高斯平面直角坐标系

当测区范围较大，就不能把水准面当作水平面。把地球椭球面上的图形展绘到平面上来，必然产生变形，为使其变形小于测量误差，必须采用适当的方法来解决这个问题，测量工作中通常采用高斯投影方法。

高斯平面直角坐标系采用高斯投影方法建立。高斯投影是由德国测量学家高斯于 1825～1830 年首先提出，到 1912 年由德国测量学家吕格推导出实用的坐标投影公式，所以又称高斯—吕格投影。

图 1-9 地球投影带划分

高斯投影的方法是将地球划分成若干带，然后将每带投影到平面上。如图 1-9 所示，投影带是从首子午线（通过英国格林尼治天文台的子午线）起，每经差 6°划一带（称为 6°带），自西向东将整个地球划分成经差相等的 60 个带。带号从首子午线起自西向东编，用阿拉伯数字 1、2、3、…、60 表示。位于各带中央的子午线，称为该带的中央子午线。第一个 6°带的中央子午线的经度为 3°，任意带的中央子午线经度 L_0，可按下式计算

$$L_0 = 6N - 3 \qquad (1-1)$$

式中 N——投影带的号数。

如图 1-10（a）所示，高斯投影是设想用一个平面卷成一个空心椭圆柱，把它横着套在地球椭球外面，使椭圆柱的中心轴线位于赤道面内并且通过球心，使地球椭球上某 6°带的中央子午线与椭圆柱面相切，在椭球面上的图形与椭圆柱面上的图形保持等角的条

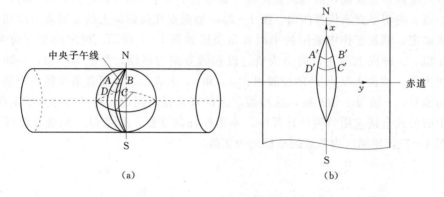

(a)   (b)

图 1-10 高斯平面直角坐标系统

(a) 高斯投影；(b) 6°带在平面上的影像

件下，将整个 6°带投影到椭圆柱面上。然后将椭圆柱沿着通过南北极的母线切开并展成平面，便得到 6°带在平面上的影像 [图 1-10（b）]。中央子午线经投影展开后是一条直线，以此直线作为纵轴，即 x 轴；赤道是条与中央子午线相垂直的直线，将它作为横轴，即 y 轴；两直线的交点作为原点，则组成高斯平面直角坐标系统。纬圈 AB 和 CD 投影在高斯平面直角坐标系统内仍为曲线（$A'B$ 和 $C'D$）。将投影后具有高斯平面直角坐标系的 6°带一个个拼接起来，便得到图 1-11 所示的图形。

我国位于北半球，x 坐标均为正值，而 y 坐标值有正有负。如图 1-12（a）所示，设 $y_A =$

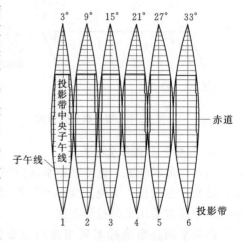

图 1-11 投影后 6°带拼接图形

+137680m，$y_B = -274240$m。为避免横坐标出现负值，故规定把坐标纵轴向西平移500km。坐标纵轴西移后［图 1 - 12 （b）］，$y_A = 500000 + 137680 = 637680$（m）；$y_B = 500000 - 274240 = 225760$（m）。

为了根据横坐标能确定该点位于哪一个 6°带内，还应在横坐标值前冠以带号。例如，A 点位于第 20 带内，则其横坐标 y_A 为 20637680m。

高斯投影中，离中央子午线近的部分变形小，离中央子午线愈远变形愈大，两侧对称。当测绘大比例尺图要求投影变形更小时，可采用 3°分带投影法。它是从东经 1°30′ 起，每经差 3°划分一带，将整个地球划分为 120 个带（图 1 - 13），每带中央子午线的经度 L_0' 可按下式计算

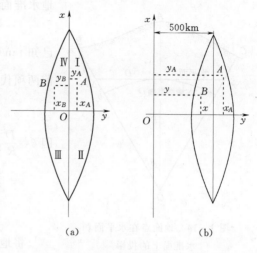

(a)　　　　(b)

图 1 - 12 我国高斯平面直角坐标系图

$$L_0' = 3n \qquad (1 - 2)$$

式中　n——3°带的号数。

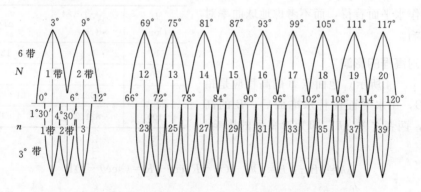

图 1 - 13 高斯平面坐标系统 6°带投影与 3°分带投影的关系

第四节 水平面代替水准面的限度

在实际测量工作中，在一定的测量精度要求和测区面积不大的情况下，往往以水平面直接代替水准面，使测量和绘图工作大为简化，因此应先了解地球曲率对水平距离、水平角、高差的影响，从而决定在多大面积范围能容许水平面代替水准面。下面讨论由此引起的影响。

一、对距离的影响

如图 1 - 14 所示，A、B、C 是地面点，它们在大地水准面上的投影点是 a、b、c，用该区域中心点的切平面代替大地水准面后，地面点在水平面上的投影点是 a'、b' 和 c'，现分析由此而产生的影响。设 A、B 两点在水准面上的距离为 D，在水平面上的距离为 D'，两者之差 ΔD，即是用水平面代替水准面所引起的距离差异。在推导公式时，近似地将大

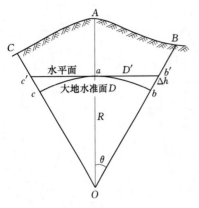

图 1-14 地面点在水平面和
水准面上的投影

地水准面视为半径为 R 的球面,故
$$\Delta D = D' - D = R(\tan\theta - \theta) \qquad (1-3)$$
已知 $\tan\theta = \theta + \frac{1}{3}\theta^3 + \frac{2}{15}\theta^5 + \cdots$,因 θ 角很小,只取其前两项代入式(1-3),得
$$\Delta D = R\left(\theta + \frac{1}{3}\theta^3 - \theta\right)$$
因 $\theta = \frac{D}{R}$,故
$$\Delta D = \frac{D^3}{3R^2} \qquad (1-4)$$
$$\frac{\Delta D}{D} = \frac{D^2}{3R^2} \qquad (1-5)$$

将地球半径 $R = 6371\text{km}$ 以及不同的距离 D 代入式(1-4)和式(1-5),便得到表 1-1 所列的结果。

从表 1-1 可以看出,当 $D = 10\text{km}$ 时,所产生的相对误差为 $1 : 1200000$,这样小的误差,对精密量距来说也是允许的。因此在以 10km 为半径的圆面积之内进行距离测量时,可以把水准面当作水平面看待,而不考虑地球曲率对距离的影响。

二、对高程的影响

如图 1-14 所示,地面点 B 的高程应是铅垂距离 bB,用水平面代替水准面后,B 的高程为 $b'B$,两者之差 Δh,即为对高程的影响,由图得

表 1-1　用水平面代替水准面
引起的距离差异

D (km)	ΔD (cm)	$\Delta D/D$
10	0.8	$1 : 1200000$
20	6.6	$1 : 300000$
50	102.6	$1 : 49000$
100	821.2	$1 : 12000$

$$\Delta h = bB - b'B = Ob' - Ob = R\sec\theta - R = (\sec\theta - 1)R \qquad (1-6)$$

已知 $\sec\theta = 1 + \frac{\theta^2}{2} + \frac{5}{24}\theta^4 + \cdots$,因 θ 值很小,仅取前两项代入式(1-6);另外 $\theta = \frac{D}{R}$,故得

$$\Delta h = R\left(1 + \frac{\theta^2}{2} - 1\right) = \frac{D^2}{2R} \qquad (1-7)$$

用不同的距离代入式(1-7),便得到表 1-2 所列的结果。从表 1-2 可以看出,用水平面代替水准面,对高程的影响是很大的,距离 200m 就有 0.31cm 的高程误差,这是不能允许的。因此,就高程测量而言,即使距离很短,也应顾及地球曲率对高程的影响。

表 1-2　　　　用水平面代替水准面对高程的影响

D(km)	0.2	0.5	1	2	3	4	5
Δh(cm)	0.31	2	8	31	71	125	196

三、对水平角的影响

由球面三角学知道，同一个空间多边形在球面上投影的各内角之和，较其在平面上投影的各内角之和大一个球面角超 ε，它的大小与图形面积成正比，其公式为

$$\varepsilon = \rho'' \frac{P}{R^2} \tag{1-8}$$

式中　P——球面多边形面积；

　　　R——地球半径；

　　　$\rho'' \approx 206265''$。

当 $P = 100\text{km}^2$ 时，$\varepsilon = 0.51''$。

式（1-8）计算表明，对于面积在 100km^2 内的多边形，地球曲率对水平角的影响只有在最精密的测量中才须考虑，一般测量工作不必考虑。

第五节　测量工作的原则和程序

地球表面复杂多样的形态，可分为地物和地貌两大类。地面上固定性的物体称为地物，如河流、湖泊、道路和房屋等。地面上高低起伏的形态称为地貌，如山岭、谷地和陡崖等。下面以地物和地貌测绘到图纸上为例，介绍测量工作的原则和程序。

测绘地形图是测量工作的主要任务之一。把地面的形状描绘成图，是通过投影的方法来实现的。在小区域内，可把地面上各种物体投影到一个水平面上，地面的形状就是用它投影在水平面上的图形来表示。图 1-15（a）为一幢房屋，其平面位置由房屋轮廓线的一些折线所组成，如能确定 1～6 各点的平面位置，这幢房屋的位置就确定了。图 1-15（b）是一条河流，它的岸边线虽然很不规则，但弯曲部分可看成是折线所组成，只要确定 7～13 各点的平面位置，这条河流的位置也就确定了。至于地貌，其地势起伏变化虽然复杂，但仍可看成是由许多不向方向、不同坡度的平面相交而成的几何体。相邻平面的交线就是方向变化线和坡度变化线，只要确定出这些方向变化线与坡度变化线交点的平面位置和高程，地貌的形状和大小的基本情况也就反映出来了。因此，不论地物或地貌的形状和大小都是由一些特征点的位置所决定。这些特征点也称碎部点。测图时，主要就是测定这些碎部点的平面位置和高程。

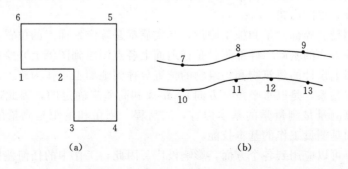

图 1-15　特征点

（a）用点确定房屋的位置；（b）用点确定河流位置

测定碎部点的位置，其程序通常分为两步：

第一步为控制测量，如图 1-16，先在测区内选择若干具有控制意义的点 1、2、3、…作为控制点，以较精确的仪器和方法测定各控制点之间的距离 D、各控制边之间的水平夹角 β、某一条边（如图 1-16 的 2-3 边）的方位角 α，设点 2 的坐标已知，则可计算出其他控制点的坐标，以确定其平面位置。同时还要测出各控制点之间的高差，设点 2 的高程为已知，求出其他控制点的高程。

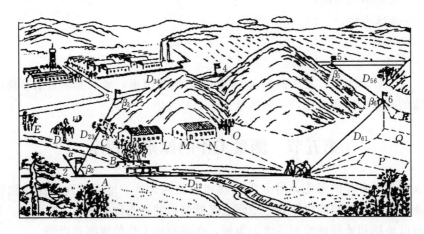

图 1-16 测定碎部点位置

第二步为碎部测量，即根据控制点测定碎部点的位置。例如在控制点 1 上测定其周围碎部点 L、M、N 等，在控制点 2 上测定其周围碎部点 A、B 等的平面位置和高程。这种"从整体到局部"、"先控制后碎部"的方法是组织测量工作应遵循的原则，它可以减少误差累积，保证测图精度，而且可以分幅测绘，加快测图进度。另外，当测定控制点的相对位置有错误时，以其为基础所测定的碎部点位也就有错误，碎部测量中有错误时，以此资料绘制的地形图也就有错误。因此，测量工作必须严格进行检核，故"前一步测量工作未作检核不进行下一步测量工作"是组织测量工作应遵循的又一个原则，它可以防止错漏发生，保证测量成果的正确性。

上述测量工作的布局原则和程序，不仅适用于测定工作，也适用于测设工作。如图 1-16 所示，欲将图上设计好的建筑物 P、Q、R 测设于实地，作为施工的依据，须先于实地进行控制测量，然后安置仪器于控制点 1 和 6 上，进行建筑物测设。在测设工作中也要严格进行检核，以防出错。

无论控制测量、碎部测量和施工测设，其实质都是确定地面点的位置，但控制测量是碎部测量和测设工作的基础。碎部测量是把地面上各点测绘到图纸上并绘制成地形图，而测设工作是将图上设计的建筑物和构筑物的位置放样到地面上，作为施工的依据。而地面点间的相互位置关系，是以水平角（方向）、距离和高差来确定的，因此，高程测量、水平角测量和距离测量是测量学的基本内容，测高程、测角和量距是测量的基本工作，观测、计算和绘图是测量工作的基本技能。

测量的成果可以应用到各个方面，影响极广。因此，工作中的任何差错都能造成不良的后果，有的甚至对工程造成巨大损失，所以保证质量是测量工作者的首要职能。为此，对野外的观测必须按规范或规程的要求来完成，不合格的必须重测；对手簿、图纸等原始资料，应保证正确、清楚和完整；对交付的成果必须经复核检验，以确保成果的质量。

学习测量必须理论联系实际，不但要掌握测量的基本理论，而且要重视对观测、计算和绘图等基本技能的训练。在学习中应养成认真负责一丝不苟的工作作风和爱护仪器设备的良好习惯。同时测量工作是多人协作来共同完成，所以必须注重团队精神的培养。由于野外作业工作和生活条件均较艰苦，因此还必须养成能吃苦耐劳和克服困难的精神。

思 考 题 与 习 题

1. 测量学研究的对象是什么？它的内容包括哪两部分？

2. 何谓大地水准面？它在测量工作中的作用是什么？

3. 确定地面点位置由哪几个几何要素来确定？

4. 指出测量学中所用的平面直角坐标系与数学上不同之处。

5. 某点的国家统一坐标为：纵坐标 $x = 763456.780$m，横坐标 $y = 20447695.260$m，试问该点在该带高斯平面直角坐标系中的真正纵、横坐标 x、y 为多少？

6. 某点的经度为 $118°50'$，试计算它所在的 $6°$ 带和 $3°$ 带号数，相应 $6°$ 带和 $3°$ 带的中央子午线的经度是多少？

7. 测量工作的两个原则及其作用是什么？

8. 确定地面点位的三项基本测量工作是什么？

第二章 水 准 测 量

高程是确定地面点位的要素之一，测量地面上各点高程的工作，称为高程测量。高程测量根据所使用的仪器和施测方法不同，分为水准测量、三角高程测量和气压高程测量。水准测量是高程测量中最基本的和精度较高的一种测量方法，在国家高程控制测量、工程勘测和施工测量中被广泛采用。高程控制二、三、四等水准测量和图根水准测量等几个等级。各等级高程控制宜采用水准测量，四等及以下等级可采用电磁波测距三角高程测量，五等也可采用 GPS 拟合高程测量。本章将着重介绍水准测量原理、自动安平水准仪的构造和使用、水准测量的施测方法及成果检核和计算等内容。

第一节 水 准 测 量 原 理

一、水准测量的基本原理

水准测量的原理是利用水准仪提供的水平视线，读取竖立于两个点上的水准尺上的读数，来测定两点间的高度，再根据已知点高程计算待定点的高程。如图 2-1 所示，欲测定 A、B 两点之间的高差 h_{AB}，可在 A、B 两点上分别竖立有刻划的尺子——水准尺，并在 A、B 两点之间安置一台能提供水平视线的仪器——水准仪。根据仪器的水平视线，在 A 点尺上读数，设为 a；在 B 点尺上读数，设为 b；则 A、B 两点间的高差为

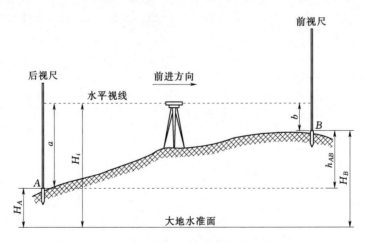

图 2-1 水准测量原理

$$h_{AB} = a - b \qquad (2-1)$$

如果水准测量是由 A 到 B 进行的，如图 2-1 中的箭头所示，由于 A 点为已知高程点，故 A 点尺上读数 a 称为后视读数；B 点为欲求高程的点，则 B 点尺上读数 b 为前视

读数。高差一般都是等于后视读数减去前视读数。$a > b$，高差为正，说明前视点高于后视点；反之，为负，说明前视点低于后视点。

若已知 A 点的高程为 H_A，则 B 点的高程为

$$H_B = H_A + h_{AB} = H_A + (a-b) \qquad (2-2)$$

还可通过仪器的视线高 H_i 计算 B 点的高程，即

$$\left. \begin{array}{l} H_i = H_A + a \\ H_B = H_i - b \end{array} \right\} \qquad (2-3)$$

式（2-2）是直接利用高差 h_{AB} 计算 B 点高程的，称高差法；式（2-3）是利用仪器视高 H_i 计算 B 点高程的，称仪高法。当安置一次仪器要求测出若干个前视点的高程时，仪高法比高差法方便。

二、连续水准测量（路线水准测量）

当两点之间的距离较远或者高差太大时，安置一次仪器无法测得高差时，需要采用分段测量的方法，如图 2-2 所示，欲求 h_{AB}，可依次在 A 与 TP_1、TP_1 与 TP_2、…中间安置仪器，作为第一站、第二站、……，在相应的 A 与 TP_1、TP_1 与 TP_2、…处立尺，测出 h_1，h_2，…，h_n，则：

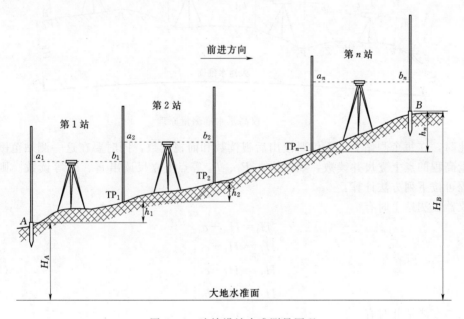

图 2-2 连续设站水准测量原理

高差 h_{AB} 为：

$$h_{AB} = h_1 + h_2 + \cdots + h_n \qquad (2-4)$$

其中

$$h_1 = a_1 - b_1$$
$$h_2 = a_2 - b_2$$
$$\cdots$$
$$h_n = a_n - b_n$$
$$h_{AB} = \sum h = \sum a - \sum b \qquad (2-5)$$

从式（2-5）可以看出：

（1）每一站的高差等于此站的后视读数减去前视读数。

（2）起点到终点的高差等于各段高差的代数和，也等于后视读数之和减去前视读数之和。通常要同时用 $\sum h$ 和 $(\sum a - \sum b)$ 进行计算，用来检核计算是否有误。

在图 2-2 中，把进行观测中每安置一次仪器观测两点间的高差，称为测站。立标尺的点 TP_1、TP_2、…，称为转点。转点的特点：①传递高程，转点上产生的任何差错，都会影响到以后所有点的高程；②既有前视读数又有后视读数，它们在前一测站先作为待求高程的点，然后在下一测站再作为已知高程的点。

当然，水准测量的目的不是仅仅为了获得两点的高差，而是要求得一系列点的高程，例如测量沿线的地面起伏情况。

若在一个测站上需要测出多个点的高程时，利用仪高法就显得格外方便，水准测量可按图 2-3 进行。

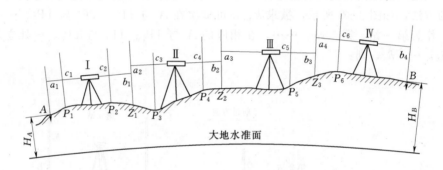

图 2-3 仪高法水准测量原理

此时，在每个测站上，不仅要读出后视读数和前视读数，同时要在这一测站范围内需要测量高程的点上立尺并读数，如图中在 P_1、P_2 等点上立尺读出 c_1、c_2 等读数。则各点的高程可按下列方法计算：

仪器在测站 I 时有

$$H_I = H_A + a_1$$
$$\left.\begin{array}{l} H_{p_1} = H_I - c_1 \\ H_{p_2} = H_I - c_2 \\ H_{z_1} = H_I - b_1 \end{array}\right\} \tag{2-6}$$

仪器在测站 II 时有

$$H_{II} = H_{z_1} + a_2$$
$$\left.\begin{array}{l} H_{p_3} = H_{II} - c_3 \\ H_{p_4} = H_{II} - c_4 \\ H_{z_2} = H_{II} - b_2 \end{array}\right\} \tag{2-7}$$

式中 H_I、H_{II} 为仪器视线的高程，简称仪器高。图中 Z_1、Z_2、Z_3 为传递高程的转点，在转点上既有前视读数又有后视读数。图中 P_1、P_2、P_6 等点称中间点，中间点上只有一个前视读数，也称中视读数。A、B 间高差的计算公式仍采用

$$h_{AB} = \sum a - \sum b = H_B - H_A \tag{2-8}$$

第二节　水准测量的仪器和工具

水准测量所使用的仪器一般为水准仪，工具为水准尺和尺垫。

一、自动安平水准仪的构造

水准仪是提供水平视线来测定高差的仪器，主要有自动安平水准仪、微倾式水准仪和数字水准仪等。通过补偿器获得水平视线读数的水准仪称为自动安平水准仪，通过调整水准仪使管水准气泡居中获得水平视线的水准仪称为微倾式水准仪。本节主要讲自动安平水准仪的构造。

水准仪按其精度可分为 DSZ05、DSZ1、DSZ3 和 DSZ10 等四个等级。D、S、Z 分别为"大地测量"、"水准仪"和"自动安平"汉语拼音的第一个字母。05、1、3、10 是角码，表示仪器的精度，指仪器能达到的每公里往返测高差中数的中误差（单位：mm）。规范规定，补偿式自动安平水准仪的补偿误差 Δa 对于二等水准测量不应超过 $0.2''$，三等水准测量不应超过 $0.5''$。

如图 2-4 所示，为自动安平水准仪。

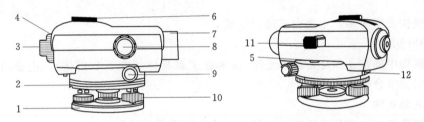

图 2-4　自动安平水准仪

1—基座；2—度盘；3—目镜；4—防尘罩；5—圆水泡；6—粗瞄准器；7—物镜罩；8—调焦手轮；
9—水平微动手轮；10—脚螺丝手轮；11—水泡观察器；12—度盘刻度线

1. 望远镜

望远镜是用来照准远处竖立的水准尺并读取水准尺上的读数，要求望远镜能看清水准尺上的分划和注记并有读数标志。根据在目镜端观察到的物体成像情况，望远镜可以分为正像望远镜和倒像望远镜。

自动安平水准仪的望远镜为正像望远镜，它主要由物镜、目镜、物镜调焦透镜和十字丝分划板所组成。物镜和目镜多采用复合透镜组，十字丝分划板上刻有两条互相垂直的长线，竖直的一条称竖丝，横的一条称为中丝，是为了瞄准目标和读取读数用的。在中丝的上下还对称地刻有两条与中丝平行的短横线，可以用来测定距离的，称为视距丝。十字丝分划板是由平板玻璃圆片制成的，平板玻璃片装在分划板座上。十字丝安装在物镜和目镜之间，照准目标后要求目标的成像面与十字丝面重合在一起。但目标有远有近，观测目标时转动物镜对光螺旋使调焦透镜沿光轴方向前后移动，直到不同距离的目标都成像在十字丝面上。上述调节望远镜的操作，称为调焦或对光。十字丝交点与物镜光心的连线，称为视准轴或视线。水准测量是在视准轴水平时，用十字丝的中丝截取水准尺上的读数。

2. 水准器

自动安平水准仪的圆水准器，是用来指示仪器竖轴是否竖直的装置。圆水准器是一

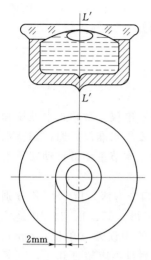

图 2-5　圆水准器

个圆柱形的玻璃盒子，嵌在金属框内，见图 2-5。圆水准器里面装有酒精和乙醚的混合液，顶面的内壁是球面，其中有圆分划圈，圆圈的中心为水准器的零点，通过零点的球面法线为圆水准器轴线，见图 2-5 中的 $L'L'$ 轴。当圆水准器气泡居中时，该轴线处于竖直位置。当气泡不居中时，气泡中心偏移零点 2mm，轴线所倾斜的角值，称为圆水准器的分划值，一般为 $8'\sim10'$。由于它的精度较低，故只用于仪器的粗略整平。

制造水准仪时，使圆水准器轴平行于仪器竖轴。旋转基座上的三个脚螺旋使圆水准气泡居中时，圆水准器轴处于竖直位置，从而使仪器竖轴也处于竖直位置。

3. 补偿器

补偿器是水准仪的核心部分。补偿器的种类很多，常见的有吊丝式、承轴式、簧片式和液体式等多种形式，但一般都是采用吊挂光学零件的方法，借助重力的作用达到视线自动补偿的目的。

安平机构类型很多，主要由三部分组成。

（1）补偿元件

安平机构中确定 α 和 β 关系的元件（α 和 β 关系具体将在下节讲述），主要由平面镜、透镜及它们的组合组成。

（2）灵敏元件

保证安平机构中部分灵敏度的元件，以整个安平机构的结构形式分，有挂丝式、滚动承轴支承摆式、片簧铰链支承摆式以及其他特殊结构形式。

（3）阻尼元件

在安平机构受震动的情况下，使补偿元件迅速恢复稳定状态的元件。阻尼元件有空气阻尼式阻尼器和电磁式阻尼器两类。

由于补偿器有一定的工作范围，才能起到补偿的作用。所以，使用自动安平水准仪时，要防止补偿器贴靠周围的部件，不处于悬挂状态。为了检验补偿器是否处于正常工作范围内，有的仪器设置有检验钮或在目镜视场内设置补偿器状态窗，在读数之前，可利用这些装置进行检查，如果补偿器未处于正常的工作状态，必须重新整平仪器，再行观测。由于要确保补偿器处于工作范围内，使用自动安平水准仪时应十分注意圆水准器的气泡居中。

自动安平水准仪若长期未用，则在使用前应检查补偿器是否失灵。

4. 基座

基座主要由轴座、脚螺旋、底板和三角压板构成（见图 2-4）。基座的作用是支承仪器的上部并与三脚架连接。

二、水准尺和尺垫

水准尺是水准测量的主要工具，在水准测量作业时与水准仪配合使用，缺一不可。水准尺是利用伸缩性小、不易弯曲、质轻且坚硬的材料制成。水准尺按精密程度分：普通水准尺和精密水准尺；按材质分：有木制的和铝合金制的等；按构造式样有直尺、折尺和塔尺，直尺长为 3m，折尺长为 4m，塔尺长为 5m。其中直尺又分为单面分划和双面分划两种。塔尺和折尺能伸缩或折叠，携带方便，但接合处容易产生误差，直尺则比较坚固可靠。常用的水准尺有双面尺和塔尺两种。

双面水准尺多用于三、四等水准测量。其长度有 2m 和 3m 两种，且两根尺为一对，如图 2-6（a）所示。该类水准标尺有两个显著的特点：①尺面基本分划为 1cm。黑白相间的一面为黑面尺，红白相间的一面为红面尺；②必须成对使用。为了避免在观测读数时产生印象错误，每对双面标尺的黑面底部起点读数均为 0，而红面底部起点读数则分别为 4687mm 和 4787mm。切不可将两根 4687mm 或两根 4787mm 的标尺配对使用。

当无双面标尺时，也可以使用长 3m 的且具有 cm 分划的单面水准标尺。为了使水准标尺能够竖直，一般均在水准尺上装有圆水准器，当圆水准器的气泡居中时，则表示水准标尺已处于铅垂位置。

塔尺多用于等外水准测量，其长度有 2m 和 5m 两种，用两节或三节套接在一起。尺的底部为零点，尺上黑白格相间，每格宽度为 1cm，有的为 0.5cm，每一米和分米处均有注记。当使用塔尺两节以上时，要注意两节接口位置是否对准，卡簧是否卡住，如图 2-6（b）所示。

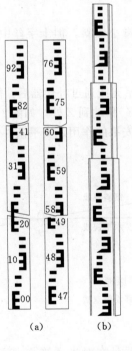

图 2-6　水准尺
(a) 双面水准尺；(b) 塔尺

图 2-7　尺垫

尺垫是在转点处放置水准尺用的，它用生铁铸成，一般为三角形，中央有一突起的半球体，下方有三个支脚，如图 2-7 所示。用时将支脚牢固地插入土中，以防下沉，上方突起的半球形顶点作为竖立水准尺和标志转点之用。

第三节 自动安平水准仪的原理

一、自动安平原理

图2-8是表示自动安平原理，主要可以归纳以下两种：移动十字丝法和移动像点的方法。

1. 移动十字丝法

如图2-8 (a) 所示，当望远镜视准轴倾斜了一个小角 α 时，由水准尺上的 a_0 点过物镜光心 O 所形成的水平线，不再通过十字丝中心 Z_0，而在离 Z_0 为 l 的 Z 点处，显然

$$l = f\alpha \tag{2-9}$$

式中　f——物镜的等效焦距；

　　　　α——视准轴倾斜的小角。

在图2-8 (a) 中，若在距十字丝分划板 S 处，安装一个补偿器 P，使水平光线偏转 β 角，以通过十字丝中心 Z_0，则

$$l = s\beta \tag{2-10}$$

故有

$$f\alpha = s\beta \tag{2-11}$$

式 (2-11) 的条件若能得到保证，虽然视准轴有微小倾斜，但十字丝中心 Z_0 仍能读出视线水平时的读数 a_0，从而达到自动补偿的目的。

2. 移动像点的方法

按照同样的设想，如果当视线倾斜 α 角时，水平光线通过补偿器后，能相对水平视线按相同方向摆一个 β 角，从而使水平方向上的像点从 Z_0 移动到 Z 处，如图2-8 (b) 所示，这时视准轴所截取尺上的读数仍为 a_0，同样起到自动安平的作用。安平条件仍为式 (2-11)。

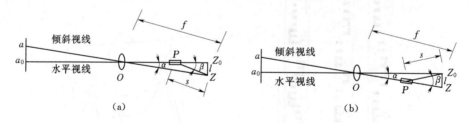

图 2-8　自动安平原理
(a) 移动十字丝法；(b) 移动像点法

二、补偿器的结构

图2-9 (a) 是 DSZ3 自动安平水准仪。该仪器是在对光透镜与十字丝分划板之间装置一套补偿器。其构造是：将屋脊棱镜固定在望远镜筒内，在屋脊棱镜的下方，用交叉的金属丝吊挂着两个直角棱镜，该直角棱镜在重力作用下，能与望远镜作相对的偏转。为了使吊挂的棱镜尽快地停止摆动，还设置了阻尼器。

如图2-9 (a) 所示，当仪器处于水平状态，视准轴水平时，尺上读数 a_0 随着水平光线进入望远镜，通过补偿器到达十字丝中心 Z。则读得视线水平时的读数 a_0。

当望远镜倾斜了微小角度 α 时，如图 2-9（b）所示。此时，吊挂的两个直角棱镜在重力作用下，相对于望远镜的倾斜方向作反向偏转，如图 2-9（b）中的虚线所画直角棱镜，它相对于实线直角棱镜偏转了 α 角。这时，原水平光线（虚线表示）通过偏转后的直角棱镜（起补偿作用的棱镜）的反射，到达十字丝的中心 Z，所以仍能读得视线水平时的读数 a_0，从而达到了补偿的目的。这就是自动安平水准仪为什么在仪器偏斜了一个小角 α 时，十字丝中心在水准尺上仍能读得正确读数的道理。

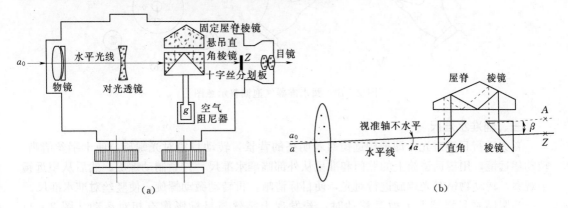

图 2-9　补偿器原理

（a）补偿器结构；（b）补偿器原理

由图 2-9（b）中还可以看出，当望远镜倾斜 α 角时，通过补偿的水平光线（虚线）与未经补偿的水平光线（点画线）之间的夹角为 β。由于吊挂的直角棱镜相对于倾斜的视准轴偏转了 α 角，反射后的光线便偏转 2α，通过两个直角棱镜反射，则 β 等于 4α。

第四节　水准仪的使用

水准仪的使用包括仪器的安置、整平、瞄准水准尺和读数等操作步骤。

一、安置水准仪

打开三脚架并使高度适中，目估使架头大致水平，检查脚架腿是否安置稳固，脚架伸缩螺旋是否拧紧。在山坡上时应使三脚架的两脚在坡下一脚在坡上。然后打开仪器箱取出水准仪，置于三脚架头上用连接螺旋将仪器牢固地连在三脚架头上。

二、整平

整平是借助圆水准器的气泡居中，使仪器竖轴大致铅直，从而视准轴粗略水平。如图 2-10（a）所示，气泡未居中而位于 a 处，则先按图上箭头所指的方向用两手相对转动脚螺旋①和②，使气泡移到 b 的位置［图 2-10（b）］。再转动脚螺旋③，即可使气泡居中。在整平的过程中，气泡的移动方向与左手大拇指运动的方向一致。

操作过程中应记住以下几点：

（1）先旋转两个脚螺旋，再旋转第三个脚螺旋。

（2）旋转两个脚螺旋时必须作相对转动，即旋转方向应相反。

（3）移动方向始终与左手大拇指移动的方向一致。

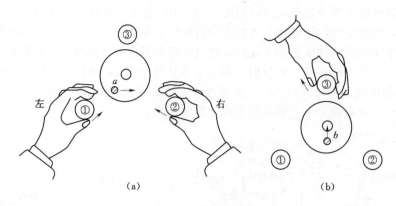

图 2-10 圆水准器气泡调整示意图

三、瞄准水准尺

首先进行目镜对光，即把望远镜对着明亮的背景，转动目镜对光螺旋，使十字丝清晰。转动望远镜，用望远镜筒上的照门和准星从外部瞄准水准尺，拧紧制动螺旋。然后从望远镜中观察，转动物镜对光螺旋进行对光，使目标清晰，再转动微动螺旋，使竖丝对准水准尺。

当眼睛在目镜端上下微微移动时，若发现十字丝与目标影像有相对运动 [图 2-11

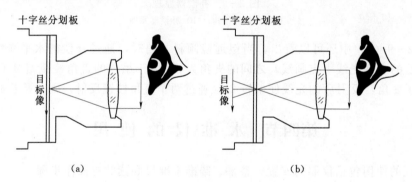

图 2-11 视差示意图

(a) 没有视差现象；(b) 有视差现象

(b)]，这种现象称为视差。产生视差的原因是目标成像的平面和十字丝平面不重合。由于视差的存在会影响到读数的正确性，必须加以消除。消除的方法是重新仔细地进行物镜对光，直到眼睛上下移动，读数不变为止。此时，从目镜端见到十字丝与目标的像都十分清晰，如图 2-11 (a) 所示。

四、读数

水准尺的读数由下而上，用视距中丝读出标尺上的读数，如图 2-12 所示，读数为 3.450m。

五、扶尺

水准尺左右倾斜容易在望远镜中发现，可及时纠正。

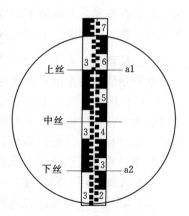

图 2-12 水准尺读数示例

当水准尺前后倾斜时，观测员难以发现，导致读数偏大。所以扶尺员应站在尺后，双手握住把手，两臂紧贴身躯，借助尺上水准器将尺铅直立在测点上。使用尺垫时，应事先将尺垫踏紧，将尺立在半球顶端。使用塔尺时，要防止尺段下滑造成读数错误。

六、搬站

为将仪器顺利、安全地转移到下一站，搬站时，先检查仪器中心连接螺旋是否可靠，将脚螺旋调至等高，然后收拢架腿，一手扶着基座，一手斜抱着架腿夹在腋下，安全搬站。如果地形复杂，应将仪器装箱搬站。严禁将仪器扛在肩上搬站，防止发生仪器事故。

第五节 水准测量的外业

一、水准点

为了统一全国的高程系统和满足各种测量的需要，测绘部门在全国各地埋设并测定了很多高程点，这些点称为水准点（Bench Mark），简记为 BM。水准测量通常是从水准点引测其他点的高程。采用某等级的水准测量方法测出其高程的水准点称为该等级水准点。国家等级水准点如图 2-13 所示，一般用石料或钢筋混凝土制成，深埋到地面冻结线以下。在标石的顶面设有用不锈钢或其他不易锈蚀的材料制成的半球状标志。有些水准点也可设置在稳定的墙脚上，称为墙上水准点。

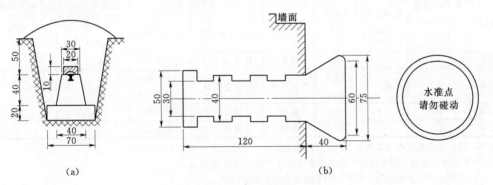

图 2-13 水准点（单位：mm）

(a) 混凝土普通水准标石；(b) 墙角水准标志埋设

水准点在地形图上的表示符号见图 2-14，图中的 2.0 表示符号圆的直径为 2mm。在大比例尺地形图测绘中，常用图根水准测量来测量图根水准点的高程，这时的图根点也称图根水准点。

$$2.0\; \vdots \otimes \frac{\text{II 京石 5}}{32.804}$$

图 2-14 水准点在地形图上的表示符号

埋设水准点后，应绘出水准点与附近固定建筑物或其他地物的关系图，在图上还要写明水准点的编号和高程，称为点之记，以便于日后寻找水准点位置之用。水准点编号前通常加 BM 字样，作为水准点的代号。

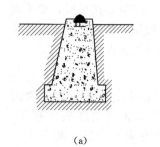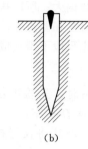

（a） （b）

图 2-15 永久和临时水准点

（a）永久性水准点；（b）临时性水准点

水准点有永久性和临时性两种。建筑工地上的永久性水准点一般用混凝土或钢筋混凝土制成，其式样如图 2-15（a）所示。临时性的水准点可用地面上突出的坚硬岩石或用大木桩打入地下，桩顶钉以半球形铁钉，如图 2-15（b）所示。

水准点的布设与埋石，应符合下列规定：

（1）高程控制点间的距离，一般地区应为 1～3km，工业厂区、城镇建筑区宜小于 1km。但一个测区及周围至少应有 3 个高程控制点。

（2）应将点位选在土质坚实、稳固可靠的地方或稳定的建筑物上，且便于寻找、保存和引测；当采用数字水准仪作业时，水准路线还应避开电磁场的干扰。

（3）宜采用水准标石，也可采用墙水准点。标志及标石的埋设应符合规定。

（4）埋设完成后，二、三等点应绘制点之记，其他控制点可视需要而定。必要时还应设置指示桩。

水准测量的主要技术要求，应符合表 2-1（a）、（b）的规定。

表 2-1 中采用微倾式水准仪的指标，自动安平水准仪可按相应的精度等级选取。

表 2-1（a）　　　　　水准测量的主要技术要求（一）

等级	每千米高差全中误差（mm）	路线长度（km）	水准仪型号	水准尺	观测次数		往返较差、附合或环线闭合差	
					与已知点联测	附合或环线	平地（mm）	山地（mm）
二等	2	—	DS1	因瓦	往返各一次	往返各一次	$4\sqrt{L}$	—
三等	6	≤50	DS1 DS3	因瓦双面	往返各一次	往一次 往返各一次	$12\sqrt{L}$	$4\sqrt{n}$
四等	10	≤16	DS3	双面	往返各一次	往一次	$20\sqrt{L}$	$6\sqrt{n}$
五等	15	—	DS3	单面	往返各一次	往一次	$30\sqrt{L}$	—

注 1. 结点之间或结点与高级点之间，其路线的长度，不应大于表中规定的 0.7 倍。

　　2. L 为往返测段、附合或环线的水准路线长度（km）；n 为测站数。

　　3. 数字水准仪测量的技术要求和同等级的光学水准仪相同。

表 2-1（b）　　　　　水准测量的主要技术要求（二）

等级	水准仪型号	视线长度（m）	前后视的距离较差（m）	前后视的距离较差累积（m）	视线离地面最低高度（m）	基、辅分划或黑、红面读数较差（mm）	基、辅分划或黑、红面所测高差较差（mm）
二等	DS1	50	1	3	0.5	0.5	0.7
三等	DS1	100	3	6	0.3	1.0	1.5
	DS3	75				2.0	3.0
四等	DS3	100	5	10	0.2	3.0	5.0
五等	DS3	100	近视相等	—	—	—	—

注 1. 二等水准视线长度小于 20m 时，其视线高度不应低于 0.3m。

　　2. 三、四等水准采用变动仪器高度观测单面水准尺时，所测两次高差较差，应与黑、红面所测高差之差的要求相同。

　　3. 数字水准仪观测，不受基、辅分划或黑、红面读数较差指标的限制，但测站两次观测的高差较差，应满足表中相应等级基、辅分划或黑、红面所测高差较差的限值。

两次观测高差较差超限时应重测。重测后，对于二等水准应选取两次异向观测的合格结果，其他等级则应将重测结果与原测结果分别比较，较差均不超过限值时，取三次结果的平均数。

二、水准测量的实施

当欲测的高程点距水准点较远或高差很大时，就需要连续多次安置仪器以测出两点的高差。如图 2-16 所示，水准点 A 的高程为 51.903m，现拟测量 B 点的高程，其观测步骤如下：

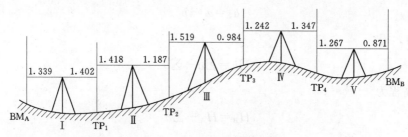

图 2-16　连续水准测量路线

在 A、TP_1 两点上分别立水准尺，在距点 A 和点 TP_1 等距离的 Ⅰ 处，安置水准仪。用圆水准器将仪器粗略整平后，后视 A 点上的水准尺，读数得 1339，记入表 2-2 观测点 A 的后视读数栏内。旋转望远镜，前视点 TP_1 上的水准尺，同法读取读数为 1402，记入点 Ⅰ 的前视读数栏内。后视读数减去前视读数得到高差为 -0.063，记入高差栏内。

表 2-2　水　准　测　量　手　簿

日　期＿＿＿＿＿＿＿＿＿　　仪　器＿＿＿＿＿＿＿＿＿　　观　测＿＿＿＿＿＿＿＿＿
天　气＿＿＿＿＿＿＿＿＿　　地　点＿＿＿＿＿＿＿＿＿　　记　录＿＿＿＿＿＿＿＿＿

测站	测点	水准尺读数（mm）		高差（m）		高程（m）	备注
		后视（a）	前视（b）	＋	－		
Ⅰ	BM_A	1339			0.063	51.903	
	TP_1		1402				
Ⅱ	TP_1	1418		0.231			
	TP_2		1187				
Ⅲ	TP_2	1519		0.535			
	TP_3		0984				
Ⅳ	TP_3	1242			0.105		
	TP_4		1347				
Ⅴ	TP_4	1267		0.396			
	BM_B		0871			52.897	
计算校核		$\sum a=6.785$ -5.791 $+0.994$	$\sum b=5.791$	$\sum +1.162$ -0.168 $\overline{\sum h=0.994}$	$\sum -0.168$	52.897 -51.903 $+0.994$	

点 TP_1 上的水准尺不动，把 A 点上的水准尺移到点 TP_2，仪器安置在点 TP_1 和点 TP_2 之间，同法进行观测和计算，依次测到 B 点。

每安置一次仪器，便可测得一个高差，即

$$h_1 = a_1 - b_1$$

$$h_2 = a_2 - b_2$$

$$\cdots$$

$$h_5 = a_5 - b_5$$

将各式相加，得

$$\sum h = \sum a - \sum b$$

则 B 点的高程为

$$H_B = H_A + \sum h \qquad\qquad (2-12)$$

三、水准测量的检核

1. 计算检核

由式（2-12）看出，B 点对 A 点的高差等于各转点之间高差的代数和，也等于后视读数之和减去前视读数之和，因此，式（2-12）可用来作为计算的检核。如表 2-4 中

$$\sum h = +0.994\mathrm{m}$$
$$\sum a - \sum b = 6.785 - 5.791 = 0.994(\mathrm{m})$$
$$\sum h - (\sum a - \sum b) = 0$$

这说明高差计算是正确的。

终点 B 的高程 H_B 减去 A 点的高程 H_A，也应等于 $\sum h$，即

$$H_B - H_A = \sum h$$

在表 2-2 中为

$$52.897 - 51.903 = +0.994 \ (\mathrm{m})$$

这说明高程计算也是正确的。

计算检核只能检查计算是否正确，并不能检核观测和记录时是否产生错误。因为在误差情况下，差值不一定等于零，在小于某一规定值时，也可视为原始观测值有效。

2. 测站检核

如上所述，B 点的高程是根据 A 点的已知高程和转点之间的高差计算出来的。若其中测错任何一个高差，B 点高程就不会正确。因此，对每一站的高差，都必须采取措施进行检核测量。这种检核称为测站检核。测站检核通常采用的方法有：仪高法、双面尺法及双仪器法。具体记录格式见表 2-3（采用闭合水准路线）。

（1）仪高法。仪高法是在同一个测站上用两次不同的仪器高度，测得两次高差以相互比较进行检核。即测得第一次高差后，改变仪器高度（应大于 10cm）重新安置，再测一次高差。两次所测高差之差不超过容许值（例如等外水准容许值为 6mm），则认为符合要求，取其平均值作为最后结果，否则必须重测。

表 2 - 3　　　　　　　　　　　水 准 测 量 手 簿

日　期＿＿＿＿＿＿＿＿＿＿＿＿　仪器型号＿＿＿＿＿＿＿＿＿＿＿　观　测＿＿＿＿＿＿＿＿＿＿＿

天　气＿＿＿＿＿＿＿＿＿＿＿＿　地　点＿＿＿＿＿＿＿＿＿＿＿＿　记　录＿＿＿＿＿＿＿＿＿＿＿

测站	测点	后视读数	前视读数	高差(m)	平均高差(m)	高程(m)	备注
I	BM_A	2505 2354				15.352	
	TP_1		0954 0801	1.551 1.553	1.552		
II	TP_1	1553 1668					
	TP_2		1377 1496	0.176 0.172	0.174		
III	TP_2	1340 1190					
	TP_3		2090 1946	−0.750 −0.756	−0.753		
IV	TP_3	0922 1093				16.325	
	TP_3		2014 2187	−1.092 −1.094	−1.093		
V	TP_3	0866 0972					
	BM_A		0762 0870	0.104 0.102	0.103	15.335	
计算检核	Σ	14.463	14.497	−0.034	−0.017	−0.017	
	$\frac{1}{2}(\sum a-\sum b)=-0.017$			$\frac{1}{2}\sum h=-0.017$		−0.017	

（2）双面尺法。双面尺法是仪器的高度不变，而立在前视点和后视点上的水准尺分别用黑面和红面各进行一次读数，测得两次高差，相互进行检核。在每一测站上仪器高度不变，这样可加快观测的速度。立尺点和水准仪的安置同两次仪高法。

在每一测站上，仪器经过粗平后，其观测程序为：① 瞄准后视点水准尺黑面分划→读数；②瞄准前视点水准尺黑面分划→读数；③瞄准前视点水准尺红面分划→读数；④瞄准后视点水准尺红面分划→读数。

其观测顺序简称为"后—前—前—后"，对于尺面分划来说，顺序为"黑—黑—红—红"。若同一水准尺红面与黑面读数（加常数后）之差，不超过 3mm ；且两次高差之差，又未超过 5mm，则取其平均值作为该测站观测高差。否则，需要检查原因，重新观测。

（3）双仪器法。利用两台水准仪同时观测两点的高差，测得两高差之差不应超过规定值。

3. 成果检核（路线校核）

测站检核只能检核一个测站上是否存在错误或误差超限。对于一条水准路线来说，还不足以说明所求水准点的高程精度符合要求。由于温度、风力、大气折光、尺垫下沉和仪器下沉等外界条件引起的误差，尺子倾斜和估读的误差，以及水准仪本身的误差等，虽然在一个测站上反映不很明显，但随着测站数的增多使误差积累，有时也会超过规定的限差。因此，还必须进行整个水准路线的成果检核，以保证测量资料满足使用要求。

其检核方法，按路线分为如下几种：

（1）附合水准路线。如图 2-17（a）所示，从一已知高程的水准点 BM_1 出发，沿各个待定高程的点 1、2、3 进行水准测量，最后附合到另一水准点 BM_2 上，这种水准路线称为附合水准路线。

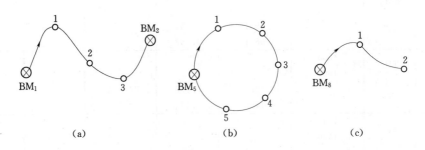

图 2-17　水准路线

（a）附合水准路线；（b）闭合水准路线；（c）支水准路线

路线中各待定高程点间高差的代数和，应等于两个水准点间已知高差。如果不相等，两者之差称为高差闭合差，其值不应超过容许范围，否则，就不符合要求，须进行重测。

（2）闭合水准路线。如图 2-17（b）所示，由一已知高程的水准点 BM_5 出发，沿环线待定高程点 1、…、5 进行水准测量，最后回到原水准点 BM_5 上，称为闭合水准路线。显然，路线上各点之间高差的代数和应等于零，即 $\sum h_{\text{理}}=0$，如果不等于零，便产生高差闭合差 $f_h=\sum h_{\text{测}}-\sum h_{\text{理}}$，其大小不应超过容许值。

（3）支水准路线。如图 2-17（c）所示，由一个已知高程的水准点 BM_8 出发，沿待定点 1 和 2 进行水准测量，既不附合到另外已知高程的水准点上，也不回到原来的水准点上，称为支水准路线。支水准路线应进行往返观测，以资检核。理论上往测高差总和 $\sum h_{\text{往}}$ 与返测高差总和 $\sum h_{\text{返}}$ 两者的绝对值相等而符号相反，则其高差闭合差为

$$f_h=\sum h_{\text{往}}-\sum h_{\text{返}}$$

实际上，通过往、返观测，支水准路线与闭合水准路线形式一致，也可以按闭合路线处理。

（4）水准网。水准网是指由若干条单水准路线相互连接而成的图形。水准网的形式还有附合水准网、独立水准网等多种。

四、水准仪的精度要求

测绘单位和各建设部门，根据各自的实际需要，在研究误差的产生规律和总结经验的基础上，制定了测量的有关规定，规定了适合各种工程或其他用途的各种精度等级的测量闭合差允许范围，即允许误差，又称限差。凡测量成果的误差在限差范围之内时，说明精度符合要求，成果可以使用。否则应查明原因返工重测。凡误差超过限差时称为超限。

第六节　水准测量的内业

水准测量外业工作结束后，要检查手簿，再计算各点间的高差。经检核无误后，才能

进行计算和调整高差闭合差；最后计算各点的高程。以上工作，称为水准测量的内业。

水准测量的数据处理，应符合下列规定。

（1）当每条水准路线分测段施测时，应按式（2-13）计算每千米水准测量的偶然中误差，其绝对值不应超过表2-1中相应等级每千米高差全中误差的1/2。

$$M_\Delta = \sqrt{\frac{1}{4n}\left[\frac{\Delta\Delta}{L}\right]} \qquad (2-13)$$

式中　M_Δ——高差偶然中误差（mm）；

　　　Δ——测段往返高差不符值（mm）；

　　　L——测段长度（km）；

　　　n——测段数。

（2）水准测量结束后，应按式（2-14）计算每千米水准测量高差全中误差，其绝对值不应超过表2-1中相应等级的规定

$$M_W = \sqrt{\frac{1}{n}\left[\frac{WW}{L}\right]} \qquad (2-14)$$

式中　M_W——高差全中误差（mm）；

　　　W——附合或环线闭合差（mm）；

　　　L——计算各W时，相应的路线长度（km）；

　　　n——附合路线闭合环的总个数。

（3）当二、三等水准测量与国家水准点附合时，高山地区除应进行正常水准面不平行修正外，还要进行其重力异常的归算修正。

（4）各等级水准网，应按最小二乘法进行平差并计算每千米高差全中误差。

（5）高程成果的取值，二等水准应精确至0.1mm，三、四、五等水准应精确至1mm。

一、附合水准路线闭合差的计算和调整

各测段的高差如图2-18所示，A、B为两个水准点。A点高程为36.345m，B点高程为39.039m。

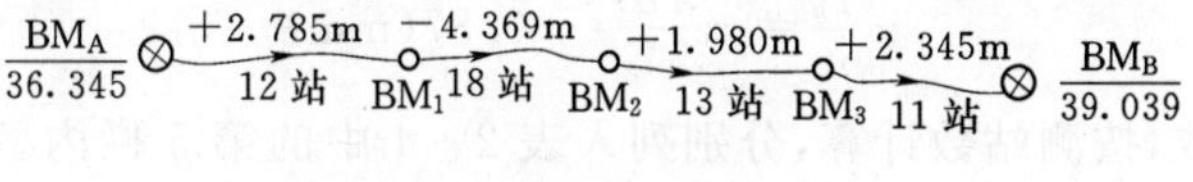

图2-18　附合水准路线

各测段高差之和应等于A、B两点高程之差，即

$$\sum h = H_B - H_A \qquad (2-15)$$

实际上，由于测量工作中存在着误差，使式（2-15）不相等，其差值即为高差闭合差，以符号f_h表示，即

$$f_h = \sum h - (H_B - H_A) \qquad (2-16)$$

高差闭合差可用来衡量测量成果的精度，等外水准测量的高差闭合差容许值，规定为：

平地　　　　　　　　　　$f_{h容} = \pm 40\sqrt{L}\,\text{mm}$

山地　　　　　　　　　　$f_{h容} = \pm 12\sqrt{n}\,\text{mm}$　　　（2-17）

式中　L——水准路线长度（km）；

$\quad\quad n$——测站数。

若高差闭合差不超过容许值，说明观测精度符合要求，可进行闭合差的调整。现以图 2-18 中的观测数据为例，记入表 2-4 中进行计算说明。

表 2-4　　　　　　　　　　　按测站数调整高差闭合差及高程计算表

测段编号	测点	测站数（个）	实测高差（m）	改正数（m）	改正后的高差（m）	高程（m）	备　注
1	2	3	4	5	6	7	8
1	BM_A	12	+2.785	-0.010	+2.775	36.345	
	BM_1					39.120	$H_{BMB}-H_{BMA}=2.694$
2		18	-4.369	-0.016	-4.385		$f_h=\sum h-(H_{BMB}-H_{BMA})=2.741-2.694$
	BM_2					34.745	$\quad\quad=+0.047$
3		13	+1.980	-0.011	+1.969		$\sum n=54$
	BM_3					36.704	$V_i=-\dfrac{f_h}{\sum n}n_i$
4		11	+2.345	-0.010	+2.335		
	BM_B					39.039	
$\sum$		54	+2.741	-0.047	+2.694		

1. 高差闭合差的计算

$$f_h=\sum h-(H_B-H_A)=2.741-(39.039-36.345)$$
$$=+0.047\mathrm{m}$$

设为山地，故　　　　　$f_{h容}=\pm12\sqrt{n}=\pm12\sqrt{54}=\pm88\mathrm{(mm)}$

$|f_h|<|f_{h容}|$，其精度符合要求。

2. 闭合差的调整

在同一条水准路线上，假设观测条件是相同的，可认为各站产生的误差机会是相同的，故闭合差的调整按与测站数（或距离）成正比例反符号分配的原则进行。本例中，测站数 $n=54$，故每一站的高差改正数为

$$-\frac{f_h}{n}=-\frac{47}{54}=-0.87\mathrm{(mm)}$$

各测段的改正数，按测站数计算，分别列入表 2-4 中的第 5 栏内。改正数总和的绝对值应与闭合差的绝对值相等。第 4 栏中的各实测高差分别加改正数后，使得到改正后的高差，列入第 6 栏。最后求改正后的高差代数和，其值应与 A、B 两点的高差（H_B-H_A）相等，否则，说明计算有误。

3. 高程的计算

根据检核过的改正后高差，由起始点 A 开始，逐点推算出各点的高程，列入第 7 栏中。最后算得的 B 点高程应与已知的高程 H_B 相等，否则说明高程计算有误。

二、闭合水准路线闭合差的计算与调整

闭合水准路线各段高差的代数和应等于零，即

$$\sum h=0$$

由于存在着测量误差，必然产生高差闭合差

$$f_h = \sum h \qquad\qquad (2-18)$$

闭合水准路差闭合差的调整方法、容许值的计算，均与附合水准路线相同。

第七节　自动安平水准仪的检验与校正

自动安平水准仪检验和校正包括圆水准器轴平行于仪器的竖轴、十字丝横丝应垂直于仪器竖轴及补偿器的精度要求的检验与校正。

一、圆水准器轴平行于仪器的竖轴的检验与校正

1. 目的

使圆水准轴平行于仪器的竖轴，即当圆水准器气泡居中时，竖轴位于铅垂位置。

2. 检验方法

旋转脚螺旋使圆水准气泡居中，然后将仪器上部绕竖轴旋转180°，若气泡居中，则表示圆水准器轴已平行于竖轴，若气泡偏离中央，则需要校正。

3. 校正

圆水准器校正装置的构造常见的有两种：一种在圆水准器盒底有三个校正螺旋，如图2-19（a）所示，盒底中央有一球面凸出物，它顶着圆水准器的底板，三个校正螺旋则旋入底板拉住圆水准器。当旋紧校正螺旋时，可使水准器的该端降低，旋松时可使该端升高。另一种构造，在盒底可见到四个螺旋，如图2-19（b）所示，中间较大的螺旋用于连接圆水准器盒底板，另三个为校正螺旋，它们顶住圆水准器的底板。当旋紧某一校正螺旋时，水准器该端升高，旋松时则该端下降，气泡移动方向与第一种相反。校正时，无论哪一种构造，当需要旋紧某一校正螺旋时，必须先旋松另两个螺旋，校正完毕时，必须使三个校正螺旋都处于旋紧状态。

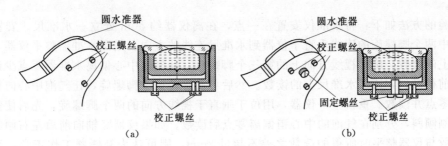

图2-19　圆水准器校正

二、十字丝横丝应垂直于仪器竖轴的检验与校正

1. 目的

使十字丝的横丝垂直于竖轴，这样，当仪器粗略整平后，横丝基本水平，用横丝上任意位置截取的读数均相同。

2. 检验

安置仪器后，先将横丝一端照准一个远处明显的点状目标 P，如图2-20（a）所示。然后固定制动螺旋，转动微动螺旋，如果标志点 P 不离开横丝，如图2-20（b）所示。

则说明横丝垂直竖轴，不需要校正。否则，如图 2-20（c）、(d）所示，则需要校正。

3. 校正

校正方法因十字丝分划板座装置的形式不同而异。打开十字丝分划板的护罩，如图 2-20（e）所示，用螺丝刀松开四个压环螺丝，如图 2-20（f）所示。按横丝倾斜的反方向转动十字丝组件，反复检验。如果目标 P 始终在十字丝横丝上移动，表示横丝已经水平，则校正完成。最后应旋紧被松开的四个压环螺旋。也有卸下目镜处的外罩，用螺丝刀松开分划板座的固定螺丝，拨正分划板座的十字丝组件。

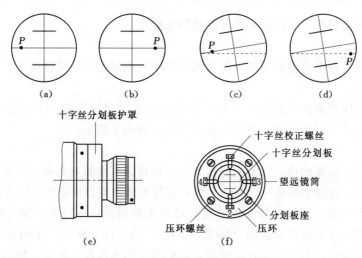

图 2-20　十字丝横丝的检验与校正

三、补偿器的精度

自动安平水准仪只有在补偿范围内，才能起到补偿的作用，所以必须符合补偿器的精度要求。

检验的方法如下：将水准仪安置在一点，在离仪器约 50m 处立一水准尺。安置仪器时使其中两个脚螺旋的连线垂直于仪器到水准尺连线的方向。用圆水准器整平仪器，读取水准尺上的读数。旋转视线方向上的第三个脚螺旋，让气泡中心偏离水准器零点少许，使竖轴向前稍倾斜，读取水准尺上的读数。然后再次旋转这个脚螺旋，让气泡中心向相反方向偏离零点并读数。重新整平仪器，用位于垂直于视线方向的两个脚螺旋，先后使仪器向左右两侧倾斜，分别在气泡的中心稍偏离零点后读数。如果仪器竖轴向前后左右倾斜时所得的读数与仪器整平时所得的读数之差不超过 2mm，则可认为补偿器工作正常，否则应检查原因或送工厂修理。检验时圆水准器气泡偏离的大小，应根据补偿器的工作范围及圆水准器的分划值来决定。例如补偿工作范围为 $\pm 5'$，圆水准器的分划值 $8'$（2mm 弧长所对之圆心角值），则气泡偏离零点不应超过 $5/8 \times 2 = 1.2$(mm)。补偿器工作范围和圆水准器的分划值在仪器说明书中均可查得。

第八节　微 倾 式 水 准 仪

微倾式水准仪按精度分有 DS05、DS1、DS3 和 DS10 等四个等级。DS05、DS1、DS3、DS10 水准仪每公里往返测高差中数的中误差分别为 ± 0.5mm、± 1mm、± 3mm、± 10mm。

　　DS05、DS1 为精密水准仪，主要用于国家一、二等水准测量和精密工程测量；DS3、DS10 为普通水准仪，主要用于国家三、四等水准测量和常规工程建设测量。

　　表2-5列出了不同精度级别水准仪的用途。

表2-5　　　　　　　　　　　　　水准仪分级及主要用途

水准仪系列型号	DS05	DS1	DS3	DS10
每千米往返测高差中数偶然中误差	≤0.5mm	≤1mm	≤3mm	≤10mm
主要用途	国家一等水准测量及地震监测	国家二等水准测量及其他精密水准测量	国家三、四等水准测量及一般工程水准测量	一般工程水准测量

　　建筑工程测量广泛使用 DS3 级水准仪。图2-21所示是我国生产的 DS3 级微倾式水准仪。

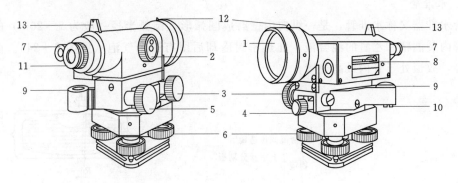

图2-21　DS3 微倾式水准仪

1—物镜；2—物镜调焦螺旋；3—微动螺旋；4—制动螺旋；5—微倾螺旋；6—脚螺旋；7—管水准气泡观察窗；
8—管水准器；9—圆水准器；10—圆水准器校正螺丝；11—目镜；12—准星；13—照门

一、微倾式水准仪的构造

　　微倾式水准仪主要由望远镜、水准器和基座组成。这里主要讲望远镜和管水准器，其他的构造基本与自动安平水准仪相同。

　　1. 望远镜

　　图2-22是 DS3 水准仪望远镜的构造图。

　　十字丝交点与物镜光心的连线，称为视准轴或视线 [图2-22（a）中的 $C-C$]。水

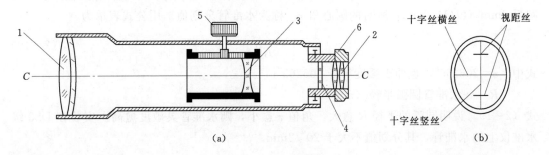

（a）　　　　　　　　　　　　　　　　　（b）

图2-22　望远镜的结构

1—物镜；2—目镜；3—物镜调焦透镜；4—十字丝分划板；5—物镜调焦螺旋；6—目镜调焦螺旋

准测量是在视准轴水平时，用十字丝的中丝截取水准尺上的读数。

图 2-23 为望远镜成像原理图。目标 AB 经过物镜后形成一个倒立而缩小的实像，移动对光凹透镜可使不同距离的目标均能成像在十字丝平面上。再通过目镜，便可看清同时放大了的十字丝和目标影像 $a'b'$。

从望远境内所看到的目标影像的视角与肉眼直接观察该目标的视角之比，称为望远镜的放大率。如图 2-23 所示，从望远镜内看到目标的像所对的视角为 β，用肉眼看目标所对的视角可近似地认为是 α，β 显然大于 α。由于视角放大了，观察者就感到远处的目标移近了，目标看得更清楚了，从而提高了瞄准和读数精度。通常定义 β 与 α 之比为望远镜的放大倍数 V，即 $V=\beta/\alpha$。测量仪器上望远镜的放大率是有一定的限度的，一般在 $20\sim45$ 倍之间，DS3 级水准仪望远镜的放大率一搬不得小于 28 倍。

2. 水准管

管水准器又称水准管，是一纵向内壁磨成圆弧形（圆弧半径一般为 $7\sim20\mathrm{m}$）的玻璃管，管内装酒精和乙醚的混合液，加热密封冷却后留有一个气泡（见图 2-24）。由于气泡较轻，故恒处于管内最高位置。

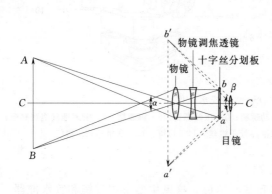

图 2-23 望远镜成像原理

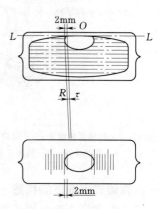

图 2-24 管水准器

水准管上一般刻有间隔为 2mm 的分划线，分划线的中点 O，称为水准管零点（见图 2-24）。通过零点作水准管圆弧的切线，称为水准管轴（图 2-24 中 $L-L$）。当水准管的气泡中点与水准管零点重合时，称为气泡居中；这时水准管轴 LL 处于水平位置。水准管圆弧 2mm（$O'O=2\mathrm{mm}$）所对的圆心角 τ，称为水准管分划值。用公式表示为

$$\tau=\frac{2}{R}\rho \qquad\qquad (2-19)$$

式中 $\rho=206265''$，也即 1 弧度等于 $206265''$；

R——水准管圆弧半径（mm）。

式（2-19）说明圆弧的半径 R 愈大，角值 τ 愈小，则水准管灵敏度愈高。安装在 DS3 级水准仪上的水准管，其分划值不大于 $20''/2\mathrm{mm}$。

二、微倾式水准仪的使用

微倾式水准仪的使用与自动安平水准仪的操作方法基本相同，不同之处在于微倾式水

准仪需要"精平"这一项操作。由于圆水准器的灵敏度较低，所以用圆水准器只能使微倾式水准仪粗略地整平。因此在每次读数前还必须用微倾螺旋使水准管气泡符合，使视线精确整平。由于微倾螺旋旋转时，经常在改变望远镜和竖轴的关系，当望远镜由一个方向转变到另一个方向时，水准管气泡一般不再符合。所以望远镜每次变动方向后，也就是在每次读数前，都需要用微倾螺旋重新使气泡符合。

由于水准仪的厂家或型号不同，导致望远镜有的成正像，有的成倒像，现在的微倾式水准仪多采用倒像望远镜。对于倒像望远镜，所用的水准尺的注记数字是倒写的，这样就使从望远镜中看到的像是正立的。水准标尺的注记是从标尺底部向上增加的，而在望远镜中则变成从上向下增加，因此读数时应从小往大，即从上往下读。先估读毫米数，然后报出全部读数。如图 2 - 25 (a) 为黑面尺的一个读数；完成黑面尺的读数后，将水准标尺纵转180°，立即读取红面尺的读数，见图 2 - 25 (b)，这两个读数之差 6295 - 1608 = 4687 (mm)，正好等于该尺红面注记的零点常数，说明读数正确。

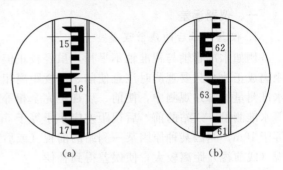

图 2 - 25 水准尺读数示例
(a) 黑面读数 1608；(b) 红面读数 6295

精平和读数虽是两项不同的操作步骤，但在水准测量的实施过程中，却把两项操作视为一个整体。即精平后再读数，读数后还要检查管水准气泡是否完全符合，只有这样，才能使读数正确。

三、微倾式水准仪的检验与校正

根据水准测量原理，水准仪必须提供一条水平视线，才能正确地测出两点间的高差。为此，水准仪应检校的内容有以下三项。

(1) 圆水准器轴 $L'L'$ 应平行于仪器的竖轴 VV（$L'L' /\!/ VV$），当条件满足时，圆水准气泡居中，仪器的竖轴处于铅垂位置，这样仪器转动到任何位置，圆水准气泡都应居中。

(2) 十字丝的中丝（横丝）应垂直于仪器的竖轴，这样，在水准尺上进行读数时，可以用横丝的任何部位读数。

以上两项的检验方法与自动安平水准仪相应项目的检验方法完全相同。

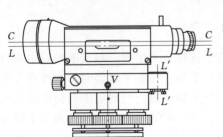

图 2 - 26 水准仪的轴线

(3) 水准管轴 LL 应平行于视准轴 CC（$LL /\!/ CC$）如图 2 - 26 所示。当此条件满足时，水准管气泡居中，水准管轴水平，视准轴处于水平位置。

如果管水准器轴在竖直面内不平行于视准轴，说明两轴存在一个夹角 i。当管水准气泡居中时，管水准器轴水平，而视准轴相对于水平线就倾斜了 i 角。

规范规定，在水准测量工作开始的第一周内应每天测定一次 i 角，i 角稳定后，可以每隔 15 天测定一次，这项检验校正要反复进行，直至 i 角误差小于 $20''$ 为止。

第九节　水准测量的误差分析

测量工作中，由于环境、仪器、人等各种因素的影响，测量成果中不可避免地带有误差。水准测量的误差会影响测量成果的精度，因此，需要分析误差产生的原因，并采取相应的措施消除或减少误差的影响。

水准测量误差包括仪器误差、观测误差和外界条件的影响三个方面。

一、仪器误差

1. 仪器校正后的残余误差

例如水准管轴与视准轴不平行，虽经校正但仍然残存少量误差等。这种误差的影响与距离成正比，只要观测时注意使前、后视距离相等，便可消除或减弱此项误差的影响。在水准测量的每站观测中，使前、后视距完全相等是不容易做到的，因此规范规定，对于四等水准测量，一站的前、后视距差应小于等于 5m，任一测站的前、后视距积累差应小于等于 10m。当因某种原因某一测站的前视（或后视）的距离较大，那么就在下一测站使后视（或前视）距离较大，使误差得到补偿。

2. 水准尺误差

水准尺刻划不准确，尺长变化、弯曲等会影响水准测量的精度，因此，水准尺须经过检验才能使用，不合格的水准尺不能用于测量作业。因此须检验水准尺每米间隔平均真长与名义长之差。规范规定，对于木质标尺，不应大于 0.5mm，否则，应在所测高差中进行尺长改正。此外，由于水准尺长期使用而使底端磨损，或由于水准尺使用过程中粘上泥土，这些相当于改变了水准尺的零点位置，称为水准尺零点误差。它会给测量成果的精度带来影响。至于尺的零点误差，可在一水准测段中使测站为偶数的方法予以消除。

3. 调焦引起的误差

当调焦时，调焦透镜光心移动的轨迹和望远镜光轴不重合，则改变调焦就会引起视准轴的改变，从而改变了视准轴与水准轴的关系。如果在测量中保持前视和后视的距离相等，就可在前视和后视读数过程中不调焦，避免因调焦而引起的误差。

二、观测误差

1. 水准管气泡居中误差

水准测量中要求视线水平，视线水平是以气泡居中或符合为根据，但气泡的居中或符合都是凭肉眼来判断，由于生理条件的限制，不能绝对准确。在整平仪器时，水准管气泡没有精确居中，则水准管轴有一微小倾角，从而引起视准轴倾斜。气泡居中的精度就是水准管的灵敏度，它主要取决于水准管的分划值。一般认为水准管居中的误差约为 0.1 倍分划值，此时它对水准尺读数产生的误差为

$$m = \frac{0.1\tau''}{\rho}s \qquad\qquad (2-20)$$

式中　τ''——水准管的分划值（s）；

$\qquad \rho = 206265''$；

$\qquad s$——视线长。

如果采用符合式水准器，气泡居中的精度可以提高一倍，则上式可写为

$$m = \frac{0.1\tau''}{2\rho}s \qquad (2-21)$$

设水准管分划值 $\tau = \frac{20''}{2}\text{mm}$，$s = 75\text{m}$，则

$$m = \frac{0.1\tau''}{2\rho}s = \frac{0.1 \times 20}{2 \times 206265} \times 75 \times 1000 \approx 0.4(\text{mm})$$

为了减小气泡居中误差的影响，应对视线长加以限制，观测时应使气泡精确地居中或符合。

2. 读数误差

在水准尺上估读毫米数的误差，与人眼的分辨能力、望远镜的放大倍率以及视线长度有关，通常按下式计算

$$m_V = \frac{60''}{V}\frac{D}{\rho''} \qquad (2-22)$$

式中　V——望远镜的放大倍率；

$60''$——人眼的极限分辨能力。

通常在望远镜中十字丝的宽度为厘米分划宽度的十分之一时，能正确估读出毫米数。所以在各种等级的水准测量中，对望远镜放大率和视线长都有一定的要求。此外，在观测过程中还应注意消除视差，并避免在成像不清晰时进行观测。

3. 视差影响

当存在视差时，十字丝平面与水准尺影像不重合，若眼睛观察的位置不同，便读出不同的读数，因而也会产生读数误差。

4. 水准尺倾斜影响水准尺

倾斜将使尺上读数增大，如水准尺倾斜 $3°30'$，在水准尺上 1m 处读数时，将会产生 2mm 的误差；若读数大于 1m，误差将超过 2mm。为使尺能扶直，水准尺上最好装有水准器。没有水准器，测量时可采用摇尺法，读数时，扶尺者将尺的上端在视线方向来回摆动，当视线水平时，观测到的最小读数就是尺扶直时的读数。这种误差在前后视读数中均有可能发生，所以在计算高差时可以抵消一部分。

三、外界条件的影响

（一）仪器下沉和水准尺下沉的影响

1. 仪器下沉

在水准测量过程中，由于仪器和标尺自身的重量会发生下沉现象，而受土地的弹性作用又会使仪器和标尺产生上升。两者的影响是综合性的，但一般情况下，总体表现为下沉。

若仪器下沉量是时间的线性函数，如图 2-27 所示，第一次后视黑面读数为 a_1，当仪器转向前视读数时仪器下沉了一个 Δ，其前视黑面读数为 b_1，则高差和 $h = a_1 - b_1$ 中必然包含误差 Δ。为了减小这种误差影响，在红面读数时先读取前视 b_2，当仪器转向后视读取红面读

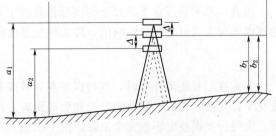

图 2-27　仪器下沉误差

数 a_2 时，仪器又下沉了一个 Δ。

由此可见，黑面读数的高差为 $h_黑 = a_1 - (b_1 + \Delta) = a_1 - b_1 - \Delta$，红面读数的高差为 $h_红 = (a_2 + \Delta) - b_2 = a_2 - b_2 + \Delta$，则

$$h = \frac{1}{2}(h_黑 - h_红) = \frac{1}{2}\left[(a_1 - b_1) + (a_2 - b_2)\right] \qquad (2-23)$$

所以，在一站的高差中消除了 Δ 的影响。但在实际测量中，仪器变动量不可能是时间的线性函数，因此，采用"后—前—前—后"的作业模式只能削弱该项误差对观测成果的影响，但不能完全消除。

2. 水准尺下沉

水准尺的下沉对观测读数的影响表现在两个方面：一是同仪器下沉的影响类似，其影响规律和应采取的削弱措施同上；二是在仪器转站时，转点处的水准尺因下沉而使其在相邻两测站中不同高，则必然造成往测高差增大，返测高差减小。其削弱的办法是将尺垫踩实，转站时可将转点上的水准尺从尺垫上取下，以减小下沉量，并采取往返观测，取往返测高差中数来削弱其影响。

在进行水准测量时，必须选择坚实的地点安置仪器和转点，并尽量加快观测速度，避免仪器和水准尺下沉。

（二）地球曲率及大气折光影响

1. 地球曲率引起的误差

理论上水准测量应根据水准面来求出两点的高差（图 2-28），但视准轴是一直线，因此使读数中含有由地球曲率引起的误差，称为球差改正，用符号 p 表示，即

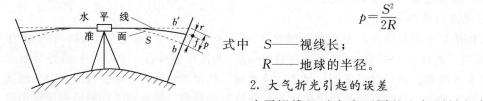

$$p = \frac{S^2}{2R} \qquad (2-24)$$

式中　S——视线长；

　　　R——地球的半径。

2. 大气折光引起的误差

图 2-28　地球曲率引起的误差示意图

水平视线经过密度不同的空气层被折射，一般情况下形成一向下弯曲的曲线，它与理论水平线所得读数之差，就是由大气折光引起的误差，称气差改正，用符号 r 表示（图 2-28）。试验得出：大气折光误差比地球曲率误差要小，是地球曲率误差的 K 倍，在一般大气情况下有 $K = \frac{1}{7}$，故

$$r = K\frac{S^2}{2R} = \frac{S^2}{14R} \qquad (2-25)$$

因此，水平视线在水准尺上的实际读数位于 b'，它与按水准面得出的读数 b 之差，就是地球曲率和大气折光总的影响值，称为球气差改正，又称二差改正，用符号 f 表示。有

$$f = p - r = 0.43\frac{S^2}{R} \qquad (2-26)$$

当前视后视距离相等时，这种误差在计算高差时可自行消除。但是贴近地面的大气折光变化十分复杂，在同一测站的前视和后视距离上就可能不同，所以即使保持前视后视距离相等，大气折光误差也不能完全消除。由于 f 值与距离的平方成正比，所以限制视线的长可以使这种误差大为减小，此外使视线离地面尽可能高些，也可减弱折光变化带来的影响。

3. 温度影响

温度的变化不仅引起大气折光的变化，以及水准管气泡居中的不稳定，而且当烈日照射水准管时，由于水准管本身和管内液体温度的升高，气泡向着温度高的方向移动，而影响仪器水平，产生气泡居中误差。另外，大风可使水准尺竖直不稳，水准仪难以置平。观测时应注意撑伞遮阳，并应避免在大风天气观测。

第十节　其他水准测量工具简介

一、精密水准仪和水准尺

精密水准仪主要用于国家一、二等水准测量和高精度的工程测量中，例如桥梁施工，建筑物沉降观测，大型精密设备安装等测量工作。

1. 精密水准仪的特点

精密水准仪的构造与普通水准仪基本相同，也是由望远镜、水准器和基座三部分组成。其不同点有：①望远镜的放大倍数大，分辨率高，如规范要求 DS1 不小于 38 倍，DS05 不小于 40 倍；②管水准器分划值为 $10''/2\text{mm}$，精平精度高；③望远镜的物镜有效孔径大，亮度好；④望远镜外表材料一般采用受温度变化小的因瓦合金钢，以减小环境温度变化的影响；⑤采用平板玻璃测微器读数，读数误差小；⑥配备精密水准尺。

2. N3 精密水准仪及其读数原理

N3 微倾式精密水准仪（图 2－29），其每 km 往返测高差中数的中误差为 $\pm0.3\text{mm}$。为了提高读数精度，精密水准仪上设有平行玻璃板测微器，N3 的平行玻璃板测微器的结构见图 2－30。

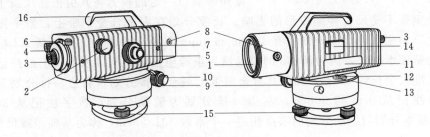

图 2－29　新 N3 精密水准仪

1—物镜；2—物镜调焦螺旋；3—目镜；4—测微器与管水准气泡观察窗；5—微倾螺旋；
6—微倾螺旋行程指示器；7—平行玻璃板测微螺旋；8—平行玻璃板旋转轴；9—制动螺旋；
10—微动螺旋；11—管水准器照明窗口；12—圆水准器；13—圆水准器校正螺丝；
14—圆水准器观察装置；15—脚螺旋；16—手柄

它由平行玻璃板、测微尺，传动杆和测微螺旋等构件组成。平行玻璃板安装在物镜前，它与测微尺之间用带有齿条的传动杆连接，当旋转测微螺旋时，传动杆带动平行玻璃板绕其旋转轴作俯仰倾斜。视线经过倾斜的平行玻璃板时产生上下平行移动，可以使原来并不对准尺上某一分划的视线能够精确对准某一分划，从而读到一个整分划读数（见图 2－30 中的 148cm 分划），而视线在尺上的平行移动量则由测微尺记录下来，测微尺的读数通过光路成像在测微尺读数窗内。

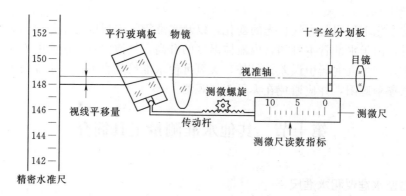

图 2-30 平行玻璃板测微器结构

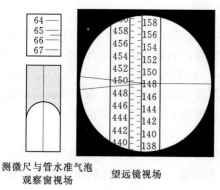

测微尺与管水准气泡
观察窗视场

望远镜视场

图 2-31 N3 的望远镜视场

旋转 N3 的平行玻璃板,可以产生的最大视线平移量为 10mm,它对应测微尺上的 100 个分格。测微尺上 1 个分格等于 0.1mm,如在测微尺上估读到 0.1 分格,则可以估读到 0.01mm。将标尺上的读数加上测微尺上的读数,就等于标尺的实际读数。如图 2-31 的读数为 148+0.655=148.655cm=1.48655m。

3. 精密水准尺(因瓦水准尺)

精密水准尺是在木质尺身的凹槽内引张一根因瓦合金钢带,其中零点端固定在尺身上,另一端用弹簧以一定的拉力将其引张在尺身上,以使因瓦合金钢带不受尺身伸缩变形的影响。长度分划在因瓦合金钢带上,数字注记在木质尺身上,精密水准尺的分划值有 10mm 和 5mm 两种。图 2-32 是与新 N3 精密水准仪配套的精密水准尺,因为新 N3 的望远镜为正像望远镜,所以水准尺上的注记也是正立的。水准尺全长约 3.2m,在因瓦合金钢带上刻有两排分划,右边一排分划为基本分划,数字注记从 0cm 到 300cm,左边一排分划为辅助分划,数字注记从 300cm 到 600cm,基本分划与辅助分划的零点相差一个常数 301.55cm,称为基辅差或尺常数。

二、电子水准仪和条纹编码水准尺

1. 电子水准仪

电子水准仪又叫数字水准仪,由基座、水准器、望远镜及数据处理系统组成。电子水准仪是以自动安平水准仪为基础,在望远镜光路中增加了分光镜和探测器(CCD),并采用条纹编码标尺和图像的处理电子系统而构成光机电一体化的高科技产品。

电子水准仪内置应用软件,可以自动完成读数、记录和计算,可通过数据通讯将数据传输到计算机内进行后续处理,也可以通过远程通讯将已测得的成果直接传输给用户。

2. 条纹编码水准尺

与数字水准仪配套的条码水准尺一般为因瓦带尺、玻璃钢或铝合金制成的单面或双面尺,形式有直尺和折叠尺两种,规格有 1m、2m、3m、4m、5m 几种,尺子的分划一面为二进制伪随机码分划线或规则分划线,其外形类似于一般商品外包装上印制的条纹码,(图2-33)与数字水准仪配套的条码水准尺,它用于数字水准测量;双面尺的另一面为长度单位的分划线,用于普通水准测量。

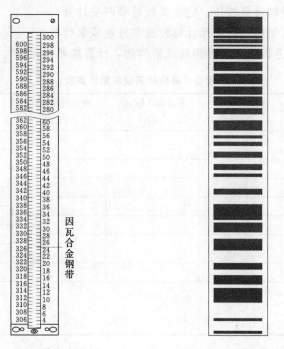

图2-32 精密水准尺　　　　图2-33 编码水准尺

三、激光水准仪

激光是基于物质受激辐射原理所产生的一种新型光源。例如氦-氖(He-Ne)气体激光器发射波长为 $0.628\mu m$ 的橙红色单色光,其发射角约为 $1\sim3mrad$ (毫弧度),经望远镜发射后,发散角又可减小数十倍,从而形成一条连续可见的光束。

激光水准仪,一般是在原来水准仪结构基础上,安装 He-Ne 激光器。由激光器发出的激光经过棱镜和透镜的作用,使激光轴与视准轴共轴,因而激光水准仪的望远镜既能发射激光束又能保持一般水准仪望远镜的性能。若在水准尺上配备能跟踪的光电接收装置,既可进行激光水准测量,又可用于建筑场地及造船工业等大型构件装配中的水平面和水平线放样。

思 考 题 与 习 题

1. 用水准仪测定 A、B 两点间高差,已知 A 点高程为 $H_A=12.658m$,A 尺上读数为 1526mm,B 尺上读数为 1182mm,求 A、B 两点间高差 h_{AB} 为多少?B 点高程 H_B 为多少?绘图说明。

2. 何谓视准轴?何谓视差?产生视差的原因是什么?怎样消除视差?

3. 水准仪上的圆水准器的作用?圆水准器轴是怎样定义的?

4. 自动安平水准仪的使用方式主要分几步?

5. 转点在水准测量中起什么作用?

6. 水准测量时,注意前、后视距离相等,这样可消除哪几项误差?

7. 试述水准测量的计算校核。它主要校核哪两项计算?

8. 水准测量中,怎样进行记录计算校核和外业成果校核?

9. 在表 2−6 中进行附合水准测量成果整理,计算高差改正数、改正后高差和高程。

表 2−6   附合水准路线测量成果计算表

点号	路线长 L （km）	观测高差 h_i （m）	高差改正数 v_{h_i} （m）	改正后高差 h'_i （m）	高程 H （m）	备 注
BM$_A$	1.5	+4.362			7.967	已知
1	0.6	+2.413				
2	0.8	−3.121				
3	1.0	+1.263				
4	1.2	+2.716				
5	1.6	−3.715				
BM$_B$					11.819	已知
Σ						

$$f_h = \Sigma h - (H_B - H_A) = \qquad f_{h容} = \pm 40 \sqrt{L} =$$

$$v_{1km} = -\frac{f_h}{\Sigma L} = \qquad \Sigma v_{h_i} =$$

10. 如图 2−34 所示,A、B 为已知水准点,$H_A = 167.456$m,$H_B = 170.151$m,各测段的高差分别为 h_1、h_2、h_3、h_4。计算并调整该路线的高差闭合差,求出路线中各点高程。(高差闭合差按普通水准测量计算,限差为:$f_{h容} = \pm 40 \sqrt{L}$,请写出具体的计算步骤,并把结果填于计算表 2−7 中)。

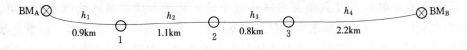

图 2−34

表 2−7   附合水准测量观测记录手簿

水准点 编号	距离 L （km）	高差 （m）	改正数 （mm）	改正后高差 （m）	高程 （m）	水准点 编号
BM$_A$	0.9	+3.896			167.456	BM$_A$
1	1.1	−5.480				1
2	0.8	+3.091				2
3	2.2	+1.234				3
BM$_B$					170.151	BM$_B$

第三章 角 度 测 量

在确定地面点的位置时,常常要进行角度测量。角度测量最常用的仪器是经纬仪。

角度测量分为水平角测量与竖直角测量。水平角测量用于计算点的平面位置,竖直角测量用于测定高差或将倾斜距离改化成水平距离。

本章主要讲述角度测量的基本原理、电子经纬仪的构造及使用、角度测量方法、电子经纬仪的检验与校正、水平角测量的误差来源及注意事项,最后介绍光学经纬仪的构造及使用。

第一节 水平角测量原理

设 A、B、C 为地面上任意三点。B 为测站点,A、C 为目标点,则从 B 点观测 A、C 的水平角为 BA、BC 两方向线垂直投影在水平面 Q 上所成的 $\angle A_1 B_1 C_1$,如图 3-1 所示。也可以说,地面上一点到两目标的方向线间所夹的水平角,就是过这两方向线所作两竖直面间的二面角。

为了测出水平角的大小,以过 B 点的铅垂线上任一点 O 为中心,水平地放置一个带有刻度的圆盘,通过 BA、BC 各作一竖直面,设这两个竖直面在刻度盘上截取的读数分别为 a 和 c,则所求水平角之值为

$$\beta = c - a \qquad (3-1)$$

根据以上分析,用于水平角观测的经纬仪须有一刻度盘和在刻度盘上读数的指标。观测水平角时,刻度盘中心应安放在过测站点的铅垂线上,并能使之水平。为了瞄准不同方向,经纬仪的望远镜应能沿水平方向转动,也能高低俯仰。当望远镜高低俯仰时,其视准轴应划出一竖直面,这样才能使得在同一竖直面内高低不同的目标有相同的水平度盘读数。

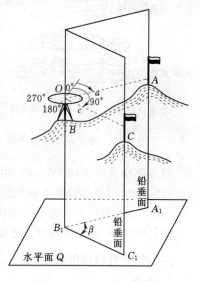

图 3-1 水平角测量原理

第二节 电子经纬仪

一、经纬仪概述

经纬仪的种类繁多,如按读数系统区分,可以分成光学经纬仪、游标经纬仪和电子经纬仪等。现在使用的大多是电子经纬仪。电子经纬仪主要特点是:

（1）使用电子测角系统，能将测量结果自动显示出来，实现了读数的自动化和数字化。

（2）可与测距仪连接，组成组合式全站仪，联机和使用均十分方便。

（3）可与电子手簿连接，完成野外数据的自动采集，组成多功能全站仪。

（4）按键操作简单，仅6个功能键即可实现任一功能，并且可以将测距仪的距离数据显示在电子经纬仪的显示器上。

（5）黑暗场亦可操作，望远镜十字丝和显示屏有照明光源，便于在黑暗环境中操作。

一般以其精度来划分经纬仪，分为1″、2″、6″级等级别。例如ET—02电子经纬仪属于2″级经纬仪，即一测回方向观测中误差为2″。

电子经纬仪自1968年面世以来，发展很快，有不同的设计原理和众多的型号。精度已达0.5″以内，堪称方便、快捷、精确，但价格较昂贵。

二、电子经纬仪的构造

各种型号的电子经纬仪的构造大致相同。它主要由基座和照准部两部分组成，如图3-2所示。

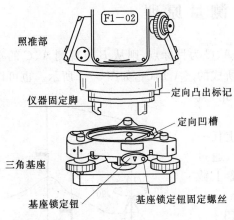

照准部

仪器固定脚

三角基座

定向凸出标记

定向凹槽

基座锁定钮

基座锁定钮固定螺丝

图3-2 电子经纬仪的构造

1. 基座

基座用来支承整个仪器，并借助中心螺旋使经纬仪与脚架结合。其上有三个脚螺旋，用来整平仪器。竖轴轴套与基座固连在一起。轴座连接螺旋拧紧后，可将照准部固定在基座上，使用仪器时，切勿松动该螺旋，以免照准部与基座分离而坠落。

2. 照准部

照准部的旋转轴，插在竖轴轴套内旋转，其几何中心线称竖轴。照准部上有支架，望远镜旋转轴颈，望远镜，横轴，望远镜制动螺旋，望远镜微动螺旋，竖直度盘。

照准部在水平方向的转动，由水平制动、水平微动螺旋控制；望远镜在纵向的转动，由望远镜制动、望远镜微动螺旋控制；照准部上有管状水准器，用以整平仪器。

图3-3是ET—02电子经纬仪，其各部件名称已注记在图上。

仪器使用NiMH高能可充电电池供电，充满电的电池可供仪器使用8～10h。

三、电子经纬仪的使用

1. 开机

仪器面板如图3-4所示，右上角的［PWR］键为电源开关键。

当仪器处于关机状态时，按下该键2s后可打开仪器电源；当仪器处于开机状态时，按下该键2s后可关闭仪器电源。仪器在测站上安置好后，打开仪器电源时，在显示窗中字符"HR"的右边显示的是当前视线方向的水平度盘读数，在显示窗中字符"V"的右边将显示"OSET"字符，它提示用户应指示竖盘指标归零，如图3-5所示。将望远镜置于盘左位置，向上或向下转动望远镜，当其视准轴通过水平视线位置时，显示窗中字符"V"右边的字符"OSET"将变成当前视准轴方向的竖直度盘读数值，即可进行角度测量。

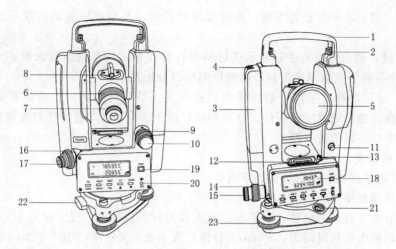

图 3-3　ET—02 电子经纬仪

1—手柄；2—手柄固定螺丝；3—电池盒；4—电池盒按钮；5—物镜；6—物镜调焦螺旋；7—目镜调焦螺旋；

8—光学瞄准器；9—望远镜制动螺旋；10—望远镜微动螺旋；11—光电测距仪数据接口；12—管水准器；

13—管水准器校正螺丝；14—水平制动螺旋；15—水平微动螺旋；16—光学对中器物镜调焦螺旋；

17—光学对中器目镜调焦螺旋；18—显示窗；19—电源开关键；20—显示窗照明开关键；

21—圆水准器；22—轴套锁定钮；23—脚螺旋

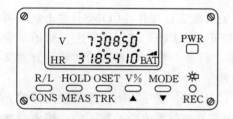

图 3-4　电子经纬仪操作面板

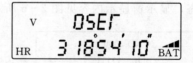

图 3-5　电子经纬仪开机显示内容

2. 键盘功能

除了电源开关键［PWR］，其余 6 个键都具有两种功能。一般情况下，仪器执行按键上方注记文字的第一功能（测角操作），如果先按［MODE］键，然后再按其余各键，则执行按键下方所注记文字的第二功能（测距操作）。下面只介绍第一功能键的操作。

［R/L］键：显示右旋/左旋水平角选择键，按［R/L］键，可以使仪器在右旋和左旋之间切换。右旋等价于水平度盘为顺时针注记，左旋等价于水平度盘为逆时针注记。打开仪器电源时，仪器自动处于右旋状态，此时，显示窗水平度盘读数前的字符为"HR"，表示右旋；按［R/L］键，仪器处于左旋，显示窗水平度盘读数前的字符为"HL"。

［HOLD］键：水平度盘读数锁定键。连续按该键两次，当前的水平度盘读数被锁定，此时转动照准部时，水平度盘读数值保持不变，再按一次［HOLD］键则解除锁定。该功能可以将所照准目标方向的水平度盘读数设置为已知角度值，其操作方法是，先转动照准部，当水平度盘读数接近已知角度值时，旋紧水平制动螺旋，转动水平微动螺旋，使水平度盘读数精确地等于已知角度值；连续按［HOLD］键两次，锁定水平度盘读数，精确照准目标后，再按一次［HOLD］键解除锁定，即完成水平度盘设置

工作。

[OSET] 键：水平度盘置零键。连续按该键两次，当前视线方向的水平度盘读数被置零。

[V％] 键：竖直角以角度制显示或以斜率百分比显示切换键。按该键，可以使显示窗中"V"字符后竖直角以角度制显示或以斜率百分比显示。

☼─键：显示窗和十字丝分划板照明切换开关。照明灯关闭时，按该键则打开照明灯；再按一次该键，则关闭照明灯。打开照明灯后 10s 内如没有进行任何按键操作，仪器自动关闭照明灯，以节省电源。

3. 仪器的设置

ET—02 电子经纬仪可以设置如下内容：

(1) 角度测量单位：360°（出厂设为 360°）。

(2) 竖直角 0 方向的位置：水平为 0°或天顶为 0°（仪器出厂设天顶为 0°）。

(3) 自动断电关机时间为：30min（分钟）或 10min（分钟）（出厂设为 30min）。

(4) 角度最小显示单位：1″或 5″（出厂设为 1″）。

(5) 竖盘指标零点补偿选择：自动补偿或不补偿（出厂设为自动补偿）。（无自动补偿的仪器此项无效）。

(6) 水平角读数经过 0°、90°、180°、270°象限时蜂鸣或不蜂鸣（出厂设为蜂鸣）。

(7) 选择不同类型的测距仪连接（出厂设置为与南方测绘公司的 ND3000 红外测距仪连接）。

如果用户要修改上述仪器设置内容，可以在关机状态，按住 [CONS] 键不放，再按住 [PWR] 键 2s 打开电源开关，至三声蜂鸣后松开 [CONS] 键。仪器进入初始设置模式状态，显示窗显示内容见图 3-6 所示。其中第二行 8 个数位所表示的初始设置意义见图 3-7 所示。

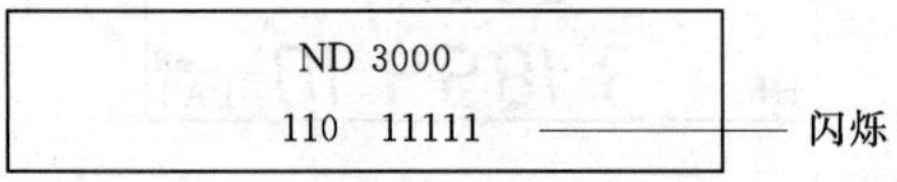

按 [MEAS] 或 [TRK] 键可使闪烁的光标向左或向右移动到要改变的数字位，按▲或▼键可使闪烁的数字在 0 与 1 间变化，该数字所代表的设置内容在显示器上行以字符代码的形式予以提示。设置完成后按 [CONS] 键予以确认，即可退出设置状态，返回正常测量模式。

图 3-6 电子经纬仪开机设置显示内容

四、电子经纬仪的读数系统

电子经纬仪读数系统采用了电子测角系统和液晶显示。

电子测角系统从度盘上取得电信号，再转换成数字，并将测量结果储存在微处理器内，根据需要自动显示在显示屏上，实现了读数的自动化和数字化。

五、电子经纬仪的测角原理

电子经纬仪的测角系统有三种：编码度盘测角系统、光栅度盘测角系统和动态测角系统。

1. 编码度盘测角原理

编码度盘属于绝对式度盘，即度盘的每一个位置均可读出绝对的数值。如图 3-8 所示为一编码度盘。整个圆盘被均匀地分成 16 个扇形区间，每个扇形区间由里到外分成四个环带，称为四条码道。图中黑色部分表示透光区，白色部分表示不透光区。透光表示二

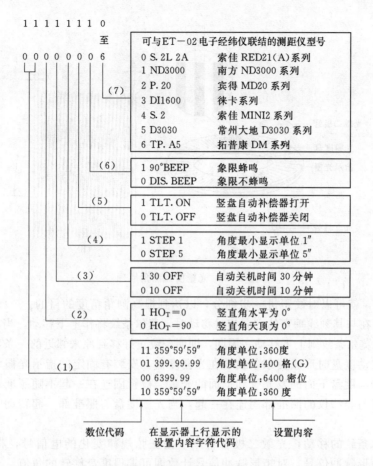

图 3-7　电子经纬仪的设置内容

进制代码"1"，不透光表示"0"。这样通过各区间的四条码道的透光和不透光，即可由里向外读出四位二进制数来。利用这样一种度盘测量角度，关键在于识别照准方向所在的区间。例如，已知角度的起始方向在区间 1 内，某照准方向在区间 8 内，则中间所隔六个区间所对应的角值即为该角角值。

2. 光栅度盘测角原理

如图 3-9（a）所示，在玻璃圆盘的径向，均匀地按一定的密度刻划有交替的透明与不透明的辐射状条纹，条纹与间隙的宽度均为 a，这就构成了光栅度盘。

图 3-8　编码度盘

如图 3-9（b）所示，如果将两块密度相同的光栅重叠，并使它们的刻线相互倾斜一个很小的角度 θ，就会出现明暗相间的条纹，这种条纹称莫尔条纹。莫尔条纹的特性是：两光栅的倾角 θ 越小，相邻明、暗纹间的间距 w（简称纹距）就越大，其关系为

$$w=\frac{d}{\theta}\rho'$$

式中，θ 的单位为（'），$\rho'=3438$。例如，当 $\theta=20'$ 时，$w=172d$，即纹距 w 比栅距 d 大

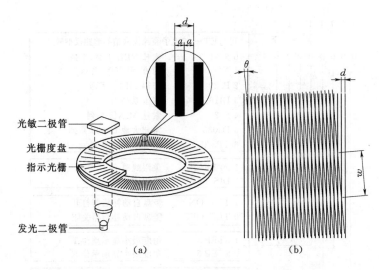

图 3-9　光栅度盘测角原理

172 倍。这样，就可以对纹距进一步细分，以达到提高测角精度的目的。

当两光栅在与其刻线垂直的方向相对移动时，莫尔条纹将作上下移动。当相对移动一条刻线距离时，莫尔条纹则上下移动一周期，即明条纹正好移到原来邻近的一条明条纹上。

为了在转动度盘时形成莫尔条纹，在光栅度盘上安装有固定的指示光栅。

指示光栅与度盘下面的发光管和上面的光敏二极管固连在一起不随照准部转动。

光栅度盘与经纬仪的照准部固连在一起，当光栅度盘与照准部一起转动时，即形成莫尔条纹。

随着莫尔条纹的移动，光敏二极管将产生按正弦规律变化的电信号，将此电信号整形，可变为矩形脉冲信号，对矩形脉冲信号计数即可求得度盘旋转的角值。

测角时，在望远镜瞄准起始方向后，可使仪器中心的计数器为 0°（度盘置零）。在度盘随望远镜瞄准第二个目标的过程中，对产生的脉冲进行计数，并通过译码器化算为度、分、秒送显示窗口显示出来。

3. 动态测角原理

如图 3-10 所示，度盘刻有 1024 个分划，每个分划间隔包括一条刻线和一个空隙

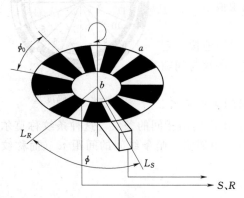

图 3-10　动态测角原理

（刻线不透光，空隙透光），其分划值为 ϕ。测角时度盘以一定的速度旋转，因此称为动态测角。度盘上装有两个指示光栏，L_S 为固定光栏，L_R 可随照准部转动，为可动光栏。两光栏分别安装在度盘的内、外缘。测角时，可动光栏 L_B 随照准部旋转，L_S 和 L_R 之间构成角度 ϕ。度盘在电动机带动下以一定的速度旋转，其分别被光栏上 L_S 和 L_R 扫描而计取两个光栏之间的分划数，从而求得角度值。

瑞士徕卡公司威尔特厂生产的 T—2002 型即采用动态测角系统。

第三节 水平角观测

一、仪器的安置、对中和整平

1. 安置三脚架和仪器

选择坚固地面放置脚架之三脚，架设脚架头至适当高度，以方便观测操作。将垂球挂在三脚架的挂钩上，使脚架头尽量水平地移动脚架位置并让垂球粗略对准地面测量中心，然后将脚尖插入地面使其稳固。检查脚架各固定螺丝固紧后，将仪器置于脚架头上并用中心连接螺丝联结固定。

2. 对中

对中的目的是使仪器的中心与测站位于同一铅垂线上。

用垂球对中和光学对中器对中的操作程序是不一样的，分别介绍如下：

（1）使用垂球对中法安置经纬仪。

1）将垂球挂在连接螺旋中心的挂钩上，调整垂球线长度使垂球尖略高于测站点。

2）粗对中与粗平：平移三脚架（应注意保持三脚架头面基本水平），使垂球尖大致对准测站点的中心，将三脚架的脚尖踩入土中。

3）精对中：稍微旋松连接螺旋，双手扶住仪器基座，在架头上移动仪器，使垂球尖准确对准测站点后，再旋紧连接螺旋。垂球对中的误差应小于3mm。

4）精平：旋转脚螺旋使圆水准气泡居中，转动照准部，旋转脚螺旋，使管水准气泡在相互垂直的两个方向上居中。

（2）使用光学对中器对中。光学对中器也是一个小望远镜。

1）调整仪器三个脚螺旋使圆水准器气泡居中。通过对中器目镜观察，调整目镜环，使对中分划标记清晰。

2）调整对中器的调焦手轮，直至地面测量标志中心清晰并与对中分划标记在同一成像平面内。

3）松开脚架中心螺丝（松至仪器能移动即可），通过光学对中器观察地面标志，小心地平移仪器（勿旋转），直到对中十字丝（或圆点）中心与地面标志中心重合。

4）再调整脚螺旋，使圆水准器的气泡居中。

5）再通过光学对中器，观察地面标志中心是否与对中器中心重合，否则重复3）和4）操作，直至重合为止。

6）确认仪器对中后，将中心螺丝旋紧固定好仪器。

光学对中的精度比垂球对中的精度高。在风力较大的情况下，垂球对中的误差将会较大，这时应使用光学对中法安置仪器。

3. 整平

整平是利用基座上三个脚螺旋（或称整平螺旋）使照准部水准管气泡居中，从而使竖轴竖直和水平度盘水平。

（1）整平时，先旋转仪器照准部让长水准器与任意两个脚螺旋连线平行，调整这两个脚螺旋1和2 ［图3-11 （a）］，使长水准器气泡居中。调整两个脚螺旋时，旋转方向应相反。

（2）再将照准部转动 90°，如图 3-11（b）所示，使水准管与 1、2 两脚螺旋连线垂直，转动第 3 个脚螺旋，使水准管气泡居中。

（3）重复上述两个步骤，使长水准器在该两个位置上气泡都居中。

（4）在初始位置将照准部转动 180°，如果气泡居中并且照准部转动至任何方向都居中，则长水准器安置正确且仪器已整平。

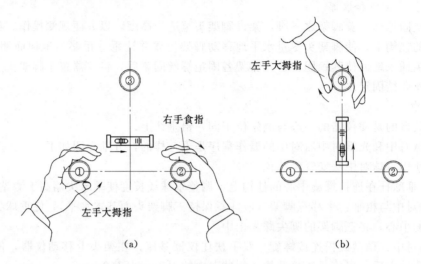

图 3-11　照准部管水准器整平方法

4. 望远镜目镜调整和目标照准

测角时的照准标志，一般是竖立于测点的标杆、测钎如图 3-12 所示。

望远镜瞄准目标的操作步骤如下：

（1）目镜对光。松开望远镜制动螺旋和水平制动螺旋，将望远镜对向明亮的背景（如白墙、天空等，注意不要对向太阳），转动目镜使十字丝清晰。

（2）粗瞄目标。用望远镜上的粗瞄器瞄准目标，使目标成像在望远镜视场中近于中央部位，旋紧制动螺旋，转动物镜调焦螺旋使目标清晰并注意消除视差，旋转水平微动螺旋和望远镜微动螺旋，精确瞄准目标。瞄准目标时，应尽量瞄准目标底部，可用十字丝竖丝的单线平分目标，也可用双线夹住目标，如图 3-13 所示。

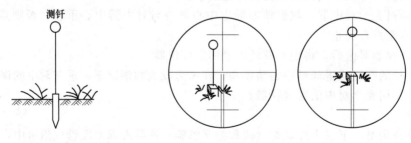

图 3-12　测钎　　　　图 3-13　水平角瞄准照准标志的方法

二、水平角的读数显示

1. 水平角测量（HR 或 HL）

（1）设置水平角右旋为 0 测量方式（HR）。顺时针方向转动照准部（HR），以十字丝中心照准目标 A，按两次 ［0 SET］键，目标 A 的水平角度设置为 0°00′00″，作为水平角起算的零方向。照准目标 A 时的具体步骤及显示为：

$$
\boxed{\begin{array}{l} V\quad 93°20′30″ \\ HR\ 10°50′40″ \end{array}} \xrightarrow{\overset{\text{按两次}}{\boxed{\text{0 SET}}\ 键}} \boxed{\begin{array}{l} V\quad 93°20′30″ \\ HR\ 0°00′00″ \end{array}}
$$

——A 方向竖直角（天顶距）值
——A 方向水平角已置"0"

顺时针方向转动照准部（HR），以十字丝中心照准目标 C 时显示为：

$$
\boxed{\begin{array}{l} V\quad 91°05′10″ \\ HR\ 50°10′20″ \end{array}}
$$

——C 方向竖直角（天顶距）值
——AC 方向间右旋水平角值

（2）按 ［R/L］键后，水平角设置成左旋测量方式（HL、V）。逆时针方向转动照准部（HL），以十字丝中心照准目标 A，按两次 ［0 SET］键将 A 方向水平角置"0"。步骤和显示结果与（1）之 A 目标相同。

逆时针方向转动照准部（HL），以十字丝中心照准目标 C 时显示如下：

$$
\boxed{\begin{array}{l} V\quad 91°05′10″ \\ HR\ 309°49′40″ \end{array}}
$$

——C 方向竖直角（天顶距）值
——AC 方向间左旋水平角值

2. 水平角锁定与解除（HOLD）

在观测水平角过程中，若需保持所测（或对某方向需预置）水平角时，按 ［HOLD］键两次即可。水平角被锁定后，显示左下角"HRL"符号闪烁，再转动仪器水平角也不发生变化。当照准至所需方向后，再按 ［HOLD］键一次，解除锁定功能，此时仪器照准方向的水平角就是原锁定的水平角值。

3. 水平角象限鸣响设置

（1）照准定向的第一个目标，按 ［0 SET］键两次，使水平角置"0"。

（2）将照准部转动约 90°，至有鸣响时停止，显示：HR 89°59′20″。

（3）旋紧水平制动手轮，用微动手轮使水平读数显示为：HR 90°00′00″，用望远镜十字丝确定象限目标点方向。

（4）用同样的方法转动照准部确定 180°、270°的象限目标点方向。

三、水平角观测方法

水平角观测方法，一般根据测量工作要求的精度、使用的仪器和观测目标的多少而定。现将常用的两种方法分述如下。

1. 测回法

这种方法用于观测两个方向之间的单角。如图 3-14 所示，欲测量 B-A 与 B-C 两个方向间的水平角，先在测站点 B 上安置仪器，在 A、C 点上设置观测标志，具体观测步骤如下：

（1）盘左位置（竖盘在望远镜左边，又称正镜）用前述方法精确瞄准左方目标点 A，置零读取水平度盘读数如 0°00′00″，记入测回法观测手簿（表 3-1）第 4 栏的相应位置。

（2）松开水平制动螺旋，转动照准部，同

图 3-14 测回法观测水平角

法瞄准右方目标点 C，读取水平度盘读数如 $133°33'00''$，同样记入手簿的第 4 栏中。以上称上半测回。上半测回水平角值 $\beta_L=133°33'00''-0°00'00''=133°33'00''$，记入第 5 栏中。

（3）松开望远镜制动螺旋，纵转望远镜成盘右位置（竖盘在望远镜右边，亦称倒镜），按上述方法先瞄准右方目标点 C，读取水平度盘读数 $313°33'21''$，再瞄准左方目标点 A，读取水平度盘读数 $180°00'00''$。将读数分别记入手簿第 4 栏。以上称下半测回。其角值 $\beta_R=313°33'21''-180°00'00''=133°33'21''$，记入手簿第 5 栏。

上、下半测回合称一测回。一测回角值为

$$\beta=\frac{1}{2}(\beta_L+\beta_R)$$

本例中 $\beta=\frac{1}{2}(133°33'00''+133°33'21'')=133°33'10''$。

同一测回中，上、下半测回角值之差和各测回间角值之差均不应大于相应细则、规范所规定之容许值，否则应重测。如各较差合乎要求，则分别取平均值记入表 3-1 的第 6、7 栏中。

表 3-1　　　　　　　　　　　　　测 回 法 观 测 手 簿

测站	测回	竖盘位置	目标	水平度盘读数 (° ′ ″)	半测回角值 (° ′ ″)	一测回角值 (° ′ ″)	各测回平均角值 (° ′ ″)	备注
0	1	2	3	4	5	6	7	8
B	第一测回	左	A	0 00 00	133 33 00	133 33 10	133 33 12	
			C	133 33 00				
		右	A	180 00 00	133 33 21			
			C	313 33 21				
	第二测回	左	A	0 00 00	133 33 17	133 33 14		
			C	133 33 17				
		右	A	180 00 00	133 33 11			
			C	313 33 11				

当测角精度要求较高时，往往要观测几个测回。

2. 方向观测法

方向观测法简称方向法，适用于观测两个以上的方向。当方向多于三个时，每半测回都从一个选定的起始方向（零方向）开始观测，在依次观测所需的各个目标之后，应再次观测起始方向（称为归零）称为全圆方向法。其操作步骤如下：

（1）如图 3-15 所示，安置经纬仪于 O 点，盘左位置，观测所选定的起始方向 A，置零，读取水平度盘读数 $a(0°00'00'')$ 记入表 3-2 的第 4 栏。

（2）顺时针方向转动照准部，依次瞄准 B、C、D 各点，分别读取读数 $b(57°33'07'')$，$c(98°30'18'')$，$d(142°22'45'')$，同样记入表 3-2 的第 4 栏。

（3）为了校核再次瞄准目标 A，读取读数 $a'(0°00'00'')$，此次观测称归零。读数记入第 4 栏。a 与 a' 之差的绝对值称上半测回归零差，归零差不超过表 3-3 的规定，则进行下半测回观测，如归零差超限，此时半测回应重测。上述操作

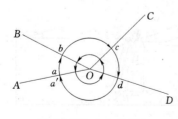

图 3-15　方向观测法

称上半测回。

（4）纵转望远镜成盘右位置。逆时针方向依次瞄准 A、D、C、B、A 各点，并将读数记入表 3 - 2 的第 5 栏，称下半测回。

表 3 - 2　　　　　　　　　　　方向观测法观测手簿

测站	测回	目标	水平度盘读数		2c	平均读数 (° ′ ″)	归零后的方向值 (° ′ ″)	各测回归零方向值的平均值 (° ′ ″)	备注
			盘左 (° ′ ″)	盘右 (° ′ ″)					
1	2	3	4	5	6	7	8	9	10
0	1	A	0 00 00	180 00 12	−12	(0 00 05) 0 00 06	00 00 00	00 00 00	
		B	57 33 07	237 33 00	+7	57 33 04	57 32 59	57 33 10	
		C	98 30 18	278 30 09	+9	98 30 14	98 30 09	98 30 20	
		D	142 22 45	322 22 37	+8	142 22 41	142 22 36	142 22 38	
		A	0 00 06	180 00 02	+4	0 00 04			
	2	A	0 00 00	180 00 05	−5	(0 00 04) 0 00 03	00 00 00		
		B	57 33 27	237 33 21	+6	57 33 24	57 33 20		
		C	98 30 41	278 30 31	+10	98 30 36	98 30 32		
		D	142 22 47	322 22 39	+8	142 22 43	142 22 39		
		A	0 00 07	180 00 03	+4	0 00 05			

如需观测几个测回，则各测回可按 $180°/n$ 变动水平度盘起始位置。

现就表 3 - 2 说明全圆方向法的计算步骤：

（1）计算两倍照准差（2c）值

$$2c = 盘左读数 - （盘右读数 \pm 180°）$$

上式中盘右读数大于 $180°$ 时取 "−" 号，盘右读数小于 $180°$ 时取 "＋"。按各方向计算 2c 并填入第 6 栏。方向观测法的技术要求见表 3 - 3 中的规定。超过限差时，应在原度盘位置上重测。

（2）计算各方向的平均读数

$$平均读数 = \frac{1}{2}[盘左读数 + （盘右读数 \pm 180°）]$$

计算的结果称为方向值，填入第 7 栏。括号内为两个起始方向平均值的平均值。

（3）计算归零后的方向值。将各方向的平均读数减去起始方向的平均读数（括号内），即得各方向的归零方向值。填入第 8 栏。起始方向的归零值为零。

（4）计算各测回归零后方向值的平均值。取各测回同一方向归零后的方向值的平均值作该方向的最后结果，填入第 9 栏。在取平均值之前，应计算同一方向归零后的方向值各测回之间的差数有无超限，如果超限，则应重测。

（5）计算各目标间水平角值。将第 9 栏中相邻两方向值相减即可求得，注于第 10 栏略图的相应位置。

方向观测法有三项限差规定：半测回归零差、一测回内 2c 互差和各测回同一归零方向值互差。表3-3列出了相应限差。

表 3 - 3　　　　　　　方向观测法的各项限差

等级	仪器精度等级	光学测微器两次重合读数之差 (″)	半测回归零差 (″)	一测回内 $2c$ 互差 (″)	同一方向值各测回较差 (″)
四等及 以上	1″级仪器	1	6	9	6
	2″级仪器	3	8	13	9
一级及 以下	2″级仪器	—	12	18	12
	6″级仪器	—	18	—	24

第四节　竖直角观测

一、竖直角测量原理

竖直角是同一竖直面内视线与水平线间的夹角。其角值为0°～90°。如图3-16表示一个竖直剖面，$O—O'$为水平线。视线向上倾斜，竖直角为仰角，符号为正；视线向下倾斜，为俯角，符号为负。

二、竖直角的读数显示

1. 竖直角的零方向设置

竖直角在作业开始前就应依作业需要而进行初始设置，选择天顶方向为0°或水平方向为0°。一般出厂设置为天顶为零方向。两种设置的竖盘结构如图3-17所示。

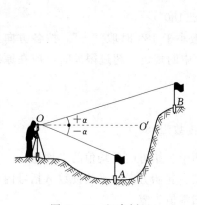

图 3-16　竖直剖面

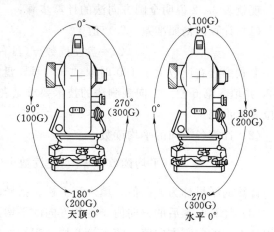

图 3-17　竖直角的零方向设置

2. 天顶距与垂直角的测量

（1）天顶距：如竖直角选择天顶方向为0°，测得（显示）的竖直角 V 为天顶距，如图3-18所示。

（2）垂直角：如竖直角选择水平方向为0°，则测得（显示）的竖直角 V 为垂直角，如图3-18所示。

三、竖直角的观测和计算

竖直角观测和计算的方法如下：

（1）仪器的安置、对中和整平，具体操作见第四节水平角的观测。

（2）竖直角的观测方法：盘左盘右法。

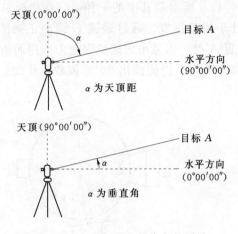

图 3-18　天顶距与垂直角的测量

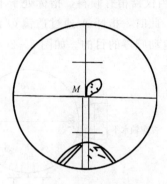

图 3-19　目标瞄准

1）盘左瞄准目标点 M，使十字丝中丝精确地切于目标顶端。如图 3-19，读取竖盘读数 L（如 $85°35'56''$），记入竖直角观测手簿（表 3-4）第 4 栏。

2）盘右，再瞄准点 M，读取竖盘读数 R（如 $274°24'28''$），记入表 3-4 第 4 栏。

表 3-4 竖 直 角 观 测 手 簿

测站	目标	竖盘位置	竖盘读数 (° ′ ″)	半测回竖直角 (° ′ ″)	一测回竖直角 (° ′ ″)
1	2	3	4	5	7
0	M	左	85 35 56	+4 24 04	+4 24 16
		右	274 24 28	+4 24 28	
	N	左	98 35 28	−8 35 28	−8 35 23
		右	261 24 42	−8 35 18	

（3）计算竖直角 α。计算公式为：

盘左
$$\alpha = 90° - L = \alpha_L \qquad (3-2)$$

盘右
$$\alpha = R - 270° = \alpha_R \qquad (3-3)$$

由于存在测量误差，实测值 α_L 常不等于 α_R，取一测回竖角为

$$\alpha = \frac{1}{2}(\alpha_L + \alpha_R) \qquad (3-4)$$

计算结果分别填入表 3-4 的第 5、第 7 栏中。

低处目标 N 的观测、计算方法与此相同。

四、竖盘指标自动归零的补偿装置

竖盘指标自动归零补偿器就是在仪器竖盘光路中，安装一个补偿器，当仪器竖轴偏离铅垂线的角度在一定范围内时，通过补偿器仍能读到相当于在标准状态下的竖盘读数。竖盘指标自动归零补偿器可以显著地提高竖盘读数的速度。

竖盘补偿装置的构造有多种，图 3-20 （a）所示是其中的一种，它在指标 A 和竖盘间悬吊一透镜，当视线水平时，指标 A 处于铅垂位置，通过透镜 O 读出正确读数，如 $90°$。当仪器稍有倾斜，指标处于不正确位置 A' 处。但悬吊的透镜因重力作用而由 O 移到 O' 处。此时，指标 A' 通过透镜 O' 的边缘部分折射，仍能读出 $90°$ 的读数，从而达到竖盘指标自动归零的目的。如图 3-20 （b）所示。

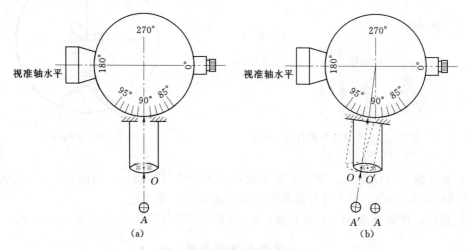

图 3-20 竖盘自动补偿装置

竖盘指标自动归零的补偿范围一般为 $2'$。

第五节 电子经纬仪的检验和校正

和水准仪一样，经纬仪也是由多个不同的部件组合而成。经纬仪有以下几条主要轴线（见图 3-21）：

（1）水准管轴（LL）：通过水准管零点的内壁纵向弧线的切线。

（2）竖轴（VV）：经纬仪在水平面内的旋转轴。

（3）视准轴（CC）：望远镜十字丝交点与物镜光心的连线。

（4）横轴（HH）：望远镜的旋转轴（又称水平轴）。

（5）十字丝竖丝"｜"。

利用经纬仪进行角度测量时，为保证观测值的精度，经纬仪的结构上必须满足一定的条件。各轴线间应满足表 3-5；另外应满足竖盘指标零点自动补偿。

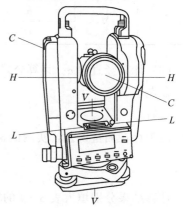

图 3-21 经纬仪的轴线

表 3 - 5　　　　　　　　　　　　　　　**轴 线 应 满 足 的 条 件**

应 满 足 条 件	目　　　的	备　　　注
1. 照准部水准管轴应垂直于竖轴 $LL \perp VV$	当气泡居中时，LL 水平，VV 铅垂，水平度盘水平	VV 铅垂是前提
2. 十字丝竖丝应垂直于横轴 "｜" $\perp HH$	望远镜绕 HH 纵转时，"｜" 位于上述铅垂面内；可检查目标是否倾斜或用其任意位置照准目标	"｜" 指十字丝竖丝
3. 视准轴应垂直于横轴 CC $\perp HH$	望远镜绕 HH 纵转时，CC 移动轨迹为一平面	否则是一圆锥面
4. 横轴应垂直于竖轴 HH $\perp VV$	LL 水平时，HH 也水平，使 CC 移动轨迹为一铅垂面	否则为一倾斜面
5. 光学对中器的视线与 VV 重合	使竖轴旋转中心（水平度盘中心）位于过测站的铅垂线上	

一、水准器的检验与校正

1. 长水准器

目的：使照准部水准管轴垂直于仪器竖轴。

检验：

（1）旋转仪器照准部使长水准器与任意两个脚螺旋连线平行，调整这两个脚螺旋，使长水准器气泡居中。调整两个脚螺旋时，旋转方向应相反。

（2）将照准部转动 90°，用另一脚螺旋使长水准器气泡居中。

（3）重复（1）和（2），使长水准器在该两个位置上气泡都居中。

（4）在（1）的位置将照准部转动 180°，如果气泡居中并且照准部转动至任何方向气泡都居中，则长水准器安置正确且仪器已整平，否则应校正。

校正：

（1）在检验的（4）位置，若长水准器的气泡偏离了中心，先用与长水准器平行的脚螺旋进行调整，使气泡向中心移近一半的偏离量。

（2）剩余的一半用校正针对水准器校正螺丝进行调整。

（3）将仪器旋转 180°，检查气泡是否居中。如果气泡仍不居中，重复上述步骤，直至气泡居中。

（4）将仪器旋转 90°，用第三个脚螺旋调整气泡居中。重复检验与校正步骤直至照准部转至任何方向气泡均居中为止，如图 3 - 22 所示。

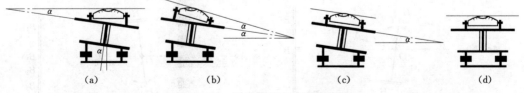

（a）　　　　　　　（b）　　　　　　　（c）　　　　　　　（d）

图 3 - 22　照准部管水准器的检校

2. 圆水准器

检验：长水准器检校正确后，若圆水准器气泡亦居中就不必校正。

校正：若水泡不居中，用校正针或内六角扳手调整气泡下方的校正螺丝使气泡居中。校正时，应先松开气泡偏移方向对面的校正螺丝（1或2个），然后拧紧偏移方向的其余校正螺丝使气泡居中。气泡居中时，三个校正螺丝的紧固力均应一致。

二、十字丝竖丝应垂直于仪器横轴的检验校正

目的：仪器整平后，十字丝的竖丝在铅垂面内，横丝水平保证精确瞄准目标。

检验：用十字丝交点精确照准远处一清晰目标点A。旋紧水平制动螺旋与望远镜制动螺旋，慢慢转动望远镜微动螺旋，如点A不离开竖丝，则条件满足〔图3-23（a）〕，否则需要校正〔图3-23（b）〕。

校正：旋下目镜分划板护盖，松开4个压环螺丝（图3-24），慢慢转动十字丝分划板座，然后再作检验，待条件满足后再拧紧压环螺丝，旋上护盖。

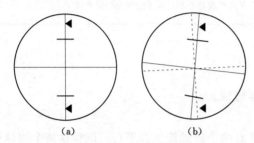
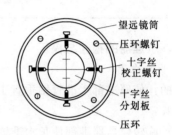

图 3-23　十字丝竖丝的检验　　　图 3-24　十字丝竖丝的校正

三、视准轴应垂直于横轴的检验和校正

目的：在仪器整平后，当望远镜绕横轴旋转时，视准轴所经过的轨迹是一个平面，而不是一个圆锥面。

检验：距离仪器同高的远处设置目标A，精确整平仪器并打开电源。在盘左位置将望远镜照准目标A，读取水平角（例：水平角$L=10°13'10''$）。松开垂直及水平制动手轮纵转望远镜，旋转照准部盘右照准同一A点（照准前应旋紧水平及垂直制动手轮）并读取水平角（例：水平角$R=190°13'40''$）。若$2C=L-(R\pm180°)=-30''\geqslant\pm20''$，需校正。

校正：用水平微动手轮将水平角读数调整到消除C后的正确读数：$R+C=190°13'40''-15''=190°13'25''$。取下位于望远镜目镜与调焦手轮之间的分划板座护盖，调整分划板水平左右两个校正螺丝，先松一侧后紧另一侧的螺丝，移动分划板使十字丝中心照准目标A。重复检验步骤，校正至$|2C|<20''$符合要求为止。将护盖安装回原位（见图3-25）。

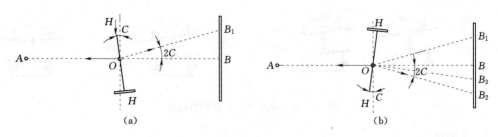

图 3-25　视准轴垂直于横轴的检校

四、横轴与竖轴垂直的检验和校正

横轴不垂直于竖轴的误差的检验一般采用高点法或平高点法。

设水平轴不垂直于竖轴的误差为 i（见图3 - 26）。望远镜绕水平轴上下扫出一个向高端倾斜面（不是竖直面），因而在不同高度的目标点。由 i 引起的水平方向观测的误差是不同的，即

$$\Delta i = i \tan V = i \cot Z \qquad (3-5)$$

式中　V——目标点的竖直角；

Z——天顶距。

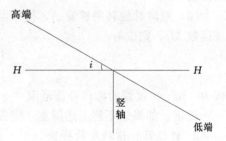

图3 - 26　水平轴倾斜误差

高点法的检验方法是：

盘左：瞄高处目标点 B，读数为 L。

盘右：瞄高处目标点 B，读数为 R。

则

$$i = \frac{(L - R - 180°) \cot V}{2} \qquad (3-6)$$

若高点观测 n 个测回，则

$$i = \frac{1}{2n} \sum_{j=1}^{n} \left[(L_j - R_j - 180°) \cot V_j \right] \qquad (3-7)$$

平高点法是把视准误差与水平轴倾斜误差结合到一起检测，并考虑残存的视准误差。其检测方法是在水平视线上（$V=0$）和水平视线之上各设置一目标，进行盘左盘右平、高点观测，则

$$c = \frac{1}{2n} \sum_{k=1}^{n} (L_k - R_k - 180°)_{平} \qquad (3-8)$$

$$i = \frac{1}{2n} \sum_{j=1}^{n} \left[(L_j - R_j - 180°)_{高} \cot V_j - \frac{c}{\cos V_j} \right] \qquad (3-9)$$

水平轴倾斜误差的检验步骤如下：

(1) 设置好仪器，在距仪器5m左右的地方，设置大致在同一铅垂线上的两个目标，一个平点，一个高点，高点的竖直角应在5°以上。

(2) 盘左位置，照准平点，存储盘左水平方向值。

(3) 盘右位置，照准平点，仪器求出视准误差并存储。

(4) 盘右位置，照准高点，测定水平方向值。

(5) 盘左位置，照准高点，测仪器计算、显示并存储新的水平轴倾斜误差值。

水平轴倾斜误差一经测定并存储，只要仪器设置了误差改正功能，此后观察的水平角将自动进行倾斜误差改正。在误差较小的情况下，一般不需要进行校正。

校正：如需校正，一般应交专业维修人员处理。

五、补偿器的补偿精度的检验与校正

补偿器的作用是当仪器的竖轴倾斜时，只要其倾斜量在补偿范围之内，且补偿器处于工作状态，则对角度的观测精度无影响。

1. 补偿范围的检验

(1) 置平仪器，使基座上脚螺旋 A、平行光管与视准轴处于同一个铅垂面内，如图

3-27 所示，经纬仪与平行光管大致同高，同时，设置仪器天顶距为 90°。

（2）顺时针旋转脚螺旋 A，使仪器向上倾斜，直至显示窗中竖盘读数不变为止，记录该读数 M_1。

（3）顺时针旋转脚螺旋 A，使仪器向下倾斜，直至显示窗中竖盘读数不变为止，记录该读数 M_2。则应有

$$|90° - M_1| \geqslant w$$
$$|90° - M_2| \geqslant w$$

式中 w——仪器的标称补偿范围（一般为 $3'$）。

校正：如果达不到上述限差，则需送仪器维修中心调整补偿器的位置。

2. 补偿器补偿精度的检验

（1）纵向补偿精度。

1）仪器安置如图 3-27 所示，置平仪器。

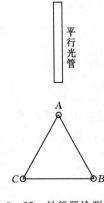

平行光管

图 3-27 补偿器检测示意

2）盘左位置，用望远镜竖直微动螺旋精确照准平行光管水平丝，读取竖盘读数 M_1。

3）旋转脚螺旋 A，使仪器上倾使望远镜重新照准平行光管水平丝，读取竖盘读数 M_2。

4）旋转脚螺旋 A，使仪器下倾 w，再用竖直微动螺旋使望远镜重新照准平行光管水平丝，读取竖盘读数 M_3。

5）旋转脚螺旋 A，使仪器上倾 w，用竖直微动螺旋使望远镜照准平行光管水平丝，读取竖盘读数 M_4，则如下关系式应成立

$$M_1 - M_2 \leqslant m$$
$$M_1 - M_3 \leqslant m$$
$$M_1 - M_4 \leqslant m$$

补偿限差 m 的规定，前述观测相当于对竖直角进行了单面观测，设仪器的一测回方向中误差为 m_0，则单面观测的精度 $m_1 = m_0 \sqrt{2}$，因此，两种状态下读数之差的精度 $m = m_1 \sqrt{2} = 2m_0$，取 3 倍中误差为权限误差，则限差 $m = 6m_0$，例如，标称精度 $m_0 = \pm 0.5''$ 的 TC2002，则 m 的限差为 $3''$。

（2）横向补偿精度。

1）仪器安置同图 3-27。

2）盘左位置，用望远镜垂直微动螺旋精确照准平行光管水平丝，读取竖盘读数 N_1。

3）旋转脚螺旋 B，使仪器下倾 $w(4/5)$，转动脚螺旋 C，使望远镜重新照准平行光管水平丝，读取竖盘读数 N_2。

4）旋转脚螺旋 B，使仪器上倾 $w(4/5)$，转动脚螺旋 C，使望远镜重新照准平行光管水平丝，读取竖盘读数 N_3。

5）旋转脚螺旋 B，使仪器下倾 $w(4/5)$，转动脚螺旋 C，使望远镜再次照准平行光管水平丝，读取竖盘读数 N_4，对如下关系式进行检查；

$$N_1 - N_2 \leqslant m$$
$$N_1 - N_3 \leqslant m$$

$$N_1 - N_4 \leqslant m$$

校正：补偿限差 m 的规定同上，如果 3 项中有一项超限，则需对补偿器进行校正，用户不要自行拆卸，请送仪器维修中心修理。

六、光学对中器的检验校正

常用的光学对中器有两种：一种装在仪器的照准部上；另一种装在仪器的三角基座上。无论哪一种，都要求其视准轴与经纬仪的竖直轴重合。

1. 装在照准部上的光学对中器

检验：将仪器安置到三脚架上，在一张白纸上画一个十字交叉并放在仪器正下方的地面上。调整好光学对中器的焦距后，移动白纸使十字丝交叉位于视场中心。转动脚螺旋，使对中器的中心标志与十字交叉点重合。旋转照准部，每转 90°，观察对中点的中心标志与十字交叉点的重合度。如果照准部旋转时，光学对中器的中心标志一直与十字交叉点重合，则不必校正。否则需按如下方法进行校正。

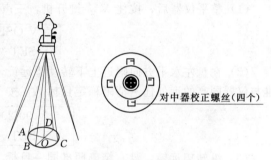

校正：将光学对中器目镜与调焦手轮之间的改正螺丝护盖取下。固定好十字交叉白纸并在纸上标记出仪器每旋转 90°时对中器中心标志落点，如图 3 - 28 所示：A、B、C、D 点。用直线连接对角点 AC

图 3 - 28　光学对中器的检校

和 BD，两直线交点为 O。用校正针调整对中器的四个校正螺丝，使对中器的中心目标与 O 点重合。重复检验步骤，检查校正至符合要求。将护盖安装回原位。

2. 三角基座上的光学对中器

检验：先校水准器。沿基座的边缘，用铅笔把基座轮廓画在三脚架顶部的平面上。然后在地面放一张毫米纸，从光学对中器视场里标出刻划圈中心在毫米纸上的位置；稍松连接螺旋，转动基座 120°后固定。每次需把基座底板放在所画的轮廓线里并整平，分别标出刻划圈中心在毫米纸上的位置，若三点不重合，则找出示误三角形的中心以便改正。

校正：用拨针或螺丝刀转动光学对中器的调整螺丝，使其刻划圈中心对准三角形中心点。

七、竖盘指标零点自动补偿

检验：竖盘采用了电容式指标零点自动补偿装置的仪器，指标零点是否能自动补偿，可用下述简要方法检验：

（1）安置和整平仪器后，使望远镜的指向和仪器中心与任一脚螺旋（X）的联线相一致，旋紧水平制动手轮。

（2）开机后指示竖盘指标零点，旋紧垂直制动手轮，仪器显示当前望远镜指向的竖直角值。

（3）朝一个方向慢慢转动脚螺旋（X）至 10mm（圆周距）左右时，显示的竖直角由相应随着变化到消失出现"b"信息，表示仪器竖轴倾斜已大于 3′，超出竖盘补偿器的设计范围。当反向旋转脚螺旋复原时，仪器又复现竖直角（在临界位置可反复实验观其变化），表示竖盘补偿器工作正常。

校正：当发现仪器补偿失灵或异常时，应送厂检修。

八、竖盘指标差和竖盘指标零点设置

检验：

（1）安置整平好仪器后开机，将望远镜照准任一清晰目标 A，得竖直角盘左读数 L。

（2）纵转望远镜再照准 A，得竖直角盘右读数 R。

（3）若竖直角天顶为 $0°$，则 $I=(L+R-360°)/2$；若竖直角水平为 $0°$，则 $I=(L+R-180°)/2$ 或 $(L+R-540°)/2$。

（4）若 $|I| \geqslant 10''$，则需对竖盘指标零点重新设置。

校正（竖盘指标零点设置）：

（1）整平仪器后，按住 V% 键开机，三声蜂鸣后松开按键，显示：

> V OSET
>
> SET—1

（2）在盘左水平方向附近上下转动望远镜，待上行显示出竖直角后，转动仪器精确照准与仪器同高的远处任一清晰稳定目标 A，按 V% 键，显示：

> V 90°20′30″
>
> SET—2

（3）纵转望远镜，盘右精确照准同一目标 A，按 V% 键，设置完成，仪器返回测角模式。

（4）重复检验步骤重新测定指标差。若指标差仍不符合要求，则应检查校正（指标零点设置）的（1）、（2）、（3）步骤的操作是否有误，目标照准是否准确等，按要求再重新进行设置。

（5）经反复操作仍不符合要求时，应送厂检修。

第六节 水平角测量的误差

水平角观测存在许多误差，研究这些误差的成因及性质从而找出削弱其影响的方法，以提高水平角观测成果的质量，是测量工作的一个重要内容。水平角测量误差可以分为仪器误差、观测误差和外界环境的影响三类。

一、仪器误差

经纬仪有照准部水准管轴 LL，竖轴 VV，横轴 HH 及视准轴 CC（这里的竖轴及横轴不是指旋转轴的实体，而指其几何轴线）等几条主要轴线，这些轴线应满足一定的几何关系。在水平角测量原理中提到，经纬仪能置平，置平后望远镜高低俯仰时，其视准轴应划出一竖直面。要满足这一基本条件则必须：竖直轴处在竖直状态，即要求 $VV \perp LL$（因仪器整平是靠照准部水准管气泡居中指示的，也就是说仪器整平时，LL 处于水平位置）；横轴处于水平位置，故又有 $HH \perp VV$，视准轴垂直于横轴，即 $CC \perp HH$。下面分析当这些条件不满足时所产生的误差（讨论其中任一项误差时，均假设其他误差为零）。

1. 视准轴误差

视准轴 CC 不垂直于横轴 HH 的偏差 C 称为视准轴误差，此时，CC 绕 HH 旋转一周

将扫出两个圆锥面。盘左瞄准目标点 P，水平度盘读数为 L [图 3-29 (a)]，因水平度盘为顺时针注记，所以正确读数应为 $L'=L+C$；纵转望远镜 [图 3-29 (b)]，旋转照准部，盘右瞄准目标点 P，水平度盘读数为 R [图 3-29 (c)]，则正确读数应为 $R'=R-C$；盘左、盘右方向观测值取平均为

$$\overline{L}=L'+(R'\pm180°)=L+C+R-C\pm180°=L+R\pm180° \tag{3-10}$$

式 (3-10) 说明，盘左盘右方向观测取平均可以消除视准轴误差的影响。

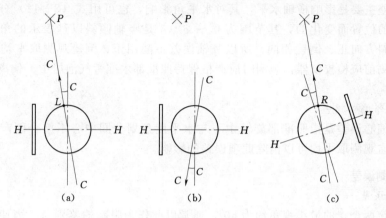

$$(a) \qquad\qquad (b) \qquad\qquad (c)$$

图 3-29 视准轴误差对水平方向观测的影响

2. 横轴误差（支架差）

横轴 HH 不垂直于竖轴 VV 的偏差 i 称为横轴误差。当 VV 铅垂时，HH 与水平面的夹角为 i。

当横轴与竖轴垂直时，仪器整平后，横轴 HH 水平，转动望远镜，视准轴可以划出一个竖直面 $OP'P_1$，如图 3-30 所示。竖轴与横轴不垂直时，仪器整平后，则横轴 $H'H'$ 不水平，而有一偏离值 i，称横轴误差或支架差。转动望远镜，视准轴划出的是一个倾斜平面 OP_1P。OP_1 是水平线，Q 是竖直面且与 HH 平行。$\angle P'P_1P=i$。当无支架差时，望远镜从 OP_1 位置抬起 α 角将瞄准 P' 点，有支架差时，从 OP_1 位置抬起望远镜则瞄准的是 P 点。要瞄准 P' 点，需要转过一个角度 $(i)''=\angle P_1OP_M$。P_M 是 P 点在水平面 HOP_1 上的垂直投影，此 (i) 角即为支架差 i 对观测方向的水平度盘读数的影响。由图 3-30 知

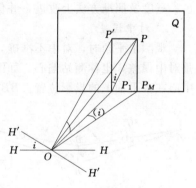

图 3-30 横轴误差对水平方向观测的影响

$$(i)''=\frac{P'P}{P_1P'}\rho''=\frac{P_1P_M}{P_1P'}\rho''$$

$$(i)''=\frac{P_1P_M}{OP_1}\rho''=\frac{P'P_1}{OP_1}\frac{P_1P_M}{P'P_1}\rho''=\frac{P'P_1}{OP_1}i''$$

$$\frac{P'P_1}{OP_1}=\tan\alpha$$

$$(i)''=i''\tan\alpha \tag{3-11}$$

视线水平时，$\alpha = 0(i) = 0$，不受影响。横轴误差对水平角的影响，为两个方向的（i）值之差。由于正倒镜时（i）的符号相反，所以此误差的影响可在正倒镜观测取平均值时消除。

3. 竖轴误差

观测水平角时，仪器竖轴不处于铅垂方向，而偏离一个 δ 角度，称竖轴误差。竖轴不垂直于照准部水准管轴或安置仪器时没有严格整置照准部水准管气泡居中都会产生竖轴误差。竖轴误差主要是影响横轴水平，其对水平角影响，也可用式（3-11）分析，但其 i'' 值是随横轴的位置而变化的，其范围为 $0'' \sim \delta''$（δ'' 是竖轴倾斜以秒表示的角值）。但是，由于竖轴倾斜方向正、倒镜相同，所以竖轴误差不能用正、倒镜观测取平均值的办法消除。因而观测前应检校仪器，观测时应严格保持照准部水准管气泡居中。偏离量不得超过一格。

4. 照准部偏心误差

照准部偏心误差是指照准部旋转中心与水平度盘划分圈中心不重合而产生的测角误差，盘左盘右观测取平均可以消除此项误差的影响。

二、观测误差

1. 瞄准误差

人眼分辨两个点的最小视角约为 $60''$，通常以此作为眼睛的鉴别角。当使用放大倍率为 V 的望远镜瞄准目标时，鉴别能力可提高 V 倍，这时该仪器的瞄准误差为

$$m_V = \pm 60''/V \tag{3-12}$$

$6''$ 级经纬仪，一般 $V = 26$，则 $m_V = \pm 2.3''$。

观测误差主要是瞄准误差，瞄准误差无法消除，只有从照准目标的形状、大小、颜色、亮度及照准方法上改进，并仔细瞄准以减小其影响。

2. 对中误差

观测水平角时，对中不准确，使得仪器中心与测站点的标志中心不在同一铅垂线上即是对中误差，也称测站偏心。如图 3-31 所示，B 为测站点，A、C 为目标点，B' 为仪器中心在水平面上的投影位置。BB' 为对中误差，其长度以 e 表示，称偏心距。

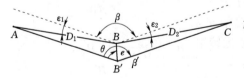

由图 3-31 可知，观测角值 β' 与正确角值 β 存在下式关系

$$\beta = \beta' + (\varepsilon_1 + \varepsilon_2) \tag{3-13}$$

因 ε_1、ε_2 很小，可写成

$$\varepsilon_1'' = \frac{\rho''}{D_1} e \sin\theta$$

图 3-31　对中误差对水平角观测的影响

$$\varepsilon_2'' = \frac{\rho''}{D_2} e \sin(\beta' - \theta)$$

对中误差对水平角的影响为

$$\varepsilon'' = \varepsilon_1'' + \varepsilon_2'' = \rho'' e \left[\frac{\sin\theta}{D_1} + \frac{\sin(\beta' - \theta)}{D_2} \right] \tag{3-14}$$

当 $\beta = 180°$，$\theta = 90°$ 时，ε 角值最大

$$\varepsilon'' = \rho'' e \left(\frac{1}{D_1} + \frac{1}{D_2} \right) \tag{3-15}$$

设 $e=3\text{mm}$，$D_1=D_2=100\text{m}$，则 $\varepsilon''=12.4''$。边长越短，其 ε 值越大。这项误差不能靠观测方法消除，所以对中应当仔细，尤其是对于短边更是如此。

3. 目标偏心误差

目标偏心误差（照准点偏心）是指照准点上所竖立的目标（如标杆、测钎、悬吊垂球等）与地面点的标志中心不在同一铅垂线上所引起的水平方向观测误差，其对水平方向观测的影响如图 3-32 所示。设 B 为测站点，A 为照准点标志中心，A' 为实际瞄准的目标中心，D 为两点间的距离，e_1 为目标的偏心距，θ_1 为与 e_1 观测方向的水平夹角，则目标偏心误差对水平方向观测的影响为

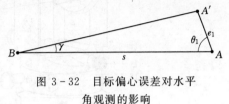

图 3-32　目标偏心误差对水平
角观测的影响

$$\gamma''=\frac{e_1\sin\theta_1}{D}\rho''\tag{3-16}$$

由式（3-16）可知，当 $\theta_1=90°$ 时，γ'' 取最大值。也即与瞄准方向垂直的目标偏心对水平方向观测的影响最大。其影响类似于对中误差，边长越短，偏心距越大，影响也越大。

为了减小目标偏心对水平方向观测的影响，作为照准标志的标杆应竖直，并尽量瞄准标杆的底部。

三、外界环境的影响

外界环境的影响主要是：

（1）指松软的土壤和风力影响仪器的稳定。

（2）日晒和环境温度变化引起水准管气泡的运动和视准轴的变化。

（3）太阳照射地面产生热辐射引起大气层密度变化带来目标影像的跳动。

（4）大气透明度低时，目标成像不清晰。

（5）视线太靠近建筑物或构筑物时引起的旁折光等。

这些因素都会给水平角观测带来误差。通过选择有利的观测时间，布设测量点位时，注意避开松软的土壤和建筑物或构筑物等措施来削弱它们对水平角观测的影响。

第七节　光学经纬仪简介

一、DJ6 级光学经纬仪

我国对国产经纬仪编制了系列标准，分为 DJ07、DJ1、DJ2、DJ6、DJ15 及 DJ60 等级别。其中 D、J 分别为“大地测量”和“经纬仪”的汉语拼音第一个字母，07、1、2、6等数字，表示该仪器所能达到的精度指标，即“一测回方向观测中误差”，单位（″）。如 DJ07 和 DJ6 分别表示水平方向测量一测回的方向中误差不超过 $±0.7''$ 和 $±6''$ 的大地测量经纬仪。国外产仪器可依其所能达到的精度，纳入相应级别。如 T2、DKM2、Theo010 可视为 $2''$ 级，T1、T16、Theo020、Theo030、DKM1 可视为 $6''$ 级等。

（一）DJ6 级光学经纬仪的构造

各种型号的 DJ6 级（以后简称 J6 级）光学经纬仪的构造大致相同。图 3-33 是 J6 级光学经纬仪，属复测式。

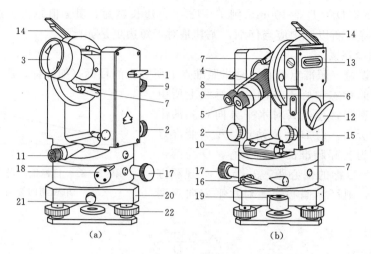

图 3-33 DJ6 级光学经纬仪

一望远镜制动螺旋 ；2—望远镜微动螺旋；3—物镜 ；4—物镜调焦螺旋；5—目镜 ；6—目镜调焦螺旋；
7—光学瞄准器；8—度盘读数显微镜；9—度盘读数显微镜调焦螺旋；10—照准部管水准器；11—光
学对中器；12—度盘照明反光镜；13—竖盘指标管水准器；14—竖盘指标管水准器观察反射镜；
15—竖盘指标管水准器微动螺旋；16—水平方向制动螺旋；17—水平方向微动螺旋 ；18—水平
度盘变换螺旋与保护卡；19—基座圆水准器；20—基座；21—轴套固定螺旋；22—脚螺旋

（二）竖盘构造

光学经纬仪的竖盘装置包括竖直度盘、竖盘指标水准管和竖盘指标水准管微动螺旋。竖盘固定在横轴的一端，随望远镜一起在竖直面内转动。测微尺的零分划线是竖盘读数的指标，可以把它看成是与竖盘指标水准管连成一体的。指标水准管气泡居中，指标即处于正确位置，此时，如望远镜视准轴水平，竖盘读数则应为 90°的整数倍（即 0°、90°、180°、270°中的一个），这个读数称始读数。当望远镜转动时，竖盘随之转动面指标不动，因而可读得望远镜不同位置的竖盘读数，以计算竖直角。

光学经纬仪的竖盘是由玻璃制成，刻划的注记有顺时针方向与逆时针方向两种。

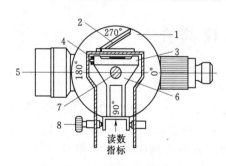

图 3-34 竖盘的构造

1—竖盘；2—竖盘指标管水准器反射器；
3—竖盘指标管水准器；4—竖盘指标管
水准器校正螺丝；5—望远镜视准轴；
6—竖盘指标管水准器支架；7—横轴；
8—竖盘指标管水准器微动螺旋

如图 3-34 所示，经纬仪的竖盘固定在望远镜横轴一端并与望远镜连接在一起，即竖盘随望远镜一起绕横轴旋转，竖盘面垂直于横轴。竖盘读数指标与竖盘指标管水准器连接在一起，旋转竖盘管水准器微动螺旋将带动竖盘指标水准器和竖盘读数指标一起作微小的转动。

水平角测量需要旋转照准部和望远镜依次瞄准不同方向的目标并读取水平度盘的读数。在一测回观测过程中，水平度盘是固定不动的；为了角度计算的方便，在观测开始之前，通常将起始方向（称为零方向）的水平度盘读数配置为 0°左右，这就需要有控制水平度盘转动的部件。有以下两种控制水平度盘转动的结构：

（1）水平度盘位置变换螺旋：使用方向经纬仪

时，先按下水平度盘位置变换螺旋上的保护卡，再将该螺旋推压进去，旋转螺旋就可以带动水平度盘旋转。完成水平度盘配置后，松开手，螺旋自动弹出。有些光学经纬仪是在水平度盘位置变换螺旋外加一个保护盖，需要使用时，将保护盖打开，完成水平度盘配置后，一定要记住关上保护盖。

（2）复测装置：复测经纬仪是用复测扳手代替水平度盘位置变换螺旋来控制水平度盘的转动。如图 3-35 所示，整个复测装置固定在照准部外侧 6 上，复测盘 1 与水平度盘连接在一起，转动复测盘就可以带动水平度盘旋转。

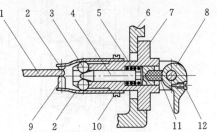

图 3-35　水平度盘复测装置

1—复测盘；2—簧片；3—滚珠；4—顶轴；
5—弹簧片；6—照准部；7—复测卡座；
8—复测扳手；9—铆钉；10—簧片固定
螺丝；11—垫块；12—复测扳手紧固螺丝

复测扳手 8 是一偏心凸轮，当拔下复测扳手时，顶轴 4 向右弹出，簧片 2 夹紧复测盘 1，此时，转动照准部将带动水平度盘一起旋转，照准部转动时，读数显微镜中的水平度盘读数不变；当拔上复测扳手时，顶轴 4 向左推进，扩张簧片 2 使其脱离复测盘，照准部转动时就不带动水平度盘一起转动。

（三）J6 级光学经纬仪的读数方法

光学经纬仪的读数设备包括度盘、光路系统和测微器。

水平度盘和竖直度盘上的分划线，通过一系列棱镜和透镜成像显示在望远镜旁的读数显微镜内。J6 级光学经纬仪的读数装置可以分为测微尺读数和单平板玻璃读数两种。

1. 分微尺测微器及其读数方法

分微尺测微器的结构简单，读数方便，具有一定的读数精度，故广泛应用于 J6 级光学经纬仪。这类仪器的度盘分划值为 1°，按顺时针方向注记。其读数设备是由一系列光学零件所组成的光学系统。图 3-36 是 J6 级光学经纬仪的光路图。外来光线分为两路：一路是竖盘光路，另一路是水平度盘光路。竖盘光路的光线经过反光镜 1，进光窗 2，照明棱镜 3，将竖盘 4 的分划线照亮。照准棱镜 5 与竖盘显微镜物镜组 6、竖盘转像棱镜 7 相配合，使竖盘分划线成像在读数窗 8 的分划面上。分划面上刻有分微尺。转像棱镜 9 把读数窗影像反映到读数显微镜中，以便读数。水平度盘光路的光线经反光镜 1，进光窗 2，进入照明棱镜 10、11 把水平度盘 12 照亮。水平度盘显微物镜组 13 和转像棱镜 14 相配合，使水平度盘的分划线也成像在读数窗的分划面上，并与分微尺一起，送入读数显微镜中。

图 3-37 为读数显微镜视场，注记有"水平"（有些仪器为"Hz"或"⊥"）字样窗口的像是水平度盘分划线及其测微尺的像，注记有"竖直"（有些仪器为"V"或"—"）字样窗口的像是竖直度盘分划线及其测微尺的像。

读数的主要设备为读数窗上的分微尺，如图 3-37 所示，水平度盘与竖盘上 1° 的分划间隔，成像后与分微尺的全长相等。上面的窗格里是水平度盘及其分微尺的影像，下面的窗格里是竖盘和其分微尺的影像。分微尺分成 60 等分，格值 1′，可估读到 0.1′ 即 6″。读数时，以分微尺上的零线为指标。度数由落在分微尺上的度盘分划的注记读出，小于 1° 的数值，即分微尺零线至该度盘刻度线间的角值，由分微尺上读出。图 3-37 中，落在分

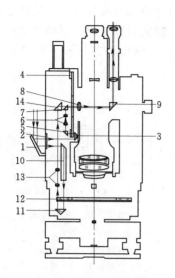

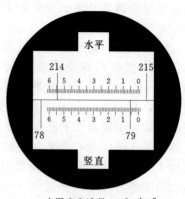

图 3-36 J6 级光学经纬仪的光路图

图 3-37 测微尺读数窗视场

水平度盘读数 214°54′42″
竖直度盘读数 79°05′30″

微尺上的水平度盘刻划线的注记为 214°，该刻划线在分微尺上的读数（从分微尺的零分划线起算）为 56.5′，所以水平度盘读数应为 214°56′30″。同理，竖盘读数为 79°08′00″。

测微尺读数装置的读数误差为测微尺上一格的 1/10，即 0.1′或 6″。

2. 单平板玻璃测微器及其读数方法

单平板玻璃测微器主要由平板玻璃、测微尺、连接机构和测微轮组成，转动测微轮通过齿轮带动平板玻璃和与之固连在一起的测微尺一起转动。如图 3-38（a）所示，当平板玻璃底面垂直于度盘影像入射方向时，测微尺上单指线指在 15′处。度盘上的双指标线处在 92°+a 的位置，度盘读数应为 92°+15′+a 转动测微轮，它带动平板玻璃转动，度盘影像因此产生平移，当度盘影像平移量为 a 时，则 92°分划线正好被夹在双指标线中间，如图 3-38（b）所示。由于测微尺和平板玻璃同步转动，a 的大小可由测微尺的转动量表现出来，测微尺上单线指标所指读数即 15′+a。

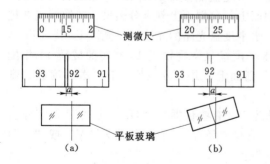

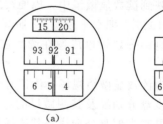

图 3-38 单平板玻璃测微器原理

图 3-39 单平板玻璃测微器读数窗

图 3-39 为单平板玻璃测微器读数窗的影像。下面的窗格为水平度盘影像，中间的窗格为竖直度盘影像，上面较小的窗格为测微尺影像。度盘分划值为 30′，测微尺的量程也为 30′，将其分为 90 格，即测微尺最小分划值为 20″，当度盘分划影像移动一个分划值

（30′）时，测微尺也正好转动30′。

读数时，转动测微轮，使度盘某一分划线夹在双指标线中央，先读出该度盘分划线的读数，再在测微尺上，依指标线读出不足一分划值的余数，两者相加即为结果读数。如图3-39（a）中，竖盘读数为92°＋17′30″＝92°17′30″；图3-39（b）中，水平度盘读数为4°30′＋11′50″＝4°41′50″。

二、光学经纬仪的检验和校正

经纬仪结构上的关系也是用其轴线上的关系来表示的，即照准部水准管轴垂直于仪器的竖轴（$LL \perp VV$）；横轴垂直于视准轴（$HH \perp CC$）；横轴垂直于竖轴（$HH \perp VV$），以及十字丝竖丝垂直于横轴的检校。另外，由于经纬仪要观测竖直角，竖盘指标差的检验和校正也在此作一介绍。

（1）照准部水准管轴应垂直于仪器竖轴的检验和校正。

（2）十字丝竖丝应垂直于仪器横轴的检验校正。

（3）视准轴应垂直于横轴的检验和校正。

（4）光学对中器的检验校正。

（5）横轴与竖轴垂直的检验和校正。

检验：在距一高目标约50m处安置仪器，如图3-40所示。盘左瞄准高处一点P，然后将望远镜放平，由十字丝交点在墙上定出一点P_1。盘右再瞄准P点，再放平望远镜，在墙上又定出一点P_2（P_1、P_2应在同一水平线上，且与横轴平行），则i角可依下式计算

$$i'' = \frac{\overline{P_1P_2}}{2} \frac{\rho''}{D} c \tan\alpha \qquad (3-17)$$

式中　α——P点之竖直角；

　　D——仪器至P点的水平距离。

这个式子可由图3-40得出

$$2(i) = \frac{\overline{P_1P_2}}{D}$$

$$(i)'' = i'' \tan\alpha$$

$$i'' = (i)'' c \tan\alpha = \frac{\overline{P_1P_2}}{2} \frac{\rho''}{D} c \tan\alpha$$

对J6级经纬仪，i角不超过20″可不校正。

校正：此项校正应打开支架护盖，调整偏心轴承环。如需校正，一般应交专业维修人员处理。

（6）竖盘指标差的检验和校正。

检验：安置仪器，用盘左、盘右两个镜位观测同

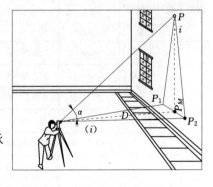

图3-40 横轴与竖轴垂直的检校

一目标点，分别使竖盘指标水准管气泡居中，读取竖盘读数L和R，计算指标差x。如x超出$\pm1′$的范围，则需改正。

校正：经纬仪位置不动（此时为盘右，且照准目标点），不含指标差的盘右读数应为$R-x$。转动竖直度盘指标水准管微动螺旋，使竖盘读数为$R-x$，这时指标水准管气泡必然不再居中，可用拨针拨动指标水准管校正螺旋使气泡居中。这项检验校正也需反复进行。

其中第1～4的检验和校正可参照电子经纬仪的检验和校正。

思 考 题 与 习 题

1. 什么叫水平角？经纬仪为什么能测出水平角？

2. 电子经纬仪的主要特点是什么？它与光学经纬仪的根本区别在哪里？

3. 简述电子经纬仪的特点及其基本构造。

4. 观测水平角时，对中和整平的目的是什么？试述电子经纬仪对中和整平的方法。

5. 试述测回法测水平角的步骤，并整理表3-6用测回法观测水平角的记录。

表3-6   测 回 法 观 测 手 簿

测站	竖盘位置	目标	水平度盘读数 (° ′ ″)	半测回角值 (° ′ ″)	一测回角值 (° ′ ″)	备　注
A	左	B	0 00 00			
		C	95 45 06			
	右	B	180 00 00			
		C	275 45 00			
B	左	A	0 00 00			
		C	182 44 34			
	右	A	180 00 00			
		C	2 45 24			

6. 整理表3-7用方向法观测水平角的记录。

表3-7   方 向 法 观 测 手 簿

测站	测回	目标	水平度盘读数 盘左 (° ′ ″)	水平度盘读数 盘右 (° ′ ″)	$2c=$左-右 $\pm180''$	平均读数 $=1/2$(左+ 右±180) (° ′ ″)	归零后的 方向值 (° ′ ″)	各测回归零 方向值的平均值 (° ′ ″)	备注
O	1	A	0 00 00	180 00 10					
		B	87 29 17	267 29 04					
		C	132 15 21	312 15 09					
		D	165 46 45	345 46 37					
		A	0 00 00	180 00 12					
	2	A	0 00 00	180 00 08					
		B	87 29 57	267 29 39					
		C	132 15 48	312 15 35					
		D	165 46 31	345 46 19					
		A	0 00 00	180 00 03					

7. 什么叫竖直角？观测水平角和竖直角有哪些相同点和不同点？

8. 整理表3-8竖直角观测记录。

表 3 - 8   竖 直 角 观 测 手 簿

测站	目标	竖盘位置	竖盘读数 (° ′ ″)	半测回竖直角 (° ′ ″)	一测回竖直角 (° ′ ″)
A	B	左	85 26 33		
		右	274 33 30		
	C	左	104 15 30		
		右	255 44 54		

9. 经纬仪有哪些主要轴线？它们之间应满足什么几何条件？为什么？

10. 水平角测量的误差来源有哪些？在观测中如何抵消或削弱这些误差的影响？

11. 角度测量为什么要用正、倒镜观测？能否以此消除因竖轴倾斜引起的水平角测量误差？

12. 在检验 $CC \perp HH$ 时，为什么目标要选得与仪器同高？在检验 $HH \perp VV$ 时为什么目标要选得高些？按本书所述方法，这两项检验顺序是否可以颠倒？

13. 由对中引起的水平角观测误差与哪些因素有关？

14. 试分析照准点（目标）偏心所引起的水平角观测误差。

第四章　距离测量与直线定向

距离测量是测量的基本工作之一，所谓距离是指两点间的水平长度。如果测得的是倾斜距离，还必须改算为水平距离。按照所用工具、仪器的不同，测量距离的方法有钢尺、皮尺直接量距、光电测距仪测距、光学视距法测距和 GPS 测距等。

钢尺测量是用钢尺沿地面直接丈量距离；视距测量是利用经纬仪或水准仪望远镜中的视距丝及视距标尺按几何光学原理进行测距；电磁波测距是利用仪器发射并接收电磁波，通过测量电磁波在待测距离上往返传播的时间解算出距离；GPS 测量是利用两台 GPS 接收机接收空间轨道上卫星发射的精密测距信号，通过距离空间交会的方法解算出两点间的距离。

钢尺、皮尺测量属于直接测量，视距测量、电磁波测量等属于间接测量。

第一节　钢尺量距的方法

一、量距的工具

直接量距的工具有钢尺和皮尺。

1. 钢尺量距

钢尺是钢制的带尺，常用钢尺宽 10～15mm，厚 0.2～0.4mm；长度有 20m、30m 及 50m 等几种，卷放在圆形盒内或金属架上。钢尺的基本分划为厘米，在每米及每分米处有数字注记。一般钢尺在起点处一分米内刻有毫米分划；有的钢尺，整个尺长内都刻有毫米分划。

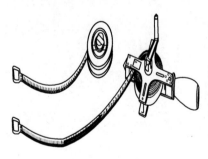

图 4-1　钢尺

钢尺的优点：钢尺抗拉强度高，不易拉伸，所以量距精度较高，在工程测量中常用钢尺（图 4-1）量距。

钢尺的缺点：钢尺性脆，易折断，易生锈，使用时要避免扭折、防止受潮。

丈量距离的工具，除钢尺外，还有测钎 [图 4-2 (a)]、标杆（又叫测杆）[图 4-2 (b)] 和垂球等辅助工具。标杆长 2～3m，直径 3～4cm，杆上涂以 20cm 间隔的红、白漆，以便远处清晰可见，测杆下端装有尖头铁脚，便于插入地面，用于标定直线的方向。测钎用粗铁丝制成，上部弯成小圆环，下部磨尖，直径 3～6mm，长度 30～40cm。钎上用油漆涂成红、白相间的色段，用来标志所量尺段的起、讫点和平坦地区计算已量过的整尺段数，亦可作为近处目标的瞄准标志，测钎一组为 6 根或 11 根。锤球是用金属制成，上大下尖呈圆锥形，上端中心系一细绳，悬吊后，锤球尖与细绳在同一垂线上。它常用于在斜坡上丈量水平距离，锤球还用来投点。此外还有弹簧秤和温度计，以控制拉力和测定温度。尺夹用于安装在钢尺的末端，以方便持尺员稳定钢尺。

2. 皮尺量距

皮尺又称皮卷尺，是用麻线加入金属丝织成的带状尺。长度有 20m、30m 和 50 m 几种。尺上基本划分为厘米，尺面每 10m 和整米都有注字，尺端铜环的外端为尺子的零点。尺子不用时卷入皮壳或塑料壳内，携带和使用都比较方便，但是容易引起伸缩，量距的精度比钢尺低，一般用于地形的细部测量和土木工程的施工放样。

由于尺的零点位置的不同，有端点尺和刻线尺之分。端点尺 [图 4 - 3（a）] 是以尺的最外端作为尺的零点，当从建筑物墙边开始丈量时使用很方便。刻线尺 [图 4 - 3（b）] 是以尺前端的一刻线作为尺的零点。

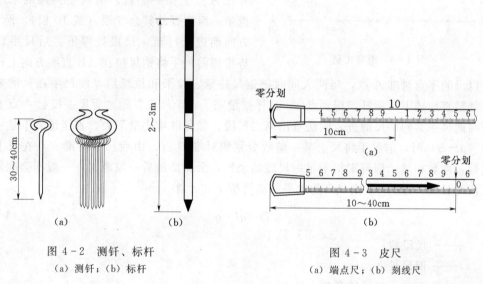

图 4 - 2 测钎、标杆
（a）测钎；（b）标杆

图 4 - 3 皮尺
（a）端点尺；（b）刻线尺

二、直线定线

当两个地面点之间的距离较长或地势起伏较大时，为使量距工作方便，就需要在直线方向上标定若干分段点，分段丈量。这种把多根标杆标定在已知直线上的工作称为直线定线（line alignment）。

1. 目视定线

如图 4 - 4 所示，A、B 为待测距离的两个端点，先在 A、B 点上竖立标杆，甲立在 A 点后 1～2m 处，由 A 瞄向 B，使视线与标杆边缘相切，甲指挥乙持标杆左右移动，直到 A、2、B 三标杆在一条直线上，然后将标杆竖直地插下。直线定线一般应由远到近，即先定点 1，再定点 2。这种从直线远端 1 走向近端 2 的定线方法，称为走近定线。直线定线一般应采用"走近定线"。

2. 经纬仪定线

经纬仪定线适用于钢尺量距的精密方法。设 A、B 两点相互通视，将经纬仪安置在 A

图 4 - 4 目视定线

点，用望远镜纵丝瞄准 B 点，制动照准部，望远镜上下转动，指挥在两点间某一点上的助手，左右移动标杆，直至标杆像为纵丝所平分。为了减少照准误差，精密定线时，可以用直径更细的测钎或锤球线代替标杆。

三、量距方法

1. 平坦地区的距离丈量

丈量前，先将待测距离的两个端点 A、B 用木桩（桩上钉一小钉）标志出来，然后在

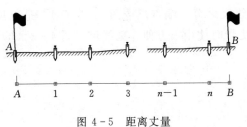

图 4-5 距离丈量

端点的外侧各立一标杆（图 4-5），清除直线上的障碍物后，即可开始丈量。丈量工作一般由两人进行。后尺手持尺的零端位于 A 点，并在 A 点上插一测钎。前尺手持尺的末端并携带一组测钎的其余 5 根（或 10 根），沿 AB 方向前进，行至一尺段处停下。后尺手以手势指挥前尺手将钢尺拉在 AB 直线方向上；后

尺手以尺的零点对准 A 点，当两人同时把钢尺拉紧、拉平和拉稳后，前尺手在尺的末端刻线处竖直地插下一测钎，得到点 1，这样便量完了一个尺段。随之后尺手拔起 A 点上的测钎与前尺手共同举尺前进，同法量出第二尺段。如此继续丈量下去，直至最后不足一整尺段（$n-B$）时，前尺手将尺上某一整数分划线对准 B 点，由后尺手对准 n 点在尺上读出读数，两数相减，即可求得不足一尺段的余长，余长是最后一段距离，一般不会刚好是整尺段的长度，设为 q。则 AB 的水平距离可按下式计算

$$D = nl + q \tag{4-1}$$

式中　n——尺段数；

　　　l——钢尺长度；

　　　q——不足一整尺的余长。

为了防止丈量中发生错误及提高量距精度，距离要往、返丈量。上述为往测，返测时要重新进行定线，取往、返测距离的平均值作为丈量结果。量距精度以相对误差表示，通常化为分子为 1 的分式形式。例如某距离 AB，往测时为 173.43m，返测时为 173.47m，距离平均值为 173.45m，故其相对误差为

$$\frac{|D_{往} - D_{返}|}{D_{平均}} = \frac{|173.43 - 173.47|}{173.45} \approx \frac{1}{4336}$$

【例 4-1】 50m 长的钢尺往返丈量 A、B 两点间的水平距离，丈量结果分别为：往测 4 个整尺段，余长为 9.89m；返测 4 个整尺段，余长为 9.98m。计算 A、B 两点间的水平距离 D_{AB} 及其相对误差 K。

解：
$$D_{AB} = nl + q = 4 \times 50 + 9.89 = 209.89(\text{m})$$

$$D_{BA} = nl + q = 4 \times 50 + 9.98 = 209.98(\text{m})$$

$$D_{平均} = \frac{1}{2}(D_{AB} + D_{BA}) = \frac{1}{2} \times (209.89 + 209.98) = 209.935(\text{m})$$

$$K=\frac{|D_{往}-D_{返}|}{D_{平均}}=\frac{|209.89-209.98|}{209.935}=\frac{0.09}{209.935}=\frac{1}{2333}$$

在平坦地区，钢尺量距的相对误差一般不应大于$\frac{1}{3000}$，在量距困难地区，其相对误差也不应大于$\frac{1}{1000}$。当量距的相对误差没有超出上述规定时，可取往、返测距离的平均值作为成果。

2. 倾斜地面的距离丈量

（1）水平量距法。当地面起伏不大时可将钢尺拉平分段丈量，称为水平量距法。丈量时均由高到低进行，如图4-6所示，丈量由A向B进行，甲立于A点，指挥乙将尺拉在AB方向线上。甲将尺的零端对准A点，乙将尺子抬高，并且目估使尺子水平，然后用垂球尖将尺子的末端投于地面上，再插一插钎。测完第一尺段后，两人抬尺前进，继续下一个尺段测量。若地面倾斜较大，将钢尺抬平有困难时，可将一尺段分成几段来平量，如图中的ij段。

平量法由于采用目估法使钢尺拉平，钢尺弯曲及投点误差的影响较大，所以测量的精度不高，两次测量的相对误差要求$K\leqslant 1/1000$。

为了方便起见，返测也应由高向低丈量。若精度符合要求，则取往返测的平均值作为最后结果。

（2）倾斜量距法。当倾斜地面坡度均匀时，可以将钢尺贴在地面上量斜距，用水准测量方法测出高差，再将丈量的斜距换算成平距，称为倾斜量距法。倾斜量距的相对误差应小于1/1000。

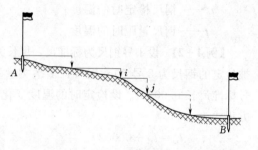

图4-6 平量法

如图4-7所示，可以沿着斜坡丈量出AB的斜距L，测出地面倾斜角α，然后计算AB的水平距离D_{AB}即

$$D_{AB}=L\cos\alpha \tag{4-2}$$

还可以用两点之间的高差进行计算，用水准仪测定A、B两点之间的高差h，则水平距离

$$D_{AB}=\sqrt{L^2-h^2} \tag{4-3}$$

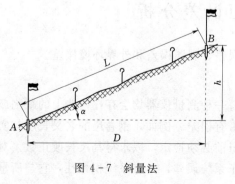

图4-7 斜量法

用一般方法量距，量距精度只能达到$\frac{1}{1000}\sim\frac{1}{5000}$，当量距精度要求更高时，例如$\frac{1}{10000}\sim\frac{1}{40000}$，这就要求用精密的方法或高一等级设备进行测量。精密量距方法参考其他书籍。

第二节　钢尺的检定

一、尺长方程式

钢尺由于其制造误差，经常使用中的变形以及丈量时温度和拉力不同的影响，使得其实际长度往往不等于名义长度。因此，为获得较准确的丈量结果，丈量之前必须对钢尺进行检定，求出它在标准拉力和标准温度下的实际长度，以便对丈量结果加以改正。钢尺检定后，应给出尺长随温度变化的函数式，通常称为尺长方程式，其一般形式为

$$l_t = l_0 + \Delta l + \alpha l_0 (t - t_0) \tag{4-4}$$

式中　l_t——钢尺在温度 t℃时的实际长度；

l_0——钢尺名义长度；

Δl——尺长改正数；

α——钢尺的线膨胀系数；

t_0——钢尺检定时的温度；

t——钢尺量距时的温度。

【例 4-2】 设 1 号钢尺为标准尺，尺长为 $l_{t1} = 30 + 0.005 + 1.2 \times 10^{-5} \times 30 \ (t-20℃)$ （m），被检定的钢尺为 2 号 30m 钢尺，多次丈量的平均长度为 29.998m，从而求得 2 号钢尺比 1 号标准尺长 0.002m。设检定时的温度变化很小，略而不计，则可得到被检定钢尺的尺长方程式为

$$
\begin{aligned}
l_{t2} &= l_{t1} + 0.002 \\
&= 30 + 0.005 + 1.2 \times 10^{-5} \times 30 \ (t-20℃) + 0.002 \\
&= 30 + 0.007 + 1.2 \times 10^{-5} \times 30 \ (t-20℃) \ (m)
\end{aligned}
$$

二、钢尺检定的方法

钢尺的检定一般是在两固定标志的检定场地进行检定，检定时要用弹簧秤（或挂重锤）施加一定的拉力（30m 钢尺 10kg、50m 钢尺 15kg），同时在检定时还要测定钢尺的温度。通常需要在两标志间测量三个测回（往返一次为一测回），求其平均值作为名义长度，最后通过计算给出钢尺的尺长方程式。

第三节　钢尺量距误差分析

影响钢尺量距精度的因素很多，一般为仪器误差、观测误差和外界环境误差。

一、仪器误差

测量工作通常是利用仪器进行测量的，由于每一种测量仪器均会存在构造上的缺陷或仪器本身精密度有一定的限度，所以观测值必然带有误差。例如，钢卷尺的名义长度与实际长度不相等在测量过程中产生误差。钢尺在测量前必须检定，以求得其尺长改正数。对丈量结果产生的误差称为尺长误差，尺长误差属于系统误差，具有系统积累性，它与所量

距离成正比。对于精度要求相对较低的丈量，检定的误差应小于 $1\sim3$mm，因为一般尺长检定方法只能达到 ±0.5mm 左右的精度，一般量距时可不作尺长改正，当尺长改正数大于尺长 $\dfrac{1}{10000}$ 时，应加尺长改正。

二、观测误差

由于观测者感觉器官的鉴别能力有一定的限度，所以在操作过程中会产生误差。同时，观测者的技术水平和工作态度，也对误差的产生有直接的影响，其主要表现在定线和读数等工作中。

1. 定线误差

定线时，由于各分段点位置偏离直线方向，这时丈量的距离是折线而不是直线，使得丈量结果偏大，这种误差称为定线误差。

如图 4-8 所示，AB 为直线正确位置，$A'B'$ 为钢尺位置，它使得量距结果偏大。设定线误差为 ε，由此而引起的一个尺段 l 的量距误差 $\Delta\varepsilon$ 为

$$\Delta\varepsilon=\sqrt{l^2-(2\varepsilon)^2}-l=-\frac{2\varepsilon^2}{l} \qquad (4-5)$$

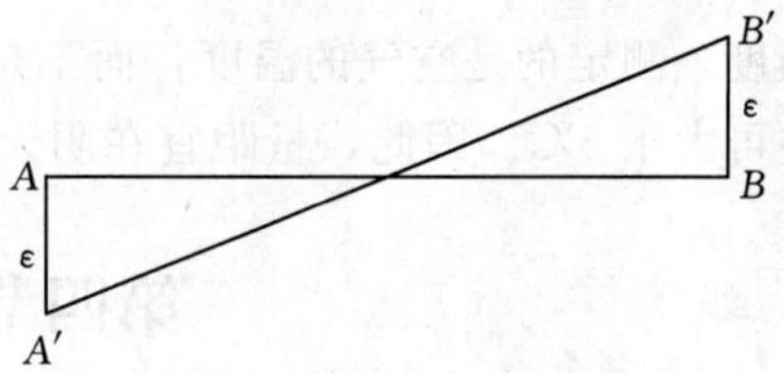

当 l 为 30m 时，若要求 $\Delta\varepsilon\leqslant\pm3$mm，则应使定线误差 ε 小于 0.21m，这时采用目估定线是容易达到的。用经纬仪定线，可使 ε 值和 $\Delta\varepsilon$ 值更小。设 ε 值为 2cm，$\Delta\varepsilon$ 仅 0.03mm。

图 4-8 定线误差

2. 拉力误差

钢尺具有弹性，会因受拉而伸长。量距时，如果拉力不等于标准拉力，钢尺的长度就会产生变化。拉力变化所产生的长度误差 Δp 可用下式计算

$$\Delta p=\frac{l\delta p}{EA} \qquad (4-6)$$

式中　l——钢尺长，设为 30m；

　　　δp——拉力误差；

　　　E——钢尺的弹性模量，通常取 2×10^6kg/cm^2；

　　　A——钢尺的截面积，当 $A=0.04$cm^2 时，$\Delta p=0.38\delta p$mm。欲使 Δp 不大于 ±1mm，则拉力误差不得超过 2.6kg（约 26N）。

3. 倾斜误差

钢尺量距时，如果钢尺不水平，总是使所量距离偏大。设钢尺长 30m，目估尺子水平的误差约为 0.44m（倾角约 $50'$），由此而产生的量距误差为 $30-\sqrt{30^2-0.44^2}\approx3$（mm）。

4. 钢尺垂曲和反曲的误差

钢尺悬空丈量时，中间下垂，称为垂曲。故在钢尺检定时，应按悬空与水平两种情况分别检定，得出相应的尺长方程式，按实际情况采用相应的尺长方程式进行成果整理，这项误差可以不计。

在凹凸不平的地面量距时，凸起部分将使钢尺产生上凸现象，称为反曲。设在尺段中部凸起 0.5m，由此而产生的距离误差达 $30-2\times\sqrt{15^2-0.5^2}\approx17$（mm），这是不允许

的，应将钢尺拉平丈量。

5. 丈量本身的误差

丈量误差主要包括：丈量时每尺段端点所插测钎位置是否正确，丈量时每段标志是否对准及零尺段的读数误差。这些误差是由人的感官能力所限而产生，误差有正有负，在丈量结果中可以互相抵消一部分，但仍是量距工作的一项主要误差来源。

三、外界环境误差

测量所处的外界环境条件，如温度、湿度、气压、风力、大气折光等因数都会对观测值产生影响，例如，气象条件会对钢尺测距产生直接的影响，因而在外界条件下的观测也必然带有误差。丈量时如果温度发生变化，则使得钢尺的长度随之发生变化，其对丈量结果产生的误差称为温度误差。因此，量距时要测定温度。根据温度改正公式 $\Delta l_t = \alpha(t - t_0) l$，对于 30m 的钢尺，温度变化 8℃，将会产生 $\frac{1}{10000}$ 的尺长误差。由于用温度计测量温度，测定的是空气的温度，而不是尺子本身的温度，在夏季阳光曝晒下，此两者温度之差可大于 5℃。因此，量距宜在阴天进行，并要设法测定钢尺本身的温度。

第四节　视　距　测　量

视距测量是一种间接测量方法，它利用望远镜内十字丝平面上的视距丝及刻有厘米分划的视距标尺，根据光学原理同时测定两点间的水平距离和高差的一种快速方法。但其测定距离的相对精度为 1/300，低于直接测量，测定高差的精度低于水准测量和三角高程测量。视距测量广泛用于地形测量的碎部测量中，在线路勘测时，线路的距离一般用钢尺丈量，为防止错误，也用视距测量检核量距中可能发生的粗差。

一、视距测量原理

在水准仪和经纬仪的望远镜十字丝分划板上，均有与横丝平行且对称的两短丝，称为视距丝。视距测量就是利用视距丝配合标尺，根据几何光学原理和三角高程测量原理，同时测量水平距离和高差的一种方法。视距测量的精度一般为 $\frac{1}{200} \sim \frac{1}{300}$。由于操作简便快捷，不受地形起伏的限制，因此广泛用于精度要求不高的碎部测量中。

1. 视准轴水平时视距测量公式

如图 4-9 所示，在 A 点安置仪器，B 点标尺。当望远镜水平瞄准标尺且标尺铅垂时，通过调节调焦螺旋使尺像落在十字丝平面上，用上、下丝分别读取其在尺上的读数，两读数之差称为视距间隔，用 l 表示。根据望远镜的构造以及成像原理，AB 的水平距离为

$$D = Kl + k \tag{4-7}$$

式中，K 为乘常数；k 为加常数，均与望远镜的结构参数有关，具体的关系表达式参见有关专业书籍。

在设计望远镜时，选择适当参数，可使 K=100，k 值等于或近似等于零，所以视线水平时的视距公式为

$$D = Kl = 100l \tag{4-8}$$

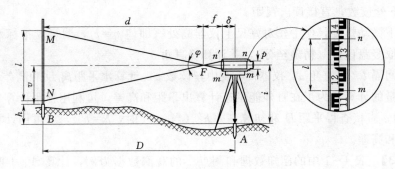

图 4-9　水平视距测量

同时，立尺点相对于测站点的高差为

$$h=i-v \qquad (4-9)$$

式中　i——仪器横轴至地面点的垂直距离，即仪器高；

　　　v——十字丝中丝读数，即目标高。

2. 视准轴倾斜时视距测量公式

当地面起伏较大时，望远镜必须倾斜才能瞄准目标，而标尺仍铅垂，则视准轴与标尺不垂直，如图 4-10 所示。因此，需要将标尺上的视距间隔 $l(M'N')$ 换算为与视线垂直的视距间隔 $l'(MN)$，然后应用上述视距测量公式和三角函数公式，求出待测的水平距离和高差。设竖直角为 α，因为 MN 垂直于视线，标尺垂直，所以 $M'N'$ 与 MN 的夹角为 α。由于 φ 角很小（约 34°），则可以将 $\angle M'MO$ 和 $\angle N'NO$ 视为直角，所以 $l'=MN=l\cos\alpha$。应用视线水平时的视距测量公式，即可得出倾斜距离，即

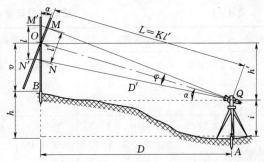

图 4-10　倾斜视距测量

$$D'=Kl'=Kl\cos\alpha$$

从图 4-10 中可见，A、B 两点的水平距离为

$$D=D'\cos\alpha=Kl\cos^2\alpha$$

初算高差为

$$h'=D'\sin\alpha=Kl\cos\alpha\sin\alpha=\frac{1}{2}Kl\sin2\alpha$$

A、B 两点的高差为

$$h=h'+i-v=\frac{1}{2}Kl\sin2\alpha+i-v=D\tan\alpha+i-v$$

二、视距测量方法

以电子经纬仪为例按照下列方法步骤进行视距测量观测和计算。

在测站点上安置经纬仪，量出仪器高，并记入视距测量手簿。

盘左位置，瞄准测点上竖立的标尺，转动上下微动螺旋，使上丝对一整数（通常对

1m），根据下丝读数，直接读出视距。

转动上下微动螺旋，使中丝对好尺上仪器高处（即使 $v=i$），调竖盘指标水准管使气泡居中，读取竖盘读数（精确至分），并计算竖直角 α。

根据尺间隔 l、竖直角 α、仪器高 i 及中丝读数 v，计算水平距离 D 和高差 h。

视距测量的计算。为了在野外能迅速计算出平距和高差，可利用视距计算表根据视距 Kl 和竖直角 α 直接查得平距 D 和初算高差 h'（当 $v=i$ 时，$h=h'$），也可用计算器根据公式计算平距和高差。

【例 4-3】 表 4-1 中的已知数据和测点 1 的观测数据为例，计算 A、1 两点间的水平距离和 1 点的高程。

解：

$$D_{A1}=Kl\cos^2\alpha=100\times1.574\times[\cos(+2°18'48'')]^2=157.14(\text{m})$$

$$h_{A1}=\frac{1}{2}Kl\sin2\alpha+i-v$$

$$=\frac{1}{2}\times100\times1.574\times\sin[2\times(2°18'48'')]+1.45-1.45=+6.35(\text{m})$$

$$H_1=H_A+h_{A1}=45.37+6.35=+51.72(\text{m})$$

表 4-1　　　　　　　　　　　　　　视距测量记录与计算手簿

测站：A		测站高程：$+45.37$m		仪器高：1.45m				仪器：6秒级电子经纬仪	
测点	下丝读数 上丝读数 尺间隔	中丝读数 v	竖盘读数 L (° ′ ″)	竖直角 α (° ′ ″)	水平距离 D (m)	初算高差 h' (m)	高差 h (m)	高程 H (m)	备注
1	2.237 0.663 1.574	1.45	87 41 12	+2 18 48	157.14	+6.35	+6.35	+51.72	盘左位置

三、视距测量误差分析

影响测量精度的因素很多，一般为仪器误差、观测误差和外界环境误差。

1. 仪器误差

（1）乘常数 K 的误差在望远镜设计时，可以使 $K=100$。但经过长期使用后，特别是仪器经过拆装修理后，使得望远镜的相关结构参数发生变化，从而引起乘常数 K 的误差。在视距测量前应对乘常数 K 进行测定，K 的值应为 100 ± 0.1。否则，应加以改正或由专业人员进行调整。测定乘常数 K 的方法是：在室外选择一平坦地面，从仪器中心起沿直线方向用钢尺或测距仪量取 50m、100m、150m、200m 点，并做好标记，仪器精确整平对中，视线尽量水平，以盘左、盘右位置由近至远依次瞄准竖立在 4 个点的视距尺，读取上下丝读数。再用相同方法返测。这样每个点得到 4 个不同的尺间隔。取其平均值后分别代入公式 $K=D/l$，计算出各段距离的乘常数。最后取平均值作为所求的 K 值。

（2）测量仪器高 i 和中丝读数 v 的误差，仪器高 i 和中丝读数 v 的误差，一般均可控制在一定的限度内，对距离及高差的影响不大。

2. 观测误差

(1) 读数误差是影响视距测量的重要因素，直接影响视距间隔 l，会对视距产生 100 倍的影响，如果读数偏差 1mm，则对距离的影响为 0.1m。因此，在读数时应尽量消除视差。另外读数误差与距离成正比，所以在测量中应根据要求限制视距长度。

(2) 视距尺倾斜引起的误差，视距尺倾斜会使视距间隔产生偏差，由于视距尺较短（一般为 3m），倾斜引起的视距间隔的相对误差就比较大，从而引起较大的视距偏差。因此，测量时应特别注意视距尺的垂直程度，必要时可以在尺上附加圆水准器，在山区要特别注意。

(3) 竖直角 α 的误差，竖直角的误差对水平距离的误差一般影响不大。当测量竖直角的误差为 $\pm 1'$，$\alpha = 30°$ 时，对水平距离的误差约为 1/4000，所以此项误差一般可不予以考虑。

用视距测量高差的误差，从公式 $h = D\tan\alpha + i - v$ 可知其与水平距离 D 和竖直角 α 的误差有关，但是高差的误差除了随着测量距离和竖直角的误差增减外，还随着距离和竖直角的大小而增减，即距离越长，竖直角越大，高差的误差也就最大。所以，为保证测量的高差的精度，应限制距离的长度及避免出现过大的竖直角。读取竖盘读数时，应严格使竖盘指标水准管气泡居中。对于竖盘指标差的影响，可采用盘左、盘右观测取竖直角平均值的方法来消除。

3. 外界环境的影响

(1) 大气垂直折光影响。由于视线通过的大气密度不同而产生垂直折光差，而且视线越接近地面垂直折光差的影响也越大，因此观测时应使视线离开地面至少 1m 以上（上丝读数不得小于 0.3m）。

(2) 空气对流使成像不稳定产生的影响。这种现象在视线通过水面和接近地表时较为突出，特别在烈日下更为严重。因此应选择合适的观测时间，尽可能避开大面积水域。

经过理论分析和试验资料得出，用视距法测量水平距离的相对中误差大在 1/200～1/300，测量高差的误差则与高差和距离有关，一般每 100m 距离约有 ± 3cm 的高差中误差，每 10m 的高差也可有 ± 3cm 的高差中误差。通过上述分析，在进行视距测量时，应对影响观测精度的各种因素给予不同程度的注意。

第五节 光 电 测 距

一、概况

长距离丈量是一项繁重的工作，劳动强度大，工作效率低，尤其是在山区或沼泽区，丈量工作更是困难。人们为了改变这种状况，于 20 世纪 50 年代研制成了光电测距仪。近年来，由于电子技术及微处理机的迅猛发展，各类光电测距仪竞相出现，已在测量工作得到了普遍的应用。

电磁波测距按测程来分，有短程（<3km）、中程（3～15km）和远程（>15km）之分。按测距精度来分，有Ⅰ级（$|m_D| \leqslant 5$mm）、Ⅱ级（5mm$\leqslant |m_D| \leqslant 10$mm）和Ⅲ级（$|m_D| \geqslant 10$mm），$m_D$ 为 1km 的测距中误差。按载波来分，采用微波段的电磁波作为载波

的称为微波测距仪；采用光波作为载波的称为光电测距仪。光电测距仪所使用的光源有激光光源和红外光源。红外测距仪其主要以砷化镓（GaAs）发光二极管所发的荧光作为载波源，发出的红外线的强度能随注入电信号的强度而变化，因此它兼有载波源和调制器的双重功能。GaAs 发光二极管体积小，亮度高，功耗小，寿命长，且能连续发光，所以红外测距仪获得了更为迅速的发展。本节以红外光电测距仪为例。

二、测距原理

如图 4-11 所示，欲测定 A、B 两点间的距离 D，安置仪器于 A 点，安置反射镜于 B

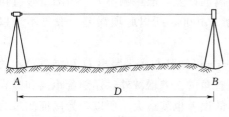

点。仪器发射的光束由 A 至 B，经反射镜反射后又返回到仪器。设光速 c 为已知，如果光束在待测距离 D 上往返传播的时间 t_{2D} 已知，则距离 D 可由下式求出

$$D = \frac{1}{2}ct_{2D} \qquad (4-10)$$

图 4-11　测距原理

$$c = \frac{c_0}{n}$$

式中　c_0——真空中的光速值，其值为 299792458m/s±1.2m/s；

$\quad\quad n$——大气折射率，它与测距仪所用光源的波长 λ，测线上的气温 t，气压 P 和湿度 e 有关。

由式（4-10）可知，测定距离的精度，主要取决于测定时间 t_{2D} 的精度，$dD = \frac{1}{2}cdt_{2D}$。例如要求保证±1cm 的测距精度，时间测定要求准确到 $6.7×10^{-11}$s，这是难以做到的。因此，大多采用间接测定法来测定 t_{2D}。间接测定 t_{2D} 的方法有下列两种：

（1）脉冲式测距。由测距仪的发射系统发出光脉冲，经被测目标反射后，再由测距仪的接收系统接收，测出这一光脉冲往返所需时间间隔（t_{2D}）的钟脉冲的个数以求得距离 D。测距精度为 0.5m，精度较低。

（2）相位式测距。由测距仪的发射系统发出一种连续的调制光波，测出该调制光波在测线上往返传播所产生的相位移，以测定距离 D。红外光电测距仪一般都采用相位测距法。

在砷化镓（GaAs）发光二极管上加了频率为 f 的交变电压（即注入交变电流）后，它发出的光强就随注入的交变电流呈正弦变化，如图 4-12 所示，这种光称为调制光。测距仪在 A 点发出的调制光在待测距离上传播，经反射镜反射后被接收器所接收，然后用相位计将发射信号与接受信号进行相位比较，由显示器显出调制光在待测距离往、返传播所引起的相位移 φ，如图 4-13 所示。为了便于说明问题，将图中反射镜 B 反射回的光波沿测线方向展开画出。

设调制光的频率为 f，角频率为 ω，波长为 $\lambda_s(\lambda_s = c/f)$，光强变化一周期的相位移为 2π，则

$$\phi = \omega t_{2D} = 2\pi f t_{2D}$$

$$t_{2D} = \frac{\phi}{2\pi f} \qquad (4-11)$$

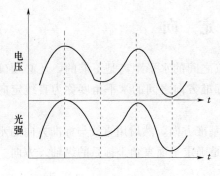

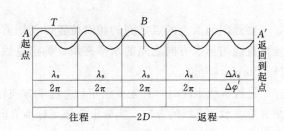

图 4-12 调制光波　　　　　　　图 4-13 相位法测距原理

将式（4-11）代入式（4-10）得

$$D=\frac{c}{2f}\frac{\phi}{2\pi} \tag{4-12}$$

由图 4-15 可以看出，相位移 ϕ 可表示为

$$\phi=N\cdot 2\pi+\Delta\varphi$$

将上式代入式（4-12）得

$$D=\frac{c}{2f}\Big(N+\frac{\Delta\varphi}{2\pi}\Big)=\frac{\lambda_s}{2}(N+\Delta N) \tag{4-13}$$

$$\Delta N=\frac{\Delta\varphi}{2\pi}$$

式中：ΔN 小于 1，为不足一个周期的小数；N 为整周期数。

　　式（4-13）为相位法测距的基本公式。由该式可以看出，c、f 为已知值，只要知道相位移的整周期数 N 和不足一个整周期的相位移 $\Delta\varphi$，即可求得距离。式（4-13）与钢尺量距相比，把半波长 $\frac{\lambda_s}{2}$ 当作光"测尺"的长度，则距离 D 也像钢尺量距一样，成为 N 个整测尺长度与不足一个整测尺长度之和。仪器上的测相装置（相位计）只能分辨出 $0\sim$ 2π 的相位变化，故只能测出不足 2π 的相位差 $\Delta\varphi$，相当于不足整"测尺"的距离值。例如"测尺"为 10m，则可测出小于 10m 的距离值。同理，若采用 1km 的"测尺"，则可测出小于 1km 的距离值。由于仪器测相系统的测相精度一般为 1/1000，测尺越长，测距误差越大。为了解决扩大测程与提高精度的矛盾，测距仪上大多选用几个测尺配合测距。用较长的测尺（如 1km、2km 等）测定距离的大数，以满足测程需要，称为"粗尺"；用较短的测尺（如 10m、20m 等）测定距离的尾数，以保证测距的精度，称为"精尺"。如同钟表上用时、分、秒针互相配合来确定精确的时刻一样。

　　【例 4-4】 某测距仪 10m 作精测尺，显示米位及米位以下距离值；以 1000m 作粗测尺，显示百米位、十米位距离值。如实测距离为 296.847m，则：

精测显示　　6.847

粗测显示　　29　　（米位不显示）

仪器显示的距离为 296.847m。

第六节　直　线　定　向

要确定地面上两点之间的相对位置，仅知道两点之间的水平距离是不够的，还必须确定此直线与标准方向之间的水平夹角。确定直线与标准方向之间的水平角度称为直线定向（line orientation）。

进行直线定向时，首先要选定一个标准方向作为基准方向，然后用直线与标准方向的水平夹角表示该直线的方向，实际上，选定标准方向就是确定平面直角坐标系的纵轴 x 方向。

一、标准方向的种类

1. 真子午线方向

如图 4-14 所示，地表上任一点 P 与地球旋转轴所组成的平面与地球表面交线称为 P 点的真子午线，通过地球表面某点的真子午线的切线方向，称为该点的真子午线方向，真子午线方向是用天文测量方法或用陀螺经纬仪测定的。

2. 磁子午线方向

地表上任一点 P 与地球磁场南北极连线所组成的平面与地球表面交线称为 P 点的磁子午线，磁子午线方向

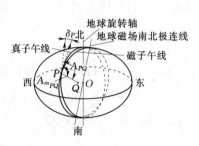

图 4-14　标准方向

是磁针在地球磁场的作用下，磁针自由静止时其轴线所指的方向，磁子午线方向可用罗盘仪测定。

3. 坐标纵轴方向

我国采用高斯平面直角坐标系，每一 6°带或 3°带内都以该带的中央子午线作为坐标纵轴，因此，该带内直线定向，就用该带的坐标纵轴方向作为标准方向。如采用假定坐标系，则用假定的坐标纵轴（x 轴）作为标准方向。过地表任一点 P 且与所在高斯平面直角坐标系或假定坐标系的坐标轴平行的直线称为 P 点坐标轴方向。

二、直线方向的方法

1. 方位角

测量工作中，常采用方位角来表示直线的方向。

由标准方向的北端起，顺时针方向量到某直线的夹角，称为该直线的方位角。角值为 $0°\sim360°$。根据标准方向线的不同，方位角又可分为真方位角、磁方位角、坐标方位角三种。

由真子午线方向线的北端起顺时针方向量到某直线的水平夹角，称为该直线的真方位角，用 A 表示。

由磁子午线方向线的北端起顺时针方向量到某直线的水平夹角，称为该直线的磁方位角，用 A_m 表示。

由坐标轴方向北端起顺时针方向量到某直线的水平夹角，称为该直线的坐标方位角，用 α 表示。

如图 4-15 所示，若标准方向 ON 为真子午线方向，并用 A 表示真方位角，则 A_1、

A_2、A_3、A_4 分别为直线 $O1$、$O2$、$O3$、$O4$ 的真方位角。若 ON 为磁子午线方向，则各角分别为相应直线的磁方位角。磁方位角用 Am 表示。若 ON 为坐标纵轴方向，则各角分别为相应直线的坐标方位角，用 α 表示之。

2. 象限角

由标准方向线的北端或南端，顺时针或逆时针量到某直线的水平夹角，用 R 表示，其值在 $0°\sim90°$。如图 4-15 所示，把 A 改为 R 即可，直线 $O1$、$O2$、$O3$、$O4$ 的象限角分别为 R_1、R_2、R_3 和 R_4。象限角不但要表示角度的大小，而且还要注记该直线位于第几象限。象限分为 I～IV 象限，分别在北东、南东、南西和北西表示。如 $O4$ 在第四象限，角值为 $45°$，则该象限角为北西 $45°$。

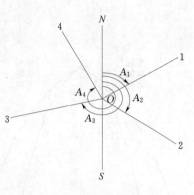

图 4-15 象限角

象限角一般只在坐标计算时使用，这时所说的象限角是指坐标象限角。坐标象限角与坐标方位角之间的关系如下：

I 象限：$\alpha=R$　　　　　　　　$R=\alpha$

II 象限：$\alpha=180°-R$　　　　　$R=180°-\alpha$

III 象限：$\alpha=180°+R$　　　　　$R=\alpha-180°$

IV 象限：$\alpha=360°-R$　　　　　$R=360°-\alpha$

三、几种方位角之间的关系

1. 真方位角与磁方位角之间的关系

由于地磁南北极与地球的南北极并不重合，因此，过地面上某点的真子午线方向与磁子午线方向常不重合，两者之间的夹角称为磁偏角，如图 4-16 中的 δ。磁针北端偏于真子午线以东称东偏，偏于真子午线以西称西偏。直线的真方位角与磁方位角之间可用下式进行换算

$$A=A_m+\delta \tag{4-14}$$

式（4-14）中的 δ 值，东偏取正值，西偏取负值。我国磁偏角的变化大为 $+6°\sim-10°$。

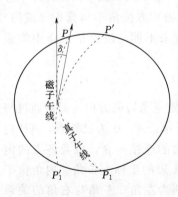

图 4-16 真方位角与磁方位角的关系

2. 真方位角与坐标方位角之间的关系

中央子午线在高斯平面上是一条直线，作为该带的坐标纵轴，而其他子午线投影后为收敛于两极的曲线，如图 4-17 所示。图中地面点 M、N 等点的真子午线方向与中央子午线之间的夹角，称为子午线收敛角，用 γ 表示。γ 角有正有负。在中央子午线以东地区，即各点的坐标纵轴偏在真子午线的东边，γ 为正值；反之其在中央子午线以西地区，γ 为负值。某点的子午线收敛角 γ，可用该点的高斯平面直角坐标为引数，在测量计算用表中查到。也可用下式计算

$$\gamma=(L-L_0)\sin B$$

式中 L_0——中央子午线的经度；

L、B——计算点的经纬度。

真方位角与坐标方位角之间的关系，如图 4-18 所示，可用下式进行换算

$$A_{12} = \alpha_{12} + \gamma \qquad (4-15)$$

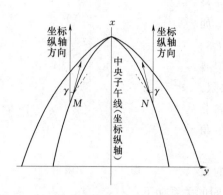

图 4-17 真子午线方向与坐标纵轴方向的关系

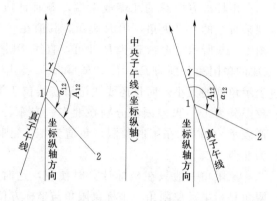

图 4-18 坐标方位角与真方位角的关系

3. 坐标方位角与磁方位角的关系

若已知某点的磁偏角 δ 与子午线收敛角 γ，则坐标方位角与磁方位角之间的换算式为

$$\alpha = A_m + \delta - \gamma \qquad (4-16)$$

四、正、反坐标方位角

测量工作中的直线都是具有一定方向的。如图 4-19 所示，直线 1—2 的点 1 是起点，

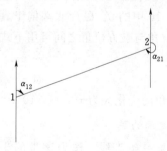

图 4-19 正、反坐标方位角

点 2 是终点，通过起点 1 的坐标纵轴方向与直线 1—2 所夹的坐标方位角 α_{12}，称为直线 1—2 的正坐标方位角。过终点 2 的坐标纵轴方向与直线 2—1 所夹的坐标方位角，称为直线 1—2 的反坐标方位角。正、反坐标方位角相差 180°，即

$$\alpha_{21} = \alpha_{12} + 180° \qquad (4-17)$$

由于地面各点的真（或磁）子午线收敛于两极，并不互相平行，致使直线的反真（或磁）方位角不与真正（或磁）方位角差 180°，给测量计算带来不便，故测量工作中均采用坐标方位角进行直线定向。

五、坐标方位角的推算

为了整个测区坐标系统的统一，测量工作中并不直接测定每条边的方向，而是通过与已知点的连测，以推算出各边的坐标方位角。如图 4-20 所示，A、B 为已知点，AB 边的坐标方位角 α_{AB} 为已知，通过连测求得 $A—B$ 边与 $A—1$ 边的连接角 β'，以及各点的内角 β_A、β_1、β_2 和 β_3，现在要推算 $A—1$、$1—2$、$2—3$ 和 $3—A$ 边的坐标方位角。内角位于前进方向的右边，测量上称为右角，若在前进方向的左边则为左角。左角与右角的关系为：$\beta_右 = 360° - \beta_{1左}$。

现以右角图解计算各线方位角：

（1）$A1$ 方位角：即 AO 北向线顺时针到 $A1$ 线的角 α_{A1}，由图得 $\alpha_{A1}=\beta'-(360°-\alpha_{AB})$，如果要求 α_{A1} 的反坐标方位角 α_{1A}，则沿 1 作 $1O_1$ 平行于 AO，即 $1O_1$ 顺时针到 $1A$ 线的角，$\alpha_{1A}=\alpha_{A1}+180°$。$\alpha_{A1}$ 和 α_{1A} 相差 $180°$，$A1$ 为正方位角，则 $1A$ 为反方位角。

（2）12 的方位角：即 $1O_1$ 北向顺时针到 12 的角 α_{12}，由图可知 $\alpha_{12}=\alpha_{A1}+180°-\beta_1$。如果要求 α_{12} 的反坐标方位角 α_{21}，则沿 2 作 $2O_2$ 平行于与 AO 即 $2O_2$ 顺时针到 21 的角 $\alpha_{21}=\alpha_{12}+180°=(\alpha_{A1}+180°-\beta_1)+180°$。

采用图解法以此类推可以看出

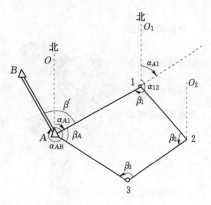

图 4-20　坐标方位角推算

$$\alpha_{A1}=\beta'-(360°-\alpha_{AB})$$
$$\alpha_{12}=\alpha_{1A}-\beta_{1右}=\alpha_{A1}+180°-\beta_{1右}$$
$$\alpha_{23}=\alpha_{12}+180°-\beta_{2右}$$
$$\alpha_{3A}=\alpha_{23}+180°-\beta_{3右}$$
$$\alpha_{A1}=\alpha_{3A}+180°-\beta_{A右}$$

将最后算得的 α_{A1} 与开始算得的值进行比较，以检核计算中有无错误。

如果用左角推算坐标方位角，由图 4-20 可以看出

$$\alpha_{12}=\alpha_{A1}-180°+\beta_{1左}$$

计算中如果 α 值大于 $360°$，应减去 $360°$，同理可得

$$\alpha_{23}=\alpha_{12}-180°+\beta_{2左}$$

从而可以写出推算坐方位角的一般公式为

$$\alpha_{前}=\alpha_{后}\pm180°\mp\beta \tag{4-18}$$

式（4-18）中，β 为左角取正号，β 为右角取负号。

第七节　罗盘仪测定磁方位角

一、用罗盘仪测定磁方位角

1. 罗盘仪的构造

罗盘仪是测量直线磁方位角的仪器，该仪器构造简单，使用方便，但精度不高，外界环境对仪器的影响较大，如钢铁建筑和高压电线都会影响其精度。当测区内没有国家控制点可用而需要在小范围内建立假定坐标系的平面控制网时，可用罗盘仪测量磁方位角，作为该控制网起始边的坐标方位角。

罗盘仪的种类很多，其构造大同小异，主要部件有磁针、刻度盘和瞄准设备等，如图 4-21 所示。

（1）磁针。图 4-22 为罗盘盒的剖面图。磁针用人造磁铁制成，其中心装有镶着玛瑙的圆形球窝，在刻度盘的中心装有顶针，磁针球窝支在顶点上。为了减轻顶针尖的磨损，

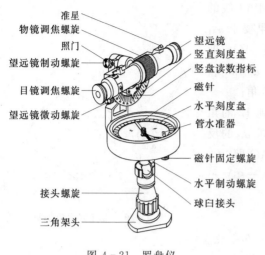

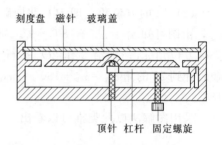

图 4-21　罗盘仪　　　　　　　　　　图 4-22　罗盘盒的剖面图

装置了杠杆和螺旋 P，磁针不用时，用杠杆将磁针升起，使它与顶针分离，把磁针压在玻璃盖下。在进行测量时放松固动螺丝，使磁针自由摆动，最后静止时磁针的指向就是磁子午线方向。由于我国位于北半球磁针两端所受磁力不等，使磁针失去平衡。为了使磁针保持平衡常在磁针南端绕上几圈铜丝，用此也便于区分磁针的南北两端。

（2）刻度盘。刻度盘为铜或铝的圆环，最小分划为 1°或 30′，有水平和竖直之分。水平刻度盘的刻度是从零度开始按逆时针方向每 10°一记，连续刻至 360°，0°和 180°分别为 N 和 S，90°和 270°分别为 E 和 W，利用它可以直接测得地面两点间直线的磁方位角。竖直刻度盘是专用来读倾角和坡角读数，以 E 或 W 位置为 0°，以 S 或 N 为 90°，每隔 10°标记相应数字。刻度盘内装有一个圆水准器或者两个相互垂直的管水准器，用手调节控制气泡居中，使罗盘仪水平。水准器通常有两个，分别装在圆形玻璃管中，圆形水准器固定在底盘上，管水准器固定在测斜仪上。

（3）瞄准设备（望远镜）。罗盘仪的瞄准设备，现在大都采用望远镜，罗盘仪的望远镜和经纬仪的望远镜结构基本相同，也有目镜对光、物镜对光和十字丝划分板等，其望远镜的视准轴与刻度盘的 0°分划线共面。老式仪器采用觇板，瞄准器为一个小型望远镜，其下方固定有一个半圆形竖直读盘，用于测定竖直角。望远镜物镜端与刻度盘 0°线相对应，望远镜目镜端与刻度盘 180°线相对应。瞄准器与刻度盘一起转动。瞄准目标后，转动顶起螺丝，使磁针北极端所指示的刻度盘读数，即为该视线方向的磁方位角。

（4）基座。采用球臼结构，松开球臼接头螺旋，可摆动刻度盘，使水准泡居中，读盘处于水平位置，然后拧紧接头螺旋。

2.罗盘仪测定直线的磁方位角的方法

欲测直线 AB 的磁方位角，观测时，先将罗盘仪安置在直线的起点，对中，整平（罗盘盒内一般均设有水准器，指示仪器是否水平），旋松螺旋，放下磁针，然后转动仪器，通过瞄准设备去瞄准直线另一端的标杆。待磁针静止后，读出磁针北端所指的读数，即为该直线的磁方位角。

目前，有很多经纬仪配有罗针，用来测定磁方位角。罗针的构造与罗盘仪相似。观测时，先安置经纬仪于直线起点上，然后将罗针安置在经纬仪支架上。旋转经纬仪大致指向磁北，制动照准部。旋下螺旋 P，放下磁针，通过罗针观测孔观看磁针两端的像，并旋转经纬仪的水平微动螺旋，使其像上下重合。[图4-23（a）]所示为两像未重合，[图4-23（b）]为重合时的情形。磁针的像上下重合说明望远镜视准轴平行于磁北方向，已经指北。再拨动水平度盘位置变换轮，使水平度盘读数为零，松开水平制动螺旋，瞄准直线另一端的标杆，所得水平度盘读数，即为该直线的磁方位角。

罗盘仪在使用时，不要使铁质物体接近罗盘，以免影响磁针位置的正确性。在铁路附近及高压线铁塔下观测时，磁针读数会受很大影响，应该注意避免。测量结束后，必须旋紧螺旋 P，将磁针升起，避免顶针磨损，以保护磁针的灵敏性。

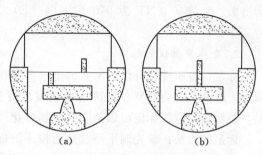

图4-23　磁针像

二、森林罗盘仪测定方位角

1. 罗盘仪的构造

如图4-24所示 zcc-sl01 型正像森林罗盘仪是一款数字式罗盘仪，它可以准确测出方向、距离、高差及坡角等。该仪器由12VDC供电，LED直观数字显示和磁北之间的夹角。具有标定功能，可以有效消除周围铁磁物质的干扰，得到准确的方位角，分辨率0.1°，精确度高，误差小于1°。安平机构由转轴和球连接器组成，它既可以安平仪器，又能与三脚架连接。该仪器具有测量精度高、结构紧凑合理、体积小、重量轻等优点。适用于森林普查、农田、水利以及一般工程的测量。森林罗盘仪主要由望远镜、数字磁罗盘和安平机构组成。

2. 森林罗盘仪测定的使用方法

（1）调平。将仪器旋紧在三脚架上（见图4-25），调整安平机构，使水准仪气泡居中。仪器安平时，其各调整部位应处中间位置。

图4-24　森林罗盘仪

图4-25　仪器与三脚架连接

（2）标定。若罗盘在移动位置后使用，使用前需要对罗盘进行标定。若一直在原地使用，周围的环境没有较大变化，则不需要每次都标定。

（3）测量。先调节望远镜目镜视度使之清晰地看清十字丝，然后通过粗照准器，大致瞄准观测目标，再调准焦轮直到准确的看清目标，此时即可作距离、坡角等项的测量。望远镜与数字罗盘配合使用亦可对目标方向进行测量，此时目标的方位角由罗盘直接数字显示出来。北方向（N）为 $0°$，东方向（E）为 $90°$，南方向（S）为 $180°$，西方向（W）为 $270°$。

3. 森林罗盘仪的标定

标定：也叫硬铁补偿，所有的电子罗盘在使用前都要进行标定，一旦罗盘周围硬铁环境发生改变，也会使罗盘周围的磁场发生改变，此时罗盘计算输出的角度信息会出现偏差，对罗盘仪进行标定可以消除因磁场变化产生的影响。

标定的方法：首先调平罗盘然后按一下标定键，即 SET 键，罗盘就自动进入标定状态，然后将罗盘均匀缓慢的旋转两周，不可太快，旋转一周的时间要小于 1min，因为一般情况下是人工标定，所以旋转时不能达到缓慢、匀速的要求，可以通过多旋转一周的方法来弥补人工标定的不足，也就是旋转两周，然后按一下推出键，即 ESC 键，结束标定，此时罗盘就显示角度了。

第八节　陀螺经纬仪测定真方位角

一、概述

为了求得测量的基准方位和日照时间的方位，一般使用陀螺经纬仪进行天体观测。然而，陀螺经纬仪的精度有限，在天体观测中还要受到确保通视、天气、场所和时间等观测条件的影响。为了解决这些问题，可采用陀螺经纬仪，它是利用力学原理来求得真北方向。陀螺经纬仪在不能和已知点通视而无法确定方位、方向角的情况下都能发挥很大的作用。

二、陀螺工作站的原理及构造

陀螺经纬仪的陀螺装置由陀螺部分和电源部分组成。高速旋转物体的旋转轴，对于改变其方向的外力作用有趋向于铅直方向的倾向，而且旋转物体在横向倾斜时，重力会向增加倾斜的方向作用，则产生了摇头的运动（岁差运动）。当陀螺经纬仪的陀螺旋转轴以水平轴旋转时，由于地球的旋转而受到铅直方向旋转力，陀螺的旋转体向水平面内的子午线方向产生岁差运动。当轴平行于子午线而静止时可加以应用。旋转轴的方向可由装置外的目镜进行观测，陀螺指针的振动中心方向指向真北方向。陀螺经纬仪的构造：调整螺丝、吊线、照明灯、陀螺转子、指针、供电用馈线、反射镜、陀螺马达、刻度线、目镜等（见图 4-26）。

三、陀螺经纬仪的使用方法

陀螺经纬仪的使用方法一般有：①跟踪逆转点法；②中天法；③陀螺静止位置法

目前我们国内普遍采用的跟踪逆转点法。陀螺经纬仪用跟踪逆转点法在一个测点上进行定向时，其操作程序大致为：在测站上安置仪器，观测前将水平微动螺旋置于行程中间位置，并于正镜位置将经纬仪照准部对准近似北方，然后启动陀螺经纬仪。此时，在陀螺仪目镜视场中可以看到光标线在摆动，用水平微动螺旋使经纬仪照准部转动，平稳匀速地跟踪光标线的摆动，使目镜视场中分划板上的零刻度线与光标线重合。当光标达到东西逆转点时，读取经纬仪水平盘上的读数。连续读取 5 个逆转点时的读数 u_i，便可按以下公式求得陀螺北方向值 N_T

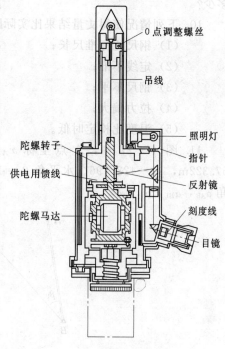

图 4-26　陀螺经纬仪构造

$$N_1 = \frac{1}{2}\left(\frac{u_1+u_3}{2}+u_2\right) \qquad (4-19)$$

$$N_2 = \frac{1}{2}\left(\frac{u_2+u_4}{2}+u_3\right) \qquad (4-20)$$

$$N_3 = \frac{1}{2}\left(\frac{u_3+u_5}{2}+u_4\right) \qquad (4-21)$$

$$N_T = \frac{1}{3}(N_1+N_2+N_3) \qquad (4-22)$$

思 考 题 与 习 题

1. 直线定线的目的是什么？有哪些方法？如何进行？

2. 用钢尺量距时有哪些误差？

3. 说明视距测量的方法。

4. 直线定向的目的是什么？它与直线定线有何区别？陀螺经纬仪能够测量什么方向？

5. 写出钢尺的尺长方程，分析钢尺丈量距离的主要误差来源。

6. 何谓真子午线、磁子午线、坐标子午线？何谓真方向角、磁方向角、坐标方向角？

7. 直线段的方位角是（　　）。

A. 两个地面点构成的直线段与方向线之间的夹角

B. 指北方向线按逆时针方向旋转至直线段所得的水平角

C. 指北方向线按顺时针方向旋转至直线段所得的水平角

8. 在罗盘仪测定磁方位角时，磁针指示的度盘角度值是（　　）。

A. 磁北方向值

B. 磁偏角 δ

C. 望远镜瞄准目标的直线段磁方位角

9. 丈量 AB、CD 两段水平距离。AB 往测为 126.780m，返测为 126.735m；CD 往测为 357.235m，返测为 357.190m。问哪一段丈量精确？为什么？两段距离的丈量结果各为多少？

10. 下列情况使得丈量结果比实际距离增大还是减小：

　　(1) 钢尺比标准尺长；

　　(2) 定线不准；

　　(3) 钢尺不平；

　　(4) 拉力偏大；

　　(5) 温度比检定时低。

11. 图 4 - 27 中，A 点坐标 $x_A = 345.623$m，$y_A = 569.247$m；B 点坐标 $x_B = 57.322$m，$y_B = 423.796$。水平角 $\beta_1 = 15°36'27''$，$\beta_2 = 84°25'45''$，$\beta_3 = 96°47'14''$。求方位角 α_{AB}，α_{B1}，α_{12}，α_{23}。

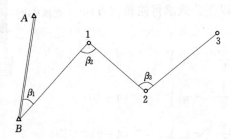

图 4 - 27　方位角的计算

12. 已知 A 点的磁偏角为西偏 $22''$，过 A 点的真子午线与中央子午线之间的收敛角为 $-13''$，直线 AB 的坐标方位角 $\alpha = 60°10'$，求 AB 直线的真方位角与磁方位角，并绘图说明之。

第五章 测量误差的基本知识

第一节 概 述

在测量工作中，大量实践表明，当对某一未知量进行多次观测时，不论测量仪器多么精密，观测进行得多么仔细，观测值之间总是存在着差异。例如，往、返丈量某段距离若干次，或重复观测某一角度，观测结果都不会一致。再如，测量某一平面三角形的三个内角，其观测值之和常常不等于理论值 180°。这些现象都说明了原始测量结果不可避免地存在误差。

一、测量误差产生的原因

产生原始测量误差的原因很多，概括起来有以下三个方面。

1. 仪器的原因

测量工作是需要用测量仪器进行的，由于每一种测量仪器均会存在机械构造上的缺陷，使测量结果受到一定影响，例如，水准仪的视准轴不平行于水准管轴。

2. 观测者的原因

由于观测者的感觉器官的鉴别能力存在一定的局限，所以对仪器的对中、整平、瞄准、读数等方面都会产生误差。例如，在厘米分划的水准尺上，有观测者估读至毫米数，则 1mm 以下的误差是完全可能存在的。此外，观测者的技术熟练程度和工作态度也会对观测成果带来不同程度的影响。

3. 外界环境的影响

测量时所处的外界环境的温度、风力、日光、大气折光、烟雾等客观情况时刻在变化，这些都会对测量结果产生影响。例如，温度变化使钢尺产生伸缩，这是对材料的影响；风吹和日光照射使仪器的安置不稳定，这是对仪器安置的影响；大气折光使瞄准产生偏差，这是对观测者的影响。因而在外界条件下的观测也必然带有误差。

观测者、仪器和环境是测量工作得以进行的客观条件，由于受到这些条件的影响，测量中的误差是不可避免的。通常把仪器、观测者和外界条件三个方面综合起来，称为观测条件。观测条件相同的各次观测，称为等精度观测；观测条件不同的各次观测，称为非等精度观测。

二、测量误差的分类与处理原则

测量误差按其对测量结果影响性质的不同，可分为粗差、系统误差和偶然误差。

1. 粗差

粗差是指超出正常观测条件所出现的，而且数据超出规定的误差，例如，读错、记错或测错等，粗差在观测结果中是不允许出现的。为了杜绝粗差，除认真仔细作业外，还必须采取必要的检核措施。例如，对距离进行往、返测量，对角度重复观测，对几何图形进行必要的多余观测，用一定的几何条件来进行检核。

2. 系统误差

在相同的观测条件下，对某量进行一系列观测，如误差出现的符号和大小均相同或按一定的规律变化，这种误差称为系统误差。例如，用名义长度为 20m 的钢尺量距，而该钢尺的实际长度为 20.003m，则每量一尺段就会产生 0.003m 的系统误差。又如，水准仪经检验校正后，视准轴与水准管轴之间仍然存在不平行的残余 i 角，观测时在水准尺上的读数就会产生 $D\dfrac{i''}{\rho}$ 的误差，它与水准仪至水准尺之间的距离 D 成正比。

系统误差具有积累性，对测量结果的影响很大。但是，由于系统误差的符号和大小有一定的规律，可以用以下方法进行处理：

(1) 用计算的方法加以改正。例如，尺长误差和温度对尺长的影响。

(2) 用一定的观测方法加以消除。例如，在水准测量中用前、后视距相等的方法消除 i 角的影响；在经纬仪测角中，用盘左、盘右观测值取中数的方法可以消除视准轴误差、支架差和竖盘指标差等的影响。

(3) 将系统误差限制在允许范围内。有的系统误差既不便于计算改正，又不能采用一定的观测方法加以消除。例如，经纬仪照准部管水准器轴不垂直于仪器竖轴的误差对水平角的影响。对于这类系统误差，则只能按规定的要求对仪器进行精确检校，并在观测中仔细整平将其影响减小到允许范围内。

3. 偶然误差

在相同的观测条件下，对某量进行一系列观测，若误差出现的符号和大小均不一定，看不出明显规律，这种误差称为偶然误差。例如，用经纬仪测角时的照准误差、水准仪在水准尺上读数时的估读误差等。偶然误差主要是由人的感觉器官能力的限制或无法估计的因素等原因共同造成，因此偶然误差在测量过程中是无法避免的。对于单个偶然误差，观测前我们不能预知其出现的符号和大小，但就大量偶然误差总体来看，则具有一定的统计规律，而且随着观测次数的增加偶然误差的统计规律愈明显。

【例 5-1】 对一个三角形的三个内角进行观测，由于观测存在误差，三角形各内角的观测值之和 l 不等于其真值180°。用 Z 表示真值，则 l 与 Z 的差值 Δ 称为真误差，可由下式计算

$$\Delta = l - Z = l - 180° \qquad (5-1)$$

现观测了 96 个三角形，按式 (5-1) 计算可得 96 个内角和观测值的真误差。按其大小和一定的区间（本例为 0.5″），统计见表 5-1。

由表 5-1 可以看出：

(1) 小误差出现的个数比大误差多。

(2) 绝对值相等的正、负误差出现的个数大致相等。

(3) 最大误差不超过 3.0″。

通过大量实验统计结果表明，特别是观测次数较多时，总结出偶然误差具有如下统计

特性:

(1) 在一定的观测条件下,偶然误差的绝对值有一定的极限,超出该限值的误差出现的概率为零,这种特性简称有界性。

(2) 绝对值较小的误差比绝对值大的误差出现的概率大,这种特性简称单峰性。

(3) 绝对值相等的正、负误差出现的概率相同,这种特性简称对称性。

(4) 同一量的等精度观测,其偶然误差的算术平均值,随着观测次数的无限增加而趋于零,即

表 5-1 不同观测值个数的真误差范围表

真误差 Δ ('')	个数	真误差 Δ ('')	个数
−3.0~−2.5	1	0.0~0.5	20
−2.5~−2.0	2	0.5~1.0	14
−2.0~−1.5	4	1.0~1.5	9
−1.5~−1.0	7	1.5~2.0	5
−1.0~−0.5	12	2.0~2.5	3
−0.5~0.0	18	2.5~3.0	1

$$\lim_{n \to \infty} \frac{[\Delta]}{n} = 0 \qquad (5-2)$$

$$[\Delta] = \Delta_1 + \Delta_2 + \cdots + \Delta_n$$

在数理统计中,称式(5-2)为偶然误差的数学期望(即理论平均值)等于零。偶然误差的这种特性简称补偿性。

有界性说明偶然误差出现的范围,单峰性是偶然误差绝对值大小的规律,对称性是误差符号出现的规律,补偿性可由对称性导出。

表 5-1 的统计结果用较直观的频率分布直方图来表示(图 5-1)。以横坐标表示三角形内角和的偶然误差 Δ,在横坐标轴上自原点向左、右截取各误差区间;纵坐标表示各区间内误差出现的相对个数 $\frac{n_i}{n}$(亦称为频率)除以区间间隔(亦称组距),即频率/组距。作

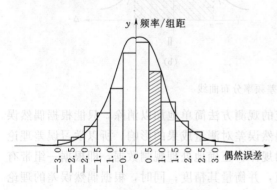

图 5-1 频率分布直方图

图时,以横坐标误差区间为底,向上作矩形,使每个矩形的面积等于该区间误差出现的频率 $\frac{n_i}{n}$。n 为总误差个数,n_i 为出现在该区间的误差个数。图 5-1 中矩形面积的总和等于 1,而每个矩形面积表示在该区间内偶然误差出现的频率。例如,图中有阴影的矩形面积,即表示误差出现在 $+0.5''\sim1.0''$ 之间的频率,其值为 $\frac{n_i}{n} = \frac{13}{96} = 0.136$。由于横坐标代表偶然误差值 Δ,

所以各矩形上部的折线能比较形象地表示出偶然误差的分布规律。

在图 5-1 中,如果在观测条件相同的情况下,观测更多的三角形内角,可以预期,随着观测个数的不断增多,误差出现在各区间的频率就趋向一个稳定值。当 $n \to \infty$ 时,各区间的频率也就趋向一个完全确定的数值——概率。这就是说,在一定的观测条件下,对应着一个一定的误差分布。

当 $n \to \infty$ 时,如将误差区间无限缩小($d\Delta \to 0$),则图 5-1 各矩形的上部折线就趋向

于一条以纵轴为对称轴的光滑曲线，称为误差概率分布曲线。在数理统计中，这种概率分布曲线称为正态分布密度曲线。高斯根据偶然误差的四个特性推导出该曲线的方程式为

$$y = f(\Delta) = \frac{1}{\sigma\sqrt{2\pi}} e^{-\frac{\Delta^2}{2\sigma^2}} \tag{5-3}$$

式中　$\sigma(>0)$——误差概率分布曲线的参数。

由式（5-3）还可以看出，当 $\Delta = 0$ 时，$y = f(0) = \dfrac{1}{\sigma\sqrt{2\pi}}$，它代表误差概率分布曲线的峰值。设有不同精度的两组观测值，对应的参数为 σ_1 和 σ_2，并设 $\sigma_1 < \sigma_2$，则 $\dfrac{1}{\sigma_1\sqrt{2\pi}} > \dfrac{1}{\sigma_2\sqrt{2\pi}}$。它们所对应的误差概率分布曲线为图 5-2 中的（Ⅰ）和（Ⅱ）。σ_1 对应的曲线峰值 $f(0) = \dfrac{1}{\sigma_1\sqrt{2\pi}}$ 比较高，曲线陡峭，误差较集中分布在原点附近，观测精度较高；而 σ_2 对应的曲线峰值 $f(0) = \dfrac{1}{\sigma_2\sqrt{2\pi}}$ 较小，曲线平缓，误差分布较离散，观测精度较低。故参数 σ 是与观测精度有关的量。

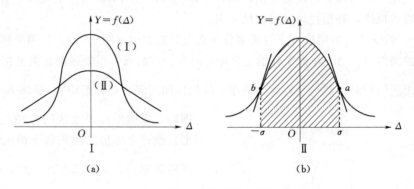

图 5-2　误差频率分布曲线

由于偶然误差不能用计算改正或用一定的观测方法简单地加以消除，只能根据偶然误差的特性来合理地处理观测数据，以减少偶然误差对测量成果的影响。所以学习误差理论知识的目的，是为了使读者了解偶然误差的规律，正确地处理观测数据，即根据一组带有偶然误差的观测值，求出未知量的最可靠值，并衡量其精度；同时，根据偶然误差的理论指导实践，使测量成果能达到预期的要求。

第二节　衡量精度的指标

在相同观测条件下，对某一量所进行的一组观测，对应着同一种误差分布，因此，这一组中的每一个观测值，都具有同样的精度。为了衡量观测值的精度高低，显然可以用前一节的方法，绘出频率直方图或误差分布表加以分析来衡量。但这样做实际应用十分不便，又缺乏一个简单的关于精度的数值概念。这个数值应该能反映误差分布的密集或离散

程度，即应反映其离散度的大小，作为衡量精度的指标。

下面介绍几种常用的衡量精度的指标。

一、方差和中误差

设对某一未知量 x 进行了 n 次等精度观测，其观测值为 l_1、l_2、$\cdots$、l_n，相应的真误差为 Δ_1、Δ_2、$\cdots$、Δ_n，则定义该组观测值的方差 D 为

$$D(\Delta) = \lim_{n \to \infty} \frac{[\Delta\Delta]}{n} \qquad (5-4)$$

$$[\Delta\Delta] = \Delta_1^2 + \Delta_2^2 + \cdots + \Delta_n^2$$

$$\Delta_i = l_i - X (i = 1、2、\cdots、n)$$

式中　X——未知量的真值。

显然，方差 D 是当观测次数 $n \to \infty$ 时 Δ_i^2 的理论平均值。

前节已经讲到，式（5-3）中的参数 σ 与观测精度有关。下面讨论方差 D 与参数 σ 的关系。由图 5-1 和方差 D 的定义可知，若将代表真误差的横轴，自原点向左、右分成若干个相等的区间，设区间个数为 N，而每个区间包括的误差个数为 n_k（$k = 1、2、\cdots、N$），则有

$$D = \lim_{n \to \infty} \frac{\sum\limits_{i=1}^{n} \Delta_i^2}{n} = \lim_{n \to \infty} \frac{1}{n} \left(\sum_{i=1}^{n_1} \Delta_i^2 + \sum_{j=1}^{n_2} \Delta_j^2 + \cdots + \sum_{t=1}^{n_N} \Delta_t^2 \right)$$

其中

$$n_1 + n_2 + \cdots + n_N = n$$

在 $n \to \infty$ 的条件下，若取无穷小区间间隔 $d\Delta$，则 Δ_k 可以用区间中的任一值代替，故上式可写为

$$D = \lim_{n \to \infty} \frac{1}{n} \sum_{k=1}^{N} n_k \Delta_k^2 = \lim_{n \to \infty} \sum_{k=1}^{N} \frac{n_k}{n} \Delta_k^2$$

式中　$\dfrac{n_k}{n}$——误差出现在相应区间的频率。

根据积分定义并顾及式（5-4）和 $f(\Delta_k) d\Delta = \dfrac{n_k}{n}$，此时 $N \to \infty$，上式变为

$$D = \lim_{N \to \infty} \sum_{k=1}^{N} \Delta_k^2 f(\Delta k) d\Delta$$

$$= \int_{-\infty}^{+\infty} \Delta^2 f(\Delta) d\Delta$$

其中 $f(\Delta) = \dfrac{1}{\sqrt{2\pi}\sigma} e^{-\frac{\Delta^2}{2\sigma^2}}$，故有

$$D = \frac{1}{\sqrt{2\pi}\sigma} \int_{-\infty}^{+\infty} \Delta^2 e^{-\frac{\Delta^2}{2\sigma^2}} d\Delta = \sigma^2$$

因此

$$\sigma = \sqrt{D} = \lim_{n \to \infty} \sqrt{\frac{[\Delta\Delta]}{n}} （见式 5-4）$$

σ 称为中误差，在数理统计中称为标准偏差。当 n 为有限值时，σ 的估值 $\hat{\sigma}$ 为

$$\hat{\sigma} = \pm \sqrt{\frac{[\Delta\Delta]}{n}}$$

在测量工作中，$\hat{\sigma}$常用符号m代替，习惯写为

$$m = \pm \hat{\sigma} = \pm \sqrt{\frac{[\Delta\Delta]}{n}} \tag{5-5}$$

并且把m称为观测值的中误差。为此观测值的中误差m是衡量此次测量观测值精度高低的重要量。

【例5-2】 某段距离用钢尺丈量了8次，观测值列于表5-2中。该段距离用测距仪量得的结果为39.875m，由于其精度很高，可视为真值。试求用该50m钢尺丈量该距离一次的观测值中误差。

表5-2 观测值真误差记录表

次 序	观测值 (m)	真误差 (mm)	次 序	观测值 (m)	真误差 (mm)
1	39.866	-9	5	39.871	-4
2	39.887	+12	6	39.869	-6
3	39.879	+4	7	39.881	+6
4	39.882	+7	8	39.874	-1

表5-2的计算结果来看，该组等精度观测值的中误差为

$$m = \pm\sqrt{\frac{(-9)^2+(+12)^2+(+4)^2+(+7)^2+(-4)^2+(-6)^2+(+6)^2+(-1)^2}{8}}$$

$$= \pm 6.9(\text{mm})$$

中误差与真误差不同，它只是表示上述的一组观测值的精度指标，并不等于任何观测值的真误差。由于是等精度观测，故每个观测值的精度皆为$m = \pm 6.9\text{mm}$。

下面进一步讨论以中误差作为观测精度指标的概率含义。

对式（5-3）的误差概率分布曲线方程对Δ取二阶导数，并令其为零，得

$$f''(\Delta) = \frac{1}{\sqrt{2\pi}\sigma^3}\left(\frac{\Delta^2}{\sigma^2}-1\right)e^{-\frac{\Delta^2}{2\sigma^2}} = 0$$

由于$\sigma>0$，$e^{-\frac{\Delta^2}{2\sigma^2}}$不为零，故上式只能得出

$$\frac{\Delta^2}{\sigma^2}-1=0$$

即

$$\Delta = \pm\sigma \tag{5-6}$$

由式（5-6）可知，$\pm\sigma$正是误差概率分布曲线中的两个拐点a、b的横坐标值（见图5-2）。

再看误差落在区间$[-\sigma, \sigma]$之内的概率值$P\{-\sigma<\Delta<\sigma\}$，它等于图5-2中的阴影部分的面积，故

$$P\{-\sigma<\Delta<\sigma\} = \int_{-\sigma}^{\sigma} f(\Delta)d\Delta$$

$$= \frac{1}{\sqrt{2\pi}\sigma}\int_{-\sigma}^{\sigma} e^{-\frac{\Delta^2}{2\sigma^2}}d\Delta = 0.683$$

即

$$P\{-\sigma<\Delta<\sigma\} = 0.683 \approx 0.68 \tag{5-7}$$

式（5-7）说明，中误差σ的概率含义是：对任一观测值的真误差，落在区间$[-\sigma, \sigma]$

的概率是 0.68。或者说，当 $n=100$ 时，落在区间 $[-\sigma,\ \sigma]$ 的真误差个数约有 68 个。当使用中误差这个精度指标时，应特别注意它的概率含义。

二、相对误差

中误差和真误差都是绝对误差。在衡量观测值精度时，单纯用绝对误差有时还不能完全表达精度的优劣。例如，分别丈量了长度为 100m 和 200m 的两段距离，其中误差皆为 ± 0.02m，显然不能认为这两段距离的精度相同。此时，为了更客观地反映实际精度，还必须引入相对误差的概念。相对误差为中误差的绝对值与相应观测值之比。它是一个无名数，常用分子为 1 的分式来表示。

$$K=\frac{|m|}{D}=\frac{1}{D/|m|} \tag{5-8}$$

式中　m——距离 D 的中误差；

K——相对中误差。

因而

$$K_1=\frac{|m_1|}{D_1}=\frac{0.02}{100}=\frac{1}{5000}$$

$$K_2=\frac{|m_2|}{D_2}=\frac{0.02}{200}=\frac{1}{10000}$$

用相对误差来衡量，就可容易地看出，后者比前者精度高。

在距离测量中，常用往返测量结果的较差率来进行检核。较差率为

$$\frac{|D_{往}-D_{返}|}{D_{平均}}=\frac{|\Delta D|}{D_{平均}}=\frac{1}{D_{平均}/|\Delta D|}$$

较差率是真误差的相对误差。它只反映了往返测量的符合程度，以作为检核。显然，较差率愈小，观测精度愈高。

还应该指出，用经纬仪测角时，不能用相对误差来衡量测角精度，因为测角误差与角度大小无关。

三、极限误差

由偶然误差的第一个特性可知，在一定的观测条件下，偶然误差的绝对值不会超过一定限值。这个限值就是极限误差。观测值的中误差，只是衡量观测精度的一种指标，它并不能代表某一个别观测值的真误差的大小，但在统计意义上来讲，它们却存在着一定的联系。根据式（5-7）得

$$P\{-\sigma<\Delta<\sigma\}=\frac{1}{\sqrt{2\pi}\sigma}\int_{-\sigma}^{\sigma}e^{-\frac{\Delta^2}{2\sigma^2}}d\Delta=0.683\approx0.68$$

上式即为真误差落在区间 $[-\sigma,\ \sigma]$ 内的概率。同法可得

$$\begin{cases}P\{-2\sigma<\Delta<2\sigma\}=\dfrac{1}{\sqrt{2\pi}\sigma}\displaystyle\int_{-2\sigma}^{2\sigma}e^{-\frac{\Delta^2}{2\sigma^2}}d\Delta=0.955\\[4mm]P\{-3\sigma<\Delta<3\sigma\}=\dfrac{1}{\sqrt{2\pi}\sigma}\displaystyle\int_{-3\sigma}^{3\sigma}e^{-\frac{\Delta^2}{2\sigma^2}}d\Delta=0.997\end{cases} \tag{5-9}$$

上述诸式结果的概率含义是：在一组等精度观测值中，真误差的绝对值大于一倍 σ 的个数

约占整个误差个数的 32%；大于两倍 σ 的个数约占 4.5%；大于三倍 σ 的个数只占 0.3%。

由于大于三倍中误差的真误差的个数，只占全部的 0.3%，即 1000 个真误差中，只有三个绝对值可能超过三倍 σ。由于出现的几率很小，故可以认为，绝对值大于 3σ 的真误差实际上是不可能出现的。故通常以三倍中误差为真误差极限误差的估值，即

$$\Delta_极 = 3\sigma \approx 3|m|$$

在实际工作中，测量规范要求观测值中，不容许存在较大的误差，常以两倍或三倍中误差作为偶然误差的容许值，称为容许误差，即

$$|\Delta_容| = 2\sigma \approx 2|m|$$

或

$$|\Delta_容| = 3\sigma \approx 3|m|$$

前者要求较严，后者要求较宽。如果观测值中，出现了大于所规定的容许误差的偶然误差，则认为该观测值不可靠，应舍去不用或重测。

与相对误差对应，中误差、容许误差、闭合差和较差等均称为绝对误差，绝对误差都是有单位的，且应冠以正负号。当观测值的误差与观测值的大小无关时，如角度、方向等观测值，其精度用绝对误差来衡量。

第三节　等精度观测值的最可靠值

实际工作中，对某一未知量进行观测，由于未知量的真值绝大多数是无法确知的，只有通过多次重复观测才能从观测值中求取未知量的最接近该量真值的近似值，称为观测值的最可靠值或观测值的最或然值。对一个未知量进行重复观测，属等精度独立观测，未知量观测值的算术平均值是该未知量的最可靠值。证明如下：

设对某未知量进行了一组等精度观测，其真值为 X，观测值分别为 l_1、l_2、$\cdots$、l_n，相应的真误差为 Δ_1、Δ_2、$\cdots$、Δ_n，则

$$\begin{cases} \Delta_1 = l_1 - X \\ \Delta_2 = l_2 - X \\ \vdots \\ \Delta_n = l_n - X \end{cases}$$

将上式取和再除以观测次数 n，得

$$\frac{[\Delta]}{n} = \frac{[l]}{n} - X = L - X$$

式中 L 为算术平均值。

显然

$$L = \frac{[l]}{n} = \frac{[\Delta]}{n} + X$$

则有

$$\lim_{n\to\infty} L = \lim_{n\to\infty}\left(\frac{[\Delta]}{n} + X\right) = \lim_{n\to\infty}\frac{[\Delta]}{n} + X$$

根据偶然误差的第四个特性，有

$$\lim_{n\to\infty}\frac{[\Delta]}{n} = 0$$

则
$$\lim_{n \to \infty} L = X$$

从上式可以看出，当观测次数 n 趋于无穷大时，算术平均值就趋向于未知量的真值，当 n 为有限值时，通常取算术平均值为其最可靠值。

根据式（5-5）计算中误差 m，需要知道观测值 l_i 的真误差 Δ_i，但是，真误差往往是不知道的。在实际应用中，多利用算术平均值与观测值之差，称观测值的改正数 v_i（似真误差）来计算中误差。下面推导由观测值的改正数求取观测值的中误差 m 的计算公式。

由 v_i 及 Δ_i 的定义知
$$\begin{cases} v_1 = L - l_1 \\ v_2 = L - l_2 \\ \vdots \\ v_n = L - l_n \end{cases}$$
$$\begin{cases} \Delta_1 = l_1 - X \\ \Delta_2 = l_2 - X \\ \vdots \\ \Delta_n = l_n - X \end{cases}$$

上两组式对应相加
$$\begin{cases} \Delta_1 + v_1 = L - X \\ \Delta_2 + v_2 = L - X \\ \vdots \\ \Delta_n + v_n = L - X \end{cases}$$

设 $L - X = \delta$，代入上式，并移项后得
$$\begin{cases} \Delta_1 = -v_1 + \delta \\ \Delta_2 = -v_2 + \delta \\ \vdots \\ \Delta_n = -v_n + \delta \end{cases}$$

上组式中各式分别自乘，然后求和
$$[\Delta\Delta] = [vv] - 2[v]\delta + n\delta^2$$

显然
$$[v] = \sum_{i=1}^{n}(L - l_i) = nL - [l] = 0$$

故有
$$[\Delta\Delta] = [vv] + n\delta^2$$

即
$$\frac{[\Delta\Delta]}{n} = \frac{[vv]}{n} + \delta^2 \tag{5-10}$$

但是
$$\delta = L - X = \frac{[l]}{n} - X = \frac{[l - X]}{n} = \frac{[\Delta]}{n}$$

故
$$\delta^2 = \frac{[\Delta]^2}{n^2} = \frac{1}{n^2}(\Delta_1^2 + \Delta_2^2 + \cdots + \Delta_n^2 + 2\Delta_1\Delta_2 + 2\Delta_1\Delta_3 + \cdots)$$
$$= \frac{[\Delta\Delta]}{n^2} + \frac{2}{n^2}(\Delta_1\Delta_2 + \Delta_1\Delta_3 + \cdots)$$

由于 Δ_1、Δ_2、$\cdots$、Δ_n 是彼此独立的偶然误差，故 $\Delta_1\Delta_2$、$\Delta_1\Delta_3$、$\cdots$ 也具有偶然误差的性

质。当 $n→∞$ 时，上式等号右边第二项应趋近于零，当 n 为较大的有限值时，其值远比第一项小，故可忽略不计。于是式（5-10）变为

$$\frac{[\Delta\Delta]}{n}=\frac{[vv]}{n}+\frac{[\Delta\Delta]}{n^2}$$

根据中误差的定义，上式可写为

$$m^2=\frac{[vv]}{n}+\frac{m^2}{n}$$

即

$$m=\pm\sqrt{\frac{[vv]}{(n-1)}} \tag{5-11}$$

式（5-11）即为利用观测值的改正数 v_i 计算中误差的公式，称为白塞尔公式。

第四节　误差传播定律

前面已经叙述了衡量一组等精度观测值的精度指标，并指出在测量工作中通常以中误差作为衡量精度的指标。但在实际工作中，某些未知量不可能或不便于直接进行观测，而需要由另一些直接观测量根据一定的函数关系计算出来。例如，欲测量在同一平面上的三角形其中一个内角 A，可以用经纬仪测量另外两个内角 B 和 C，以函数 $A=180°-B-C$ 来推算。显然，在此情况下，函数 A 的中误差与观测值 B 及 C 的中误差之间，必定有一定的关系。阐述这种函数关系的定律，称为误差传播定律。

一、误差传播定律

下面以一般函数关系来推导误差传播定律。

设有一般函数

$$Z=F(x_1,x_2,\cdots,x_n) \tag{5-12}$$

式中　x_1，x_2，$\cdots$，x_n——可直接观测的未知量；

Z——不便于直接观测的未知量。

设 $x_i(i=1,2,\cdots,n)$ 的独立观测值为 l_i。其相应的真误差为 Δx_i。由于 Δx_i 的存在，使函数 Z 亦产生相应的真误差 ΔZ。将式（5-12）取全微分得

$$dZ=\frac{\partial F}{\partial x_1}dx_1+\frac{\partial F}{\partial x_2}dx_2+\cdots+\frac{\partial F}{\partial x_n}dx_n \tag{5-13}$$

因误差 Δx_i 及 ΔZ 都很小，故在上式中，可近似用 Δx_i 及 ΔZ 代替 dx_i 及 dZ，于是有

$$\Delta Z=\frac{\partial F}{\partial x_1}\Delta x_1+\frac{\partial F}{\partial x_2}\Delta x_2+\cdots+\frac{\partial F}{\partial x_n}\Delta x_n \tag{5-14}$$

式中　$\dfrac{\partial F}{\partial x_i}$——函数 F 对各自变量的偏导数。

将 $x_i=l_i$ 代入各偏导数中，即为确定的常数，设

$$\left(\frac{\partial F}{\partial x_i}\right)_{x_i=l_i}=f_i$$

则式（5-14）可写成

$$\Delta Z=f_1\Delta x_1+f_2\Delta x_2+\cdots+f_n\Delta x_n \tag{5-15}$$

为了求得函数和观测值之间的中误差关系式，设想对各 x_i 进行了 k 次观测，则可写出 k 个类似于式 (5-15) 的关系式，即

$$\begin{cases} \Delta Z^{(1)} = f_1 \Delta x_1^{(1)} + f_2 \Delta x_2^{(1)} + \cdots + f_n \Delta x_n^{(1)} \\ \Delta Z^{(2)} = f_1 \Delta x_1^{(2)} + f_2 \Delta x_2^{(2)} + \cdots + f_n \Delta x_n^{(2)} \\ \vdots \\ \Delta Z^{(k)} = f_1 \Delta x_1^{(k)} + f_2 \Delta x_2^{(k)} + \cdots + f_n \Delta x_n^{(k)} \end{cases}$$

将以上各式等号两边平方后，再相加，得

$$[\Delta Z^2] = f_1^2 [\Delta x_1^2] + f_2^2 [\Delta x_2^2] + \cdots + f_n^2 [\Delta x_n^2] + \sum_{\substack{i,j=1 \\ i \neq j}}^n f_i f_j [\Delta x_i \Delta x_j]$$

上式两端各除以 k

$$\frac{[\Delta Z^2]}{k} = f_1^2 \frac{[\Delta x_1^2]}{k} + f_2^2 \frac{[\Delta x_2^2]}{k} + \cdots + f_n^2 \frac{[\Delta x_n^2]}{k} + \sum_{\substack{i,j=1 \\ i \neq j}}^n f_i f_j \frac{[\Delta x_i \Delta x_j]}{k} \quad (5-16)$$

设对各 x_i 的观测值 l_i 为彼此独立的观测，则 $\Delta x_i \Delta x_j$（当 $i \neq j$）时，亦为偶然误差。根据偶然误差的第四个特性可知，式 (5-16) 的末项当 $k \to \infty$ 时趋近于零，即

$$\lim_{k \to \infty} \frac{[\Delta x_i \Delta x_j]}{k} = 0$$

故式 (5-16) 可写为

$$\lim_{k \to \infty} \frac{[\Delta Z^2]}{k} = \lim_{k \to \infty} \left(f_1^2 \frac{[\Delta x_1^2]}{k} + f_2^2 \frac{[\Delta x_2^2]}{k} + \cdots + f_n^2 \frac{[\Delta x_n^2]}{k} \right)$$

根据中误差的定义，上式可写成

$$\sigma_z^2 = f_1^2 \sigma_1^2 + f_2^2 \sigma_2^2 + \cdots + f_n^2 \sigma_n^2$$

当 k 为有限值时，可写为

$$m_z^2 = f_1^2 m_1^2 + f_2^2 m_2^2 + \cdots + f_n^2 m_n^2 \quad (5-17)$$

即

$$m_z = \pm \sqrt{\left(\frac{\partial F}{\partial x_1} \right)^2 m_1^2 + \left(\frac{\partial F}{\partial x_2} \right)^2 m_2^2 + \cdots + \left(\frac{\partial F}{\partial x_n} \right)^2 m_n^2} \quad (5-18)$$

式 (5-18) 即为计算函数中误差的一般形式。应用上式时，必须注意：各观测值必须是相互独立的变量，而当 l_i 为未知量 x_i 的直接观测值时，可认为各 l_i 之间满足相互独立的条件。

【例 5-3】 设在三角形 ABC 中，直接观测 $\angle A$ 和 $\angle B$，其中误差分别为 $m_A = \pm 3''$ 和 $m_B = \pm 4''$，试求由 $\angle A$、$\angle B$ 计算 $\angle C$ 时的中误差 m_C。

解： 函数关系为

$$\angle C = 180° - \angle A - \angle B$$

微分上式

$$dC = -dA - dB$$

由式 (5-14) 知，$f_1 = \dfrac{\partial F}{\partial A} = -1$，$f_2 = \dfrac{\partial F}{\partial B} = -1$，代入式 (5-17) 得

$$m_C^2 = m_A^2 + m_B^2 = (\pm 3'')^2 + (\pm 4'')^2$$

$$m_C = \pm 5''$$

【例 5-4】 设测得圆形的半径 $r = 2.548$m，已知其中误差 $m = \pm 0.004$m，求其周长 l

及其中误差 m_1。

解：
$$l=2\pi r=2\pi\times2.548=16.010\text{（m）}$$
$$\mathrm{d}l=2\pi\mathrm{d}r$$

按误差传播定律，有
$$m_1^2=(2\pi)^2m_r^2$$

即
$$m_1=2\pi\times(\pm0.004)=\pm0.025\text{（m）}$$
$$l=16.010\text{m}\pm0.025\text{m}$$

【例 5-5】 设有函数关系 $h=D\tan\alpha$，已知 $D=157.75\text{m}\pm0.08\text{m}$，$\alpha=25°17'\pm0.5'$，求 h 值及其中误差 m_h。

解：
$$h=D\tan\alpha=157.75\tan25°17'=74.51\text{（m）}$$

有
$$\mathrm{d}h=\tan\alpha\mathrm{d}D+D\sec^2\alpha\frac{\mathrm{d}\alpha'}{\rho}$$
$$f_1=\tan25°17'=0.4723$$
$$f_2=D\sec^2\alpha=157.75\sec^225°17'=192.95$$

应用误差传播式（5-17），有
$$m_h^2=\tan^2\alpha m_D^2+(D\sec^2\alpha)^2\left(\frac{m'_\alpha}{\rho}\right)^2$$
$$=(0.4723)^2\times(0.08)^2+(192.95)^2\left(\frac{0.5'}{3438'}\right)^2$$
$$=2.19\times10^{-3}\text{（m}^2\text{）}$$
$$m_h=\pm0.05\text{m}$$
$$h=74.51\text{m}\pm0.05\text{m}$$

【例 5-6】 对某段距离测量了 n 次，观测值为 l_1、l_2、$\cdots$、l_n，为相互独立的等精度观测值，观测中误差为 m，试求其算术平均值 L 的中误差 M。

解： 函数关系式为
$$L=\frac{l_1+l_2+\cdots+l_n}{n}=\frac{1}{n}l_1+\frac{1}{n}l_2+\cdots+\frac{1}{n}l_n$$

上式取全微分
$$\mathrm{d}L=\frac{1}{n}\mathrm{d}l_1+\frac{1}{n}\mathrm{d}l_2+\cdots+\frac{1}{n}\mathrm{d}l_n$$

根据误差传播定律有
$$M^2=\frac{1}{n^2}m^2+\frac{1}{n^2}m^2+\cdots+\frac{1}{n^2}m^2=\frac{1}{n^2}nm^2=\frac{m^2}{n}$$
$$M=\frac{m}{\sqrt{n}}\tag{5-19}$$

由［例 5-6］可以看出，n 次精度直接观测值的算术平均值的中误差，为观测值中误差的 $\frac{1}{\sqrt{n}}$。

二、求任意函数中误差的一般步骤

（1）列出独立观测值的函数式

$$Z = f(x_1, x_2, \cdots, x_n)$$

（2）求出真误差关系式。为此可对函数进行全微分，得

$$dZ = \frac{\partial f}{\partial x_1} dx_1 + \frac{\partial f}{\partial x_2} dx_2 + \cdots + \frac{\partial f}{\partial x_n} dx_n$$

因 dz，dx_1，dx_2，…都是微小的变量，可看作是相应的真误差 Δz，Δx_1，Δx_2，…，因此上式相当于真误差的关系时，系数 $\left(\frac{\partial f}{\partial x_1}\right)$，$\left(\frac{\partial f}{\partial x_2}\right)$，…均为常数。

（3）求出中误差关系式（把 dz，dx_1，dx_2，…换成对应的中误差的平方、对应系数也取平方后求和），可得

$$m_z^2 = \left(\frac{\partial f}{\partial x_1}\right)^2 m_{x1}^2 + \left(\frac{\partial f}{\partial x_2}\right)^2 m_{x2}^2 + \cdots + \left(\frac{\partial f}{\partial x_n}\right)^2 m_{xn}^2$$

按上述方法可以导出几种常用的简单函数中误差的公式，如表 5-3 所示。

表 5-3　　　　　　　　　　　　　常用函数的中误差公式

函 数 式	函 数 的 中 误 差
1. 倍数函数　$Z = kx$	$m_z = km_x$
2. 和差函数　$Z = x_1 + x_2 + \cdots + x_n$	$m_z = \pm\sqrt{m_{x1}^2 + m_{x2}^2 + \cdots + m_{xn}^2}$ $m_{x1} = m_{x2} = \cdots = m_{xn} = m_x$ 时，$m_z = m_x\sqrt{n}$
3. 线性函数　$Z = k_1 x_1 \pm k_2 x_2 \pm \cdots \pm k_n x_n$	$m_z = \pm\sqrt{k_1^2 m_{x1}^2 + k_2^2 m_{x2}^2 + \cdots + k_n^2 m_{xn}^2}$

在应用误差传播定律中误差时应注意以下三点：

（1）要正确列出函数式。

（2）函数式中观测值必须是独立的。

（3）函数式中同时有角度观测值和长度观测值时，单位要统一。否则将会得出错误的结果。

【例 5-7】　设用经纬仪测量某个角度 6 测回，观测值列于表 5-4 中。试求观测值的中误差及算术平均值的中误差。

表 5-4　　　　　　　　　　　　　同精度独立观测的数据处理

次 序	观 测 值 （° ′ ″）	最或然误差 v （″）	vv	最 或 然 值
1	49 59 54	+3	9	
2	49 59 49	+8	64	
3	50 00 09	−12	144	$x = \frac{[L]}{n} = 49°59'57''$
4	49 59 54	+3	9	
5	50 00 05	−8	64	
6	49 59 51	+6	36	

观测值的中误差为

$$m = \pm\sqrt{\frac{[vv]}{n-1}} = \pm\sqrt{\frac{326}{6-1}} = \pm 8.1''$$

算术平均值的中误差为

$$M = \frac{m}{\sqrt{n}} = \frac{8.1}{\sqrt{6}} = 3.3''$$

最后结果及其精度可写为

$$L = 49°59'57'' \pm 3.3''$$

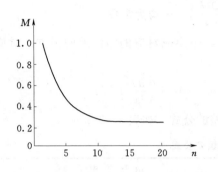

图 5-3　算术平均值的中误差与观测次数的关系

由于算术平均值的中误差 M 为观测值中误差 m 的 $\frac{1}{\sqrt{n}}$ 倍，因此增加观测次数可以提高算术平均值的精度。例如，设观测值的中误差 $m=1$ 时，算术平均值的中误差 M 与观测次数 n 的关系如图 5-3 所示。由该图可以看出，当 n 增加时，M 减小。但当观测次数达到一定数值后（例如 $n=10$），再增加观测次数，工作量增加，但提高精度的效果就不太明显了。故不能单纯以增加观测次数来提高测量成果的精度，还应设法提高观测值本身的精度。例如，采用精度较高的仪器，提高观测技能，在良好的外界条件下进行观测等。

第五节　不等精度观测的最可靠值及中误差

在对某一未知量进行非等精度观测时，各观测结果的中误差也各不相同，各观测值便具有不同程度的可靠性。在求未知量的最可靠值时，就不能像等精度观测那样简单地取算术平均值。因为较可靠的观测值，应对最后结果产生较大的影响。

各不等精度观测值的可靠程度，可用一个数值来表示，称为各观测值的权。"权"是权衡轻重的意思，观测值的精度愈高，其权愈大。例如，设对某一未知量进行了两组非等精度观测，但每组内各观测值是等精度的。设第一组观测了四次，其观测值为 l_1、l_2、l_3、l_4 第二组观测了三次，观测值为 L_1'、L_2'、L_3'。这些观测值的可靠程度都相同，则每组分别取算术平均值作为最后观测，即

$$L_1 = \frac{l_1 + l_2 + l_3 + l_4}{4}, \quad L_2 = \frac{l_1' + l_2' + l_3'}{3}$$

对观测值 L_1、L_2 来说，彼此是非等精度的观测，故观测值的最后结果应为

$$L = \frac{l_1 + l_2 + l_3 + l_4 + l_1' + l_2' + l_3'}{7}$$

上式计算实际是

$$L = \frac{4L_1 + 3L_2}{4 + 3}$$

从非等精度的观点来看，观测值 L_1 是四次观测值的平均值，L_2 是三次观测值的平均值。L_1 和 L_2 的可靠性是不一样的，故可取 4 和 3 为其相应的权，以表示 L_1、L_2 可靠程度的差别。由于上式分子、分母各乘同一常数，最后结果不变，因此，权只有相对意义，起作

用的不是他们的绝对值,而是它们之间的比值。权通常以字母 p 表示,且为正值。

一、权与中误差的关系

一定的中误差,对应着一个确定的误差分布,即对应着一定的观测条件。观测结果的中误差愈小,其结果愈可靠,权就愈大。因此,也可以根据中误差来定义观测结果的权。设非等精度观测值的中误差分则为 m_1、m_2、$\cdots$、m_n,则权可以用下面的式子来定义

$$p_1 = \frac{\lambda}{m_1^2}, p_2 = \frac{\lambda}{m_2^2}, \cdots, p_n = \frac{\lambda}{m_n^2} \tag{5-20}$$

其中 λ 为任意大于零的常数。

根据前面所举的例子,l_1、l_2、l_3、l_4 和 l_1'、l_2'、l_3' 是等精度观测列,设其观测值的中误差皆为 m,则第一组算术平均值 $L1$ 的中误差 m_1 可以根据误差传播定律求得

$$L_1 = \frac{l_1 + l_2 + l_3 + l_4}{4}$$

$$= \frac{1}{4}l_1 + \frac{1}{4}l_2 + \frac{1}{4}l_3 + \frac{1}{4}l_4$$

则

$$m_1^2 = \frac{1}{4^2}m^2 + \frac{1}{4^2}m^2 + \frac{1}{4^2}m^2 + \frac{1}{4^2}m^2 = \frac{1}{4}m^2$$

同理,设第二组平均值 L_2 的中误差为 m_2,则有

$$m_2^2 = \frac{1}{3}m^2$$

根据权的定义,式(5-20)中分别代入 m_1 和 m_2,得

L_1:

$$p_1 = \frac{\lambda}{m_1^2} = \frac{\lambda}{\frac{1}{4}m^2}$$

L_2:

$$p_2 = \frac{\lambda}{m_2^2} = \frac{\lambda}{\frac{1}{3}m^2}$$

式中 λ 为任意正常数。设 $\lambda = m^2$,则 L_1、L_2 的权为

$$p_1 = 4, p_2 = 3$$

由上可知,权与中误差的平方成反比。

【例 5-8】 设以非等精度观测某角度,各观测结果的中误差分别为 $m_1 = \pm 2.0''$、$m_2 = \pm 3.0''$、$m_3 = \pm 6.0''$,则其权各为

$$p_1 = \frac{\lambda}{2^2} = \frac{\lambda}{4}, p_2 = \frac{\lambda}{3^2} = \frac{\lambda}{9}, p_3 = \frac{\lambda}{6^2} = \frac{\lambda}{36}$$

设 $\lambda = 4$,则

$$p_1 = 1, p_2 = \frac{4}{9}, p_3 = \frac{1}{9}$$

设 $\lambda = 36$,则

$$p_1 = 9, p_2 = 4, p_3 = 1$$

任意选择 λ 值,可以使权变为便于计算的数值。

【例 5-9】 设对某一未知量进行了 n 次观测,求算术平均值的权。

设一测回角度观测值的中误差为 m，则由式（5-18）可知，算术平均值的中误差 $M = \dfrac{m}{\sqrt{n}}$。

由权的定义并设 $\lambda = m^2$，则

一测回观测值的权为

$$p = \frac{\lambda}{m^2} = \frac{m^2}{m^2} = 1$$

算术平均值的权为

$$p_L = \frac{\lambda}{\dfrac{m^2}{n}} = \frac{m^2}{\dfrac{m^2}{n}} = n$$

由例 5-9 可知，取一测回角度观测值之权为 1，则 n 个测回观测值的算术平均值的权为 n。故角度观测的权与其测回数成正比。在非等精度观测中引入"权"的概念，可以建立各观测值之间的精度比值，以便更合理地处理观测数据。例如，设每一测回的观测值的中误差为 m^2，其权为 p_0，并设 $\lambda = m^2$，则

$$p_0 = \frac{m^2}{m^2} = 1$$

等于 1 的权称为单位权，而权等于 1 的中误差称为单位权中误差，一般用 m_0（或 μ）表示。对于中误差为 m_i 的观测值（或观测值的函数），其权 p_i 为

$$p_i = \frac{m_0^{\,2}}{m_i^2}$$

则相应的中误差的另一表达式可写为

$$m_i = m_0 \sqrt{\frac{1}{p_i}} \tag{5-21}$$

二、加权算术平均值及其中误差

设对同一未知量进行了 n 次非等精度观测，观测值为 l_1、l_2、$\cdots$、l_n，其相应的权为 p_1、p_2、$\cdots$、p_n，则加权算术平均值 L_0 为非等精度观测值的最可靠值，其计算公式可写为

$$L_0 = \frac{p_1 l_1 + p_2 l_2 + \cdots + p_n l_n}{p_1 + p_2 + \cdots + p_n}$$

或

$$L_0 = \frac{[pl]}{[p]} \tag{5-22}$$

下面计算加权算术平均值的中误差 M_0。

式（5-22）可写为

$$L_0 = \frac{[pl]}{[p]} = \frac{p_1}{[p]} l_1 + \frac{p_2}{[p]} l_2 + \cdots + \frac{p_n}{[p]} l_n$$

根据误差传播定律，可得 L_0 的中误差 M_0 为

$$M_0^2 = \frac{1}{[p]^2} (p_1^2 m_1^2 + p_2^2 m_2^2 + \cdots + p_n^2 m_n^2)$$

式中 m_1、m_2、$\cdots$、m_n 相应为 l_1、l_2、$\cdots$、l_n 的中误差。

由于 $p_1 m_1^2 = p_2 m_2^2 = \cdots = p_n m_n^2 = m_0^2$ （为单位权中误差），故有

$$M_0^2 = \frac{m_0^2}{[p]} \qquad (5-23)$$

由 $n m_{02} = p_1 m_1^2 + p_2 m_2^2 + \cdots + p_n m_n^2$ 可知，当 n 足够大时，m_i 可用相应观测值 l_i 的真误差 Δ_i 来代替，故

$$n m_0^2 = [p m^2] = [p \Delta \Delta]$$

即可得单位权中误差 m_0 为

$$m_0 = \pm \sqrt{\frac{[p \Delta \Delta]}{n}} \qquad (5-24)$$

代入式（5-23）中，可得

$$M_0 = \pm \sqrt{\frac{[p \Delta \Delta]}{n [p]}} \qquad (5-25)$$

式（5-25）即为用真误差计算加权算术平均值的中误差的表达式。

实用中常用观测值的改正数 $v_i = L_0 - l_i$ 来计算中误差 M_0，与式（5-11）类似，有

$$m_0 = \pm \sqrt{\frac{[p v v]}{n-1}} \qquad (5-26)$$

$$M_0 = \pm \sqrt{\frac{[p v v]}{[p](n-1)}} \qquad (5-27)$$

思 考 题 与 习 题

1. 偶然误差与系统误差有哪些不同？偶然误差有哪些特性？

2. 试根据偶然误差的第四个特性，说明等精度观测值的算术平均值是最可靠值。

3. 对某直线丈量了六次，观测结果为：128.435m、128.448m、128.420m、128.429m、128.450m、128.437m，试计算其算术平均值、算术平均值的中误差及相对误差。

4. 用 J6 级经纬仪观测某个水平角四测回，其观测值为：$72°27'18''$，$72°26'54''$，$72°26'42''$，$72°27'06''$，试求观测一测回的中误差、算术平均值及其中误差。

5. 设有一 n 边形，每个角的观测值中误差为 $m = \pm 10''$，试求该 n 边多角形内角和的中误差。

6. 量得一圆的半径 $R = 47.6mm$，其中误差为 $\pm 0.4mm$，求其圆面积及其中误差。

7. 如图 5-4 所示，测得 $a = 93.47m \pm 0.03m$，$\angle A = 72°24' \pm 1'$，$\angle B = 43°10' \pm 2'$，试计算边长 c 及其中误差。

8. 已知四边形各内角的测角中误差为 $\pm 20''$，容许误差为中误差的二倍，求该四边形闭合差的容许误差。

9. 试述权的含义及权和中误差之间的关系。

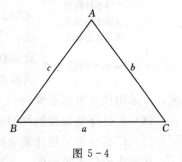

图 5-4

第六章 控 制 测 量

第一节 概 述

在绪论中已经指出，测量工作必须遵循"从整体到局部，先控制后碎部"的原则，先建立控制网，然后根据控制网进行碎部测量和测设。控制网分为平面控制网和高程控制网两种。测定控制点平面位置 (x, y) 的工作，称为平面控制测量。测定控制点高程 (H) 的工作，称为高程控制测量。

在全国范围内建立的控制网，称为国家控制网。它是全国各种比例尺测图的基本控制，并为确定地球的形状和大小提供研究资料，了解地壳水平变形和垂直变形的大小及趋势，为地震预测提供形变信息等服务。国家控制网是用精密测量仪器和方法依照施测精度按一、二、三、四等四个等级建立的，它的低级点受高级点逐级控制。

一、平面控制

如图 6-1 所示，一等三角锁是国家平面控制网的骨干。二等三角网布设于一等三角锁环内，是国家平面控制网的全面基础。三、四等三角网为二等三角网的进一步加密。建立国家平面控制网，主要采用三角测量的方法。

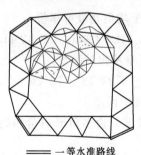

——— 一等水准路线
—— 二等水准路线
— 三等水准路线
····· 四等水准路线

图 6-1 国家平面控制网

平面控制网的建立，可采用卫星定位测量、导线测量、三角形网测量等方法。平面控制网的布设，应遵循下列原则：

（1）首级控制网的布设，应因地制宜，且适当考虑发展；当与国家坐标系统联测时，应同时考虑联测方案。

（2）首级控制网的等级，应根据工程规模、控制网的用途和精度要求合理确定。

（3）加密控制网，可越级布设或同等级扩展。平面控制网的坐标系统，应在满足测区内投影长度变形不大于 2.5cm/km 的要求下，作下列选择：①采用统一的高斯投影 3°带平面直角坐标系统；②采用高斯投影 3°带，投影面为测区抵偿高程面或测区平均高程面的平面直角坐标系统，或任意带投影面为 1985 国家高程基准面的平面直角坐标系统；③小测区或有特殊精度要求的控制网，可采用独立坐标系统。

（4）在已有平面控制网的地区，可沿用原有的坐标系统。

（5）厂区内可采用建筑坐标系统。

在城市或厂矿等地区，一般应在上述国家控制点的基础上，根据测区的大小、城市规划和施工测量的要求，布设不同等级的城市平面控制网，以供地形测图和施工放样使用。

规范规定的城市平面控制网的主要技术要求如表6-1、表6-2（a）和表6-2（b）所示。

表6-1 导线测量的主要技术要求

等级	导线长度（km）	平均边长（km）	测角中误差（"）	测距中误差（mm）	测距相对中误差	测 回 数			方位角闭合差（"）	导线全长相对闭合差
						1"级仪器	2"级仪器	6"级仪器		
三等	14	3	1.8	20	1/150000	6	10	—	$3.6\sqrt{n}$	≤1/55000
四等	9	1.5	2.5	18	1/80000	4	6	—	$5\sqrt{n}$	≤1/35000
一级	4	0.5	5	15	1/30000	—	2	4	$10\sqrt{n}$	≤1/15000
二级	2.4	0.25	8	15	1/14000	—	1	3	$16\sqrt{n}$	≤1/10000
三级	1.2	0.1	12	15	1/7000	—	1	2	$24\sqrt{n}$	≤1/5000

注 1. 表中 n 为测站数。

2. 当测区测图的最大比例尺为1∶1000，一、二、三级导线的导线长度、平均边长可适当放长，但最大长度不应大于表中规定相应长度的2倍。

表6-2（a） 图根导线的主要技术要求

导线长度（m）	相对闭合差	测角中误差（"）		方位角闭合差（"）	
		一般	首级控制	一般	首级控制
≤αM	≤1/（2000α）	30	20	$60\sqrt{n}$	$40\sqrt{n}$

注 1. α 为比例系数，取值宜为1。当采用1∶500、1∶1000比例尺测图时，其值可在1～2之间选用。

2. M为测图比例尺的分母；但对于工矿区现状图测量，不论测图比例尺大小，M均应取值为500。

3. 隐蔽或施测困难地区导线相对闭合差可放宽，但不应大于1/（1000α）。

表6-2（b） 钢尺量距导线测量的主要技术要求

测图比例尺	附合导线长度（m）	平均边长（m）	往返丈量较差相对误差	导线全长闭合差	测回数 6"级仪器	方位角闭合差（"）
1∶500	500	75	1/2000	≤1/2000	1	≤±$60\sqrt{n}$
1∶1000	1000	120				
1∶2000	2000	200				

直接供地形测图使用的控制点，称为图根控制点，简称图根点。测定图根点位置的工作，称为图根控制测量。图根点的密度（包括高级点），取决于测图比例尺和地物、地貌的复杂程度。平坦开阔地区图根点的密度可参考表6-3的规定；困难地区、山区，表中规定的点数可适当增加。

表6-3 平坦开阔地区图根点的密度

测图比例尺	1∶500	1∶1000	1∶5000
图根点密度（点/km²）	150	15	5

至于布设哪一级控制作为首级控制，应视测区的规模大小而定。中小城市一般以四等网作为首级控制；面积在15km²以下的小城镇，可用小三角网或一级导线网作为首级控

制；面积在 $0.5km^2$ 以下的测区，图根控制网可作为首级控制；厂区可布设建筑方格网。

二、高程控制

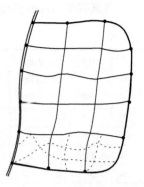

在全国领土范围内，由一系列按国家统一规范测定高程的水准点构成的网称为国家水准网，水准点上设有固定标志，以便长期保存，为国家各项建设和科学研究提供高程资料。

如图 6-2 是国家水准网布设示意图，一等水准网是国家高程控制网的骨干。二等水准网布设于一等水准环内，是国家高程控制网的全面基础。三、四等水准网为国家高程控制网的进一步加密。建立国家高程控制网，采用精密水准测量的方法。

城市或厂矿地区的高程控制分为二、三、四等水准测量和图根水准测量等几个等级，它是城市大比例尺测图及工程测量的高程控制，其主要技术要求如表 6-4 所示。同样，应根据城市或厂矿的规模确定城市首级水准网的等级，然后再根据等级水准点测定图根点的高程。

═══ 一等水准路线
─── 二等水准路线
─── 三等水准路线
----- 四等水准路线

图 6-2 国家水准网
布设示意图

表 6-4 　　　　　城市水准测量及图根水准测量主要技术要求

等级	每1km高差中误差 (mm)	附合路线长度 (km)	水准仪型号	水准尺	观测次数 (附合或环行)	往返较差或环线闭合差 (mm)	
						平　地	山　地
二等	±2		DS_1	因瓦	往返观测	$±4\sqrt{L}$	
三等	±6	45	DS_3	双面		$±12\sqrt{L}$	$±4\sqrt{n}$
四等	±10	15	DS_3	双面	单程测量	$±20\sqrt{L}$	$±6\sqrt{n}$
图根	±20	5	DS_{10}			$±40\sqrt{L}$	$±12\sqrt{n}$

注 L 为水准路线长度，单位为 km，n 为测站个数。

水准点间的距离，一般地区为 $2\sim3km$，城市建筑区为 $1\sim2km$，工业区小于 $1km$。一个测区至少设立三个水准点。

下面将分别介绍用导线测量和小三角测量建立平面控制网的方法；用三、四等水准测量和三角高程测量建立高程控制网的方法。

第二节　导　线　测　量

一、导线测量概述

将测区内相邻控制点连成直线而构成的折线，称为导线。这些控制点，称为导线点。导线测量就是依次测定各导线边的长度和各转折角值，根据起算数据，推算各边的坐标方位角，从而求出各导线点的坐标。

用经纬仪测量转折角，用钢尺测定边长的导线，称为经纬仪导线；若用光电测距仪测定导线边长，则称为电磁波测距导线。

导线测量是建立平面控制网常用的一种方法，特别是地物分布较复杂的建筑区、视线障碍较多的隐蔽区和带状地区，多采用导线测量的方法。根据测区的不同情况和要求，导线可布设成下列三种形式。

1. 闭合导线

起讫于同一已知点的导线，称为闭合导线。如图 6-3 所示，导线从已知高级控制点 B 和已知方向 BA 出发，经过 1、2、3、4 点，最后仍回到起点 B，形成一闭合多边形。它本身存在着严密的几何条件，具有检核作用。

2. 附合导线

布设在两已知点间的导线，称为附合导线。如图 6-3 所示，导线从一高级控制点 A 和已知方向 AB 出发，经过 5、6、7、8 点，最后附合到另一已知高级控制点 C 和已知方向 CD。此种布设形式，具有检核观测成果的作用。

3. 支导线

由一已知点和一已知边的方向出发，既不附合到另一已知点，又不回到原起始点的导线，称为支导线，如图 6-3 所示。因支导线缺乏检核条件，故其边数一般不超过 4 条。

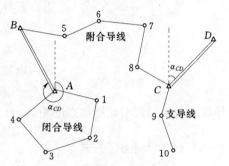

图 6-3　导线布设的三种形式

用导线测量方法建立平面控制网，一般情况下分为一级导线、二级导线、三级导线和图根导线等几个等级。钢尺量距导线的主要技术要求参见表 6-2（b），用光电测距仪进行导线测量的光电测距导线，其主要技术要求参见表 6-2（a）。

导线网的布设应符合下列规定：

（1）导线网用作测区的首级控制时，应布设成环形网，且宜联测两个已知方向。

（2）加密网可采用单一附合导线或结点导线网形式。

（3）结点间或结点与已知点间的导线段宜布设成直伸形状，相邻边长不宜相差过大，网内不同环节上的点也不宜相距过近。

二、导线测量的外业工作

导线测量的外业工作包括：踏勘选点及建立标志、量边、测角和连测，兹分述如下。

1. 踏勘选点及建立标志

选点前，应调查搜集测区已有地形图和高一级的控制点的成果资料，把控制点展绘在地形图上，然后在地形图上拟定导线的布设方案，最后到野外去踏勘，实地核对、修改、落实点位和建立标志。如果测区没有地形图资料，则需详细踏勘现场，根据已知控制点的分布、测区地形条件及测图和施工需要等具体情况，合理地选定导线点的位置。

导线点的选点原则是：既要便于测绘地形，又要便于导线本身的测量，并保证满足各项技术要求。为此，实地选点时，应注意下列几点：

（1）为便于测角，相邻导线点间必须通视良好。

（2）为便于测边，应考虑各种测距方法的要求。如使用测距仪，测距边应通视良好，视线离地面 1.3m 以上，并避开发热体及强电磁场的干扰；如用钢尺，测距边应平坦而无障碍。

（3）为便于测绘地形，导线点应选在地势较高视野开阔的地方。

（4）导线的边长应符合技术要求的规定，相邻边长不要相差悬殊。

（5）导线点应有足够的密度，分布较均匀，便于控制整个测区。

导线点选定后，要在每一点位上打一大木桩，在其周围浇灌一圈混凝土（图6-4），桩顶钉一小钉，作为临时性标志，若导线点需要保存的时间较长，就要埋设混凝土桩（图6-5）或石桩，桩顶刻"＋"字，作为永久性标志。导线点应统一编号。为了便于寻找，应量出导线点与附近固定而明显的地物点的距离，绘一草图，注明尺寸，称为点之记，如图6-6所示。在点之记上注记地名、路名、导线点编号及导线点距离邻近明显地物点的距离。

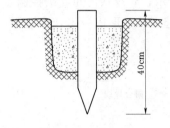

图6-4 临时性标志

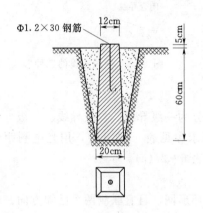

图6-5 永久性标志

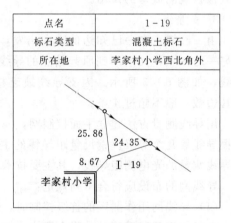

点名	1-19
标石类型	混凝土标石
所在地	李家村小学西北角外

图6-6 点之记

2.量边

导线边长可用光电测距仪测定，测量时要同时观测竖直角，供倾斜改正之用。若用钢尺丈量，钢尺必须经过检定。

（1）规范对中、短程测距仪器进行了划分，短程为3km以下，中程为3～15km。并规定，一级及以上等级控制网的边长，应采用中、短程全站仪或电磁波测距仪测距，一级以下也可采用普通钢尺量距。

普通钢尺量距的主要技术要求，应符合表6-5的规定。

表6-5　　　　　　　　普通钢尺量距的主要技术要求

等级	边长量距较差相对误差	作业尺数	量距总次数	定线最大偏差（mm）	尺段高差较差（mm）	读定次数	估读值至（mm）	温度读数至（℃）	同尺各次或同段各尺的较差（mm）
二级	1/20000	1～2	2	50	≤10	3	0.5	0.5	≤2
三级	1/10000	1～2	2	70	≤10	2	0.5	0.5	≤3

（2）各等级控制网边长测距的主要技术要求，应符合表 6-6 的规定。

表 6-6　　　　　　　　　　测距的主要技术要求

平面控制网等级	仪器精度等级	每边测回数		一测回读数较差（mm）	单程各测回较差（mm）	往返测距较差（mm）
		往	返			
三等	5mm 级仪器	3	3	≤5	≤7	≤2（a+b×D）
	10mm 级仪器	4	4	≤10	≤15	
四等	5mm 级仪器	2	2	≤5	≤7	
	10mm 级仪器	3	3	≤10	≤15	
一级	10mm 级仪器	2	—	≤10	≤15	
二、三级	10mm 级仪器	1	—	≤10	≤15	—

注 1. 测回是指照准目标一次，读数 2~4 次的过程。
　　 2. 困难情况下，边长测距可采取不同时间段测量代替往返观测。

（3）测距作业，应符合下列规定：

1）测站对中误差和反光镜对中误差不应大于 2mm。

2）当观测数据超限时，应重测整个测回，如观测数据出现分群时，应分析原因，采取相应措施重新观测。

3）四等及以上等级控制网的边长测量，应分别量取两端点观测始末的气象数据，计算时应取平均值。

4）测量气象元素的温度计宜采用通风干湿温度计，气压表宜选用高原型空盒气压表；读数前应将温度计悬挂在离开地面和人体 1.5m 以外阳光不能直射的地方，且读数精确至 0.2℃；气压表应置平，指针不应滞阻，且读数精确至 50Pa。

3. 测角

用测回法施测导线左角（位于导线前进方向左侧的角）或右角（位于导线前进方向右侧的角）。一般在附合导线中，测量导线左角，在闭合导线中均测内角。若闭合导线按反时针方向编号，则其左角就是内角。不同等级的导线的测角技术要求已列入表 6-2（a）及表 6-2（b），图根导线，一般用 6″级经纬仪测一个测回。若盘左、盘右测得角值的较差不超过 40″，则取其平均值。

测角时，为了便于瞄准，可在已埋设的标志上用标杆、测钎、吊垂球或觇牌等作为照准标志（图 6-7）。

测角的主要规定有以下 5 点：

（1）水平角观测所使用的全站仪、电子经纬仪和光学经纬仪，应符合下列相关规定：

1）照准部旋转轴正确性指标：管水准器气泡或电子水准器长气泡在各位置的读数较差，1″级仪器不应超过 2 格，2″级仪器不应超过 1 格，6″级仪器不应超过 1.5 格。

2）光学经纬仪的测微器行差及隙动差指标：1″级仪器不应大于 1″，2″级仪器不应大于 2″。

3）水平轴不垂直于垂直轴之差指标：1″级仪器不应超过 10″，2″级仪器不应超过 15″，6″级仪器不应超过 20″。

4）补偿器的补偿要求，在仪器补偿器的补偿区间，对观测成果应能进行有效补偿。

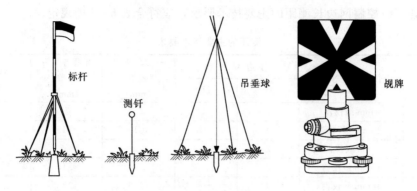

图 6-7 照准标志

5）垂直微动旋转使用时，视准轴在水平方向上不产生偏移。

6）仪器的基座在照准部旋转时的位移指标：1″级仪器不应超过 0.3″，2″级仪器不应超过 1″，6″级仪器不应超过 1.5″。

7）光学（或激光）对中器的视轴（或射线）与竖轴的重合度不应大于 1mm。

（2）水平角观测宜采用方向观测法，并符合下列规定：

1）方向观测法的技术要求，不应超过表 6-7 的规定。

表 6-7　　　　　　　　　　　　水平角方向观测法的技术要求

等级	仪器精度等级	光学测微器两次重合读数之差（″）	半测回归零差（″）	一测回内 2C 互差（″）	同一方向值各测回较差（″）
四等及以上	1″级仪器	1	6	9	6
	2″级仪器	3	8	13	9
一级及以下	2″级仪器	—	12	18	12
	6″级仪器	—	18	—	24

2）当观测方向不多于 3 个时，可不归零。

3）当观测方向多于 6 个时，可进行分组观测。分组观测应包括两个共同方向（其中一个为共同零方向）。其两组观测角之差，不应大于同等级测角中误差的 2 倍。分组观测的最后结果，应按等权分组观测进行测站平差。

4）各测回间应配置度盘。度盘配置应符合有关规定。

5）水平角的观测值应取各测回的平均数作为测站成果。

（3）三、四等导线的水平角观测，当测站只有两个方向时，应在观测总测回中以奇数测回的度盘位置观测导线前进方向的左角，以偶数测回的度盘位置观测导线前进方向的右角。左右角的测回数为总测回数的一半。但在观测右角时，应以左角起始方向为准变换度盘位置，也可用起始方向的度盘位置加上左角的概值在前进方向配置度盘。左角平均值与右角平均值之和与 360°之差，不应大于表 6-1 中相应等级导线测角中误差的 2 倍。

（4）水平角观测的测站作业，应符合下列规定：

1）仪器或反光镜的对中误差不应大于 2mm。

2）水平角观测过程中，气泡中心位置偏离整置中心不宜超过1格。四等及以上等级的水平角观测，当观测方向的垂直角超过±3°的范围时，宜在测回间重新整置气泡位置。有垂直轴补偿器的仪器，可不受此款的限制。

3）如受外界因素（如震动）的影响，仪器的补偿器无法正常工作或超出补偿器的补偿范围时，应停止观测。

4）当测站或照准目标偏心时，应在水平角观测前或观测后测定归心元素。测定时，投影示误三角形的最长边，对于标石、仪器中心的投影不应大于5mm，对于照准标志中心的投影不应大于10mm。投影完毕后，除标石中心外，其他各投影中心均应描绘两个观测方向。角度元素应量至15′，长度元素应量至1mm。

（5）水平角观测误差超限时，应在原来度盘位置上重测，并应符合下列规定：

1）一测回内2C互差或同一方向值各测回较差超限时，应重测超限方向，并联测零方向。

2）下半测回归零差或零方向的2C互差超限时，应重测该测回。

3）若一测回中重测方向数超过总方向数的1/3时，应重测该测回。当重测的测回数超过总测回数的1/3时，应重测该站。首级控制网所联测的已知方向的水平角观测，应按首级网相应等级的规定执行。每日观测结束，应对外业记录手簿进行检查，当使用电子记录时，应保存原始观测数据，打印输出相关数据和预先设置的各项限差。

4．连测

如图6-8所示，导线与高级控制点连接，必须观测连接角 β_A、β_1、连接边 D_{A1}，作为传递坐标方位角和坐标之用。如果附近无高级控制点，则应用罗盘仪施测导线起始边的磁方位角，并假定起始点的坐标作为起算数据。

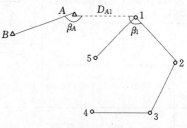

图6-8 连测

三、导线测量的内业计算

导线测量内业计算的目的就是计算各导线点的坐标。

计算之前，应全面检查导线测量外业记录，数据是否齐全，有无记错、算错，成果是否符合精度要求，起算数据是否准确。然后绘制导线略图，把各项数据注于图上相应位置，如图6-9所示。

1．内业计算中数字取位的要求

内业计算中数字的取位，对于四等以下的小三角及导线，角值取至（″），边长及坐标取至毫米（mm）。对于图根三角锁及图根导线，角值取至（″），边长和坐标取至厘米（cm）。

2．闭合导线坐标计算

现以图6-9中的实测数据为例，说明闭合导线坐标计算的步骤。

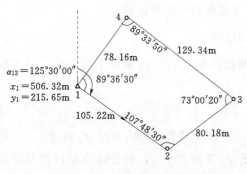

图6-9 闭合导线略图

（1）准备工作。将校核过的外业观测数据及起算数据填入"闭合导线坐标计算表"（表6-8）中，起算数据用下划线标明。

表6-8 　　　　　　　　　　　闭合导线坐标计算表

点号	观测角（左角）（° ′ ″）	改正数（″）	改正角（° ′ ″）	坐标方位角 α（° ′ ″）	距离 D（m）	增量计算值 Δx（m）	增量计算值 Δy（m）	改正后增量 Δx（m）	改正后增量 Δy（m）	坐标值 x（m）	坐标值 y（m）	点号
1	2	3	4=2+3	5	6	7	8	9	10	11	12	13
1										506.32	215.65	1
				125 30 00	105.22	−2 −61.10	+5 85.66	−61.12	+85.68			
2	107 48 30	+13	107 48 43							445.20	301.36	2
				53 18 43	80.18	−2 +47.90	+4 +64.30	+47.88	+64.32			
3	73 00 20	+12	73 00 32							493.08	365.70	3
				306 19 15	129.34	−3 +76.61	+5 −104.32	+76.58	−104.19			
4	89 33 50	+12	89 34 02							569.66	261.43	4
				215 53 17	78.16	−2 −63.32	+4 −45.82	−63.34	−45.81			
1	89 36 30	+13	89 36 43							506.32	215.65	1
				125 30 00								
2												
总和	359 59 10	+50	360 00 00		392.90	+0.09	−0.18	0.00	0.00			

辅助计算	$\sum \beta_{测} = 359°59'10''$ 　 $\sum \beta_{理} = 360°00'00''$ 　 $f_\beta = \sum \beta_{测} - \sum \beta_{理} = -50''$ 　 $f_{\beta容} = \pm 60''\sqrt{n} = \pm 120''$	$f_x = \sum \Delta x_{测} = +0.09$，$f_y = \sum \Delta y_{测} = -0.07$ 导线全长闭合差 $f_D = \sqrt{f_x^2 + f_y^2} = 0.11\text{m}$ 导线全长相对闭合差 $K = \dfrac{1}{\sum D/f} \approx \dfrac{1}{3500}$ 容许的相对闭合差 $K_容 = \dfrac{1}{2000}$

注 本例为图根导线，故边长和坐标取至厘米；$f_{\beta容} = \pm 60''\sqrt{n}$；$K_容 = \dfrac{1}{2000}$。

（2）角度闭合差的计算与调整。n 边形闭合导线内角和的理论值为

$$\sum \beta_{理} = (n-2)180° \tag{6-1}$$

由于观测角不可避免地含有误差，致使实测的内角之和 $\sum \beta_{测}$ 不等于理论值，而产生角度闭合差 f_β，为

$$f_\beta = \sum \beta_{测} - \sum \beta_{理} \tag{6-2}$$

各级导线角度闭合差的容许值 $f_{\beta容}$，见表6-2（a）及表6-2（b）。f_β 超过 $f_{\beta容}$，则说明所测角度不符合要求，应重新检测角度。若 f_β 不超过 $f_{\beta容}$，可将闭合差反符号平均分配到各观测角中。

改正后之内角和应为 $(n-2)180°$，本例应为 $360°$，以作计算校核。

（3）用改正后的导线左角或右角推算各边的坐标方位角。根据起始边的已知坐标方位角及改正角按下列公式推算其他各导线边的坐标方位角。

$$\alpha_{前}=\alpha_{后}-180°+\beta_{左}\text{（适用于测左角）} \tag{6-3}$$

$$\alpha_{前}=\alpha_{后}+180°-\beta_{右}\text{（适用于测右角）} \tag{6-4}$$

本例观测左角，按式（6-3）推算出导线各边的坐标方位角，列入表 6-8 的第 5 栏。在推算过程中必须注意：

（1）如果算出的 $\alpha_{前}>360°$，则应减去 $360°$。

（2）用式（6-4）计算时，如果 $\alpha_{后}+180°<\beta_{右}$，则应加 $360°$再减 $\beta_{右}$。

（3）闭合导线各边坐标方位角的推算，最后推算出起始边坐标方位角，它应与原有的已知坐标方位角值相等，否则应重新检查计算。

（4）坐标增量的计算及其闭合差的调整。

1）坐标增量的计算。如图 6-10 所示，设点 1 的坐标 x_1、y_1 和 1—2 边的坐标方位角 α_{12} 均为已知，边长 D_{12} 也已测得，则点 2 的坐标为

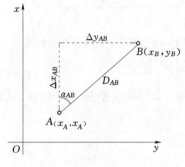

图 6-10 坐标增量计算示意图

$$\left.\begin{array}{l}x_2=x_1+\Delta x_{12}\\y_2=y_1+\Delta y_{12}\end{array}\right\} \tag{6-5}$$

式中 Δx_{12}、Δy_{12}——坐标增量，也就是直线两端点的坐标值之差。

式（6-5）说明欲求待定点的坐标，必须先求出坐标增量。根据图 6-11 中的几何关系，可写出坐标增量的计算公式

$$\left.\begin{array}{l}\Delta x_{12}=D_{12}\cos\alpha_{12}\\\Delta y_{12}=D_{12}\sin\alpha_{12}\end{array}\right\} \tag{6-5a}$$

式（6-5a）中 Δx 及 Δy 的正负号，由 $\cos\alpha$ 及 $\sin\alpha$ 的正负号决定。

本例按式（6-5）所算得的坐标增量，填入表 6-8 的第 7、8 两栏中。

2）坐标增量闭合差的计算与调整。从图 6-11 中可以看出，闭合导线纵、横坐标增量代数和的理论值应为零，即

$$\left.\begin{array}{l}\sum\Delta x_{理}=0\\\sum\Delta y_{理}=0\end{array}\right\} \tag{6-6}$$

实际上由于量边的误差和角度闭合差调整后的残余误差，往往使 $\sum\Delta x_{测}$、$\sum\Delta y_{测}$ 不等于零，而产生纵坐标增量闭合差 f_x 与横坐标增量闭合差 f_y，即

$$\left.\begin{array}{l}f_x=\sum\Delta x_{测}\\f_y=\sum\Delta y_{测}\end{array}\right\} \tag{6-7}$$

从图 6-12 中明显看出，由于 f_x、f_y 的存在，使导线不能闭合，1—1′ 的长度 f_D 称为导线全长闭合差，并用下式计算

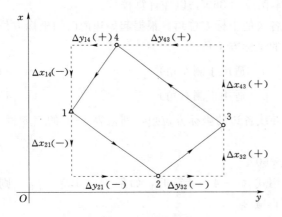

图 6-11 坐标增量闭合差示意图

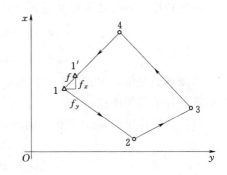

图 6-12 导线全长闭合差示意图

$$f_D = \sqrt{f_x^2 + f_y^2} \tag{6-8}$$

仅从 f_D 值的大小还不能显示导线测量的精度，应当将 f_D 与导线全长 $\sum D$ 相比，以分子为 1 的分数来表示导线全长相对闭合差，即

$$K = \frac{f_D}{\sum D} = \frac{1}{\dfrac{\sum D}{f_D}} \tag{6-9}$$

以导线全长相对闭合差 K 来衡量导线测量的精度，K 的分母越大，精度越高。不同等级的导线全长相对闭合差的容许值 $K_容$ 已列入表 6-2(a) 和表 6-2(b)。若 K 超过 $K_容$，则说明成果不合格，首先应检查内业计算有无错误，然后检查外业观测成果，必要时重测。若 K 不超过 $K_容$，则说明符合精度要求，可以进行调整，即将 f_x、f_y 反其符号按边长成正比分配到各边的纵、横坐标增量中去。以 V_{xi}、V_{yi} 分别表示第 i 边的纵、横坐标增量改正数，即

$$\left. \begin{aligned} V_{xi} &= -\frac{f_x}{\sum D} D_i \\ V_{yi} &= -\frac{f_y}{\sum D} D_i \end{aligned} \right\} \tag{6-10}$$

纵、横坐标增量改正数之和应满足下式

$$\left. \begin{aligned} \sum V_x &= -f_x \\ \sum V_y &= -f_y \end{aligned} \right\} \tag{6-11}$$

算出的各增量、改正数（取位到 cm）填入表 6-8 中的 7、8 两栏增量计算值的右上方（如 -2、+2 等）。

各边增量值加改正数，即得各边的改正后增量，填入表 6-8 中的 9、10 两栏。

改正后纵、横坐标增量的代数和应分别为零，以作计算校核。

（5）计算各导线点的坐标

根据起点 1 的已知坐标（本例为假定值：$x_1 = 506.32\text{m}$，$y_1 = 215.65\text{m}$）及改正后增量，用下式依次推算 2、3、4 各点的坐标

$$\left.\begin{array}{l} x_{前} = x_{后} + \Delta x_{改} \\ y_{前} = y_{后} + \Delta y_{改} \end{array}\right\} \qquad (6-12)$$

算得的坐标值填入表 6-8 中的 11、12 两栏。最后还应推算起点 1 的坐标，其值应与原有的数值相等，以作校核。

这里顺便指出，上面所介绍的根据已知点的坐标、已知边长和已知坐标方位角计算待定点坐标的方法，称为坐标正算。如果已知两点的平面直角坐标，反算其坐标方位角和边长，称为坐标反算。例如，已知 1、2 两点的坐标 x_1、y_1 和 x_2、y_2，用下式计算 1—2 边的坐标方位角 α_{12} 和边长 D_{12}，即

$$\left.\begin{array}{l} \alpha_{12} = \arctan \dfrac{y_2 - y_1}{x_2 - x_1} = \arctan \dfrac{\Delta y_{12}}{\Delta x_{12}} \\[2mm] D_{12} = \dfrac{\Delta y_{12}}{\sin\alpha_{12}} = \dfrac{\Delta x_{12}}{\cos\alpha_{12}} = \sqrt{\Delta x_{12}{}^2 + \Delta y_{12}{}^2} \end{array}\right\} \qquad (6-13)$$

按式 (6-13) 计算出来的 α_{12} 是有正负号的，根据象限角 R 及 Δx、Δy 的正负号来确定 1—2 边的坐标方位角值，则

当 $\Delta x>0$，$\Delta y>0$ 时 $\alpha_{12} = R$

当 $\Delta x<0$，$\Delta y>0$ 时 $\alpha_{12} = 180° - R$

当 $\Delta x<0$，$\Delta y<0$ 时 $\alpha_{12} = R + 180°$

当 $\Delta x>0$，$\Delta y<0$ 时 $\alpha_{12} = 360° - R$

3. 附合导线坐标计算

附合导线的坐标计算步骤与闭合导线相同。仅由于两者形式不同，致使角度闭合差与坐标增量闭合差的计算稍有区别。下面着重介绍其不同点。

(1) 角度闭合差的计算。设有附合导线如图 6-13 所示，用式 (6-3) 根据起始边已知坐标方位角 α_{BA} 及观测的左角（包括连接角 β_A 和 β_C）可以算出终边 CD 的坐标方位角 α'_{CD}。

$$\alpha_{A1} = \alpha_{BA} - 180° + \beta_A$$
$$\alpha_{12} = \alpha_{A1} - 180° + \beta_1$$
$$\alpha_{23} = \alpha_{12} - 180° + \beta_2$$
$$\alpha_{34} = \alpha_{23} - 180° + \beta_3$$
$$\alpha_{4C} = \alpha_{34} - 180° + \beta_4$$
$$\underline{+)\ \alpha'_{CD} = \alpha_{4C} - 180° + \beta_C}$$
$$\alpha'_{CD} = \alpha_{BA} - 6\times180° + \sum\beta_{测}$$

写成一般公式，为

$$\alpha'_{终} = \alpha_{始} - n180° + \sum\beta_{测} \qquad (6-14)$$

若观测右角，则按下式计算 $\alpha'_{终}$

$$\alpha'_{终} = \alpha_{始} + n180° - \sum\beta_{测} \qquad (6-15)$$

角度闭合差 f_β 用下式计算

$$f_\beta = \alpha'_{终} - \alpha_{终} \qquad (6-16)$$

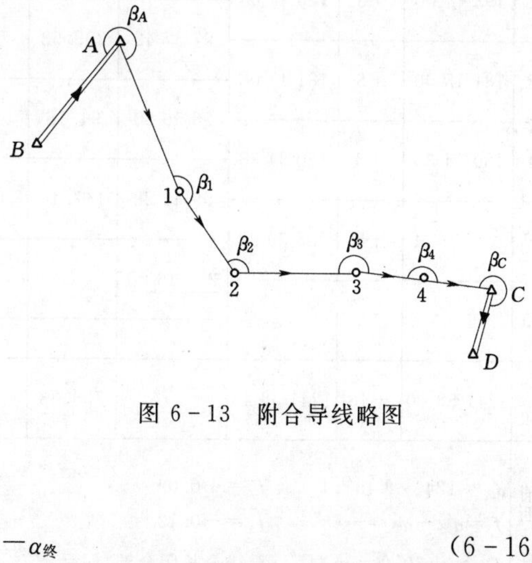

图 6-13 附合导线略图

关于角度闭合差 f_β 的调整，当用左角计算 $\alpha'_{终}$ 时，改正数与 f_β 反号；当用右角计算

$\alpha'_{终}$时，改正数与f_β同号。

（2）坐标增量闭合差的计算。按附合导线的要求，各边坐标增量代数和的理论值应等于终、始两点的已知坐标值之差，即

$$\left.\begin{array}{l}\sum\Delta x_{理}=x_{终}-x_{始}\\\sum\Delta y_{理}=y_{终}-y_{始}\end{array}\right\} \tag{6-17}$$

按式（6-5）计算 $\Delta x_{测}$ 和 $\Delta y_{测}$，则纵、横坐标增量闭合差按下式计算

$$\left.\begin{array}{l}f_x=\sum\Delta x_{测}-(x_{终}-x_{始})\\f_y=\sum\Delta y_{测}-(y_{终}-y_{始})\end{array}\right\} \tag{6-18}$$

附合导线的导线全长闭合差、全长相对闭合差和容许相对闭合差的计算，以及增量闭合差的调整，与闭合导线相同。附合导线坐标计算的全过程，见表6-9的算例。

表 6 - 9　　　　　　　　　　　附合导线坐标计算表

点号	观测角（左角）（° ′ ″）	改正数（″）	改正角（° ′ ″）	坐标方位角 α（° ′ ″）	距离 D（m）	增量计算值		改正后增量		坐 标 值		点号
						Δx（m）	Δy（m）	Δx（m）	Δy（m）	x（m）	y（m）	
1	2	3	4=2+3	5	6	7	8	9	10	11	12	13
B												
				43 17 12								
A	259 13 36	+8	259 13 44							2179.32	484.98	A
				158 03 56	124.08	−2 −115.46	+2 +45.44	−115.48	+45.46			
1	178 22 30	+8	178 22 38							2063.84	530.44	1
				156 53 34	164.10	−2 −150.93	+3 +64.40	−150.95	+64.43			
2	193 44 00	+8	120 44 08							1912.89	594.87	2
				97 37 42	208.53	−2 −27.68	+3 +206.68	−27.70	+206.71			
3	181 13 00	+8	181 13 08							1885.19	801.58	3
				98 50 50	94.18	−1 −14.48	+2 +93.06	−14.49	+93.08			
4	180 54 30	+8	180 54 38							1870.70	894.66	4
				99 45 28	147.44	−2 −24.99	+2 +145.30	−25.01	+145.32			
C	285 30 24	+8	285 30 32							1845.69	1039.98	C
				205 16 00								
D												
总和	1241 58 00	+48	1241 58 48		738.33	−9 −333.54	+12 +554.88	−333.62	+555			
辅助计算	$\alpha'_{终}=1241°58'48''$　　　$f_x=+0.09$ $f_\beta=\alpha'_{终}-\alpha_{终}=-48''$　　$f_y=-0.12$ $f_{\beta容}=\pm60''\sqrt6=\pm147''$　导线全长闭合差 $f_D=\sqrt{f_x^2+f_y^2}=0.150$							导线全长相对闭合差 $K=\dfrac{f}{\sum D}=\dfrac{1}{4900}$ 导线全长容许相对闭合差 $K=\dfrac{1}{2000}$				

四、查找导线测量错误的方法

在外业结束时，发现角度闭合差超限，如果仅仅测错一个角度，则可用下法查找测错的角度。

若为闭合导线，可按边长和角度，用一定的比例尺绘出导线图，如图6-14，并在闭合差1—1'的中点作垂线。如果垂线通过或接近通过某导线点（如点2），则该点发生错误的可能性最大。

若为附合导线，先将两个端点展绘在图上，则分别自导线的两个端点 B、M 按边长和角度绘出两条导线，如图6-15所示，在两条导线的交点（如点3）处发生测角错误的可能性最大。如果误差较小，用图解法难以显示角度测错的点位，则可从导线的两端开始，分别计算各点的坐标，若某点两个坐标值相近，则该点就是测错角度的导线点。

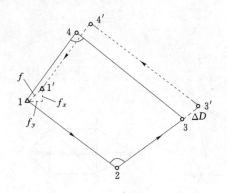

图 6-14　闭合导线测错一个角

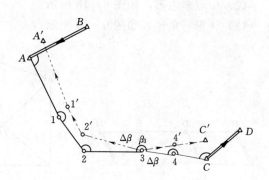

图 6-15　附合导线测错一个角

内业计算过程中，在角度闭合差符合要求的情况下，发现导线相对闭合差大大超限，则可能是边长测错，可先按边长和角度绘出导线图，如图6-16。然后找出与闭合差1—1'平行或大致平行的导线边（如2-3导线边），则该边发生错误的可能性最大。

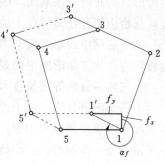

也可用下式计算闭合差1—1'的坐标方位角

$$\alpha_f = \operatorname{cartan}\frac{f_y}{f_x} \qquad (6-19)$$

如果某一导线边的坐标方位角与 α_f 很接近，则该导线边发生错误的可能性最大，如图6-16中的2—3边。

上述查找测错的边长的方法，也仅仅对只有一条边长测错，其他边、角均未测错时方为有效。

图 6-16　测错一条边长

第三节　小 三 角 测 量

将测区内各控制点组成相互连接的若干个三角形而构成三角网，这些三角形的顶点称为三角点。所谓小三角测量就是在小范围内布设边长较短的小三角网，观测所有三角形的各内角，丈量1～2条边（称为起始边，习惯上亦称为基线）的长度，用近似方法进行平差，然后应用正弦定律算出各三角形的边长，再根据已知边的坐标方位角、已知点坐标（在独立地区可自行假定），按类似于导线计算的方法，求出各三角点的坐标。与导线测量相比，它的特点是测角的任务较重，但量距工作量大大减少。

山区和丘陵地区以及隧道、桥梁等工程，在建立平面控制时，广泛采用小三角测量。小三角测量根据测区大小和工程规模以及精度要求的不同，分为一级小三角、二级小三角和图根小三角几个等级，其主要技术要求列在表 6-1 中。

一、小三角网的布设形式

根据测区地形条件，已有高级控制点分布情况及工程要求。小三角网可布设成以下几种形式：

(1) 单三角锁，如图 6-17 所示。

(2) 中点多边形，如图 6-18 所示。

(3) 线形三角锁，如图 6-19 所示。

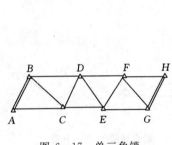

图 6-17　单三角锁

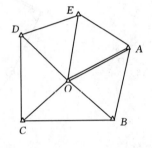

图 6-18　中点多边形

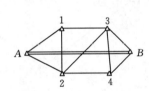

图 6-19　线形三角锁

三角网中直接测量的边称基线。三角锁一般在两端都布设一基线，中点多边形和大地四边形只需布设一条基线，线形三角锁则是两端附合在高级点上的三角锁，故不需设置基线，起始边附合在高级点上的三角网也不需设置基线。

三角形网中的角度宜全部观测，边长可根据需要选择观测或全部观测；观测的角度和边长均应作为三角形网中的观测量参与平差计算。

小三角测量的等级及技术要求：

小三角测量分成一级小三角、二级小三角和图根小三角三个等级。一、二级小三角可作为国家等级控制网的加密，也可作为独立测区的首级控制。图根小三角可作为一、二级小三角的进一步加密，在小范围的独立测区，也可直接作为测图控制。各级小三角测量的技术要求见表 6-10。图根三角锁的三角形个数 $\leqslant 13$，方位角闭合差 $\leqslant \pm 40'' \sqrt{n}$。

表 6-10　　　　各级小三角测量的主要技术要求

三角网等级	平均边长（km）	测角中误差（"）	三角形最大闭合差（"）	起始边相对中误差	最弱边相对中误差
一级	1.0	±5	±15	1/40000	≤1/20000
二级	0.5	±10	±30	1/20000	≤1/10000
图根	≤1.7 倍最大视距	±20	±60	1/10000	

二、小三角测量的外业工作

作业前,应进行资料收集和现场踏勘,对收集到的相关控制资料和地形图（以1：10000～1：100000为宜）应进行综合分析,并在图上进行网形设计和精度估算,在满足精度要求的前提下,合理确定网的精度等级和观测方案。

小三角测量的外业工作包括:踏勘选点,建立标志,测量起始边,观测水平角。

1. 踏勘选点

与导线测量相似,选点前应收集测区已有的地形图和控制点的成果资料,先将控制点展绘在地形图上,在地形图上设计布网方案,然后再到野外去踏勘,根据实际地形选定布网方案及点位。

小三角点选定后,应进行编号,绘"点之记"图,并测绘出小三角网略图。

2. 建立标志

小三角点一经选定,就应在地面上埋设标志。标志可根据需要采用大木桩或混凝土标识。小三角测量一般不建造觇标,观测时可用三根竹竿吊挂一大垂球,为便于观测可在悬挂线上架设照准用的竹筒。临时性标志参见图6-4;一些重要的小三角点,应埋设永久性标志,参见图6-5。小三角点的照准标志,一般都用标杆;个别通视困难的点,可采用简易觇标。

3. 测量起始边

起始边是推算所有三角形边长的依据,其精度高低,将直接影响整个三角网的精度,因此,起始边测量的精度必须符合表6-1的规定。

起始边可用检定过的钢尺往返施测,丈量中的技术要求见表6-11的规定。

表6-11 普通钢尺丈量起始边的要求

等 级	作业尺数	往测和返测的总次数	定线最大偏差 (mm)	尺段高差较差 (mm)	读定次数	估读 (mm)	温度读至 (℃)	同尺各次或同段各尺的较差 (mm)	丈量方法
一级小三角起始边	2	4	50	5	3	0.5	0.5	2	
二级小三角起始边	1～2	2～4	50	10	3	0.5	0.5	2	悬空
图根小三角起始边	1～2	2	50	10	2	0.5	0.5	3	

起始边也可用中、短程光电测距仪测定,采用往、返观测或单向观测的方法,测回数不少于2。

4. 观测水平角

测角是小三角测量外业的主要工作。采用哪一等级的仪器及观测几个测回,可参见表6-1的规定。在小三角点上,当观测方向为两个时,通常采用测回法进行观测;当观测方向等于多于三个时,通常采用全圆方向观测法进行观测。

5. 基线测量

基线是计算三角形边长的起算数据，要求保证必要的精度。各级小三角测量对起始边的精度要求见表 6-11。起始边长应优先采用光电测距仪观测，观测前测距仪应该经过检验，观测方法同各级光电测距导线的边长测量。观测所得斜距应加气象、加常数、乘常数等改正，然后换算成平距。

三、小三角测量的内业计算

小三角测量内业计算的最终目的是求算各三角点的坐标。其内容包括：外业观测成果的整理和检查，角度闭合差的调整，边长和坐标计算。下面着重介绍单三角锁的近似平差计算。

小三角网的图形中存在各种几何关系，又称几何条件。由于观测值中均带有测量误差，所以往往不能满足这些几何条件。因此，必须对所测的角度进行改正，使改正后的角值能满足这些条件。这项工作称为平差，是三角测量内业计算中的一项主要工作。在小三角测量中，通常采用近似平差。下面仅就三角锁这种基本图形的近似平差方法进行说明。

三角锁应满足下列几何条件：即每个三角形内角之和应等于 $180°$，这种条件称为图形条件。另外，一般三角锁在锁段两端都设置一条基线，所以从一条基线开始经一系列三角形推算至另一基线，推算值应等于该基线的已知值，这种条件称为基线条件。三角锁平差的任务就是修正角度观测值，使其满足这两种条件。

设有单三角锁如图 6-20 所示，丈量了首末两条起始边 D_0、D_n，观测了各三角形的内角 a_i、b_i、c_i。其计算步骤如下：

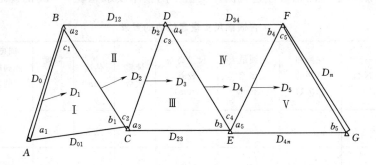

图 6-20 单三角锁

1. 检查和整理外业资料

计算前应首先检查外业手簿，检查角度和基线测量的记录和计算是否有误，观测结果有无超限。最后是整理出角度观测值、各三角形的闭合差、基线的长度。

2. 绘制计算略图

如图 6-20 所示，按推算方向（见图 6-20 中箭头所示的方向），由起始边 D_0 向前推算边长时所经过的边，如图中的 D_1、D_2、$\cdots$、D_n 等边，称为传距边。传距边所对的角称为传距角。将已知的传距边所对的角编号为 b_i，前进的传距边所对的角编号为 a_i。三角形中另一条边称为间隔边。如图中的 D_{01}、D_{12}、$\cdots$、D_{4n} 等边，间隔边所对的角称为间隔角，以 c_i 编号。将整理检查过的外业观测数据及已知数据填入"单三角锁平差计算表"（表 6-12）中。

表 6-12 单三角锁平差计算表

三角形编号	角号	角度观测值	第一次改正数 $-f_i/3$	第一次改正后的角值	$\sin b_i'$ $\sin a_i'$	$\cot b_i'$ $\cot a_i'$	第二次改正数 V_i	改正后的角值	改正后角度的正弦	边 长 （m）	边 名	点号
1	2	3	4	5=3+4	6	7	8	9=5+8	10	11	12	13
I	b_1	91°52′44″	−4″	91°52′40″	0.999463	−0.03	+2″	91°52′42″	0.999463	<u>424.100</u>	$AB\ (D_0)$	C
	c_1	57 25 22	−4	57 25 18			0	57 25 18	0.842656	357.562	$AC\ (D_{01})$	B
	a_1	30 42 06	−4	30 42 02	0.510551	+1.68	−2	30 42 00	0.510543	216.638	$BC\ (D_1)$	A
	Σ	180 00 12 $f_1=+12$	−12	180 00 00			0	180 00 00				
II	b_2	64 59 20	+3	64 59 23	0.906232	+0.47	+2	64 59 25	0.906236	216.638	$BC\ (D_1)$	D
	c_2	61 38 48	+3	61 38 51			0	61 38 51	0.880042	210.376	$BD\ (D_{12})$	C
	a_2	53 21 43	+3	53 21 46	0.802430	+0.74	−2	53 21 44	0.802424	191.821	$CD\ (D_2)$	B
	Σ	179 59 51 $f_2=-9$	+9	180 00 00			0	180 00 00				
III	b_3	41 33 10	−1	41 33 09	0.663306	+1.13	+2	41 33 11	0.663313	191.821	$CD\ (D_2)$	E
	c_3	77 53 31	−1	77 53 30			0	77 53 30	0.977753	282.753	$CE\ (D_{23})$	D
	a_3	60 33 22	−1	60 33 21	0.870835	+0.56	−2	60 33 19	0.870830	251.832	$DE\ (D_3)$	C
	Σ	180 00 03 $f_3=+3$	−3	180 00 00			0	180 00 00				
IV	b_4	62 20 08	+1	62 20 09	0.885684	+0.52	+2	62 20 11	0.885689	251.832	$DE\ (D_3)$	F
	c_4	74 10 07	0	74 10 07			0	74 10 07	0.962069	273.549	$DF\ (D_{34})$	E
	a_4	43 29 43	+1	43 29 44	0.688298	+1.05	−2	43 29 42	0.688291	195.705	$EF\ (D_4)$	D
	Σ	179 59 58 $f_4=-2$	+2	180 00 00			0	180 00 00				
V	b_5	40 48 04	+1	40 48 05	0.653439	+1.16	+2	40 48 07	0.653446	195.705	$EF\ (D_4)$	G
	c_5	45 03 03	0	45 03 03			0	45 03 03	0.707734	211.964	$FG\ (D_{4n})$	F
	a_5	94 08 51	+1	94 08 52	0.997381	−0.07	−2	94 08 50	0.997382	<u>298.712</u>	$FG\ (D_n)$	E
	Σ	179 59 58 $f_5=-2$	+2	180 00 00				180 00 00				

辅助计算	1. 计算 W_D 及 $W_{D容}$ $W_D=\left(1-\dfrac{103.861971}{103.869498}\right)\times\rho''\approx+15''$ $W_{D容}=\pm2\times10''\sqrt{7.91}=\pm56''$ 本例为二级小三角，故取 $\rho''\approx\pm10''$	$\displaystyle\sum_{i=1}^{5}(\cot^2 a_i'+\cot^2 b_i')=7.91$ 2. 计算 V_i $\sum(\cot a_i'+\cot b_i')=7.21$ $V_i=V_{a_i}=-V_{b_i}=-\dfrac{15''}{7.21}\approx-2''$	3. 平差结果验算 用改正后角值计算新闭合差，其结果为：f_i 均为 0，$W_D=+0.6''$

3. 角度闭合差的计算与调整

三角形内角之和应为 $180°$，因测角存在误差，而产生的角度闭合差 f_i，并按下式计算

$$f_i=a_i+b_i+c_i-180° \qquad (6-20)$$

若 f_i 不超过表 6-1 的规定，则将 f_i 反符号平均分配于三内角的观测值上，即得第一次

改正后的角值 a_i'、b_i'、c_i'为

$$\left.\begin{array}{l} a_i'=a_i-\dfrac{1}{3}f_i \\[2mm] b_i'=b_i-\dfrac{1}{3}f_i \\[2mm] c_i'=c_i-\dfrac{1}{3}f_i \end{array}\right\} \tag{6-21}$$

各三角形经过第一次改正后的角度之和应为 $180°$，即 $a_i'+b_i'+c_i'-180°=0$，作为计算校核。

角度闭合差计算与调整的实例见表 $6-12$ 的第 3、4、5 栏。

4. 边长闭合差的计算与调整

如图 $6-20$ 所示，由起始边 D_0 及第一次改正后的传距角 a_1'、b_1'，按正弦定律可以算出各传距边的长度，即

$$D_1=D_0\frac{\sin a_1'}{\sin b_1'}$$

$$D_2=D_1\frac{\sin a_2'}{\sin b_2'}=D_0\frac{\sin a_1'\sin a_2'}{\sin b_1'\sin b_2'}=D_0\frac{\prod\limits_{i=1}^{2}\sin a_i'}{\prod\limits_{i=1}^{2}\sin b_i'}$$

依次推算到第五个三角形的第二条起始边 $GF(D_n)$，得

$$D_n'=D_0\frac{\sin a_1'\sin a_2'\cdots\sin a_n'}{\sin b_1'\sin b_2'\cdots\sin b_n'}=D_0\frac{\prod\limits_{i=1}^{n}\sin a_i'}{\prod\limits_{i=1}^{n}\sin b_i'}$$

若第一次改正后的角度和测量的边长没有误差，则推算出的 D_n' 应与其实测边长 $GF(D_n)$ 相等，即

$$\frac{D_0\prod\limits_{i=1}^{n}\sin a_i'}{D_n\prod\limits_{i=1}^{n}\sin b_i'}=1 \tag{6-22}$$

由于经过第一次改正后的角值 a_i'、b_i' 及测量的边长均有误差，致使式（$6-22$）不能满足，而产生边长闭合差。因为起始边测量的精度较高，其误差可略去不计，故仍须对 a_i、b_i 角进行角度第二次改正，以消除边长闭合差。设 a_i、b_i 角的第二次改正数分别为 $V_{a_1'}$ 和 $V_{b_1'}$，并将其代入式（$6-22$），即有

$$\frac{D_0\prod\limits_{i=1}^{n}\sin(a_i'+V_{a_i'})}{D_n\prod\limits_{i=1}^{n}\sin(b_i'+V_{b_i'})}=1 \tag{6-23}$$

可推算得

$$\sum_{i=1}^{n} \cot a'_i V''_{a'_i} - \sum_{i=1}^{n} \cot b'_i V''_{b'_i} + \left(1 - \frac{D_n \prod\limits_{i=1}^{n} \sin b'_i}{D_0 \prod\limits_{i=1}^{n} \sin a'_i} \right) \rho'' = 0$$

式中最后一项即为边长闭合差 W_D，即

$$\left(1 - \frac{D_n \prod\limits_{i=1}^{n} \sin b'_i}{D_0 \prod\limits_{i=1}^{n} \sin a'_i} \right) \rho'' = W_D \tag{6-24}$$

从而得到起始边条件方程式的最后形式为

$$\sum_{i=1}^{n} \cot a'_i V''_{a'_i} - \sum_{i=1}^{n} \cot b'_i V''_{b'_i} + W_D = 0 \tag{6-25}$$

如果 W_D 在容许的限差内，则可进行闭合差的调整，否则应检查原因，必要时要重测起始边。W_D 的限差 $W_{D容}$ 按下式计算

$$W_{D容} = \pm 2m'' \frac{D_n \prod\limits_{i=1}^{n} \sin b'_i}{D_0 \prod\limits_{i=1}^{n} \sin a'_i} \sqrt{\sum_{i=1}^{n} (\cot^2 a'_i + \cot^2 b'_i)} \tag{6-26}$$

$$\approx \pm 2m'' \sqrt{\sum_{i=1}^{n} (\cot^2 a'_i + \cot^2 b'_i)}$$

式中　m''——相应等级规定的测角中误差。

小三角测量，一般采用近似分配误差的方法求解起始边条件方程式（6-25）。为了不破坏已经满足的三角形条件，必须使各 a'_i、b'_i 角的第二次改正数 $V_{a'_i}$ 和 $V_{b'_i}$ 的绝对值相等而符号相反，即令

$$\left. \begin{array}{l} V_i = V_{a'_i} = -V_{b'_i} \\ V_{a'_1} = V_{a'_2} = \cdots = V_{a'_n} \\ V_{b'_1} = V_{b'_2} = \cdots = V_{b'_n} \end{array} \right\} \tag{6-27}$$

将式（6-27）代入式（6-25），可得

$$V_i = V_{a'_i} - V_{b'_i} = -\frac{W_D}{\sum\limits_{i=1}^{n} (\cot a'_i + \cot b'_i)} \tag{6-28}$$

各角之平差值（即改正后的角值）A_i、B_i、C_i 按下式计算

$$\left. \begin{array}{l} A_i = a'_i + V_{a'_i} \\ B_i = b'_i + V_{b'_i} \\ C_i = c'_i \end{array} \right\} \tag{6-29}$$

边长闭合差计算与调整的实例见表 6-12 的第 6～9 栏及辅助计算栏。

5. 三角形边长计算

根据起始边长度及改正后角值用正弦定律可以推算出锁中其他各边的长度，边长计算的实例见表 6-12 的第 10、11 两栏。

6.计算各三角点的坐标

各三角点的坐标计算，可采用闭合导线的方法进行。将图 6-20 各点组成闭合导线 A—C—E—G—F—D—B—A，根据起始边 AB 的坐标方位角 α_{AB} 和平差后的角值推算各边的坐标方位角；用各边的坐标方位角及相应的边长，计算各边纵、横坐标增量；然后根据起点 A 的坐标，即可求出其他各点的坐标。

第四节 交 会 定 点

交会定点是根据已知点的坐标，通过观测角度或距离，按交会方法计算出待定点的坐标，它是加密小区域平面控制点的方法之一。交会定点有前方交会、后方交会、距离交会和侧方交会等方法。

一、前方交会

当导线点和小三角点的密度不能满足工程施工或大比例尺测图要求，而需加密的点不多时，可用角度前方交会法加密控制点。如图 6-21 所示，A、B、C 为三个已知点，P 为待定点，在三个已知点上观测了水平角 α_1、β_1、α_2、β_2。可用三角形 Ⅰ、Ⅱ 分两组解算 P 点的坐标。下面仅以一个三角形（图 6-22）为例，介绍计算 P 点坐标的方法。

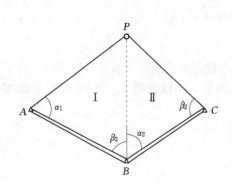

图 6-21 前方交会法

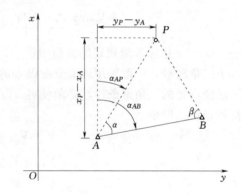

图 6-22 计算三角形中的 P

1. 公式推得

从图 6-22 可见

$$x_P - x_A = D_{AP}\cos\alpha_{AP}$$

$$= \frac{D_{AB}\sin\beta}{\sin(\alpha+\beta)}\cos(\alpha_{AB}-\alpha)$$

$$= \frac{D_{AB}\sin\beta}{\sin\alpha\cos\beta+\cos\alpha\sin\beta}(\cos\alpha_{AB}\cos\alpha+\sin\alpha_{AB}\sin\alpha)$$

$$= \frac{\dfrac{D_{AB}\sin\beta}{\sin\alpha\sin\beta}}{\dfrac{\sin\alpha\cos\beta+\cos\alpha\sin\beta}{\sin\alpha\sin\beta}}(\cos\alpha_{AB}\cos\alpha+\sin\alpha_{AB}\sin\alpha)$$

$$= \frac{D_{AB}\cos\alpha_{AB}\cot\alpha + D_{AB}\sin\alpha_{AB}}{\cot\alpha + \cot\beta}$$

$$= \frac{\Delta x_{AB}\cot\alpha + \Delta y_{AB}}{\cot\alpha + \cot\beta}$$

$$= \frac{(x_B - x_A)\cot\alpha + y_B - y_A}{\cot\alpha + \cot\beta}$$

$$x_P = x_A + \frac{(x_B - x_A)\cot\alpha + y_B - y_A}{\cot\alpha + \cot\beta}$$

$$\left.\begin{array}{l} x_P = \dfrac{x_{AC}\tan\beta + x_{BC}\tan\alpha - y_A + y_B}{\cot\alpha + \cot\beta} \\[3mm] y_P = \dfrac{y_{AC}\tan\beta + y_{BC}\tan\alpha + x_A - x_B}{\cot\alpha + \cot\beta} \end{array}\right\} \tag{6-30}$$

2. 计算实例

表 6-13 中由三角形Ⅰ、Ⅱ两组计算 P 点坐标，若其较差符合表 6-14 的规定时，则取两组结果的平均值，作为 P 点的最后坐标。

表 6-13   角度前方交会点坐标计算表

点名	待求点		P			野外点位略图
	已知点		A			
			B			
			C			

已知数据	x_A	5522.01m	y_A	1527.29m
	x_B	5189.35	y_B	1116.90
	x_C	4671.79	y_C	1236.90
观测值	α_1	59°20′59″	α_2	61°54′29″
	β_1	54 09 52	β_2	55 44 54

内 容	组 别		内 容	组 别		内 容	组 别	
	Ⅰ	Ⅱ		Ⅰ	Ⅱ		Ⅰ	Ⅱ
$\cot\alpha$	0.592583	0.533770	(2)$x_A\cot\beta$	3987.81	3533.52	(3)$y_A\cot\beta$	1102.96	760.52
$\cot\beta$	0.722166	0.680018	(4)$x_B\cot\alpha$	3075.12	2493.66	(5)$y_B\cot\alpha$	661.86	659.77
(1)$\cot\alpha+\cot\beta$	1.314749	1.214688	(6)$-y_A+y_B$	−410.39	119.16	(7)x_A-x_B	332.66	517.56
P 点最后坐标 (m)	$x_P=5059.98$		(8)=(2)+(4) +(6)	6652.54	6146.34	(9)=(3)+(5)+(7)	2097.48	1937.85
	$y_P=1595.35$		(10)x_P=(8)/(1)	5059.93	5060.02	(11)y_P=(9)/(1)	1595.35	1595.35

注   在三角形Ⅱ中，B 点编号为 A，C 点编号为 B。

表 6-14   坐标较差的技术要求

测图比例尺	1∶500	1∶1000	1∶2000	1∶5000
两组坐标较差（m）	0.1	0.2	0.4	0.8

为了提高交会点的精度。在选定 P 点时，最好使交会角 γ 近于 90°，而不应大于 120°或小于 30°。

在应用式（6-30）时，已知点和待求点必须按 A、B、P 逆时针方向编号，在 A 点观测角编号为 α，在 B 点观测角编号为 β。

二、后方交会

后方交会是在待定点 P 上设站，对三个已知点 A、B、C 进行观测，如图 6-23 所示，然后根据测定的水平角 α、β、γ 和已知点的坐标，计算 P 点的坐标。

计算后方交会点坐标的实用公式很多，通常采用的是一种仿权计算法。其计算公式的形式与加权平均值的计算公式相似，因此得名仿权公式。待定点 P 的坐标按下式计算

$$\left.\begin{array}{l} x_P = \dfrac{R_A x_A + R_B x_B + R_C x_C}{R_A + R_B + R_C} \\[3mm] y_P = \dfrac{R_A y_A + R_B y_B + R_C y_C}{R_A + R_B + R_C} \end{array}\right\} \tag{6-31}$$

式中

$$\left.\begin{array}{l} R_A = \dfrac{1}{\cot\angle A - \cot\alpha} \\[3mm] R_B = \dfrac{1}{\cot\angle B - \cot\beta} \\[3mm] R_C = \dfrac{1}{\cot\angle C - \cot\gamma} \end{array}\right\} \tag{6-32}$$

待定点 P 上的三个角 α、β、γ 必须分别与已知点 A、B、C 按图 6-23 所示的关系相对应，这三个角值可按方向观测法获得，其总和应等于 360°。

在选定 P 点时，应特别注意 P 点不能位于或接近三个已知点的外接圆上，否则 P 点坐标为不定解或计算精度低。该圆称为危险圆。

三、边角联合后方交会

即全站仪中所谓自由测站方式。指设站在待定点上，利用两个或多个已知点通过测距测角的方式进行后方交会求得测站点的坐标。

例如在图 6-24 中，A、B 为已知点，P 为待定点。设站在 P 点上，测量水平距离 D_a、D_b 和水平角 γ 来求算 P 点的坐标。

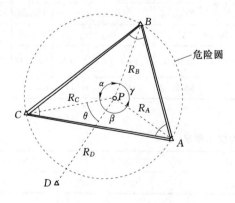

图 6-23 后方交会

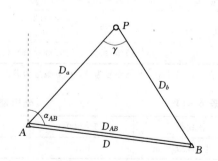

图 6-24 边角联合后方交会

边角联合后方交会一般存在多余观测，这时要通过平差方法计算出坐标的最或然值。

全站仪功能中的自由测站方式可以自动对观测数据进行平差计算得出测站的坐标。

四、距离交会

利用光电测距仪，可采用距离交会法来加密图根点。例如在图 6-24 中，A、B 为已知点。用测距仪来测量水平距离 D_a、D_b 后，即可解算三角形 ABP，通过坐标正算可求出 P 点的坐标。

前方、侧方及距离交会，都可按支导线的思路来求算待定点的坐标：前方及侧方交会利用正弦定理求出直导线的边长，而距离交会利用余弦定理求出支导线的夹角。

五、侧方交会

如果不便在一个已知点（例如 B 点）安置仪器，如图 6-25 所示，而观测了一个已知点及待求点上的两个角度 α 和 γ，则同样可以计算 P 点的坐标，这就是角度侧方交会法。此时只要计算出 B 点的 β 角，即可应用式（6-30）求解 x_p 与 y_p。

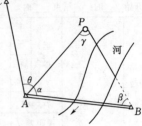

图 6-25 侧方交会

第五节 三、四等水准测量

三、四等水准测量除用于国家高程控制网的加密外，还用于建立小地区首级高程控制网，以及建筑施工区内工程测量及变形观测的基本控制。三、四等水准点的高程应从附近的一、二等水准点引测。独立测区可采用闭合水准路线。三、四等水准点应选在土质坚硬、便于长期保存和使用的地方，并应埋设水准标石，亦可利用埋石的平面控制点作为水准点。为了便于寻找，水准点应绘制点之记。

三、四等水准测量的主要技术要求参见表 6-15 及表 6-4。

表 6-15　　　　　　　　　三、四等水准测量的主要技术要求

等级	附合路线长度（km）	水准仪	视线长度（m）	视线高度	水准尺	观 测 次 数		往返较差、附合或环线闭合差	
						与已知点连测的	附合成环线的	平地（mm）	山地（mm）
三	45	DS$_1$	80	三丝法读数	因瓦	往返各一次	往一次	$\pm 12\sqrt{L}$	$\pm 4\sqrt{n}$
		DS$_{05}$	65		双面		往返各一次		
四	15	DS$_1$	100	三丝法读法	因瓦	往返各一次	往一次	$\pm 20\sqrt{L}$	$\pm 6\sqrt{n}$
		DS$_3$	80		双面、单面				

三、四等水准测量的观测应在通视良好、成像清晰稳定的情况下进行。下面介绍双面尺法的观测程序。

1. 每一站的观测顺序

后视水准尺黑面，使圆水准器气泡居中，读取上、下丝读数（1）和（2），以及中丝读数（3）。

前视水准尺黑面，读取上、下丝读数(4)和(5)，以及中丝读数(6)。

前视水准尺红面，读取中丝读数(7)。

后视水准尺红面，读取中丝读数(8)。

以上(1)、(2)、…、(8)表示观测与记录的顺序，见表6-16。

表 6-16　　　　　　　　　三、四等水准测量手簿（双面尺法）

往测自 *BM*₁ 至三角点 *A*　　　　观测点_____　　　　记录者_____

____年__月__日 天气____　　　　仪器型号_____

开始___时 结束___时　　　　成像清晰稳定

测站编号	点号	后尺 下丝 上丝	前尺 下丝 上丝	方向及尺号	水准尺读数		K+黑一红 (mm)	平均高差 (m)	备注
		后视距	前视距		黑面	红面			
		视距差 d	累积差						
		(1)	(4)	后	(3)	(8)	(14)		
		(2)	(5)	前	(6)	(7)	(13)	(18)	
		(9)	(10)	后一前	(15)	(16)	(17)		
		(11)	(12)						
1	BM_1-ZD_1	1.891 1.525 36.6 −0.2	0.758 0.390 36.8 −0.2	后 7 前 8 后一前	1.708 0.574 +1.134	6.395 5.361 +1.034	0 0 0	+1.1340	
2	ZD_1-ZD_2	2.746 2.313 43.3 −0.9	0.867 0.425 44.2 −1.1	后 8 前 7 后一前	2.530 0.646 +1.884	7.319 5.333 +1.986	−2 0 −2	+1.8850	K 为水准尺常数，表中 $K_7=4.687$ $K_8=4.787$
3	ZD_2-ZD_3	2.043 1.502 54.1 +1.0	0.849 0.318 53.1 −0.1	后 7 前 8 后一前	1.773 0.584 +1.189	6.459 5.372 +1.087	+1 −1 +2	+1.1880	
4	ZD_3-A	1.167 0.655 51.2 −1.0	1.677 1.155 52.2 −1.1	后 8 前 7 后一前	0.911 1.416 −0.505	5.696 6.102 −0.406	+2 +1 +1	−0.5055	
				后 前 后一前					

每次校核

$\sum(9)=185.2$　　　$\frac{1}{2}[\sum(15)+\sum(16)]=+3.7015$　　　总高差 $=\sum(18)=+3.7015$

$\underline{-\sum(10)=186.3}$　　$\sum[(3)+(4)]=32.791$

-1.1　　　　　　　$\underline{-\sum[(7)+(8)]=25.388}$

　　　　　　　　　$+7.403\times\frac{1}{2}=+3.7015$

末站(12)=−1.1

总视距 $=\sum(9)+\sum(10)=371.5$(m)

这样的观测顺序简称为"后—前—前—后"。其优点是可以大大减弱仪器下沉误差的影响。四等水准测量每站观测顺序可为："后—后—前—前"。

2. 测站计算与检核

(1) 视距计算。根据前、后视的上、下丝读数计算前、后视的视距（9）和（10）：

后视距离　　　　　　　　　　　（9）＝（1）－（2）

前视距离　　　　　　　　　　　（10）＝（4）－（5）

前、后视距差（11）＝（9）－（10），三等水准测量，不得超过 3m，四等水准测量，不得超过 5m。

前、后视距累积差（12）＝上站之（12）＋本站（11），三等水准测量，不得超过 6m，四等水准测量，不得超过 10m。

(2) 同一水准尺红、黑面中丝读数的检核。同一水准尺红、黑面中丝读数之差，应等于该尺红、黑面的常数差 K（4.687 或 4.787），红、黑面中丝读数差按下式计算

$$（13）＝（6）+K-（7）$$

$$（14）＝（3）+K-（8）$$

（13）、（14）的大小，三等水准测量，不得超过 2mm，四等水准测量，不得超过 3mm。

(3) 计算黑面、红面的高差（15）、（16），即

$$（15）＝（3）-（6）$$

$$（16）＝（8）-（7）$$

（17）＝（15）－（16）±0.100＝（14）－（13）（检核用）。三等水准测量，（17）不得超过 3mm，四等水准测量，（17）不得超过 5mm。式内 0.100 为单、双号两根水准尺红面零点注记之差，以米（m）为单位。

(4) 计算平均高差（18），即

$$（18）＝\frac{1}{2}\{（15）+[（16）±0.100]\}$$

3. 每页计算的校核

(1) 高差部分。红、黑面后视总和减红、黑面前视总和应等于红、黑面高差总和，还应等于平均高差总和的两倍，即

$$\sum[（3）+（8）]-\sum[（6）+（7）]=\sum[（15）+（16）]=2\sum（18）$$

上式适用于测站数为偶数。

$$\sum[（3）+（8）]-\sum[（6）+（7）]=\sum[（15）+（16）]=2\sum（18）±0.100$$

上式适用于测站数为奇数。

(2) 视距部分。后视距离总和减前视距离总和应等于末站视距累积差，即

$$\sum（9）-\sum（10）=末站（12）$$

校核无误后，算出总视距

$$总视距＝\sum（9）+\sum（10）$$

用双面尺法进行三、四等水准测量的记录、计算与校核，见表 6-16。

4. 成果计算

计算方法与本书第二章所介绍的方法相同。

这里顺便介绍一下图根水准测量的用途及技术要求。图根水准测量是用于测定图根点的高程及作工程水准测量用的，其精度低于四等水准测量，故又称为等外水准测量。其观测方法及记录计算，参阅本书第二章。其主要技术要求列入表 6-17。

表 6-17　　　　　　　　　　　图根水准测量的技术要求

附合路线长度（km）	水准仪	视线长度（m）	观 测 次 数		往返较差、附合环线闭合差	
			与已知点连测的	附合或环线的	平 地（mm）	山 地（mm）
5	DS10 DS3	100	往返各一次	往一次	$\pm 40\sqrt{L}$	$\pm 12\sqrt{n}$

第六节　三 角 高 程 测 量

根据已知点高程及两点间的垂直角和距离确定待定点高程的方法称为三角高程测量。

在山地测定控制点的高程，若用水准测量，则速度慢、困难大，故可采用三角高程测量的方法。但必须用水准测量的方法在测区内引测一定数量的水准点，作为高程起算的依据。根据测量距离方法的不同，三角高程测量又分为光电测距三角高程测量和经纬仪三角高程测量，前者可以代替四等水准测量，后者主要用于山区图根高程控制。

一、三角高程测量的原理

三角高程测量是根据两点的水平距离和竖直角计算两点的高差。如图 6-26 所示，已知 A 点高程 H_A，欲测定 B 点高程 H_B，可在 A 点安置经纬仪，在 B 点竖立标杆，用望远镜中丝瞄准标杆的顶点 M，测得竖直角 α，量出标杆高 v 及仪器高 i，再根据 AB 之平距 D，则可算出 AB 之高差

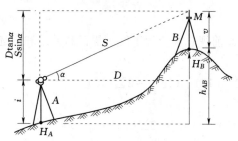

图 6-26　三角高程测量示意图

$$h = D\tan\alpha + i - v \qquad (6-33)$$

B 点的高程为

$$H_B = H_A + h = H_A + D\tan\alpha + i - v \qquad (6-34)$$

当两点距离大于 300m 时，式（6-34）应考虑地球曲率和大气折光对高差的影响，其值 f（称为两差改正）为 $f = (1-k)\dfrac{D^2}{2R}$，D 为两点间水平距离，R 为地球半径，k 为大气垂直折光系数（一般取=0.14）。

顾及两差改正 f，采用水平距离 D 或斜距 S 的三角高程测量的高差计算公式为

$$h_{AB} = D\tan\alpha + i - v + f$$
$$h_{AB} = S\sin\alpha + i - v + f \qquad (6-35)$$

由于折光系数 k 不能精确测定，使两差改正 f 带有误差。距离 D 越长，误差也越大。为了减少两差改正数 f，《城市测量规范》规定，代替四等水准的光电测距三角高程，其

边长不应大于1km。减少两差改正误差的另一个方法是，在 A、B 两点同时进行对向观测，此时可以认为 k 值是相同的，两差改正 f 也相等，往返测高差分别为

$$\begin{cases} h_{AB} = D\tan\alpha_A + i_A - v_B + f \\ h_{AB} = D\tan\alpha_B + i_B - v_A + f \end{cases} \qquad (6-36)$$

取往返测高差的平均值为

$$\bar{h}_{AB} = \frac{1}{2}(h_{AB} - h_{BA}) = \frac{1}{2}\left[(D\tan\alpha_A + i_A - v_B) - (D\tan\alpha_B + i_B - v_A)\right] \qquad (6-37)$$

可以抵消掉 f。

三角高程测量，一般应进行往返观测，即由 A 向 B 观测（称为直觇），又由 B 向 A 观测（称为反觇），这样的观测，称为对向观测，或称双向观测。对向观测可以消除地球曲率和大气折光的影响。三角高程测量对向观测所求得的高差较差不应大于 $0.1D(m)$（D 为平距，以 km 为单位），若符合要求，则取两次高差的平均值。

二、三角高程测量的观测与计算

（1）安置仪器于测站，量仪器高 i 和标杆高 v，读至 $0.5cm$，量取两次的结果之差不超过 1cm 时，取平均值后取至 cm 记入表 6－18。

表 6－18　　　　　　　　　　　三角高程测量的计算

待求点	B	
起算点	A	
觇法	直	反
平距 D（m）	351.28	351.28
竖直角 α	$+16°06'00''$	$-15°22'30''$
$D\tan\alpha$（m）	$+101.39$	-96.59
仪器高（m）	$+1.31$	$+1.43$
标杆高 v（m）	-3.90	-3.80
两差改正（m）	$+0.01$	$+0.01$
高差 h_{AB}（m）	$+98.81$	-98.95
平均高差（m）	$+98.88$	
起算点高程（m）	285.45	
待求点高程（m）	384.33	

（2）用经纬仪中横丝瞄准目标，将竖盘水准管气泡居中，读取竖盘读数，盘左、盘右观测为一测回。竖直角观测测回数及限差要求见表 6－19。

表 6－19　　　　　　　　　　　竖直角观测回数及限差

项　　目	等级　仪器	一、二级小三角		一、二、三级导线		图根控制
		$2''$	$6''$	$2''$	$6''$	$6''$
测回数		2	4	1	2	1
各测回	竖直角互差 指标差互差	$15''$	$25''$	$15''$	$25''$	$25''$

（3）高差及高程的计算，见表 6-18。当用三角高程测量方法测定平面控制点的高程时，应组成闭合或附合的三角高程路线。每边均要进行对向观测。由对向观测所求得的高差平均值，计算闭合环线或附合路线的高程闭合差的限值 $f_容$ 为

$$f_容 = \pm 0.05 \sqrt{[D^2]}\,m \tag{6-38}$$

式中　D——各边的水平距离（km）。

当 f_h 不超过 $f_容$ 时，则按边长成正比例的原则，将 f_h 反符号分配于各高差之中。然后用改正后的高差，由起始点的高程计算各待求点的高程。

三、电磁波测距三角高程测量的技术要求

（1）电磁波测距三角高程测量，宜在平面控制点的基础上布设成三角高程网或高程导线。

（2）电磁波测距三角高程测量的主要技术要求，应符合表 6-20 的规定。

表 6-20　　　　　　　　　　电磁波测距三角高程测量的主要技术要求

等　级	每千米高差全中误差（mm）	边　长（km）	观测方式	对向观测高差较差（mm）	附合或环形闭合差（mm）
四等	10	≤1	对向观测	$40\sqrt{D}$	$20\sqrt{\sum D}$
五等	15	≤1	对向观测	$60\sqrt{D}$	$30\sqrt{\sum D}$

注　1. D 为测距边的长度（km）。
　　2. 起讫点的精度等级，四等应起讫于不低于三等水准的高程点上，五等应起讫于不低于四等的高程点上。
　　3. 路线长度不应超过相应等级水准路线的长度限值。

由于对向观测高差平均值能较好地抵消大气折光的影响，并顾及其他影响因素，表 6-23 中附合或环形闭合差规定为：四等 $\pm 20\sqrt{\sum D}$，五等 $\pm 30\sqrt{\sum D}$，即和四、五等水准测量的限差相一致。

（3）电磁波测距三角高程观测的技术要求，应符合下列规定。

1）电磁波测距三角高程观测的主要技术要求，应符合表 6-21 的规定。

表 6-21　　　　　　　　　　电磁波测距三角高程观测的主要技术要求

等级	垂 直 角 观 测				边 长 测 量	
	仪器精度等级	测 回 数	指标差较差（"）	测 回 较 差（"）	仪器精度等级	观 测 次 数
四等	2″级仪器	3	≤7	≤7	10mm 级仪器	往返各一次
五等	2″级仪器	2	≤10	≤10	10mm 级仪器	往一次

注　当采用 2″级光学经纬仪进行垂直角观测时，应根据仪器的垂直角检测精度，适当增加测回数。

这里需要提出的是，2″级全站仪和电子经纬仪的垂直角观测精度通常为 2″，2″级光学经纬仪的垂直角观测精度相对较低，且不同厂家的仪器差别较大，所以，当采用 2″级光学经纬仪进行垂直角测量时，应根据仪器的垂直角检测精度适当增加测回数，以 3～6 测回为宜。

2）垂直角的对向观测，当直觇完成后应即刻迁站进行返觇测量。

3）仪器、反光镜或觇牌的高度，应在观测前后各量测一次并精确至 1mm，取其平均值作为最终高度。

（4）电磁波测距三角高程测量的数据处理，应符合下列规定：

1）直返觇的高差，应进行地球曲率和折光差的改正。

2）平差前，应按式（6-39）计算每千米高差偶然中误差。

$$M_\Delta = \sqrt{\frac{1}{4n}\left[\frac{\Delta\Delta}{L}\right]} \tag{6-39}$$

式中　M_Δ——高差偶然中误差（mm）；

　　　　Δ——测段往返高差不符值（mm）；

　　　　L——测段长度（km）；

　　　　n——测段数。

3）各等级高程网，应按最小二乘法进行平差并计算每千米高差全中误差。

4）高程成果的取值，应精确至 1mm。

思 考 题 与 习 题

1. 什么叫控制点？什么叫控制测量？

2. 什么叫碎部点？什么叫碎部测量？

3. 选择测图控制点（导线点）应注意哪些问题？

4. 按表 6-22 的数据，计算闭合导线各点的坐标值。已知 $f_{\beta\text{容}} = \pm 40''\sqrt{n}$，$K_{\text{容}} = 1/2000$。

表 6-22　　　　　　　　　　　**闭 合 导 线 坐 标 计 算**

点号	角度观测值（右角）（° ′ ″）	坐标方位角（° ′ ″）	边长（m）	坐标 x（m）	坐标 y（m）
1				2000.00	2000.00
		69 45 00	103.85		
2	139 05 00				
			114.57		
3	94 15 54				
			162.46		
4	88 36 36				
			133.54		
5	122 39 30				
			123.68		
1	95 23 30				

5. 附合导线 AB123CD 中 A、B、C、D 为高级点，已知 $\alpha_{AB} = 48°48'48''$，$x_B =$

$1438.38m$，$y_B=4973.66m$，$\alpha_{CD}=331°25'24''$，$x_C=1660.84m$，$y_C=5296.85m$；测得导线左角$\angle B=271°36'36''$，$\angle 1=94°18'18''$，$\angle 2=101°06'06''$，$\angle 3=267°24'24''$，$\angle C=88°12'12''$。测得导线边长：$D_{B1}=118.14m$，$D_{12}=172.36m$，$D_{23}=142.74m$，$D_{3C}=185.69m$。计算1、2、3点的坐标值。已知$f_{\beta容}=\pm40''\sqrt{n}$，$K_容=1/2000$。

6. 已知A点高程$H_A=182.232m$，在A点观测B点得竖直角为$18°36'48''$，量得A点仪器高为$1.452m$，B点棱镜高$1.673m$。在B点观测A点得竖直角为$-18°34'42''$，B点仪器高为$1.466m$，A点棱镜高为$1.615m$，已知$D_{AB}=486.751m$，试求h_{AB}和H_B。

7. 简要说明附合导线和闭合导线在内业计算上的不同点。

8. 整理表6-23中的四等水准测量观测数据。

表 6-23　　　　　　　　　　　　四等水准测量记录整理

测站编号	后尺	下丝	前尺	下丝	方向及尺号	标尺读数		K+黑一红	高差中数	备考
		上丝		上丝		后视	前视			
	后距		前距			黑面	红面			
	视距差d		$\sum d$							
1	1979		0738		后	1718	6405	0		$K_1=4.687$
	1457		0214		前	0476	5265	-2		$K_2=4.787$
	52.2		52.4		后一前	+1.242	+1.140	+2	1.2410	
	-0.2		-0.2							
2	2739		0965		后	2461	7247			
	2183		0401		前	0683	5370			
					后一前					
3	1918		1870		后	1604	6291			
	1290		1226		前	1548	6336			
					后一前					
4	1088		2388		后	0742	5528			
	0396		1708		前	2048	6736			
					后一前					
检查计算	$\sum D_a=$		$\sum$后视$=$			$\sum h=$				
	$\sum D_b=$		$\sum$前视$=$			$\sum h_{平均}=$				
	$\sum d=$		$\sum$后视$-\sum$前视$=$			$2\sum h_{平均}=$				

9. 在导线计算中，角度闭合差的调整原则是什么？坐标增量闭合差的调整原则是什么？

10. 在三角高程测量时，为什么必须进行对向观测？

第七章　地形图的基本知识

第一节　概　　述

一、地图的有关概念

地图是遵循一定的数学法则，将客体（一般指地球，也包括其他星体）上的地理信息通过地图概括，并运用符号系统表示在一定载体上的图形，以传递它们的数量和质量在时间和空间上的分布规律和发展变化。

我们熟悉和使用的地图，大部分都是通过直接或间接转换的方法，以可视的图形形式出现。仅仅以数学方式存储的地图信息，是地图的一种广义或潜在的表现形式，也可以认为是地图信息传递过程中的一个阶段。地图的载体有不同的介质，最常见的是纸与屏幕，它们具有共同的构成要素：图形要素、数学要素、辅助要素及补充说明。

（1）图形要素。是地图所表示内容的主体，把自然、社会经济现象中需要表示为地图内容的数量、质量、空间、时间状况，运用各类地图符号表示出来而形成图形要素。地图上的各种注记也属符号系统，它们都是图形要素的组成部分。

（2）数学要素。是保证地图具有可量性、可比性的基础。地图的数学要素主要包括地图投影、坐标系统、比例尺、控制点等。

1）地图投影。地图通常是平面，而作为它的表示对象的地球表面却是一个不可展开的曲面，必须通过数学方法，建立地球表面与地图平面之间的关系，将地球表面的点、线、面一一对应的转移到地图平面上。

2）坐标系统。将球面上的点位对应转移到平面时，可以采用坐标系统。其中为人们所熟悉和常用的，一种是以经度、纬度组成经纬网格的地理坐标系，一种是以 x、y 纵横坐标构成的平面直角坐标系。

3）比例尺。表示地图图形相对于地面实体的整个缩小程度。

4）控制点。在地面上运用精密测量的方法，获得对平面与高程位置的精度具有控制意义的点位。

（3）辅助要素。说明地图编制状况及为方便地图应用所必须提供的内容，它们大部分被安置在主要图形的外侧。

（4）补充说明。以地图、统计图表、剖面图、照片、文字等形式，对主要图件在内容与形式上的补充。

二、地图的类型

1. 按地图图型分类

按内容以及要素的概括程度，地图可分为普通地图及专题地图。普通地图是综合反映地球表面上地貌（地形）、水系、土质植被、居民点、交通网、境界线等自然地理要素和社会人文要素一般特征的地图。专题地图是着重表示自然现象或社会现象中的某一种或几种要素的地图，如地籍图、土地利用规划图等。普通地图当中比例尺大于1：100万，按照统一的数学基础、图式图例，统一的测量和编图规范要求，经过实地测绘或根据遥感资料，配合其他有关资料编绘而成的地图，就是地形图。

2. 按比例尺分类

大比例尺地图（大于1：10万，含1：10万）。

中比例尺地图（小于1：10万而大于1：100万）。

小比例尺地图（小于1：100万，含1：100万）。

3. 按地图存储介质和视觉化状况分类

可分为"实体地图"和"虚拟地图"。"实体地图"是空间数据可视化的地图，包含纸介质（以及聚酯薄膜、塑料、各种织物等介质）地图和屏幕地图，它是将地图信息经过抽象和符号化以后在指定的介质载体上形成的；"虚拟地图"指存储于人类意识或计算机中的地图，人类意识中的地图即"心象地图"，计算机中的地图即"数字地图"。"实体地图"和"虚拟地图"可以互相转换，如屏幕地图与存储在计算机中的数字地图。

4. 按地图的瞬时状态分类

可分为静态地图和动态地图。以常规的方法制印的地图都是静态地图，它所标示的内容（或称之为承载的地图信息）都是被"固化"的图形。当用静态地图表达动态事物时，可以借助地图符号的变化或同一现象的不同时相的静态地图之对比来实现。动态地图是连续快速呈现的一组反映随时间变化的地图，只能在屏幕上以播放的形式实现。

5. 按区域分类

地图所包括的空间范围极其广阔，按区域范围从总体到局部，从大到小进行分类，可以包括多个层次：①星球图、地球图；②世界图、大洲图、大洋图、半球图；③国家图以及下属的一级行政区（省、自治区、直辖市）、二级行政区（市、县）及更小的行政区域地图；④局部区域图，如海域图、海湾图、流域图。

6. 按地图维数分类

可以分为平面地图（二维地图）以及立体地图（三维地图）。平面地图是常见的载负于各种二维平面介质上的地图；立体地图（三维地图）是利用立体视差原理制作而形成立体视觉的地图，如互补色地图、光栅地图等；用各种材料（如塑料压膜、石膏、纸浆等）制作的地图实体模型也属于立体地图的范畴。目前，以计算机三维动画影像技术制作的三维地图迅速发展，特别是在军事应用领域，在三维地图的基础上，利用虚拟现实（Virtual Reality，简称VR）技术，通过数据头盔、数据手套等工具，形成了一种称为"可进入"的地图，使用者能产生身临其境的感觉。

7. 按其他指标分类

（1）按用途可分为国民经济与管理地图（各种自然资源及评价、劳动力、人口）、教育与科学技术地图、文化地图等。

（2）按语言种类可分为汉语地图、各少数民族语言地图、外文地图等。

（3）按出版和使用方式可分为桌图、挂图、折叠图、屏幕地图、地图集（册）。

（4）按感受方式可分为线划地图、影像地图、缩微地图、荧光地图、触觉地图、多媒体声像地图等。

（5）按历史年代可分为古地图、历史地图、近代地图、现代地图。

三、地图的制作过程

地图的种类很多，功能也不尽相同，因此，地图的制作方法即成图过程也有很大差异，主要分为实测成图和编绘成图。

1. 实测成图

实测成图的方法一直是测制大比例尺地图的最基本的方法。其工作过程主要包括以下步骤，首先在国家控制网点的基础上进行扩展、加密实测地图所需的图根控制点或网，即进行控制测量，其次以图根控制点为基准对实际地物、地貌的平面位置及高程进行碎部测量，然后转入内业，对数据、图件进行计算、整理、清绘，最后制作成图。

实测的方法可分为地面和高空两种。地面实测地图，传统方法一直以平板仪、经纬仪等为主要仪器设备，内外业工作量都很大。现在基本已采用全站仪，以数字测图的方式将野外采集的各种数据在实测的同时输入仪器内由计算机储存、计算，使成图工作量大为减轻，精度大为提高。高空实测地图的手段主要是航空摄影测量成图（近年随着遥感影像分辨率极大提高也采用航天遥感成图），即通过航空、航天遥感的传感器获得地面影像后，转入室内进行各种数据处理，并对实地调绘后形成地图。目前由政府专业机构进行的大比例尺地形图的测绘主要使用的是航摄成图的方法。

由于"3S"技术（全球定位系统 GPS、遥感 RS、地理信息系统 GIS）在测绘科学中的飞速发展和广泛应用，开始出现通过"3S"集成系统收集与处理地面实地信息并测绘地图的技术。这种技术是在一套移动式的测绘系统支持下完成的。主要设备有惯性导航系统（GPS/INS）、实时立体摄像系统（CCD）以及地理信息系统（GIS）等。

2. 编绘成图

传统的编绘成图的方法是把实测所得的大比例尺地图，根据需要逐级缩绘，编制成各种小比例尺地图。这种方法已经沿用了几十年，可以获得较高的精度，但工作量较大，成图周期较长。其主要过程可分为编辑准备、编绘、清绘、制印四个步骤。

在现代化的"3S"技术支持下，遥感资料成图、数字化成图已逐渐成为编绘成图的主要方法。以遥感资料编制地图的数据源一般是航空、航天遥感的数据和影像，遥感资料编制地图的主要过程是：图像处理——→图像判读——→地图要素转绘——→清绘整饰——→地图制印；数字化成图则是运用计算机作为主要设备制作地图，其工作过程可概括为：数据获取及输入——→数据处理——→图形显示与输出——→地图制印。

第二节　国家基本比例尺地形图

我国把 1∶100 万、1∶50 万、1∶25 万、1∶10 万、1∶5 万、1∶2.5 万、1∶1 万、1∶5 千这 8 种比例尺的地形图规定为国家基本比例尺地形图。其中，1∶100 万地形图为小比例尺地形图。1∶50 万、1∶25 万地形图为中比例尺地形图；大于 1∶10 万（包含 1∶10 万）比例尺的地形图为大比例尺地形图。地形图按组织测绘的部门和服务对象的不同可以分为：一是由国家测绘行政管理部门统一组织测绘，可作为国民经济建设、国防建设、科学研究的基础资料的国家基本比例尺地形图；二是由部门或单位针对工程建设的规划设计和具体施工的特殊需要，在小范围内通过地面实际测量的工程用大比例尺地形图。地形图按介质载体可分为数字地形图和纸质地形图。

一、国家基本比例尺地形图的数学基础

为了精确地将不规则的地球表面上的各种自然和社会事物表示在平面图纸上，第一，必须搞清楚地球是一个怎样的形体，即要解决地球椭球体的问题。第二，地球椭球体的大小如何达到适宜于平面图纸表现的程度，即要解决地图比例尺的问题。第三，如何在地球椭球体上建立坐标网，即要解决经纬网、大地网、大地控制点的问题。第四，如何将球面坐标网与图纸平面的坐标网建立严格的可以用数学方法解算的一一对应的函数关系，即要解决地图投影的问题。然后依据相互对应的坐标网，将地面上的事物在平面予以确定其位置。因此，地球椭球体、比例尺、经纬网、大地网、大地控制点、地图投影等构成了地图的数学基础。

1. 地球椭球体

为了在地球表面上定位，通常用一个可用数学模型定义和表达的几何形体—地球椭球体代替地球的形状作为数据计算处理的基准。国际上有多种地球椭球体，我国国家基本比例尺地形图一般采用两种地球椭球体（表 7 - 1）。

表 7 - 1　　　　　　　　　　国家基本比例尺地形图采用的椭球参数

椭球名称	时间（年）	长半径（m）	扁率	附注
克拉索夫斯基	1940	6378245	1：298.3	前苏联
ICA—75	1975	6378140	1：298.257	1975 年国际大地测量协会推荐的参考椭球

2. 大地坐标系

地球椭球体建立后，在其上建立相应的球面坐标系统就可以进一步进行测量和制图工作。我国自 1953 年至 1978 年，是以从当时苏联引进的克拉索夫斯基椭球体为参考椭球，建立了 1954 北京坐标系。为适应我国测绘工作发展的需要，我国于 1978 年决定建立中国国家大地坐标系，并选择陕西省西安市附近泾阳县永乐镇某点为大地原点，进行大地定位。这就是现在使用的 1980 西安坐标系。

3. 高斯投影

当测绘区域范围较大时，把地球椭球体表面上的图形展绘到平面上，必然产生变形，此时要考虑地球曲率对距离、高程测量和制图的影响，即不能用水平面代替水准面测绘。为解决图形从地球椭球面转换到地图平面的问题，通常采用地图投影的方法。

中华人民共和国成立后，国家基本比例尺地形图一律规定采用高斯—克吕格投影，简称高斯投影，这部分内容本书第一章已有介绍，此不赘述。

二、地形图比例尺

地形图上任意一线段的长度与地面上相应线段的实际水平长度之比，称为地形图的比

例尺。

1. 比例尺的表示

（1）数字式比例尺。一般用分子为 1 的分数形式表示。设图上某一直线的长度 d，地面上相应线段的水平长度为 D，则图的比例尺为

$$\frac{d}{D} = \frac{1}{\dfrac{D}{d}} = \frac{1}{M}$$

式中：M 为比例尺分母。当图上 1cm 代表地面上水平长度 10m（即 1000cm）时，该图的比例尺就是 $\dfrac{1}{1000}$。由此可见，分母 1000 就是将实地水平长度缩绘在图上的倍数。

按照地形图图式规定，比例尺书写在图幅下方正中处。

（2）图示比例尺。为了用图方便，以及减弱由于图纸伸缩而引起的误差，在绘制地形图时，常在图上绘制图示比例尺。图 7-1 是 1：1000 的图示比例尺，绘制时先在图上绘两条平行线，再把它分成若干相等的线段，称为比例尺的基本单位，一般为 2cm；将左端的一段基本单位又分成十等分，每等分的长度相当于实地 2m。而每一基本单位所代表的实地长度为 2cm×1000＝20m。

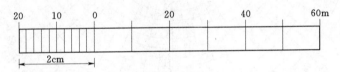

图 7-1　1：1000 比例尺

2. 比例尺的精度

在使用传统的纸质地形图时，据研究人的肉眼能分辨图上最小距离是 0.1mm，因此通常把图上 0.1mm 所表示的实地水平长度，称为比例尺的精度。根据比例尺的精度，可以确定在测图时量距应准确到什么程度，例如，测绘 1：1000 比例尺地形图时，其比例尺的精度为 0.1m，故量距的精度只需 0.1m，小于 0.1mm 在图上表示不出来。另外，当设计规定需在图上能量出的实地最短长度时，根据比例尺的精度，可以确定测图比例尺。例如，欲使图上能量出的实地最短线段长度为 0.5m，则采用的比例尺不得小于 $\dfrac{0.1\text{mm}}{0.5\text{m}}$ $=\dfrac{1}{5000}$。

比例尺越大，表示地物和地貌的情况越详细，精度越高。但是必须指出，同一测区，采用较大比例尺测图往往比采用较小比例尺测图的工作量和投资要大，因此采用哪一种比例尺测图，应从工程规划、施工实际需要的精度出发，不应盲目追求更大比例尺的地形图。

第三节　国家基本比例尺地形图的分幅和编号

为了便于管理和使用地形图，需要将各种比例尺的地形图进行统一的分幅和编号。地

形图的方法分为两类，一类是按经纬线分幅的梯形分幅法（又称为国际分幅），用于 1：100 万、1：50 万、1：25 万、1：10 万、1：5 万、1：2.5 万、1：1 万、1：5 千这 8 种比例尺的地形图；另一类是按坐标格网分幅的正方形或矩形分幅法，用于 1：500、1：1000、1：2000 地形图。

一、地形图的梯形分幅与编号

1. 1：100 万比例尺地形图的分幅与编号

1：100 万地形图分幅与编号采用国际 1：100 万地图会议（1913 年，巴黎）的规定进行。标准分幅的经差是 6°，纬差是 4°。即自赤道向北或向南分别按纬差 4°分成横行，依次用 A、B、…、V 表示。行号前分别冠以 N 和 S，区别北半球和南半球（我国地处北半球，图号前的 N 全部省略）如图 7-2 所示。由于随纬度的增高经线收敛于两极而地图面

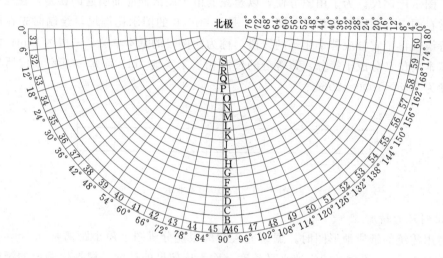

图 7-2　地形图分幅与编号

积迅速缩小，所以规定在纬度 60°～76°之间双幅合并，即每幅图经差 12°，纬差 4°。在纬度 76°～88°之间由四幅合并，即每幅图经差 24°，纬差 4°。纬度 88°以上单独为一幅。我国处于纬度 60°以下，故没有合幅的问题。自经度 180°开始起算，自西向东按经差 6°分成纵列，依次用 1、2、…、60 表示。"行号—列号"即组成某幅 1：100 万地形图的编号。例如北京某地的经度为东经 116°24′20″，纬度为 39°56′30″，则所在的 1：100 万地形图的图号为 J—50（见图 7-3）。

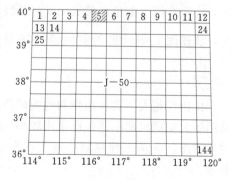

图 7-3　地形图的梯形分幅与编号

2. 1：50 万、1：25 万、1：10 万地形图的分幅与编号

每一幅 1：100 万地形图分为 2 行 2 列共 4 幅 1：50 万地形图，按自西向东、自北向南的排列顺序分别以 A、B、C、D 为代号，例如 J—50—A。

每一幅 1：50 万地形图分为 2 行 2 列，共 4 幅 1：25 万地形图，按自西向东、自北向

南的排列顺序分别在 1：50 万的图号后加上各自的代号 a、b、c、d，则每一幅 1：100 万地形图分为 4 行 4 列，共 16 幅 1：25 万地形图，例如 J—50—A—a。

每一幅 1：100 万地形图按经差 30′，纬差 20′ 划分为 12 行 12 列，共 144 幅 1：10 万地形图，按自西向东、自北向南的排列顺序用 1，2，3，…，144 为代号。见图 7-3，北京某地的 1：10 万地形图的编号为 J—50—5。

3. 1：5 万、1：2.5 万、1：1 万地形图的分幅和编号

每幅 1：10 万地形图划分 2 行 2 列共 4 幅 1：5 万地形图，按自西向东、自北向南的排列顺序分别在 1：10 万的图号后写上各自的代号 A、B、C、D。例如 J—50—5—A。

每幅 1：5 万地形图又可分为 2 行 2 列共 4 幅 1：2.5 万地形图，按自西向东、自北向南的排列顺序分别在 1：5 万地形图的图号后加上各自的代号 a、b、c、d，则每一幅 1：10 万地形图分为 4 行 4 列，共 16 幅 1：25000 地形图，例如 J—50—5—A—a。

每幅 1：10 万地形图分为 8 行 8 列共 64 幅 1：1 万地形图，按自西向东、自北向南的排列顺序分别以（1）、（2）、…、（64）的代号表示。则 1：1 万地形图编号是在 1：10 万地形图图号后加上各自的代号而成，例如 J—50—5—（24）。

4. 国家基本比例尺地形图新的分幅与编号

GB/T 13989—92《国家基本比例尺地形图分幅和编号》自 1993 年 3 月起实施。新测和更新的基本比例尺地形图，均须按照此标准进行分幅和编号。新的分幅编号对照以前有以下特点：①1：5000 地形图列入国家基本比例尺地形图系列，使基本比例尺地形图增至 8 种；②分幅虽仍以 1：100 万地形图为基础，经纬差也没有改变，但划分的方法不同，即全部由 1：100 万地形图逐次加密划分而成；③编号仍以 1：100 万地形图编号为基础，后接相应比例尺的行、列代码，并增加了比例尺代码。因此，所有 1：5000～1：50 万地形图的图号均由五个元素 10 位代码组成。编码系列统一为一个根部，编码长度相同，计算机处理和识别时十分方便。

（1）分幅：1：100 万地形图的分幅按照国际 1：100 万地形图分幅的标准进行。

每幅 1：100 万地形图划分为 2 行 2 列，共 4 幅 1：50 万地形图，每幅 1：50 万地形图的分幅为经差 3°，纬差 2°。

每幅 1：100 万地形图划分为 4 行 4 列，共 16 幅 1：25 万地形图，每幅 1：25 万地形图的分幅为经差 1°30′，纬差 1°。

每幅 1：100 万地形图划分为 12 行 12 列，共 144 幅 1：10 万地形图，每幅 1：10 万地形图的分幅为经差 30′，纬差 20′。

每幅 1：100 万地形图划分为 24 行 24 列，共 576 幅 1：5 万地形图，每幅 1：5 万地形图的分幅为经差 15′，纬差 10′。

每幅 1：100 万地形图划分为 48 行 48 列，共 2304 幅 1：2.5 万地形图，每幅 1：2.5 万地形图的分幅为经差 7′30″，纬差 5′。

每幅 1：100 万地形图划分为 96 行 96 列，共 9216 幅 1：1 万地形图，每幅 1：1 万地形图的分幅为经差 3′45″，纬差 2′30″。

每幅 1：100 万地形图划分为 192 行 192 列，共 36864 幅 1：5000 地形图，每幅 1：5000 地形图的分幅为经差 1′52″，纬差 1′15″。

不同比例尺地形图的经纬差、行列数和图幅数成简单的倍数关系。

（2）编号：①1：100万地形图的编号与图7-3所示方法基本相同；1：100万地形图的图号是由该图所在的行号（字符码）与列号（数字码）组合而成，如北京所在的1：100万地形图的图号为J50；②1：50万~1：5000地形图的编号，1：50万~1：5000地形图的编号均以1：100万地形图编号为基础，采用行列式编号方法。将1：100万地形图按所含各比例尺地形图的经差和纬差划分成若干行和列，行从上到下、列从左到右按顺序分别用阿拉伯数字（数字码）编号。图幅编号的行、列代码均采用三位十进制数表示，不足三位时补0，取行号在前、列号在后的排列形式标记，加在1：100万图幅的图号之后。为了使各种比例尺不致混淆，分别采用不同的英文字符作为各种比例尺的代码，见表7-2。1：50万~1：5000比例尺地形图的编号均由五个元素10位代码构成，即1：100万图的行号（字符码）1位，列号（数字码）2位，比例尺代码（字符）1位，该图幅的行号（数字码）3位，列号（数字码）3位。

表7-2　　　　　　　　　　我国基本比例尺代码

比　例　尺	1：50万	1：25万	1：10万	1：5万	1：2.5万	1：1万	1：5000
代　码	B	C	D	E	F	G	H

二、地形图的正方形分幅与编号

1：500、1：1000、1：2000地形图大多采用正方形分幅法（见图7-4），它是按统一的直角坐标格网划分的。

1：500、1：1000、1：2000基本地形图采用测区所在的某城市独立坐标系，50cm×50cm正方形分幅。编号采用图廓西南角坐标整公里数的X—Y形式表示，起始图号为000—000。

1：1000基本地形图以所在位置的1：2000基本地形图编号为基本图号，并在基本图号之后附加一个位置标号（用大写英文字母A、B、C、D）作为它的图幅编号。

1：500基本地形图以所在位置的1：2000基本地形图编号为基本图号，并在基本图号之后附加一个位置标号（用阿拉伯数字01~16表示）作为它的图幅编号。

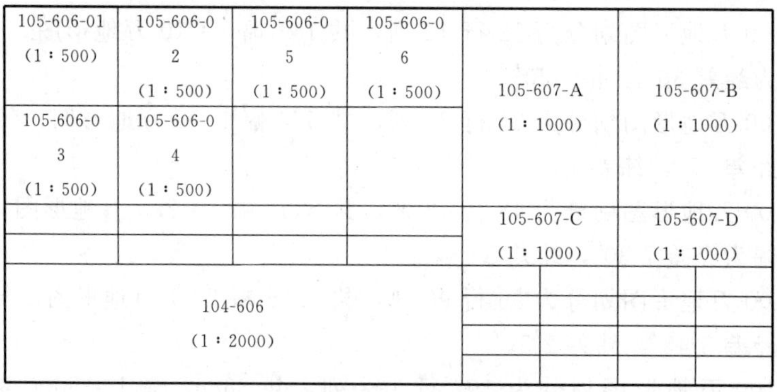

图7-4　地形图的正方形分幅与编号

第四节 地形图辅助要素

地形图辅助要素一般安排在地形图图形外侧，是说明地图编制状况以及为方便地图使用的内容，包括图名、图号、接图表、图廓、三北方向偏角图、坡度尺、图例、编制单位时间及编制参数等，如图7-5所示。

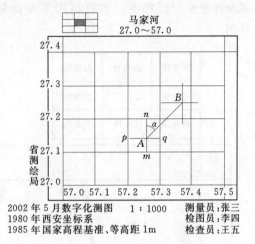

图 7-5 地形图辅助要素

一、图名和图号

图名即本幅图的名称，是以所在图幅内最著名的地名、厂矿企业和村庄的名称来命名的。

为了区别各幅地形图所在的位置关系，每幅地形图上都编有图号。图号是根据地形图分幅和编号方法编定的，并把它标注在图廓北上方的中央（见图7-6）。

二、接图表

说明本图幅与东、西、南、北四邻图幅的关系，供索取相邻图幅时用。居中一格画有斜线的代表本图幅，四邻的八幅图幅分别注明相应的图名（或图号），并绘注在图廓的左上方，如图7-7所示。

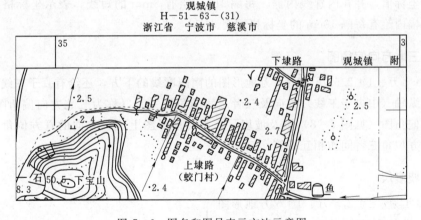

图 7-6 图名和图号表示方法示意图

三、图廓

按照梯形分幅法统一编号的各种比例尺的地形图图廓有内图廓、外图廓之分。南北内图廓是纬线，东西内图廓是经线，也是该图幅与东、西、南、北相邻图幅的边界线。图7-7中西图廓经线是东经121°22′30″，北图廓线是北纬30°12′30″。一般在1∶5万地形图的内、外图廓之间还绘有分度带，将它绘成为若干段黑白相间的线条，每段黑线或白线的长度，表示实地经差或纬差1′。内图廓与分度带构成地形图的地理坐标网即经纬网。内图廓与外图廓之间以公里为单位注记的平面直角坐标值，其纵横网格构成地形图的平面直角坐标网，由于平面直角坐标网中相互垂直的直线组成的正方形网格间距是整公里数，所以也叫方里网。如图 7-7 中的 3344 表示纵坐标为 3344km（从赤道起算），40633 中的 40 为该图幅所在的 6°带投影带号，633 表示该纵线的横坐标公里数。所以，在地形图上可以用地理坐标（经纬度）也可以用平面直角坐标确定位置。外图廓用粗线表示，起整饰作用。

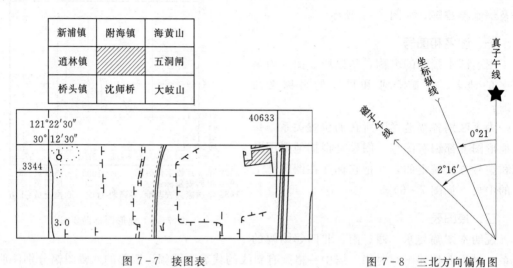

图 7-7 接图表   图 7-8 三北方向偏角图

采用正方形或矩形分幅的地形图的内、外图廓，内图廓就是坐标格网线。在内图廓四角处注有坐标值，并在内廓线内侧，每隔 10cm 绘有 5mm 的短线，表示坐标格网线的位置。在图幅内绘有每隔 10cm 的坐标格网交叉点。

四、三北方向偏角图

在 1:1 万、1:2.5 万、1:5 万地形图的南图廓线的下方，还绘有真子午线、磁子午线和坐标纵轴（中央子午线）方向及三者之间的角度关系（称为三北方向偏角图）。利用三北方向偏角图（见图 7-8）以及坡度尺，可对地形图上任一方向的真方位角、磁方位角和坐标方位角三者间作相互换算。

五、坡度尺

在 1:1 万、1:2.5 万、1:5 万地形图的南图廓线的下方还绘有坡度尺（见图7-9），应用时只需用卡规在地形图上相邻两条等高线（或相邻六条等高线）上任意两点间卡量出水平距离，然后与坡度尺上纵向线段比量，相等的纵向线段下方所对应的度数即为量取的坡度。坡度可以用角度或比降两种方式表示。

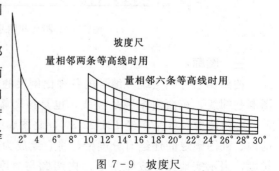

图 7-9 坡度尺

第五节 地 物 的 表 示

地物是地面上天然或人工形成的固定性物体，如河流、湖泊、房屋、道路等。这些地物的空间分布有四种类型：点状分布，线状分布，面积分布和体积分布。点状分布可以表示为：存在于一个独立位置上的事物、离散的空间现象、一个测量控制点、一座城市等，代表一个地区的国民经济统计图形，也算作点位分布。因此点位符号在地图上是一个定点；线状分布指存在于空间的有序现象，如河流、河堤、道路、运输线等，它们可能扩散成一个宽带，以具有相对长度和路线为主要特征。因此线状符号在地图上是一个线段；面积分布指事物的占有范围、连续的空间现象。城市的范围、区域性的自然资源、民族、语言和宗教分布、气候类型等，都可以用面状符号表示。因此面状符号在地图上是一块图斑；体积分布可以推想为从一基面向上下三维方向延伸的空间体，可以表示具有体积量度特征的有形实物（例如用等高线表示地势）或概念产物（例如用等值线表示人口密度），这些空间现象可以构成一个光滑曲面。因此体积符号在地图上可以表示为点状、线状或面状三维模型。

根据以上空间分布的类型，所以把地图上符号的分类确定为点状符号、线状符号、面状符号、体积符号，这既符合空间事物的抽象特征，也利于数学的描述。

地形图上按国家测绘总局颁发的《地形图图式》中规定的符号表示各种地物（表7-3）。

表 7-3   **常用地物、注记和地貌符号**

编号	符 号 名 称	1∶500 1∶1000 1∶2000	编号	符 号 名 称	1∶500 1∶1000 1∶2000
1	一般房屋 混—房屋结构 3—房屋层数		11	过街天桥	
2	简单房屋		12	高速公路 a. 收费站 0—技术等级代码	
3	建筑中的房屋		13	等级公路 2—技术等级代码 （G325）—国道路线编码	
4	破坏房屋				
5	棚 房		14	乡村路 a. 依比例尺的 b. 不依比例尺的	
6	架空房屋				
7	廊房		15	小路	
8	台阶		16	内部道路	
9	无看台的 露天体育场				
10	游泳池				

编号	符号名称	1:500 1:1000	1:2000	编号	符号名称	1:500 1:1000	1:2000
17	阶梯路			30	导线点 116—等级、点号 84.46—高程	2.0 ⊡ $\frac{116}{84.46}$	
18	打谷场、球场	球		31	埋石图根点 16—点号 84.46—高程	1.6 $\frac{16}{84.46}$ 2.6	
19	旱地	1.0 2.0 10.0 10.0		32	不埋石图根点 25—点号 62.74—高程	1.6 ○ $\frac{25}{62.74}$	
20	花圃	1.6 1.6 10.0 10.0		33	水准点 Ⅱ京石5—等级、 点名、点号 32.804—高程	2.0 ⊗ $\frac{Ⅱ京石5}{32.804}$	
21	有林地	○ 1.6 松6		34	加油站	1.6 3.6 1.0	
22	人工草地	2.0 10.0 3.0 10.0		35	路灯	2.0 1.6 4.0 1.0	
23	稻田	0.2 3.0 1.0 10.0 10.0		36	独立树 a. 阔叶 b. 针叶 c. 果树 d. 棕榈、椰 子、槟榔	a 2.0 $\frac{1.6}{3.0}$ b $\frac{1.6}{3.0}$ 1.0 c 1.6 $\frac{3.0}{1.0}$ d 2.0 $\frac{3.0}{1.0}$	
24	常年湖	青湖					
25	池塘	塘 | 塘					
26	常年河 a. 水涯线 b. 高水界 c. 流向 d. 潮流向 ←⤳涨潮 →落潮	a b 0.15 3.0 1.0 c 0.5 d 7.0		37	独立树 棕榈、椰子、 槟榔	2.0 3.0 1.0	
27	喷水池	1.0 3.6		38	上水检修井	⊖ 2.0	
28	GPS控制点	△ B14 495.267 3.0		39	下水（污水）、 雨水检修井	⊕ 2.0	
29	三角点 凤凰山—点名 394.468—高程	△ $\frac{凤凰山}{394.468}$ 3.0					

编号	符号名称	1:500 1:1000	1:2000	编号	符号名称	1:500 1:1000 1:2000
40	下水暗井			54	配电线 地面上的	
41	煤气、天然气检修井					
42	热力检修井			55	陡坎 a. 加固的 b. 未加固的	
43	电信检修井 a. 电信人孔 b. 电信手孔			56	散树、行树 a. 散树 b. 行树	
44	电力检修井					
45	地面下的管道			57	一般高程点及注记 a. 一般高程点 b. 独立性地物的高程	
46	围墙 a. 依比例尺的 b. 不依比例尺的			58	名称说明注记	友谊路 中等线体 4.0 (18k) 团结路 中等线体 3.5 (15k) 胜利路 中等线体 2.75 (12k)
47	档上墙			59	等高线 a. 首曲线 b. 计曲线 c. 间曲线	
48	栅栏、栏杆					
49	篱笆			60	等高线注记	
50	活树篱笆			61	示坡线	
51	铁丝网					
52	通讯线 地面上的			62	梯田坎	
53	电线架					

一、点状符号

从空间分布特征上，有些地物，如三角点、水准点、独立树和里程碑等，是呈离散的点状存在于一个独立位置上的地物，其实际轮廓较小，无法将其形状和大小按比例绘到图上，则不考虑其实际大小，而采用规定的符号表示之，这种符号为点状符号。由于点状符号表示的地物与实际地物在比例尺上不具备相互依存的关系，从这一角度而言又将其称之为非比例符号。

　　非比例符号不仅其形状和大小不按比例绘出，而且符号的中心位置与该地物实地的中心位置关系，也随各种不同的地物而异，在测图和用图时应注意下列几点：

　　（1）规则几何图形（圆形、正方形、三角形等）绘制的点状符号，以规则几何图形的几何中心点为实地地物的中心位置。

　　（2）象形符号绘制的点状符号：①底部为直角形的符号（独立树、路标等），以符号的直角顶点为实地地物的中心位置；②宽底符号（烟囱、岗亭等），以符号底部中心为实地地物的中心位置；③几种图形组合符号（路灯、消火栓等），以符号下方图形的几何中心为实地地物的中心位置；④下方无底线的符号（山洞、窑洞等），以符号下方两端点连线的中心为实地地物的中心位置。

　　各种符号均按直立方向绘制，即符号长轴与南图廓垂直。

二、线状符号

　　对于空间分布特征呈线状延伸地物（如境界线、道路、管道等）用线状符号表示在地形图上，由于线状符号表示的地物与实际地物，其长度可按比例尺缩绘，而宽度在比例尺上不具备相互依存的关系，故称为半比例符号。这种符号的中心线，一般表示其实际地物的中心位置，但是城墙和垣栅等，地物中心位置在其符号的底线上。

三、面状符号

　　有些地物的轮廓较大，如农田、城镇、水库和湖泊等，其实际平面轮廓和大小可以按测图比例尺缩小并经过图形概括后，用规定的符号绘在图纸上，这种符号为面状符号。由于面状符号表示的地物与实际地物在比例尺上保持相互依存的关系，所以称之为比例符号。

四、地物注记

　　对地物属性加以说明的文字、数字，称为地物注记。诸如城镇、工厂、河流、道路的名称；桥梁的长宽及载重量；江河的流向、流速及深度；道路的去向及森林、果树的类别等，都以文字或数字加以说明。注记可以区分为名称注记、说明注记、数字注记及图幅注记。

　　注记中名称注记的主要种类是地名，地名首先借助于语言、文字进行记录。而语言和文字都有一定的含义，所以地名具有音、形、义三要素。地名表示正确与否，直接影响地图的使用。

　　对于点状符号，一般地名注记应该密排，陆地、港口和海域的注记，应分别配置在岸线两侧，不要跨岸线排列；对于线状符号，注记的配置应在线段的一侧；对于面状符号，只要空间有足够的位置，注记应全部放置在它的图斑范围之内。

五、地形图上表示的主要内容

　　地形图上表示的主要内容包括自然地理要素和社会人文要素。自然地理要素分为水系、地貌（地形）、土质与植被。社会人文要素可分为居民点、交通网、境界线。

　　1. 自然地理要素的表示

　　（1）海岸的表示。在地形图上针对不同的海岸基本类型及特征，使用不同的方法。海岸线通常以蓝色实线表示，低潮线用蓝色点线概略绘出。海岸线以上的沿岸岛屿、海滨沙嘴等，主要通过等高线结合地貌符号表示。以蓝色散布的小点表示沙洲、浅滩，以红色的形象的珊瑚礁符号组成不同图案表示裙礁、堡礁和环礁。

（2）陆地水系。陆地水系是指一定流域范围内，由地表大小水体，如河流的干流、支流及流域内的湖泊、水库、池塘、井泉等构成的脉络相同的系统。水系是地理环境中重要的组成要素，水系对反映区域地理特征具有标志性作用，水系对居民点、交通网的分布和工农业生产的布局等都有显著的影响。同时，水系是空中和地面判定方位的重要依据。地形图上水系主要内容有：

1）河流的表示。在地形图上表示河流，必须清楚地了解区域的自然地理特征及河流的类型，才能使水系的图形概括更科学、更合理。在表示方法上，以蓝色线状符号的轴线表示河流的位置及长度，以线状符号的粗细表示上游与中游、主流与支流的关系，即单线河，单线河在地形图上只能确定其位置和量出长度，而不能量出宽度，所以是半比例符号；在下游地区河面宽度达到一定程度时，则用蓝色实线分别表示两侧河岸，即双线河，对于双线河不仅可以在地形图上量出其长度，还可以量出其宽度；与河流相联系的还有运河和干渠，在地形图上一般只以蓝色的单实线表示。

2）湖泊的表示。湖泊是水系中的重要组成部分，它不仅能反映环境的水资源及湿润状况，同时还能反映区域的景观特征及环境演变的进程和发展方向。在地形图上，湖泊、泡沼是以蓝色的实线或虚线轮廓，再配用蓝、紫不同的色彩以普染进行表示的。通常用实线表示常年积水的湖泊，虚线表示季节性出现的时令湖。湖泊的水质，可以用不同的颜色加以区分。

3）水库的表示。水库是为饮水、灌溉、防洪、发电、航运等需要而建造的人工湖泊。由于它是在山谷、河谷适当的位置，按一定的高程筑坝截流而成，因此在地形图上表示时，一定要与地形的等高线蜿蜒曲折的形状相一致。在地形图上一般用蓝色水涯线对其真实轮廓予以表示，并用形象的线状符号表示坝址。

4）井、泉的表示。井、泉虽小，但它在特殊的地区，如干旱区、风景旅游区却有着不可忽视的价值。地形图上用点状符号表示。

（3）地貌要素的表示。地貌要素是地理环境中的重要组成部分，它能造成地表其他自然地理要素在垂直方向和水平方向产生局部差异。例如地貌结构在很大程度上影响着水系的发育和空间结构特征；它对社会、人文要素的空间分布与发展具有明显的影响，例如居民点、交通网、工农业生产的布局；它也是国防建设和军事行动中影响军事设施部局、战线选择、兵力部署、行军机动的重要因素。它是地形图上最重要的表示要素之一。

（4）土质和植被。地形图上表示土质、植被的目的，主要是为了向用图者提供区域地表覆盖的宏观特征，因此表示得比较概略，而且与专题地图上表示的土壤、植被有着截然不同的含义。地形图上表示的土质并不是地学上所谓的土壤，而是指地表覆盖的状态，如山区的裸岩、冰川，平原上的沙地、沼泽地和盐碱地等。通常习惯将裸岩、冰川、沙地划归为地貌的表示的范畴；植被是指地表植被覆盖的总体状态，分为天然植被和人工植被两大类。天然植被中最主要的是森林，其他还包括幼林、灌木林、竹林、草本植被等。人工植被主要有经济作物地、园地、耕地等。地形图上用实线或虚线包围的轮廓表示相应土质、植被分布的空间范围，用色彩、网纹表示土质、植被不同类型。

2. 社会人文要素的表示

（1）居民点。在地形图上一般表示居民点的位置、类型、行政等级等要素。

1）居民点的位置。在地形图上用依比例缩绘的水平轮廓图形表示大范围连片的城镇、村庄建成区。

2）居民点的类型。在地形图上居民点类型只分为城镇居民点和乡村居民点两大类。城镇居民点包括城市、集镇、工矿区、经济开发区等，乡村居民点包括村屯、农场、林场、牧区定居点等。不同居民点类型在地形图上主要通过建成区的轮廓规模和注记字体来区别。城镇居民点注记基本用中、粗等线体表示，乡村居民点注记用细等线体表示。

（2）交通网。由于交通网是连接居民点之间的纽带，是居民点彼此间进行各种政治、经济、文化、军事活动的重要通道，在地形图上应重点表示交通网的种类，表现各居民点间的联系条件。表示的具体内容分陆路交通和水路交通。陆路交通包括铁路、公路及其他道路。水路交通包括内河航线和海上航线。铁路由双轨或单轨、标准轨或窄轨、现有铁路或在建铁路的区别。另外，对车站及道路的附属设施也需表示。铁路用黑白相间的线状符号表示。

地形图上表示公路时其内容有路面宽度、路面铺设情况及通行情况。地形图上公路是以不同宽窄、粗细的双线表示，并配以色彩和说明注记，表明路面的质量和宽度。地形图上用不同粗细的实线或虚线表示大车路、乡路、小路等其他道路。

（3）境界线。境界包括政治区划界和行政区划界。政治区划界包括国与国之间的已定国界、未定国界及特殊的政治与军事分界。行政区划界，即一国之内的行政区划界。

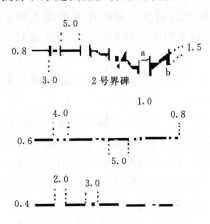

图 7-10　行政区划界划分表示

政治区划界和行政区划界，必须严格按照有关规定标定，清楚正确地表明其所属关系。尤其国界的标绘必须报请国家有关部门审批。陆地国界在地形图上必须连续绘出。当以山脊、分水岭或其他地形线分界时，国界符号位置必须与地形地势协调。譬如，当河流能够以比例尺用双线表示时，国界线符号应该表示在河流中心线或主航道上，可以间断绘出；假如河流不能用双线或单实线表示，或双线符号内无法容纳国界符号时，可在河流两侧间断绘出（跳绘）。如果河流为两国共同所有，即河中无明确分界，亦可以采用在河流两侧间断绘出的国界符号。

行政区划界的表示原则同国界的划界。境界线的符号用不同规格、不同结构、不同颜色的点、线段在地形图上表示（见图 7-10）。

第六节　地貌的表示

地貌是指地表面的形态。在地形图上表示地貌的常用方法主要有三种：等高线法、分层设色法、晕渲法。其中分层设色法和晕渲法多用于小比例尺地理图。本节主要讨论地形图上用等高线法表示地貌要素。

一、等高线的概念

等高线是地形图上表示陆地上海拔相同的点所连接成的连续闭合曲线，如表示海底地形则用等深线—海底深度相同的点所连接成的连续闭合曲线。如图 7-11 所示，海拔为 100m 的水平面与山岭相割后形成的割线就是一条连续的闭合曲线，它在铅垂方向投影到水平面 H 上的连续闭合曲线就是 100m 等高线。依次类推，绘制出 90m、80m、70m 的等高线，这一组等高线的高差是 10m。

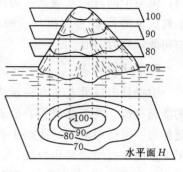

图 7-11　等高线

二、等高距和等高线平距

相邻等高线之间的高差称为等高距（图 7-12），常以 h 表示。在同一幅地形图上，等高距是相同的。

等高距的大小是根据测图比例尺与测区地形情况来确定的，等高距越小，显示地貌就越详细；等高距越大，显示地貌就越简略。各种比例尺地形图所对应的等高距见表 7-4。

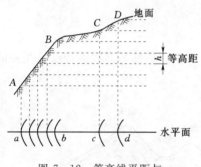

图 7-12　等高线平距与
地面坡度的关系

表 7-4　　　各种比例尺地形图等高距

地形图比例尺	等　高　距（m）	
	平原、低山区	高　山　区
1：10000	2.5	5
1：25000	5	10
1：50000	10	20
1：100000	20	40
1：250000	50	100
1：500000	100	200

相邻等高线之间的水平距离称为等高线平距，常以 d 表示。因为同一张地形图内等高距是相同的，所以等高线平距 d 的大小直接与地面坡度有关。如图 7-12 所示，地面上 CD 段的坡度大于 BC 段，其等高线平距 cd 就比 bc 小；相反，CD 段的坡度小于 AB 段，其等高线平距就比 AB 段大。由此可见，等高线平距越小，地面坡度就越大；平距越大，则坡度越小；坡度相同（图上 AB 段），平距相等。因此，可以根据地形图上等高线的疏、密来判定地面坡度的缓、陡。

三、基本地形的等高线图形

1. 山顶和凹地

如图 7-13 所示，山顶和凹地的等高线都是一组闭合曲线。在地形图上区分山顶和凹地的方法是：凡是内圈等高线的高程注记大于外圈者为山顶，小于外圈者为凹地。如果等高线上没有高程注记，则用示坡线符号来表示。示坡线是垂直于等高线的短线，用以指示坡度下降的方向。示坡线从内圈指向外圈，说明中间高，四周低，为山顶。其示坡线从外圈指向内圈，说明四周高，中间低，故为凹地。

2. 山脊和山谷

山脊是山顶沿着某方向延伸至山脚的隆起部位。在等高线上，沿着某方向延伸的一组凸向低处的曲线上各个曲率最大点的轨迹线就是山脊线。由于山脊线表示的是该山脊上各个最高点的连线，所以降落的雨、雪必然以山脊线为界分别流向山脊的两侧（图 7-14），因此山脊又称分水岭。

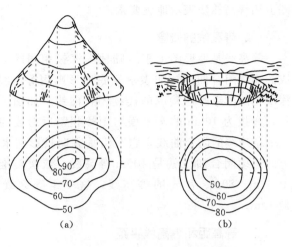

图 7-13　山顶和凹地的等高线图形
(a) 山顶及其等高线；(b) 凹地及其等高线

山谷是山地上沿着某方向延伸的低洼部位。在表示山地的等高线上，沿着某方向延伸的一组凸向高处的曲线上各个曲率最大点的轨迹线就是山谷线。由于山谷线是贯穿最低点的连线，所以两侧山坡的雨、雪水必然流向谷底，向山谷线汇集（图 7-14）。

3. 鞍部

鞍部是相邻两山头之间的低凹部位，如图 7-15 所示。鞍部等高线的特点是在一圈大的闭合曲线内，套有两组小的闭合曲线。

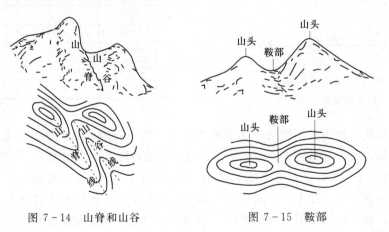

图 7-14　山脊和山谷　　　　　　图 7-15　鞍部

4. 陡崖和悬崖

陡崖是坡度在 70°以上的陡峭崖壁，有石质图 7-16 (a) 和土质图 7-16 (b) 之分，用等高线结合象形符号表示。

悬崖是上部突出，下部凹进的陡崖，这种地貌的等高线如图 7-16 (c) 所示，等高线出现相交。俯视时隐蔽的等高线用虚线表示。

图 7-17 是具有多种基本地形形态的小区域。

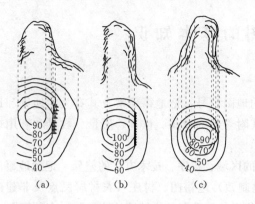
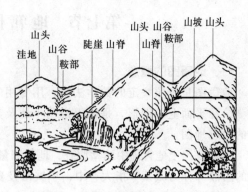

图 7-16　陡崖和悬崖　　　　　图 7-17　多种基本地形形态

四、等高线的分类

地形图上的等高线，按其作用和表现形式可分为 4 种。

1. 首曲线

首曲线也称基本等高线，按国家基本比例尺地形图规定的等高距测绘的等高线。它是用宽度为 0.15mm 的细实线表示，如测量规范中规定 1∶2.5 万地形图上平原、低山区测图的等高距为 5m，则该图上 0m、5m、10m、15m 等高线就是基本等高线。

2. 计曲线

为了便于读图用图，从 0m 起，每隔四条基本等高线，加粗描绘的那条基本等高线，称为计曲线，如上例中的 1∶2.5 万地形图 0m、25m、50m、75m、100m 等高线。

3. 间曲线

由于地表形态较为复杂，按基本等高线有时难以将地形的全部特征都仔细地表示出来，这时在两条基本等高线之间用长虚线加绘二分之一基本等高距的等高线，称为间曲线。

4. 助曲线

是按 1/4 基本等高距用短虚线绘出的等高线，用以表示用首曲线、间曲线都表示不出来的微地形（图 7-18）。

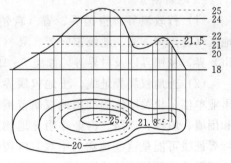

图 7-18　助曲线

五、等高线的特性

（1）同一条等高线上各点的高程都相等。

（2）等高线是闭合曲线，如不在本图幅内闭合，则必在图外闭合。

（3）除在悬崖或绝壁处外，等高线在图上不能相交或重合。

（4）等高线的平距小，表示坡度陡，平距大表示坡度缓，平距相等则坡度相等。

（5）等高线与山脊线、山谷线成正交。

第七节 地籍图的基本知识

一、地籍图的概念

地籍图是按照一定的数学法则，用专用的地图符号，把地籍要素及其有关的地物和地貌测绘在平面上的图形。是用以说明土地及其附着物的权属、位置、质量、数量和利用现状的专题地图。

根据我国土地管理中地籍调查、地籍测量的区域、程序、技术方法的差异，记载地籍信息的图件可分为城镇（指大、中、小城市及建制镇）地籍图、村庄（农村居民点及非建制镇）地籍图、土地利用现状图。一般意义上的狭义的地籍图是指城镇地籍图和村庄地籍图。

二、地籍图的比例尺和分幅编号

我国地籍图比例尺系列一般规定为：城镇地籍图比例尺可选用 1：500、1：1000、1：2000；村庄地籍图，比例尺可选用 1：1000 或 1：2000；土地利用现状图是以国家基本比例尺地形图为底图测绘的，比例尺可选用 1：5000、1：10000、1：25000、1：50000。

城镇地籍图、村庄地籍图采用正方形 50cm×50cm 幅面或矩形 50cm×40cm 幅面的分幅，图幅号是按西南角坐标公里数编号；x 坐标在前，y 坐标在后，中间短线连接；土地利用现状图同国家基本比例尺地形图一样，以百万分之一为基础的国际分幅编号的方法进行。

三、地籍图的内容

1. 地籍要素

（1）行政境界。指国界、省（自治区、直辖市）界，地区（自治州、盟、地级市）界、县（自治县、旗、县级市）界、乡镇界以及村界等，如图 7-19 所示。

（2）土地权属界址线。土地权属界址线是指厂矿、企事业单位、机关团体等的用地权属范围线。有的界址线是和围墙、垣栅、道路、沟渠等明显地物重合，但要注意实际界址线可能是这些地物的中线、内边线或外边线。凡被权属界址线所封闭的地块称为一宗地。

（3）界址点。土地权属界址线的转折点及境界与权属界址线的交点，统称为界址点，在界址点上放置的标志就是界标，界标有不同的形式，界址点均需测定其坐标。

（4）土地编号及注记。城镇地区土地编号以行政区划的街道和宗地两级编号。对于较大城市可按街道、街坊、宗地三级编号。农村地区以乡（镇）、村、宗地三级组成编号。地籍号统一自西向东、自北到南由"001"号开始顺序编号。地籍图上采用不同字体及大小加以区分，宗地号在图上宗地

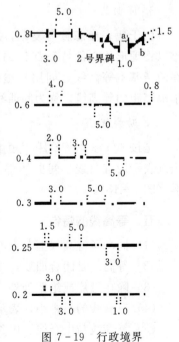

图 7-19 行政境界

内以分数形式表示，分子为宗地的编号，分母为地类号（土地利用分类编号）。

（5）城镇土地利用分类。根据土地用途的差异，《城镇地籍调查规程》中，将城镇土地分为 10 个一级类，35 个二级类，见表 7-5。

表 7-5　　　　　　　　　　　城 镇 土 地 利 用 分 类

一级类型		二级类型		一级类型		二级类型	
编号	名　　称	编号	名　　称	编号	名　　称	编号	名　　称
10	商业金融业用地	11 12 13	商业服务业用地 旅游业用地 金融保险业用地	60	交通用地	61 62 63 64	铁路用地 民用机场用地 港口码头用地 其他交通用地
20	工业、仓储用地	21 22	工业用地 仓储用地	70	特殊用地	71 72 73 74	军事设施用地 涉外用地 宗教用地 监狱用地
30	市政用地	31 32	市政公用设施用地 绿化市政用地	80	水域用地	81 82 83 84 85 86	河流用地 湖泊用地 水库 坑塘 沟渠 防洪堤坝
40	公共建筑用地	41 42 43 44 45	文、体、娱用地 机关、宣传用地 科研、设计用地 教育用地 医卫用地	90	农用地	91 92 93 94	水田 菜地 旱地 园地
50	住宅用地	51 52 53 54 55	商品房用地 房改房用地 经济适用房 安居房用地 其他房用地	100	其他用地		

（6）房屋调查内容。在地籍图上要表示的房屋调查内容有权属、位置、建筑结构、建筑面积和占地面积等项。其中房屋的产权性质划分国有房产（包括直管产、自管产、军产三个二级类）、集体所有房产、私有房产、联营企业房产、股份制企业房产、港、澳、台投资房产、涉外房产、其他房产等类别；房屋结构划分钢结构、钢和钢筋混凝土结构、混合结构、砖木结构和其他结构。

（7）土地面积。地籍图上用数字注明一宗地的总面积。

2. 地物要素

地籍图上，主要表示与地籍要素相关的自然与社会经济要素。它通常包括居民点、道路、水系、测量标志点和地理名称等。

3. 数学要素

主要有图廓线坐标格网及注记、埋石的各等级控制点点名点号及注记、图廓外测图比例尺。

思 考 题 与 习 题

1. 什么是比例尺？如何划分比例尺的大小？不同比例尺的地形图各有何种用途？

2. 比例符号、非比例符号和半比例符号在什么情况下应用？

3. 何谓地图和地形图？

4. 什么是国家基本比例尺地形图系列？

5. 点状符号、线状符号和面状符号各在什么情况下应用？

6. 何谓等高线？试用等高线绘出山头、洼地、山脊、山谷和鞍部等典型地貌。

7. 等高线有哪些类型和特性？

8. 地形图的分幅有哪几种？

9. 何谓地籍图？其要素指的是什么？

第八章 地形图的应用

国家基本比例尺地形图是城乡规划管理、土地管理、建筑工程、地学研究、国防政治等领域中的重要资料。特别是在规划选址、土地划拨、规划设计等不同阶段，不仅要根据需要在地形图上进行一定的量算工作，而且还要以地形图为底图，依据其数学基础和地理基础，因地制宜地进行各项专题内容的合理的规划和设计。

地形图的应用相当广泛，各种建设活动和人们的日常生活几乎都离不开地形图。综合起来有以下应用方向：

（1）地形图在工程建设中的应用：工程建设一般分为规划设计、施工、运营三个阶段。在规划设计时，必须有地形、地质和经济调查等基础资料，其中地形资料主要是地形图。

（2）地形图在城市规划中的应用：在进行城市总体规划时，根据城市用地范围大小，一般要选用 1：25000 或 1：10000 或 1：5000 比例尺的地形图。在详细规划阶段，为了满足房屋建筑和各项工程编制初步设计的需要，还要选用 1：2000、1：1000 比例尺的地形图。

（3）地形图在水库设计中的应用：水库设计一般要用 1：10000 至 1：50000 比例尺的地形图，以解决下述重要问题：确定水库的淹没范围和面积，计算总库容，设计库岸的防护工程，确定沿库岸落入临时淹没和永久浸没地区的城镇、工厂和耕地，拟定相应工程防护措施，设计航道和码头位置，进行库底清理、居民迁移及交通改建等规划。

（4）地形图在公路铁路建设中的应用：在公路铁路建设中，首先要在中、小比例尺地形图上进行选线，提出可能的几种方案，然后再到实地勘查。对于大的桥梁和隧道，首先应在 1：25000 或 1：50000 比例尺地形图上研究，然后再到实地进行勘查，了解地形、地质和水文情况，提出比较方案。之后，还要有 1：500～1：5000 地形图，如果没有还要着手自行测绘，以便进行主体工程和附属工程的设计。

目前地形图根据存储载体形式有纸质地形图和数字地形图两种。纸质地形图在使用时可直接进行地形图阅读、地形图量算、地形图图上作业。数字地形图在使用时，一般是在 AotuCAD、GIS 等相关软件中，通过子程序用解析法自动显示、量算图形对象的一些空间数量指标，如点的坐标、线段的长度和方向、图斑的面积等。

第一节 地形图判读

地形图是特殊的图形语言，即地形图符号系统建立的客观环境的模拟模型，即用各种规定的图形符号和注记表示地球表面上地貌（地形）、水系、土质植被、居民点、交通网、境界线等自然地理要素和社会人文要素的一般特征，是制图区域地理环境信息的载体。制图者将经过概括了的地理信息用地形图图形语言，即符号系统存储在地形图上。用图者则通过对地形图符号的识别，分析各类图形符号的组合关系来对地形图的内容进行阅读，以获得地形图上七大基本要素的位置、分布、大小、形状、数量与质量特征的空间概念，达到对自然、人文现象相互空间分布关系和规律的认识，从而为进一步的规划设计、勘察研究工作打下基础。

一、地形图判读前的准备工作

纸质地形图可直接进行地形图判读，数字地形图使用须在计算机上安装 AotuCAD、GIS 等相关软件，还必须对数字地形图文件进行打开、浏览、选择图形对象等一系列的操作以便于判读。

在 AotuCAD 中使用数字地形图，首先启动 AotuCAD，然后可使用"Open"命令打开已有的数字地形图文件。该命令的调用方式为：

工具栏："Standard（标准）"→ ![img]

菜单：【File（文件）】→【Open…（打开）】

命令行：Open

调用该命令后，系统将弹出"Select File（选择文件）"对话框，如图 8-1 所示。

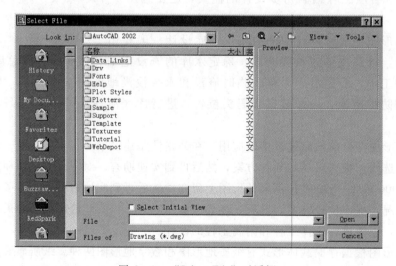

图 8-1 "Select File"对话框

该对话框中主要控件作用如下：

（1）"Look in（定位）"下拉列表：指定数字地形图文件搜索路径，并在其下面的列表中显示当前目录的内容。

（2）"Preview（预览）"栏：显示指定数字地形图文件的预览图像。

（3）"File（文件名）"下拉列表：指定需要打开的数字地形图文件。

（4）"Files of（文件类型）"下拉列表：指定需要打开的数字地形图文件的类型。

（5）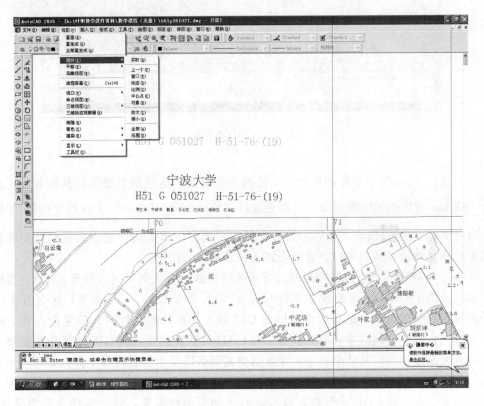 Open 按钮：单击该按钮可打开指定的数字地形图文件。用户也可以单击该按钮右侧的 ▼ 按钮弹出下拉菜单，选择其中的"Open（打开）"项来打开指定数字地形图，或选择"Open Read－Only（打开只读）"项将指定数字地形图文件以只读方式打开，从而避免对该文件的修改。

使用数字地形图时，对于一个较为复杂的图形来说，在观察整幅图形时往往无法对其局部细节进行查看和操作，而当在屏幕上显示一个细部又看不到其他部分时，为解决这类问题，AutoCAD 提供了 ZOOM（缩放）、PAN（平移）、VIEW（视图）、AERIAL VIEW（鸟瞰视图）和 VIEWPORTS（视口）命令等一系列图形显示控制命令（如图 8－2 和图 8－3），可以用来任意的放大、缩小或移动屏幕上的图形显示，或者同时从不同的角度、不同的部位来显示图形。AutoCAD 还提供了 REDRAW（重画）和 REGEN（重新生成）命令来刷新屏幕、重新生成图形。

图 8－2　AutoCAD 操作界面（1）

（1）使用"zoom"命令查看数字地形图上图形的细部：首先使用"Zoom Realtime（实时缩放）"来进行控制。选择"Standard（标准）"工具栏上的 图标按钮，这时光标变为 形状。如果用户按住鼠标左键垂直向上移动，则随着鼠标移动距离的增加，图形不断地自动放大；反之，如果用户按住鼠标左键垂直向下移动，则随着鼠标移动距离的增加，图形不断地自动缩小。数字地形图阅读时可将图形放大到可以在屏幕上看清地形细部

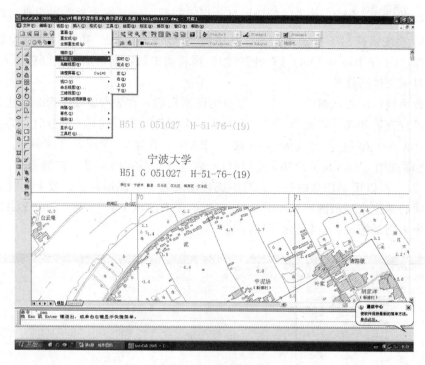

图 8-3 AutoCAD 操作界面 (2)

为止。

（2）使用"pan"命令在同样的显示比例下查看数字地形图上图形的其他部分：先按 Enter 或 Esc 键终止实时缩放命令，然后选择"Standard（标准）"工具栏上的 图标按钮，这时光标变为 形状，然后可以按住鼠标左键在屏幕上向任意方向拖动，则屏幕上的图形也随之移动，从而可以查看地形图上任意部分的图形。

在 GIS 中使用数字地形图则是通过导入矢量数据的方式实现的。如导入 CAD 类型的矢量数据，由于 CAD 类型的数据文件（如 *.dxf、*.dgn、*.dxf 等）包含有多个图层，并且不同类型对象均带有风格，因此 GIS 导入这种数据文件时比较复杂，有不同的导入方式，也就有不同的导入结果。如果将 CAD 类型数据导入成 GIS 的复合数据集，并且选择合并图层选项，其结果就是将原数据格式的各图层上所有内容全部合并导入到一个复合数据集里。而不合并图层，其结果则是将原数据格式文件的各图层分别导入成为一个复合数据集。如果将 CAD 类型数据导入成 GIS 的简单数据集，并且选择合并图层选项，其结果是将源数据格式文件中的各图层同类型的图形对象分别合并导入成 GIS 一个相应类型的数据集。而不合并图层，则将源数据格式文件中的每个图层中不同类型的图形对象分别导入成相应类型的简单数据集。

在 GIS 导入矢量数据一般操作途径是：

（1）菜单："数据集→导入数据集……"。

（2）在工作空间管理器中选中一个数据源，单击鼠标右键，在弹出快捷菜单中选择"导入数据集……"，这样选中的数据源为目标数据源。

如图8-4表示用GIS导入一幅航空相片数据集。

同样，在GIS中也要进行以下一系列操作，从而对数字地形图进行浏览。

（1）使用"点选择按钮"选中当前地图中一个或多个对象，以用作分析或在地图窗口上编辑使用；或使用"矩形选择按钮"选中当前地图中给定矩形框内的对象，以用作分析或编辑。

（2）使用"放大按钮"放大显示地图，使用户更深入地查看地图窗口中的某一区域。

（3）使用"缩小按钮"缩小显示地图，使用户可获得更大范围的视图。

（4）使用"自由缩放按钮"在地图窗口随意放大缩小地图。

（5）使用"漫游按钮"在地图窗口中移动地图以获得所需查看的区域。

无论在AutoCAD中还是在GIS中使用数字地形图，打开文件、导入数据、平移漫游、缩放等都是地形图显示浏览的最基本操作，详细内容可参阅相关软件手册。

至此，数字地形图显示在计算机屏幕上，即可对其进行判读。

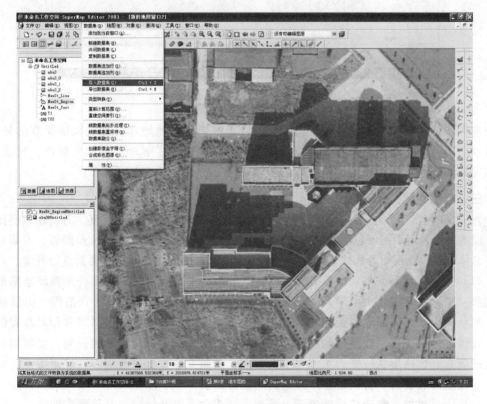

图8-4 GIS导入矢量数据操作界面

二、地形图辅助要素阅读

地形图辅助要素阅读要按图名、图号、比例尺、坐标系统、高程系统、接图表的顺序，以了解判定制图区域范围和地理位置，包括经纬度范围、制图区域行政区划隶属及四邻等内容，图8-5所示的数字地形图图名"宁波大学"，新图号H51G051027，旧图号H-51-76-（19）。

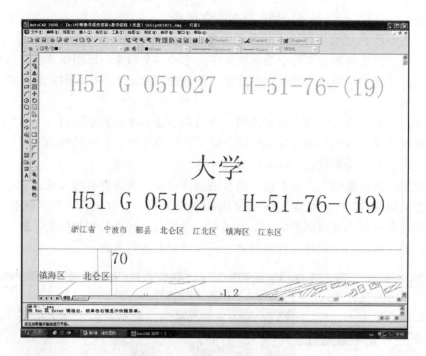

图 8-5　地形图辅助要素阅读

地形图辅助要素阅读中，还要阅读图例以了解图中自然地理、社会经济要素的分类、分级和表示方法；阅读测图时间、施测单位、测绘方法，了解地形图的现势性、权威性、内容完备性，判定是否满足所要进行的规划设计、勘察研究工作的要求。

三、自然地理要素的判读

在获得图名、图号、邻图及其位置、图边注记，地形图的比例尺、基本等高距、测图时间、成图方法、地形图所包括的区域的地理位置（经、纬度）、行政辖区及四邻、图幅总面积等总体认识后，根据等高线、地物符号的综合阅读对图幅内自然地理要素进行判读。

（1）地形与水系。先从水系分布、密度，等高线的高程及其图形特征来判断地形的一般类型（平原、丘陵、山地等），进而研究每一种类型的地形分布地区和范围，山脉的走向、形状和大小，地面倾斜变化的情况，各山坡的坡形、坡度，绝对高程和相对高程的变化。在地形起伏变化比较复杂的地区，可以绘剖面图，作为分析地形的资料。要特别重视河流的研究，包括形状特征、水流速度及方向、从属关系及流域范围等。表示海洋的地形图，要注重海底要素，特别是海岸要素的判读分析。

（2）土质植被。判读植被的类型、分布、面积大小以及植被与其他要素的关系；了解森林的林种、树种、树高、树粗；在中、小比例尺地形图上还要分析植被的垂直变化规律。判读土质的类型、分布、面积以及与其他要素的关系。在此基础上，综合分析制图区土地利用类型、土地利用程度、土地利用特点、土地利用结构，找出影响土地利用的因素，指出存在的问题，提出合理利用和保护土地资源的建议。

四、社会经济要素的判读

在自然地理要素的判读的基础上，对以下社会经济要素进行判读。

（1）居民地。读出居民地的类型（城镇或乡村），行政等级；分析不同区域的密度差异，分布特征；从平面图形特征，研究居民地外部轮廓特征、内部通行状况及其用地分区，主要的交通通讯设施及各类公共服务设施。如车站、码头、电信局、邮局、学校、医院、厂矿、旅游景点及娱乐设施等；分析居民地与其他要素的关系。

（2）道路与管线。读出道路的类型、等级、路面质量、路宽等；分析其分布特征及道路与居民点的联系及其与水系、地貌的关系；分析道路网对制图区域交通的保证程度。判读各种管线的类型及其对制图区经济发展的影响。

（3）工矿企业。判读工矿企业的类型、分布，分析其在制图区域中的经济地位和作用，提出进一步利用资源兴建工厂矿山的设想。

在地形图判读时，应注意由于城乡建设事业的迅速发展使地面上的地物、地貌也随之发生变化，而地形图本身存在一定测图周期使其所反映的内容相对滞后于现状。因此，在应用地形图进行规划设计、勘察研究时，除了根据地形图的现势性细致地进行地形图判读外，还需进行现场实地踏勘，以便对建设用地作全面正确地了解。

第二节 地形图的基本应用

在地形图判读的基础上，通过地形图目视分析以获得制图区域地理事物的空间分布特点及相互联系的定性认识；通过地形图量测分析和地形图图解分析以获得各要素的定量认识，包括点的坐标位置、线段的长度和方向、面积、体积、高程、坡度以及剖面图等；进一步还可运用数理统计法、数学模式法进行更深层次的基于 GIS（Geographical Information System 地理信息系统）的空间分析。

纸质地形图在使用时可借助直尺、圆规、量角器，直接通过地形图量测和图解获得点的坐标位置、线段的长度和方向、图斑的面积、体积、高程、坡度。数字地形图在使用时，则须借助 AotuCAD、GIS 等相关软件。由于 GIS 对空间信息和属性信息的查询功能远远优于 AotuCAD，操作更为便捷，一般步骤如下：

（1）启动 GIS。

（2）打开文件或导入数据集。在 GIS 中可以创建点、线、面、文本等 4 种简单数据集类型，因此，可以在地图窗口对这 4 种不同的几何对象进行浏览、查询、编辑等各种操作。

1）点对象：即点状符号。点对象主要用来描述点状地物的地理位置，如高程控制点、矿井、砖洞等。创建点对象的方式为：菜单：对象→创建对象→点；或者对象绘制工具栏→绘制点按钮。

2）线对象：即线状符号。线对象主要用来描述封闭的或不封闭的线状物体。河流、铁路、道路、电力线等都是通过线对象来表示的。创建线对象的工具按钮有直线、折线、三点弧、曲线、多义线、平行线，还有表示封闭线对象的矩形、圆角矩形、多边形、平行四边形、圆心半径圆、两点圆、三点圆、椭圆以及斜椭圆等，要注意的是封闭的线对象是没有填充的。

3）面对象：即面状符号。面对象是用来表现封闭物体的，在地图上代表称为多边形或面状的地物类型。行政区、土壤、植被、湖泊等都可以通过面对象来表示。面对象还可以表现地理上一些特殊的面状地物类型，如岛、环、飞地等。创建线对象的工具按钮有矩形、圆角矩形、多边形、平行四边形、圆心半径圆、两点圆、三点圆、椭圆、斜椭圆、公共多边形以及带洞多边形等。

4）文本对象：即地物注记。文本对象主要用来表现地图上的地理名称、各种说明注记和数字注记。创建文本对象有两种方式，一种是创建普通文字注记；一种是创建沿线注记。

（3）选择要查询图形对象所在的数据集并将该数据集设置为可编辑状态。

在工程管理器窗口中选择要查询图形对象所在的数据集。

将该数据集设置为可编辑状态。

在地图窗口中进行全域显示、漫游平移、放大等操作，找到要查询的图形（点对像、线对像、面对像等）。

（4）选择要查询的点、线、面图形对像，单击右键，打开属性表。

按下"选择"按钮，移动鼠标使指针光标指向要查询的图形对象单击右键。

弹出选项菜单。

选择选项菜单上"空间信息"、"属性信息"单击，分别打开相应属性表。

属性表中可详细列出点的平面坐标位置和高程、线段的长度和方向、等高线的高程、面状符号表示的图斑的碎部点平面坐标位置、图斑的面积、图斑的地类属性等等。

具体操作详见有关 GIS 软件手册。

一、求图上某点的坐标和高程

1. 确定点的坐标

对于数字地形图，在 AotuCAD、GIS 等相关软件中打开文件，移动鼠标使指针指向

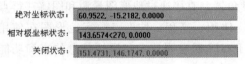

图 8-6　坐标值的显示

屏幕上的欲求点，则界面下方状态栏即可显示该点坐标。在屏幕底部状态栏中显示当前光标所处位置的坐标值，该坐标值有三种显示状态，如图 8-6 所示。

（1）绝对坐标状态：显示光标所在位置的坐标。

（2）相对极坐标状态：在相对于前一点来指定第二点时可使用此状态。

（3）关闭状态：颜色变为灰色，并"冻结"关闭时所显示的坐标值。

可根据需要在这三种状态之间进行切换，方法也有 3 种：

（1）连续按 F6 键可在这三种状态之间相互切换。

（2）在状态栏中显示坐标值的区域，双击也可以进行切换。

（3）在状态栏中显示坐标值的区域，单击右键可弹出快捷菜单，如图 8-7 所示，可在菜单中选择所需状态。

AutoCAD 系统提供的世界坐标系（WCS）是一个绝对的坐标系。通常，AutoCAD 打开数字地形图构造新图形时将自动使用 WCS，数字地形图本身具有的坐标信息自动显示绝对坐标状态，一般

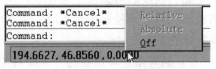

图 8-7　坐标显示快捷菜单

是该数字地形图图幅所在地区的独立坐标，而 GIS 中根据软件不同设置可显示独立坐标和经纬度形式的地理坐标。虽然 WCS 不可更改，但可以从任意角度、任意方向来观察或旋转。

对于纸质地形图，如图 8-8，欲求图中 P 点坐标，可以根据地形图内图廓坐标格网的坐标值确定。

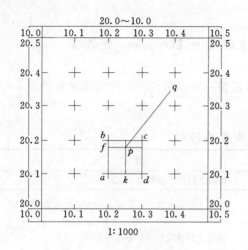

图 8-8　点位坐标的量测

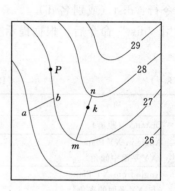

图 8-9　点高程的确定

首先找出点 P 所在坐标格网 abcd 的西南角 a 点坐标为

$$X_a = 20.1\text{km}; \quad Y_a = 10.2\text{km}$$

再按地形图比例尺 1:1000 量取 $af = 80.2\text{m}$ 和 $ak = 50.3\text{m}$，则点 P 坐标值为

$$X_p = X_a + af = 20100 + 80.2 = 20180.2(\text{m})$$
$$Y_p = Y_a + ak = 10200 + 50.3 = 10250.3(\text{m})$$

考虑到图纸会产生伸缩，使坐标格网边长 1 往往不等于理论长度（本例=100m）。为提高坐标值量测精度，还应量取 ab 和 ad 的长度予以校核。可采用下式进行计算

$$x_P = x_a + \frac{l}{ab}af$$
$$y_p = y_a + \frac{l}{ad}ak$$

$$(8-1)$$

2. 在图上求点的高程

在地形图上的任一点，可以根据等高线及高程标记确定其高程。如图 8-9，P 点正好在等高线上，则其高程与所在的等高线高程相同，从图上看为 27m。如果所求点不在等高线上，如图中的 k 点，则过 k 点作一条大致垂直于相邻等高线的线段 mn，量取 mn 的长度 d，再量取 mk 的长度 d_1，k 点的高程 H_k 可按比例内插求得

$$H_k = H_m + \Delta h = H_m + \frac{d_1}{d}h$$

$$(8-2)$$

式中：H_m 为 m 点的高程，h 为等高距。

在图 8-8 中，$h=1\text{m}$，$H_m = 27\text{m}$，量得 $mn = 12\text{mm}$，$mk = 8\text{mm}$，则

$$H_k = 27 + (8/12) \times 1 \approx 27.7(\text{m})$$

二、求图上两点间的距离

1. 数字地形图上求两点间的距离

用 AutoCAD 在数字地形图上求两点间的距离时,"dist"命令用于计算空间中任意两点间的距离。该命令的调用方法为:

工具栏:"Inquiry(查询)"→

菜单:【Tool(工具)】→【Inquiry(查询)】→【Distance(距离)】

命令行:dist(或别名 di)

调用"dist"命令后,根据提示分别指定第一点和第二点,查询结果包括表 8-1 中所示各项。

表 8-1   DIST 命 令 查 询 内 容

项 目	含 义
Distance（距离）	两点之间的三维距离
Angle in XY Plane（XY 平面中倾角）	两点之间连线在 XY 平面上的投影与 X 轴的夹角
Angle from XY Plane（与 XY 平面的夹角）	两点之间连线与 XY 平面的夹角
Delta X（X 增量）	第 2 点 X 坐标相对于第 1 点 X 坐标的增量
Delta Y（Y 增量）	第 2 点 Y 坐标相对于第 1 点 Y 坐标的增量
Delta Z（Z 增量）	第 2 点 Z 坐标相对于第 1 点 Z 坐标的增量

如果查询的某直线本身是数字地形图上的已有的图形,则右键单击选择该直线图形,调用"dist"命令打开属性表查询该线距离。如果要查询的直线本身不是数字地形图上的已有的图形,先用精确捕捉端点的方法查询两点绘制直线,然后再查询该直线距离。

数字地形图用实测坐标记录地面点的位置,所以查询的直线距离就是实际距离,不需要用比例尺换算。

2. 纸质地形图上求图上两点间的距离

在纸质地形图上求图上两点间的距离可用图解法和解析法。

(1)图解法:即用卡规在图上直接卡出两点间线段长度,再与图示比例尺比量,即可得其水平距离。也可以用毫米尺量取图上该两点间长度并按地形图比例尺换算为水平距离,但后者受图纸伸缩的影响。

(2)解析法:在纸质地形图上使用解析法是当欲量测的距离较长时,为了消除图纸变形的影响以提高精度,可用两点的坐标计算距离。如图 8-8 求 p 点与 q 点之间的水平距离,首先按式(8-1)求出两点的坐标分别为 x_q、y_p 和 x_p、y_q,然后按下式计算水平距离

$$D_{qp} = \sqrt{(x_p - x_q)^2 + (y_p - y_q)^2} = \sqrt{\Delta x_{qp}^2 + \Delta y_{qp}{}^2} \tag{8-3}$$

三、求某直线的坐标方位角

1. 数字地形图上求某直线的坐标方位角

用 AutoCAD 在数字地形图上求某直线的坐标方位角时,如查询的某直线本身是数字

地形图上的已有的图形，则右键单击选择该直线图形，调用"dist"命令，该命令也可用于计算空间中任意两点间的直线与起始方向之间的角度。该命令的调用方法为：

工具栏："Inquiry（查询）"→ ▭

菜单：【Tool（工具）】→【Inquiry（查询）】→【Angle（角度）】

命令行：dist（或别名 di）

调用"dist"命令后，根据提示分别指定第一点和第二点，查询结果包括表8-2中所示各项。

表 8-2 　　　　　　　　　　DIST 命 令 查 询 内 容

项 目	含 义
Distance（距离）	两点之间的三维距离
Angle in XY Plane（XY平面中倾角）	两点之间连线在 XY 平面上的投影与 X 轴的夹角
Angle from XY Plane（与 XY 平面的夹角）	两点之间连线与 XY 平面的夹角
Delta X（X增量）	第 2 点 X 坐标相对于第 1 点 X 坐标的增量
Delta Y（Y增量）	第 2 点 Y 坐标相对于第 1 点 Y 坐标的增量
Delta Z（Z增量）	第 2 点 Z 坐标相对于第 1 点 Z 坐标的增量

打开以上属性表查询该线坐标方位角。如果要查询的直线本身不是数字地形图上的已有的图形，可用精确捕捉端点的方法对要查询的两点绘制直线，然后再查询该直线坐标方位角。

AutoCAD 中求某直线的坐标方位角要注意的是，AutoCAD 系统默认设置的世界坐标系（WCS）是笛卡儿坐标系，即以东（图幅右方）为起始 0 方向作为 X 轴，北（图幅上方）为 Y 轴，角度按逆时针方向旋转。测量工作中的坐标系则以北（图幅上方）为 X 轴，作为起始标准方向，以东（图幅右方）作为 Y 轴，并按标准方向开始顺时针旋转至某直线方向的角度来定义方位角。所以 AutoCAD 中应根据测量工作的坐标定义在"单位选项"中对角度进行设置。

2. 纸质地形图上求图上某直线的坐标方位角

在纸质地形图上求图上某直线的坐标方位角也可用图解法和解析法。

（1）图解法：如图 8-10 所示，求直线 BC 的坐标方位角时，可先过 B、C 两点精确地作平行于坐标格网纵线的直线，然后用量角器量测 BC 的坐标方位角 α_{BC} 和 CB 的坐标方位角 α_{CB}。

同一直线的正、反坐标方位角之差应为 180°。但是由于量测存在误差，设量测结果为 α'_{BC} 和 α'_{CB}，则可按下式计算 α_{BC}

$$\alpha_{BC} = 1/2(\alpha'_{BC} + \alpha'_{CB} \pm 180°) \qquad (8-4)$$

按图 8-10 的情况，式（8-4）右边括弧中应取"—"号。

（2）解析法：在纸质地形图上用解析法求直线 BC 的坐标方位角，先求出 B、C 两点的坐标，然后再按下式计算 BC 的坐标方位角

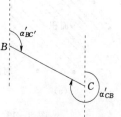

图 8-10　图解法求
坐标方位角

$$\alpha_{BC} = \arctan \frac{y_C - y_B}{x_C - x_B} = \arctan \frac{\Delta y_{BC}}{\Delta x_{BC}} \qquad (8-5)$$

当直线较长时，解析法可取得较好的结果。

四、确定直线的坡度

设地面两点间的水平距离为 D，高差为 h，而高差与水平距离之比称为坡度，以 i 表示，则 i 可用下计算

$$i = \frac{h}{D} = \frac{h}{dM} \qquad (8-6)$$

式中　d——两点在图上的长度（m）；

M——地形图比例尺分母。

如 a、b 两点，其高差 h 为 1m，若量得 ab 图上的长为 1cm，并设地形图为 1∶5000，则 ab 线的地面坡度为

$$d = \frac{h}{iM} = \frac{1}{0.01 \times 5000} = \frac{1}{50} = 2\%$$

坡度 i 常以百分率或千分率表示。

如果两点间的距离较长，中间通过疏密不等的等高线，则上式所求地面坡度为两点间的平均坡度。

五、图形面积的量算

1. 数字地形图上图形面积的量算

AutoCAD 中打开数字地形图，右键单击选择欲量测的图形，用面积查询命令可以计算一系列指定点之间的面积和周长，或计算多种对象的面积和周长。此外，该命令还可使用加模式和减模式来计算组合面积。

"area" 命令的调用方法为：

工具栏："Inquiry（查询）"→![工具图标]

菜单：【Tool（工具）】→【Inquiry（查询）】→【Area（面积）】

命令行：area（或别名 aa）

AutoCAD 通过两种形式来使用 "area" 命令，（如图 8-11 所示）。

（1）调用 "area" 命令后，根据提示指定一系列角点，AutoCAD 将其视为一个封闭多边形的各个顶点，并计算和报告该封闭多边形的面积和周长。

（2）调用 "area" 命令后，根据提示某个对象，AutoCAD 将计算和报告该对象的面积和周长。可被 "area" 命令所使用的对象包括圆、椭圆、样条曲线、多段线、正多边形、面域和实体等。

在计算某对象的面积和周长时，如果该对象不是封闭的，则系统在计算面积时认为该对象的第一点和最后一点间通过直线进行封闭；而在计算周长时则

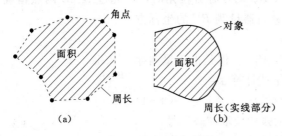

图 8-11　面积计算示意图

(a) 计算指定点的面积和周长；(b) 计算
指定对象的面积和周长

为对象的实际长度，而不考虑对象的第一点和最后一点间的距离。

在通过上述两种方式进行计算时，均可使用"加（Add）"模式和"减（Subtract）"模式进行组合计算。

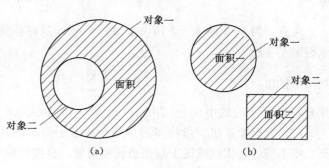

（1）Add（加）：使用该选项计算某个面积时，系统除了报告该面积和周长的计算结果之外，还在总面积中加上该面积。

（2）Subtract（减）：使用该选项计算某个面积时，系统除了报告该面积和周长的计算结果之外，还在总面积中减去该面积。

图 8-12　计算组合面积

（a）使用减模式计算组合面积；（b）使用加模式计算组合面积

如图 8-12（a）所示，在加模式下选择对象一，在减模式下选择对象二，则总面积为对象一和对象二之间部分。图 8-12（b）中分别在加模式下选择对象一和对象二，则总面积为面积一和面积二之和。

系统变量 AREA 存储由"area"命令计算的最后一个面积值。系统变量 PERIMETER 存储"area"、"dblist"和"list"命令计算的最后一个周长值。

2. 纸质地形图上图形面积的量算

在纸质地形图上，对图形的面积量算的方法一般有两种：解析法和图解法。解析法是根据实测的数值按公式计算面积的方法，包括坐标法和几何图形法；图解法是指从图上直接量算面积的方法，包括几何要素法、膜片法、求积仪法、沙维奇法等。

（1）坐标法。通常一个地块的形状是一个任意多边形，其范围内可以是一个街道的土地，也可以是一个宗地，或一个特定的地块。坐标法是指按地块边界的拐点坐标计算地块面积的方法。其坐标可以在野外实测，也可以在地形图上图解量算。

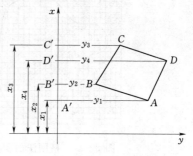

如图 8-13 所示，已知多边形 $ABCD$ 各顶点坐标为 (x_1, y_1)、(x_2, y_2)、(x_3, y_3)、(x_4, y_4)，则多边形 $ABCD$ 面积 P 等于面积 $C'CD$（P_1）加面积 $D'DAA'$（P_2）再减去面积 $C'CBB'$（P_3）和面积 $B'BAA'$（P_4）。即

图 8-13　坐标法面积量算

$$P = P_1 + P_2 - P_3 - P_4$$

化为一般形式

$$2P = (y_3 + y_4)(x_3 - x_4) + (y_4 + y_1)(x_4 - x_1)$$
$$- (y_3 + y_2)(x_3 - x_2) - (y_2 + y_1)(x_2 - x_1)$$
$$= -y_3 x_4 + y_4 x_3 - y_4 x_1 + y_1 x_4 + y_3 x_2 - y_2 x_3 + y_2 x_1 - y_1 x_2$$
$$= x_1(y_2 - y_4) + x_2(y_3 - y_1) + x_3(y_4 - y_2) + x_4(y_1 - y_3)$$

若图形有 n_0 个顶点，则上式为

$$2P = x_1(y_2 - y_n) + x_2(y_3 - y_1) + x_3(y_4 - y_2) + x_4(y_1 - y_{n-1})$$

即
$$P = \frac{1}{2}\sum_{i=1}^{n} x_i(y_{i+1} - y_{i-1}) \tag{8-7}$$

注意，当 $i=1$ 时 y_i-1 用 y_n。式（8-7）是将各顶点投影于 x 轴算得的。若将各顶点投影于 y 轴

同法可推出
$$P = \frac{1}{2}\sum_{i=1}^{n} y_i(x_{i-1} - x_{i+1}) \tag{8-8}$$

注意，当 $i=1$ 时式中 x_i-1 用 x_n。式（8-7）和式（8-8）可以互为计算检核。

（2）几何要素法。指将多边形划分成若干简单的几何图形，如三角形、梯形、四边形、矩形等。在实地或图上量测边长和角度，根据面积计算公式，计算出各个简单几何图形的面积，再计算出多边形的面积。

（3）膜片法。指用伸缩性小的透明的赛璐珞、塑料、玻璃或胶片等制成的刻有等间隔网、线标度的膜片，将膜片放在地形图上所要规划的图形的适当位置进行面积量算的方法。

1）格网法（方格法）。如图 8-14，要计算规划图形范围内的面积，先将透明方格膜片覆盖在图形上，方格间距为 1mm×1mm，则每一个方格面积为 1mm² 的正方形。数出规划图形范围内完整的方格数 n_1 和不完整的方格数 n_2，则面积 A 可按下式计算

$$A = \left(n_1 + \frac{1}{2}n_2\right)\frac{M^2}{10^6}\text{m}^2 \tag{8-9}$$

式中 M 为地形图比例尺分母。

2）平行线法。如图 8-15 所示，将绘有等距平行线的透明膜片覆盖在图形上，使两条平行线与图形边缘相切，则相邻两平行线间截割的图形面积可近似视为梯形。梯形的高

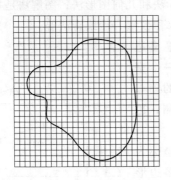

图 8-14　格网法面积量算

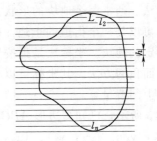

图 8-15　平行线法面积量算

为平行线间距 h，图形截割各平行线的长度为 l_1、l_2、…、l_n 则各梯形面积分别为：
$$S_1 = 1/2h(0+l_1)$$
$$S_2 = 1/2h(l_1+l_2)$$
$$\vdots$$
$$S_n = 1/2h(l_n-1+l_n)$$
$$S_n+1 = 1/2(l_n+0)$$

则总面积为
$$A = S_1 + S_2 + \cdots + S_n + S_{n+1} = h\sum_{i=1}^{n} l_i \tag{8-10}$$

（4）求积仪法。求积仪是一种以地图为对象量算面积的仪器，其优点是操作简便、速度快、适用于任意曲线包围图形的面积量算，且能保证一定的精度。最早使用的是机械求积仪，由于科技的进步，近年来已研制出多种电子求积仪，如数字求积仪、光电求积仪。

1）数字求积仪。数字求积仪是采用集成电路制造的一种新型求积仪。性能优越，可靠性好，操作简便。图 8-16 是日本生产的 X—PLAN360 型电子求积仪。该仪器不仅能量测面积，且同时可量测线长。当图形为多边形时，不需描迹各边，只要依次描对各顶点，就可以自动显示面积和线长（周边长）。

2）光电求积仪。光电求积仪主要有光电面积

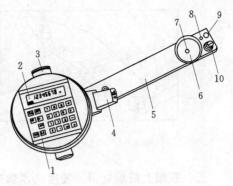

图 8-16　电子求积仪

1—键盘；2—显示器；3—滚轮；4—描杆固定扳手；5—描杆；6—描迹放大镜；7—描点；8—LED 表示；9—测定方式变换开关；10—START/POINT 开关

量测仪和密度分割仪。光电面积量测仪是将量测图形经过处理后，进行扫描，通过光电变换将扫描图像各像元反射光强的变化转换为光电流，变成电位的脉冲信号驱动电子计数，达到自动量测面积的目的；密度分割仪是用一个光导摄像装置进行光电扫描，把图像上每一像元的密度值变换为模拟电压信号，经过模数转换，成为不同电平等级的数字信号，通过编码电路处理和电子求积装置量测面积。

第三节　地形图在规划设计中的应用

一、按规划设计方向绘制断面图

在道路、管线工程设计中，为了合理地确定线路的纵坡并进行填挖方量的概算，需要了解沿线路方向的地面坡度变化状况。所以，常根据地形图等高线绘制沿设计方向的断面图。

如图 8-17 所示，欲规划设计该地形图上 MN 方向的断面图：

（1）在设计图纸图 8-18 上绘制直角坐标，以横轴 MN 表示水平距离，水平距离的比例尺一般与地形图比例尺相同。过 M 点作 MN 的垂线作为纵轴表示高程。为了更加明显地反映地面的起伏变化，一般高程比例尺比水平比例尺大 10～20 倍。图 8-18 的水平比例尺是 1：2000，高程比例尺为 1：200。然后，在纵轴上注明高程，并按地形图等高距绘制与横轴 MN 平行的高程线。高程起始值要选择恰当，使绘出的断面图位置适中。

（2）地形图上 MN 直线与各等高线的交点分别是 a、b、c、…、i，将 M 至各交点的距离截取到设计图纸图 8-18 的横轴 MN 上并定出相应的位置。自横轴 MN 上各点向上做垂线，与各点在地形图上的高程值相对应的平行线相交得到一系列交点，其中断面过山脊、山顶或山谷处的高程变化点的高程（如 f、g 和 h、i 点之间），可用比例内插法求得。最后，用光滑的曲线将这些交点连接起来，即得规划设计的 MN 方向的断面图。

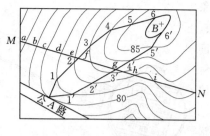

图 8-17　地形图等高线

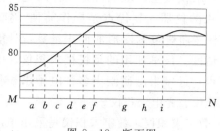

图 8-18　断面图

二、在图上按规划设计坡度选定最短线路

在道路、管线、渠道等工程设计时，往往要求选择一条不超过某一限制坡度的最短路线。如图 8-17 所示，设计用的地形图比例尺为 1∶2000，等高距为 1m。要求从现状公路上的 A 点到山顶 B 点规划设计一条新公路，其坡度不大于 5%（限制坡度）。为了满足限制坡度的要求，根据下式计算出该路线经过相邻等高线之间的最小水平距离

$$d=\frac{h}{iM}=\frac{1}{0.05\times 2000}=0.01(\text{m}) \tag{8-11}$$

以 A 点为圆心，以 d 为半径画弧交 81m 等高线于点 1，再以点 1 为圆心，以 d 为半径画弧，交 82m 等高线于点 2，依此类推，直到 B 点附近为止。然后连接 A、1、2、…、B，便在图上得到符合限制坡度的路线。这只是 A 到 B 的路线之一，为了便于选线比较，还需另选一条路线，如 $A 1' 2'…B$，同时考虑其他因素，如少占农田，建筑费用最少，避开塌方或崩裂地带等，以便确定路线的最佳方案。

如遇等高线之间的平距大于 1cm，以 1cm 为半径的圆弧将不会与等高线相交。这说明坡度小于限制坡度。在这种情况下，路线方向可按最短距离绘出。

三、在地形图上确定汇水范围

修筑大坝、桥梁、涵洞和排水管道等工程时，都要根据汇集到某河道或谷地的雨、雪水来确定流量，以便在工程设计中计算桥梁、涵洞孔径的大小、水坝的设计位置与坝高、水库的蓄水量等。这个汇水范围的面积称为汇水面积（或称集雨面积）。

由于雨水是沿山脊线（分水线）向两侧山坡分流，所以汇水范围的边界线是由一系

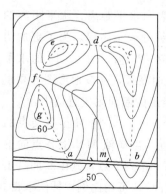

图 8-19　汇水范围的确定

列的山脊线及与其相连的山顶、鞍部等地貌特征点和规划设计的构筑物等线段围合而成的。如图 8-19 所示，一条公路经过山谷，拟在 m 处架桥或修涵洞，其孔径大小应根据流经该处的流水量决定，而流水量又与山谷的汇水面积有关。由图可以看出，由山脊线 bc、cd、de、ef、fg、ga 与公路上的 ab 线段所围成的面积，就是这个山谷的汇水面积。量测该面积的大小，再结合气象水文资料，便可进一步确定流经公路 m 处的水量，从而对桥梁或涵洞的孔径设计提供依据。

确定汇水面积的边界线时，应注意以下几点：

（1）汇水范围边界线（除公路 ab 段外）应与山脊线一

致，且与等高线垂直。

（2）汇水范围边界线是经过一系列的山脊线、山头和鞍部的曲线，并与河谷的规划设计横剖面（此处为设计公路的中心线）闭合。

第四节　地形图在平整土地中的应用

在用地竖向规划设计、土地整理、各种工程建设中，往往要对原地形作必要的改造，以便适于布置各类建筑物，排除地面水以及满足交通运输和敷设地下管线等。这种改造称之为平整土地。

在平整土地规划设计和施工工作中，其方法有多种，如用地竖向规划设计中的纵横断面法、设计等高线法、标高坡度结合法等，以及随之进行的填挖土（石）方量的概算。根据不同要求，一般分为将土地平整为水平面和倾斜面两种情况。

一、整理为水平面的土方计算

整理为水平面，同时要求填、挖方平衡。有方格网法、断面法等。

1. 方格网法

如图 8-20 所示，设在 1：1000 地形图上将原地貌平整为挖填土方量平衡的水平场地。

（1）在地形图上绘方格网。方格的边长取决于地形复杂程度和土方的估算精度，一般为 10m 或 20m。方格网绘制完后，根据地形图上的等高线，用内插法求出每一方格顶点的地面高程，并注记在相应方格顶点的右上方，如图 8-20 所示。

（2）计算场地填、挖方平衡的设计高程。用方格网法平整土地，设计高程 H_0 的推导为：先

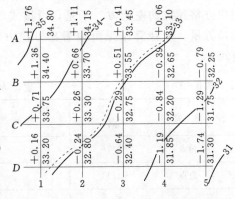

图 8-20　平整为水平场地方格网法土方计算

求出各方格四个顶点高程的平均值，然后将其相加再除以方格总数，就得到设计高程 H。

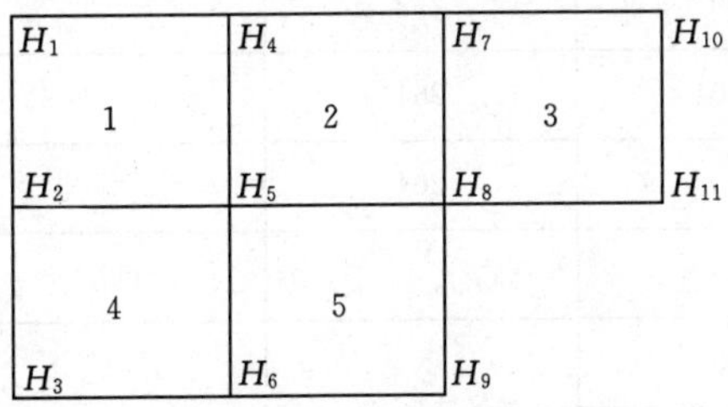

如图 8-21 所示，设 H_1、H_2、H_3、H_4、… 分别表示各桩点的高程，则：

第 1 方格平均高程 $=(H_1+H_2+H_4+H_5)/4$；

第 2 方格平均高程 $=(H_4+H_5+H_7+H_8)/4$；

……

第 5 方格平均高程 $=(H_5+H_6+H_8+H_9)/4$。

所以平整土地总的平均高程 H_0 为 5 个方格平均高程再取平均，即

图 8-21　方格网法土方计算

$$H_0=\frac{1}{5}\left[\frac{H_1+H_{10}+H_{11}+H_9+H_3}{4}+\frac{2(H_4+H_7+H_6+H_2)}{4}+\frac{3H_8}{4}+\frac{4H_5}{4}\right]$$

式中：H_1、H_{10}、H_{11}、H_9、H_3 均为角点；H_4、H_7、H_6、H_2 均为边点；H_8 为拐点；H_5 为中点；分母 5 表示方格数。

从上式设计高程 H_0 的计算方法和图 8-20 可以看出，位于方格网各个角的角点 A_1、A_4、B_5、D_1、D_5 的高程只用了一次；位于方格网各个边的边点 A_2、A_3、B_1、C_1、C_5、D_2、D_3、D_4 的高程用了二次；位于方格网拐点 B_4 的高程用了三次；而位于方格网中间的中点 B_2、B_3、C_2、C_3、C_4 的高程都用了四次，因此上式设计高程的计算公式可写为通式形式：

$$H_0 = (\sum H_角 + 2\sum H_边 + 3\sum H_拐 + 4\sum H_中)/4n \tag{8-12}$$

将图 8-20 方格顶点的高程代入式 (8-12)：即可计算出设计高程为 33.04m。用内插法在地形图上标绘出 33.04m 等高线（图中虚线），此线就是填方和挖方的边界线。

（3）计算挖、填高度。根据设计高程和方格顶点的高程，可以计算出每一方格顶点的挖、填高度，即

$$挖、填高度 = 地面高程 - 设计高程 \tag{8-13}$$

将图中各方格顶点的挖、填高度写于相应方格顶点的左上方。正号为挖深，负号为填高。

（4）计算挖、填土方量。如图 8-20 所示，设每一方格面积为 400m²，计算的设计高程是 33.04m，每一方格的挖深或填高数据已分别按式 (8-13) 计算出，并已注记在相应方格顶点的左上方。于是，可按式 (8-14) 列表（见表 8-3）分别计算出挖方量和填方量。从计算结果可以看出，挖方量和填方量是相等的，满足"挖、填平衡"的要求。

表 8-3　　　　　　　　　　挖、填土方量计算

点号	位置	挖　深 (m)	填　高 (m)	所占面积 (m²)	挖方量 (m²)	填方量 (m²)
A_1	角点	+1.76		100	176	
A_2	边点	+1.11		200	222	
A_3	边点	+0.41		200	82	
A_4	角点	+0.06		100	6	
B_1	边点	+1.36		200	272	
B_2	中点	+0.66		400	264	
B_3	中点	+0.51		400	204	
B_4	拐点		-0.39	300		117
B_5	角点		-0.79	100		79
C_1	边点	+0.71		200	142	
C_2	中点	+0.26		400	104	
C_3	中点		-0.29	400		116
C_4	中点		-0.84	400		336

续表

点号	位置	挖　深 （m）	填　高 （m）	所占面积 （m²）	挖方量 （m²）	填方量 （m²）
C_5	边点		-1.29	200		258
D_1	角点	0.16		100	16	
D_2	边点		-0.24	200		48
D_3	边点		-0.64	200		128
D_4	边点		-1.19	200		238
D_5	角点		-1.74	100		174
					$\sum$：1494	$\sum$：1494

$$
\left.
\begin{aligned}
&\text{角点挖（填）土方量} = (1/4) \times \text{挖（填）高} \times \text{方格面积}\\
&\text{边点挖（填）土方量} = (2/4) \times \text{挖（填）高} \times \text{方格面积}\\
&\text{拐点挖（填）土方量} = (3/4) \times \text{挖（填）高} \times \text{方格面积}\\
&\text{中点挖（填）土方量} = \text{挖（填）高} \times \text{方格面积}
\end{aligned}
\right\}
\tag{8-14}
$$

2. 断面法

断面法是以一组等距（或不等距）的相互平行的截面将拟整治的地形分截成若干"段"，计算这些"段"的体积，再将各段的体积累加，从而求得总的土方量。

断面法的计算公式如下

$$
V = \frac{S_1 + S_2}{2} L
\tag{8-15}
$$

式中　S_1、S_2——两相邻断面上的填土面积（或挖土面积）；

　　　　L——两相邻断面的间距。

断面法根据其取断面的方向不同主要分为垂直断面法和水平断面法（等高线法）两种。

（1）垂直断面法。如图 8-22 所示之 1：1000 地形图局部，$ABCD$ 是计划在山梁上拟平整场地的边线。设计要求：平整后场地的高程为 67m，AB 边线以北的山梁要削成 1：1 的斜坡。分别估算挖方和填方的土方量。

1）$ABCD$ 场地部分。根据 $ABCD$ 场地边线内的地形图，每隔一定间距（本例采用的是图上 10cm）画一垂直于左、右边线的断面图，图 8-22（b）为 $A-B$、1-1 和 8-8 的断面图（其他断面省略）。断面图的起算高程定为 67m，这样一来，在每个断面图上，凡是高于 67m 的地面和 67m 高程起算线所围成的面积即为该断面处的挖土面积，凡由低于 67m 的地面和 67m 高程起算线所围成的面积即为该断面处的填土面积。

例如：$A-B$ 断面和 1-1 断面间的填、挖方为

$$
V_填 = V'_填 + V''_填 = \frac{S'_{A-B} + S'_{1-1}}{2} L + \frac{S''_{A-B} + S''_{1-1}}{2} L
\tag{8-16}
$$

$$
V_挖 = \frac{S_{A-B} + S_{1-1}}{2} L
\tag{8-17}
$$

2）AB 线以北的山梁部分。首先按与地形图基本等高距相同的高差和设计坡度，算出所设计斜坡的等高线间的水平距离。在本例中，基本等高距为 1m，所设计斜坡的坡度

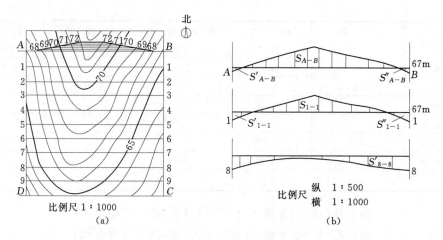

图 8-22 垂直断面法

为 1：1，所以设计等高线间的水平距离为 1m，按照地形图的比例尺，在边线 AB 以北画出这些彼此平行且等高距为 1m 的设计等高线，如图 8-22（a）中 AB 边线以北的虚线所示。每一条斜坡设计等高线与同高的地面等高线相交的点，即为零点。把这些零点用光滑的曲线连接起来，即为不填不挖的零线。在零线范围内，就是需要挖土的地方。

为了计算土方，需画出每一条设计等高线处的断面图，如图 8-22（b）所示，画出了 68-68 和 69-69 两条设计等高线处的断面图（其他断面省略）。

（2）等高线法（水平断面法）。当地面高低起伏较大且变化较多时，可以采用等高线法。此法是先在地形图上求出各条等高线所包围的面积，乘以等高距，得各等高线间的土方量，再求总和，即为场地内最低等高线以上的总土方量。如要平整为一水平面的场地，其设计高程可按下式计算

$$H_0 = H_{低} + \frac{V_{总}}{S} \tag{8-18}$$

式中　$H_{低}$——场地内的最低高程，一般不在某一条等高线上，需根据相邻等高线内插求出；

$V_{总}$——场地内最低高程以上的总土方量；

S——场地总面积，由场地外轮廓线决定。

当设计高程求出以后，后续的计算工作可按方格网法进行。

3. 按设计高程平整为水平面

此种情况的土方计算更为简单。比较上例，可省去设计高程的计算，其余步骤均相同，此不赘述。

二、整理成倾斜面的土方计算

将原地形改造成某一坡度的倾斜面，一般可根据填、挖平衡的原则，绘出设计倾斜面的等高线。但是有时要求所设计的倾斜面必须包含不能改动的某些高程点（称为设计斜面的控制高程点），例如，已有道路的中线高程点，永久性或大型建筑物的外墙地坪高程等。如图 8-23 所示，设 A、B、C 三点为控制高程点，其地面高程分别为 54.6m，51.3m 和

53.7m。要求将原地形改造成通过 A、B、C 三点的倾斜面。为了确定填挖的界线，必须先在地形图上作出设计面的等高线。由于设计面是倾斜的，所以设计面上的等高线应当是等距的平行线。其步骤如下：

1. 确定设计面的倾向轴及设计等高线的平距

对于 A（高程 54.6m）、B（高程 51.3m）、C（高程 53.7m）三个控制高程点而言，经过最高点 A 和最低点 B 的直线方向，就是所要设计斜面的倾斜方向，AB 线即为倾向轴，它一般是设计斜面上建筑布局、道路管道、场地排水的纵轴方向。用比例内插法在 AB 方向线上求出高程 54、53、52m 等各点的位置，也就是设计等高线应经过 AB 线上的相应位置，如 d、e、f、g 等点。

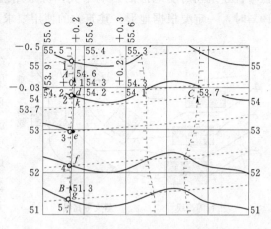

图 8-23 平整为倾斜面场地方格法土方计算

2. 确定设计等高线的延伸方向

在 AB 直线上求出点 k，使其等高于 C 点的高程（53.7m）。过 kC 连一线，则 kC 方向就是设计等高线的延伸方向。

3. 内插倾斜面的各个设计等高线

过 d、e、f、g 等各点作 kc 的平行线（图中的虚线），即为倾斜面的设计等高线。过设计等高线和原同高程的等高线交点的连线，如连接 1、2、3、4、5 等点，就可得到挖、填边界线。图中绘有短线的一侧为填土区，另一侧为挖土区。

4. 计算挖、填土方量

与前一方法相同，首先在图上绘方格网，并确定各方格顶点的挖深和填高量。不同之处是各方格顶点的设计高程是根据设计等高线内插求得的，并注记在方格顶点的右下方。其填高和挖深量仍记在各顶点的左上方。挖方量和填方量的计算和前一方法相同。

第五节　地形图在城市规划中的应用

在城市规划中，地形因素是贯穿城镇体系规划、城市总体规划、城市分区规划、城市详细规划以及各个专项规划的主导因素之一。在总体规划阶段，通常选用 1∶1 万或 1∶5000 地形图。在详细规划阶段，考虑到建筑物、道路等各项工程初步设计的需要，通常选用 1∶2000、1∶1000、1∶500 的地形图。在总体规划阶段，通过对中等尺度的地貌类型的分析，如断层、滑坡、崩塌、倒石堆、塌陷、岩溶、落水洞、冲沟等，做出建用地适宜性评价，进行合理的用地竖向规划，避开不利条件的用地以确定城市发展的方向，进行建设用地选址；在控制性详细规划和修建性详细规划阶段，在应用地形图进行建筑物总平面布局、道路系统组织、管线工程与市政设施、环境与绿地时，要考虑坡度、坡向等地形因素对道路组织形态格局、绿地系统格局、建筑群平面组织形式、建筑间距（通风、日照、排水、防震等）的直接性影响，还要考虑各种地形因素对局地气候、水文综合作用所引发的环境生态效应。

一、地形与建筑物布置

平地坡度一般在3%以下时，建筑物和道路布置均较自由。3%～10%的坡地为缓坡，在布置建筑物时受地形的影响不大，可采用筑台和提高勒脚的方法来处理。当坡度大于10%时，一定要根据地形、建筑物的使用要求和经济效果来综合考虑。

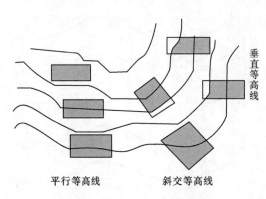

图 8-24 地形与建筑物布置

在有坡度的地区进行建筑物的布置和组织交通时应尽量减少土石方量。在有较大坡度的地形上，建筑物可采用平行于等高线、垂直于等高线或斜交于等高线等不同的方法进行布置。平行于等高线布置建筑物是最常见的一种方法，这种布置方法道路和阶梯容易处理，基础工作量节省。但室外排水须妥善安排。坡度大时，场地土石方工程量较大。此外，当与朝向矛盾时则很难布置理想，在建筑物背面，房间采光、通风亦较差；有时为解决朝向等矛盾，可采用垂直于等高线布置建筑物。这种布置在通风、采光、排水等方面都比前一种平行于等高线的方式容易处理，但室内基础及堡坎工作量大，房屋易受潮，不适宜于起伏多变的地形；斜交于等高线布置建筑物的方式，道路及联系阶梯容易布置，室外排水较好。坡度平缓时，堡坎及场地土石方量都较小。但房屋基础工程费用较高，建筑用地面积较大，也不大适用于起伏多变的地形（图8-24）。

二、地形与建筑通风

通常，影响建筑自然通风的，主要是大尺度的气候类型下的盛行风。但在山区，由于地形及温差影响产生的局地小气候，往往对建筑通风起着主要作用，这里将其称为地形风。常见的有山阴风、顺坡风、山谷风、越山风、山口风等，其成因各不相同。

地形风不仅成因不同，而且受地形条件的影响，风向变化较为频繁。当风吹向山丘时，在山丘的周围会形成不同的风向区（图8-25）。建筑物处在不同的风向区内，自然通风的效果将显著不同。表8-4列出不同风向区内气流的特点和在各区内布置建筑物适宜的方式。

表 8-4　　　　　　　　　　风向区内气流的特点和建筑物布置方式

分区	风向区名称	气 流 特 点	建 筑 布 置 方 式
1	迎风坡	风向垂直等高线	建筑物宜平行或斜交于等高线布置
2	顺风坡	风向平行等高线	建筑物宜斜交于等高线布置
3	背风坡	可能产生涡风或绕风	可布置对通风条件要求不高的建筑物
4	涡风区	在水平面上产生涡风	可布置对通风条件要求不高的建筑物
5	高压风区	风压较大的地块	不宜建高层建筑，以免背面涡风区产生更大涡流
6	越山风坡	风从山顶越过	夏季凉风较多，但冬季要注意防风

三、地形与建筑日照

在平地，建筑群合理日照间距只与建筑物布置形式和朝向有关。在山地和丘陵地区，除上述两个因素外，还需要考虑地形的坡向和坡度的影响。

在向阳坡，当建筑物平行等高线布置时，坡度越大，日照间距越小，反之日照间距越大。所以可以利用向阳坡日照间距小的特点，增加建筑密度或布置高层建筑，以充分利用建筑用地（图8-26）。

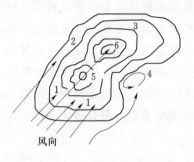

图8-25　山丘风向区

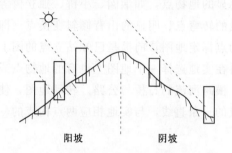

图8-26　阳坡、阴坡建筑物布置

在背阴坡，当建筑物平行等高线布置，日照标准一定时，则日照间距比在向阳坡、平地上大很多。为了合理利用地形，争取良好的日照，可采取以下措施：

（1）建筑物错列布置。

（2）建筑物长轴方向顺沿日照方向竖向斜列式布置。

（3）建筑物长轴方向垂直日照方向横向斜列式布置。

（4）垂直或斜交等高线布置，从而缩小间距并争取不与等高线垂直的中午前或后的直射阳光。

（5）适当布置点式建筑，在长列建筑物前布置高层点式建筑，可缩小间距，从两栋点式建筑之间透过直射阳光。

由以上所述，地形因素对建筑群布置的各种影响不是彼此孤立的，而是相互联系相互制约的。因此，在进行控制性详细规划、修建性详细规划时，综合考虑各项规划设计条件、规划设计要求进行总平面布局。

第六节　地形图的野外应用

地形图判读、地形图目视分析、地形图量测分析、地形图图解分析、利用地形图进行规划设计等地形图的应用一般是在室内进行的。此外，在城乡规划管理、土地资源管理、建筑工程、地学研究等工作中，往往还要在野外使用地形图通过定向、定位、填图等完成土地利用调查、现场踏勘等任务。

一、地形图定向

实地使用地图，首先要标定地形图方向，也就是要使图上的已知方向线与地面上相应的方向线一致。

1．罗盘定向

实地利用罗盘判定方位是定向最基本的方法。判定时，将罗盘平持放置在地形图上并使罗盘长边贴靠地形图上磁子午线，同时转动罗盘和地形图，并使罗盘磁针与地形图上磁子午线平行。待磁针稳定指向罗盘刻度上的 0°（即磁北）时，地形图方向即和实地的磁北方向保持一致，面向磁北，左为西、右为东、背后为南，如图 8-27 所示。

2．明显的地物、地貌点定向

明显的地物点，如烟囱、小桥、独立树等；明显的地貌点，如山顶、鞍部、分水线与集水线的转弯点、明显的山背倾斜变换点（即由陡变缓或由缓变陡的明显位置）等。利用明显的点标定地图，前提是已知站立点的图上位置。标定时，先确定站立点在地图上的位置，再在实地选择一个地图上也有的地物点或地貌点，如图 8-28 中山顶上的高塔、山下河流、横跨河流的石桥与公路。转动地图，使地图上的站立点和已选择的一地物点或地貌点构成的一条直线，与实地相应两点构成的一条直线概略重合，并且方向一致，地图即已标定。

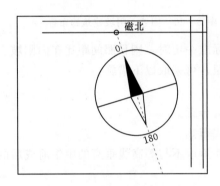 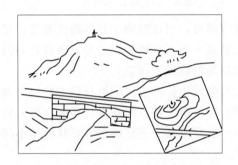

图 8-27　利用罗盘定向　　　　图 8-28　利用明显地物、地貌标定地图方向

站立点是在实地桥梁的中间，地图上即为桥梁符号的中点。在实地选择山顶上的宝塔，地图上有相应的宝塔符号。标定地图时，面向实地宝塔，平持并转动地图，使地图上桥梁符号的中点（也可以看成是整个桥梁符号）和宝塔符号构成的直线与实地相应两点构成的直线概略重合，地图即已标定。但要特别注意的是方向一致，即地图上宝塔符号应在前方。这种标定地图的方法简便、迅速。

3．利用明显的直长地物标定方向

直长地物是指较直且长的线状地物，如道路、沟渠、电线、围墙等。当在直长地物上或一侧运动时，可利用其标定地形图方向。标定时，在地形图上找到实地直长地物相应的符号，转动地形图，使地形图上的直长地物符号与实地相对应的直长地物概略重合，地形图即已标定（图 8-29）。在道路上运动，需要标定地形图时，平持且转动地形图，使图上道路符号与实地道路概略重合，地图即已标定。但要注意的是：实地水渠、土坡位于右侧，独立房屋、小路、稻田位于左侧，标定地形图时，图上水渠、土坡也应位于图上站立点的右侧，独立房屋、小路、稻田位于左侧，否则，标定后的地图方位和实地方位就会相反。

二、确定站立点

标定地图方向后，就应随即确定站立点在图上的位置，然后才能开始野外调查和地形图填图工作。

1. 综合分析法

用这种方法确定站立点时，先进行控制对照，即对站立点附近明显地形特征进行综合分析。这时的控制对照是在站立点不明确的情况下进行的，但站立点所在地图上的范围是清楚的，控制对照时，应根据各明显地形点的特征及其相互关系位置，通过综合分析，是可以确定其图上位置的。

如图 8-30 所示，用图者站在三角标左下方的山背上，根据左侧冲沟和前方山顶的关系，确定站立点在图上的位置。

图 8-29　利用直长地物标定地图

图 8-30　综合分析法

2. 后方交会法

后方交会法通常是在地形较平坦、通视较好的地段上采用。用这种方法确定站立点时，先通过控制对照，在实地较远处选择两个地图上也有的明显地形点。如图 8-31 所示，选择远处山顶与高塔，右侧的河沟。然后标定地图，用指北针长尺边切于地形图上山顶高塔的定位点，摆动直尺，向实地相应山顶上的高塔瞄准后，沿直尺边向后画方向线；用同样的方法向实地河沟与道路的交叉处瞄准后并画方向线；两方向线的交点就是站立点的图上位置。由于野外条件限制，一般不能采用直尺瞄准精确确定站立点，只能用上述原理直接目测出方向线，确定站立点的概略位置。

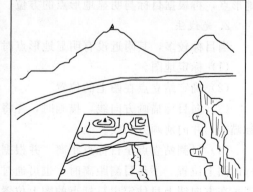

图 8-31　后方交会法

3. 截线法

截线法是在线状地物上或一侧运动时采用。其要领是：标定地图方向后，在线状地物一侧较远处的实地，选择一个地图上也有的明显地形点，如图 8-32 所示，在道路一侧运

动，在道路一侧较远处选择山顶上的高塔为明显地
形点，将直尺切于地形图上高塔符号，摆动直尺，
向实地山顶上高塔瞄准，直尺切于塔的一侧与道路
符号的交点，就是站立点的图上位置。同样也可以
直接采用目测瞄准的方法确定。

4. 磁方位角交会法

当在植被密集、通视不良的地段时，由于地形
图与实地对照不便，加之看不到目标实地位置，不
能从图上照准目标，可采用磁方位角交会法确定。
其方法是：首先攀登到便于通视远方的高处，在远
处选定两个地形图上也有的明显地物点。并分别测

图 8-32　截线法

出站立点到这两个目标点的磁方位角。将罗盘长尺边依次切于地形图上的定位点上，分别
以这两点为轴摆动罗盘，并使磁针北端指向所测相应的磁方位角分划，然后沿长尺边画出
方向线，两方向线的交点即为站立点的图上位置。也可直接在高处概略标定地图方向，按
后方交会法用目测方向线的方法确定站立点的图上概略位置。

采用以上三种方法确定站立点，两交会线的夹角应大于30°、小于150°，否则误差
较大。

三、确定目标点

在进行地形图与实地对照以及在踏勘调查中需要明确前进方向和路线时，都要确定目
标点的图上位置。

1. 目估法

当目标点在明显地物、地形点上时，从图上找出该明显地物、地形点，即为目标点在
图上的位置。

当目标点在明显地物、地形点附近时，应先标定地图方向，在图上找出该明显地物、
地形点，再根据目标与明显地形点的方位、距离和高差等，将目标点目估定于地形图上。

2. 光线法

当目标较多，其附近没有明显地形点时，多采用光线法确定目标点的图上位置。

（1）标定地图。

（2）确定站立点在图上的位置。

（3）向目标描画方向线，描画时，先将罗盘直尺边切于图上的站立点，再向现地各目
标瞄准，并向前画方向线。

（4）目测站立点至目标点距离，并根据距离按地形图比例尺在各方向线上截取相应目
标的图上位置。不易目测距离时，也可通过分析地形层次，或目标点与附近地形的关系位
置，在方向线上目估定出目标点的图上位置。

3. 前方交会法

当目标点较远且附近又无明显地形点时，可在两个测站点上用前方交会法确定目标点
在图上的位置，如图 8-33 所示。

（1）选定实地与地形图上都有的2～3个明显地形点，作为测站点。

（2）在第 1 点上先标定地图，确定该点图上位置；再以指北针沿直尺边切该点于向实地目标点，如河流对岸的高塔瞄准后，并向前画方向线。

（3）以同样方法在第 2 点上描画方向线，两方向线的交点"A"就是目标点（河流对岸高塔）在地形图上的位置。

综上所述，站立点和目标点的确定是互为条件的。根据已知站立点可以确定目标点；根据已知目标点也可以确定站立点。

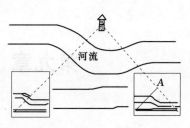

图 8-33 前方交会法

四、地形图填图

在野外利用地形图定向定位后，实地对照地形图（大多数情况下还采用最新拍摄的航空相片或高分辨率卫星相片），对站立点周围地物地貌逐一判读，并将野外调查、实地判读的内容，如土地利用现状调查中行政境界和土地权属调查、地类调绘、线状地物调绘、零星地物和新增地物调绘等结果填绘到地形图、航片、卫片相应位置，以便回到室内作为编制土地利用现状图、建设规划项目踏勘分析的基础资料。

思 考 题 与 习 题

1. 地形图的应用有哪几方面？基本应用又有哪些？

2. 如何求一条直线的坐标方位角？

3. 地形图的定向有哪几类？

4. 如何确定目标点？

5. 图 8-34 为某幅 1:1000 地形图中的一格，试求：

（1） A、B、C、D 四点的坐标及 AC 直线的坐标方位角。

（2） A、D 两点的高程。

（3）用坐标法计算四边形 ABCD 的面积。

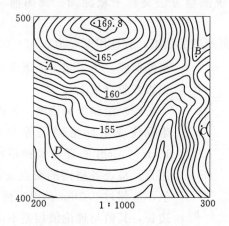

图 8-34　1:1000 地形图

第九章 大比例尺地形图测绘

在国民经济建设、行政管理、科学研究等各项工作中，一般是利用国家基本比例尺地形图作为底图进行相关的专业性规划设计。但由于国家基本比例尺地形图本身存在一定测图周期，使其所反映的内容相对滞后于现状。部门、单位有时针对于工程建设的规划设计和具体施工有着特殊需要，这时往往在小范围区域内通过地面实际测量特定的大比例尺地形图。

大比例尺地形图没有严格统一的大地坐标系统和高程系统，有些按照国家统一规定的坐标系统和高程系统测绘，有些则采用某个城市坐标系统、假定坐标系统。这类地形图有些是按照国家比例尺地形图系列选择比例尺，有些则根据具体工程需要选择适当比例尺。在分幅上多采用正方形或矩形分幅法和数字顺序编号法，而且可以结合工程规划、施工的特殊要求，对测图规范和图式做一些补充规定。

地形图测绘的方法有全站仪测图、GPS—RTK测图、平板测图、航空摄影测图、编绘法成图等。其中以平板仪、经纬仪、钢尺为主要测量工具的地形图成图是传统测绘方法；全站仪测图、GPS—RTK测图并辅以电子手簿、计算机、绘图仪则是数字化测图方法。

本章介绍这种大比例尺地形图测绘的各项工作，并简单介绍地籍测量、航空摄影测量及"3S"技术的有关内容。

第一节 大比例尺地形图的传统测绘方法

一、测图前的准备工作

大比例尺地形图的传统测绘方法又称平板测图。测图前，应准备好仪器、工具及资料。

（1）准备测图板。地形原图的图纸，宜选用厚度为0.07～0.1mm，伸缩率小于0.2%聚酯薄膜。为了减少图纸变形，应将图纸裱糊在锌板、铝板或胶合板上。

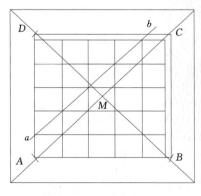

图9-1 坐标网格

（2）绘制坐标格网。如图9-1所示，在图纸上用坐标仪或坐标格网尺等专用仪器工具精确地绘制10cm×10cm的直角坐标格网。坐标格网画好后，要用直尺检查各格网的交点是否在同一直线上，其偏离值不应超过0.2mm。用比例尺检查10cm小方格网的边长，其值与理论值相差不应超过0.2mm。小方格网对角线长度（14.14cm）误差不应超过0.3mm。如超过限差，应重新绘制。最后按地形图的分幅位置，将坐标格网线的坐标值注在相应格网边线的外侧。

（3）展绘控制点。展点时，先要根据控制点的坐标，确定所在的方格。如控制点 A 的坐标 $x_A = 647.43\text{m}$，$y_A = 634.52\text{m}$（见图 9-2），可确定其位置应在 $plmn$ 方格内。然后按 y 坐标值分别从 l、p 点按测图比例尺向右各量 34.52m，得 a、b 两点。同法，从 p、n 点向上各量 47.43m，得 c、d 两点。连接 ab 和 cd，其交点即为 A 点的位置。同法将图幅内所有控制点展绘在图纸上，并在点的右侧以分数形式注明点号及高程，如图中 1、2、…、5 点。最后用比例尺量出各相邻控制点之间的距离，与相应的实地距离比较，其差值不应超过图上 0.3mm。

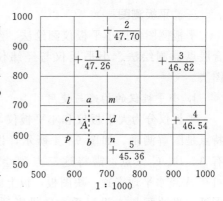

图 9-2 展绘控制点

二、碎部测量

碎部测量就是在各个图根控制点上安置仪器，测定地物、地貌特征点的平面位置和高程，并按规定的比例尺和符号缩绘成地形图的工作。

碎部测量时要选择确定碎部点。碎部点是地物、地貌的特征点。对于地物，碎部点应选在地物轮廓线的方向变化处，如房角点，道路转折点，交叉点，河岸线转弯点以及独立地物的中心点等。连接这些特征点，便得到与实地相似的地物形状。由于地物形状极不规则，一般规定主要地物凸凹部分在图上大于 0.4mm 均应表示出来，小于 0.4mm 时，可用直线连接。对于地形来说，碎部点应选择那些分布在最能反映地形特征的山脊线、山谷线、山脚线上的特征点，如山脊线上的山顶、鞍部、山脚，山谷线上的谷头、谷口，山坡坡度变化及方向变化处的特征点，如图 9-3 所示，山脊线、山谷线、山脚线这些构成复杂地形"骨架"的棱线因而又称为地性线。根据这些地性线上碎部点的高程勾绘等高线，即可将

图 9-3 山坡地形实图

地形表示出来。为了能真实地表示实地情况，在地面平坦且坡度无显著变化地区，进行平板测图时，碎部点的间距和测碎部点的最大视距应符合表 9-1 的规定。城镇建筑区的最大视距参见表 9-2。

表 9-1　平坦地区碎部测量控制

测图比例尺	地形点最大间距 (m)	最大视距 (m)	
		主要地物点	次要地物点和地形点
1∶500	15	60	100
1∶1000	30	100	150
1∶2000	50	180	250
1∶5000	100	300	350

表 9-2　城镇建筑区碎部测量控制

测图比例尺	最大视距 (m)	
	主要地物点	次要地物点和地形点
1∶500	50（量距）	70
1∶1000	80	120
1∶2000	120	200

三、平板测图

平板测图包括小平板仪测绘法、经纬仪配合展点器测绘法、小平板仪与经纬仪联合测图法。

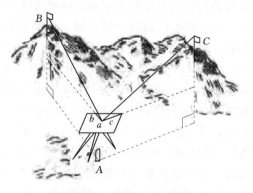

图 9-4 小平板仪测绘

1. 小平板仪的构造与使用

平板仪分为大平板仪和小平板仪，其主要特点是图解测量。如图 9-4 所示，设地面上有 A、B、C 三点，需将这三点测绘于图上，可在 A 点水平地安置一块图板，板上固定一张图纸。将地面点 A 沿铅垂方向投影到图纸上，定出 a 点。设想过 AB、AC 方向作两个竖直面，则竖直面与图纸的交线 ab、ac 所夹的角度 $\angle bac$ 就是地面上 $\angle BAC$ 的水平投影。此时如果测得 AB、AC 的距离，按规定的比例尺在 ab、ac 方向上定出 b、c 两点，则图纸上的图形 bac 相似于地面上图形 BAC，这就是平板仪测量原理。

（1）小平板仪的构造。如图 9-5（a）所示，小平板仪主要由图板、照准器和三脚架所组成。附件有对点器和长盒罗盘。小平板的基座多为球窝式接合，如图 9-5（b）所示，在三脚架头 a 上有金属的碗状球窝，球窝内嵌入一个具有同样半径的金属半球 b 和连接螺旋 c，图板由连接螺旋连接在三脚架上。借助整平螺旋 V 可将图板安置在水平位置，螺旋 V_1 用来控制图板水平方向的螺旋。

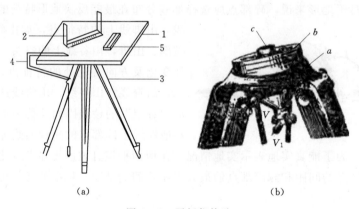

图 9-5 平板仪构造
（a）小平板仪；（b）三脚架
1—图板；2—照准器；3—三脚架；4—对点器；5—长盒罗盘

照准器由具有刻划的直尺、接目觇板、接物觇板及水准器组成，由接目觇板的觇孔及接物觇板的照准丝构成的视准面来瞄准目标。对点器由金属叉架和垂球组成，借助对点器可使地面点与图上相应点安置在同一铅垂线上。长盒罗盘用来标定图板方向。

（2）平板仪的安置。平板仪安置在测站上，需要进行对中、整平和定向。由于它们之间的互相影响，很难一次就把平板仪安置好，必须先用目估法将平板仪粗略定向、整平和对中，再以相反的顺序进行精确的对中、整平和定向。

1）对中。如图 9-6 所示，对中就是使图上已知点 a 和地面上相应的测站点 A 位于同一铅垂线上。其方法是先使对点器的尖端对准图上 a 点，移动脚架使垂球尖对准地面点 A。对点的容许误差与比例尺大小有关，一般规定为 $0.05\text{mm} \times M$，M 为比例尺分母。具体要求见表 9-3。

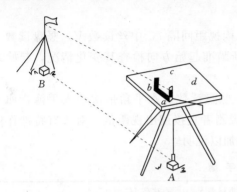

图 9-6 平板仪的安置

表 9-3 对点的容许误差

测图比例尺	对中容许误差（cm）	对中的方法
1 : 500	2.5	对点器对中
1 : 1000	5	对点器对中
1 : 2000	10	目估法对中
1 : 5000	25	目估法对中

2）整平。整平的目的是使图板处于水平位置。首先调整三脚架，使图板基本水平，然后再调整平板使照准仪上的水准管气泡居中，当安放照准器在两个互相垂直的方向上水准管气泡都居中时，测图板即水平，再拧紧整平螺旋。

3）定向。定向就是使图上的已知方向线与地面上相应的方向线一致。其方法有两种：① 用磁针定向，将长盒罗盘的长边贴靠图纸上磁子午线，转动图板，使磁针指向零点，然后固定图板即可，磁针定向一般只在首站测图时定图板方向用；② 用已知直线定向，将平板仪安置在 A 点，对中整平后，将照准器的直尺边紧靠于图板上已绘出的相应于地面上 AB 直线的已知直线 ab（图 9-6），转动图板，使照准器瞄准地面点 B，固定图板，这就完成了用已知直线定向工作。用已知直线定向时，其定向精度与定向用的直线长度有关，已知方向线越长，定向越准确。为保证精度，可用另一已知方向线校核。

2. 经纬仪配合展点器测绘法

经纬仪配合展点器测绘法的实质是按极坐标定点进行测图，观测时先将经纬仪安置在测站上，绘图板安置于测站旁，用经纬仪测定碎部点的方向与已知方向之间的夹角、测站点至碎部点的距离和碎部点的高程。然后根据测定数据用量角器、比例尺或坐标展点器把碎部点的位置展绘在图纸上，并在点的右侧注明其高程，再对照实地描绘地形。此法操作简单，灵活，适用于各类地区的地形图测绘。操作步骤如下：

（1）安置仪器。如图 9-7 所示，安置仪器于测站点（控制点 A）上，量取仪器高 i，填入手簿。

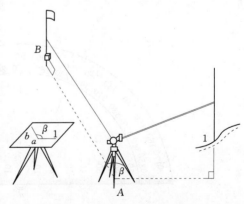

图 9-7 经纬仪配合展点器测绘

（2）定向。置水平度盘读数为 $0°00'00''$，后视另一控制点 B。

（3）立尺。立尺前，立尺员应弄清实测范围和实地情况，选定立尺点，并与观测员、绘图员共同商定跑尺路线。然后依次将尺立在地物、地貌特征点上。立尺时应将标尺竖直，并随时观察立尺点周围情况，弄清碎部点之间的关系，地形复杂时还需绘出草图，以协助绘图人员作好绘图工作。

（4）观测。转动照准部，瞄准点 l 的标尺，读视距间隔 l，中丝读数 V，竖盘读数 L 及水平角 β。每观测 20～30 个碎部点后，应重新瞄准起始方向检查其变化情况，起始方向度盘读数偏差不得超过 $4'$。

（5）记录。将测得的视距间隔、中丝读数、竖盘读数及水平角依次填入手簿，如表 9－4所示。有些手簿视距间隔栏为视距 Kl，由观测者直接读出视距值。对于有特殊作用的碎部点，如房角、山头、鞍部等，应在备注中加以说明。

表 9－4 　　　　　　　　　　碎 部 测 量 手 簿

测站：A　后视点：B　仪器高 $i=1.42$m　指标差 $x=0$　测站高 $H_A=207.40$

点号	尺间隔 l （m）	中丝读数 （m）	竖盘读数 L	竖直角 α	初算高度 h' （m）	改正数 $(i-v)$ （m）	改正后高差 h （m）	水平角 β	水平距离 （m）	高程 （m）	点号	备注
1	0.760	1.42	$93°28'$	$-3°28'$	-4.59	0	-4.59	$114°00'$	75.7	202.81	1	山脚
2	0.750	2.42	$93°00'$	$-3°00'$	-3.92	-1.00	-4.92	$132°30'$	74.8	202.48	2	山脚
3	0.514	1.42	$91°45'$	$-1°45'$	-1.45	0	-1.57	$147°00'$	51.4	205.83	3	鞍部
4	0.257	1.42	$87°26'$	$+2°34'$	$+2.34$	0	$+1.15$	$178°25'$	25.6	208.55	4	山顶

（6）计算。依视距 Kl，竖盘读数 L 或竖直角 α，以视距测量方法用计算器计算出碎部点的水平距离和高程。

（7）展绘碎部点。将量角器的圆心与图上测站点 a 对准，转动量角器，将量角器上等于 β 角值（碎部点 1 为 $114°00'$）的刻划线对准起始方向线 ab（图 9－8），此时量角器的零方向便是碎部点 1 的方向，然后用测图比例尺按测得的水平距离在该方向上定出点 1 的位置，并在点的右侧注明其高程。

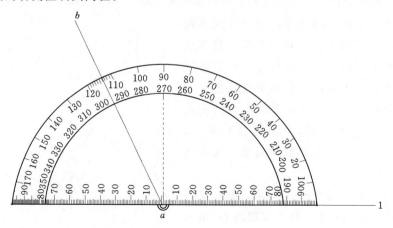

图 9－8 　量角器展绘

同法，测出其余各碎部点的平面位置与高程，绘于图上，并随测随绘等高线和地物，绘图人员要注意图面正确整洁，注记清晰，并做到随测点，随展绘，随检查。为了检查测图质量，仪器搬到下一测站时，应先观测前站所测的某些明显碎部点，以检查由两个测站测得该点平面位置和高程是否相符。如相差较大，则应查明原因，纠正错误，当确认地物、地貌无测错或漏测时，方可迁站再继续进行测绘。

若测区面积较大，可分成若干图幅，分别测绘，最后拼接成全区地形图。为了相邻图幅的拼接，每幅图应绘出图廓外 5mm。

3. 小平板仪与经纬仪联合测图法

这种方法的特点是将小平板仪安置在测站上，以描绘测站至碎部点的方向，而将经纬仪安置在测站旁边，以测定经纬仪至碎部点的距离和高差。最后用方向与距离交会的方法定出碎部点在图上的位置。具体作法如下：

如图 9-9 所示，先将经纬仪安置在测站 A 附近 1~2m 的 A′点，量出 AA′的距离和经纬仪的仪高 i。立尺于 A 点上，经纬仪视线水平时瞄准尺子并读取中丝读数 l，求得 A′点的高程（$H'_A = H_A + l - i$）。然后将小平板仪安置于 A 点上，以图纸上已知直线 ab 瞄准 B 点进行定向，起始方向偏差在图上不得大于 0.3mm。再用照准器瞄准经纬仪的垂球线，在图纸上画出方向线 aa′并按测图比例尺将 A′点缩绘在图上，定出 a′点。测图时，观测员以照准器直尺边缘切于图上 a 点，瞄准碎部点 1 的尺子，在图纸上画出

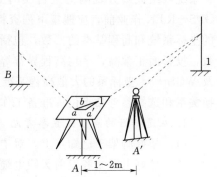

图 9-9 小平板仪与经纬仪联合测图

方向线 al。此时经纬仪也瞄准 1 点，用视距法测出 A′点至 1 点的水平距离和高差。在图纸上以 a′为圆心，以 A′1 距离为半径，与 al 方向交出 1 点，点旁注以高程。同法，可测得其他碎部点的位置。

第二节 大比例尺地形图的数字化测图方法

一、全站仪测图

全站仪测绘地形图的方法有编码法、草图法等。当采用编码法作业时，宜采用通用编码格式，也可使用软件的自定义功能和扩展功能建立用户的编码系统进行作业；当采用草图法作业时，应按测站绘制草图，并对测点进行编号。测点编号应与仪器的记录点号相一致。草图的绘制，宜简化标示地形要素的位置、属性和相互关系等。

先在测站上安置全站仪，量出仪器高 i，后视另一控制点进行定向，使水平度盘读数为 0°00′00″。

立尺员将单棱镜装在专用的测杆上，并读出棱镜标志中心在测杆上的高度 v，可使 v=i。立尺时将棱镜面向全站仪立于碎部点上。

观测时，瞄准棱镜的标志中心。测出斜距 L，竖直角 α，读出水平度盘读数 β，并记入内存、手簿或予以手工记录。

外业工作完成后，应该及时对采集的数据进行检查处理，删除或标注作废数据、重测超限数据、补测错漏数据。对检查修改后的数据，应及时与计算机联机通信，生成原始数据文件，利用相关软件辅助制图；当采用手工记录时，按前述经纬仪配合展点器测绘法成图的步骤，整理斜距 L、竖直角 α、水平角 β 等数据，计算水平距离 D 和高程 H。然后，将碎部点展绘于纸质地形图上。

二、GPS－RTK 测图

GPS－RTK（Real Time Kinematic，实时动态测量）是基于 GPS 载波相位观测值的实时动态定位技术，它能够实时地提供测站点在指定坐标系中的三维定位结果，并达到厘米级精度。在 RTK 作业模式下，参考站通过数据链将其观测值和测站坐标信息一起传送给流动站。流动站不仅通过数据链接收来自参考站的数据，还要采集 GPS 观测数据，并在系统内组成差分观测值进行实时处理。流动站可处于静止状态，也可处于运动状态。GPS－RTK 作业前，应搜集下列资料：① 测区的控制点成果及 GPS 测量资料；② 测区的坐标系统和高程基准的参数，包括参考椭球参数，中央子午线经度，纵、横坐标的加常数，投影面正常高，平均高程异常等；③ WGS－84 坐标系与测区地方坐标系的转换参数及 WGS－84 坐标系的大地高程基准与测区的地方高程基准的转换参数。还要完成建立转换关系和选择参考站点位等准备工作，然后按以下步骤测图：

1. 在选择好的点位设置参考站

（1）架好脚架于已知点上，对中整平（如架在未知点上，则大致整平即可）。

（2）接好电源线和发射天线电缆。注意电源的正负极正确（红正黑负）。

（3）打开主机和电台，主机开始自动初始化和搜索卫星，当卫星数和卫星质量达到要求后（大约 1min），主机上的 DL 指示灯开始 5 秒钟快闪两次，同时电台上的 TX 指示灯开始每秒钟闪 1 次。这表明参考站差分信号开始发射，整个参考站开始正常工作。

设站时应注意，为了让主机能搜索到更多数量卫星和高质量卫星，参考站一般应选在周围视野开阔的地方，避免在截止高度角 15 度以内有大型建筑物的场地设参考站；为了让参考站差分信号能传播的更远，参考站一般应选在地势较高的位置。

2. 流动站作业

（1）将流动站主机接在碳纤对中杆上，并将接收天线接在主机顶部，同时将手簿夹在对中杆的适合位置。

（2）打开主机，主机开始自动初始化和搜索卫星，当达到一定的条件后，主机上的 DL 指示灯开始 1 秒钟闪 1 次（必须在参考站正常发射差分信号的前提下），表明已经收到参考站差分信号。

（3）打开手簿，启动相应软件。如手簿冷启动后则桌面上的快捷方式消失，这时必须在 Flashdisk 中启动原文件（我的电脑→Flashdisk→SETUP→ERTKPro2.0.exe）。

（4）启动软件后，软件一般会自动通过蓝牙和主机连通。如果没连通则首先需要进行设置蓝牙（工具——→连接仪器——→选中"输入端口：7"——→点击"连接"）。

（5）软件在和主机连通后，软件首先会让流动站主机自动去匹配参考站发射时使用的通道。如果自动搜频成功，则软件主界面左上角会有信号在闪动。如果自动搜频不成功，则需要进行电台设置（工具——→电台设置——→在"切换通道号"后选择与参考站电台相同的通道——点击"切换")。

(6) 确保蓝牙连通和收到差分信号后, 开始新建工程 (工程——新建工程)。依次按要求填写或选取如下工程信息: 工程名称、椭球系名称、投影参数设置、四参数设置 (未启用可以不填写)、七参数设置 (未启用可以不填写) 和高程拟合参数设置 (未启用可以不填写), 最后确定, 工程新建完毕。

(7) 进行校正。校正有两种方法。

1) 利用控制点坐标库 (设置——控制点坐标库) 求四参数。在控制点坐标库界面中点击"增加", 根据提示依次增加控制点的已知坐标和原始坐标, 一般至少两个控制点, 当所有的控制点都输入以后, 查看确定无误后, 单击"保存", 选择参数文件的保存路径并输入文件名, 建议将参数文件保存在当前工程下文件名 result 文件夹里面, 保存的文件名称以当天的日期命名。完成之后单击"确定"。然后单击"保存成功"小界面右上角的"OK", 四参数已经计算并保存完毕。

2) 校正向导 (工具——校正向导), 这时又分为两种模式。(注意: 此方法只在此介绍单点校正, 一般是在有四参数或七参数的情况下才通过此方法进行单点校正。) ① 参考站架在已知点上: 选择"参考站架设在已知点", 点击"下一步", 输入参考站架设点的已知坐标及天线高, 并且选择天线高形式, 输入完后即可点击"校正"。系统会提示是否校正, 并且显示相关帮助信息, 检查无误后"确定"校正完毕; ② 参考站架在未知点上: 选择"参考站架设在未知点", 再点击"下一步"。输入当前流动站的已知坐标、天线高和天线高的量取方式, 再将流动站对中立于已知点上后点击"校正", 系统会提示是否校正, "确定"即可。

进行校正应注意, 如果当前状态不是"固定解"时, 会弹出提示界面, 这时应该选择"否"来终止校正, 等精度状态达到"固定解"时重复上面的过程重新进行校正。

(8) 将对中杆立在需测的点上, 当状态达到固定解时, 就可以保存数据。

第三节 地形图的绘制

绘制出清晰美观、规范准确的地形图是测量工作的主要目的之一。碎部测量使用全站仪、GPS-RTK 等数字测图的方法时, 外业工作只在野外采集数据而并未在现场成图。所以数字测图的地形图绘制一般是在室内借助 AutoCAD、GIS 等软件, 通过数据处理、图形数据编辑、图形截幅、绘图比例尺确定、图式符号注记及图廓整饰等计算机绘图, 最后在绘图仪上自动绘图。

在平板测图中, 外业工作是先将测定的碎部点展绘在图上, 然后就可对照实地随时描绘地物和勾绘等高线。当然, 也可以用测记法 (野外测记, 室内成图模式), 在完成外业工作后, 在内业对照现场绘制的草图上已标注的点号, 结合手工记录的测量数据进行绘图。

一、地物描绘

地物要按地形图图式规定的符号表示。房屋轮廓需用直线连接起来, 而道路、河流的弯曲部分则是逐点连成光滑的曲线。不能依比例描绘的地物, 应按规定的非比例符号表示。

二、等高线勾绘

勾绘等高线时，首先用铅笔轻轻描绘出山脊线、山谷线等地性线，再根据碎部点的高程勾绘等高线。不能用等高线表示的地貌，如悬崖、峭壁、土堆、冲沟等，应按图式规定的符号表示。

由于碎部点是选在地面坡度变化处，因此相邻点之间可视为均匀坡度。这样可在两相邻碎部点的连线上，按平距与高差成比例的关系，内插出两点间各条等高线通过的位置。如图 9-10 所示，地面上两碎部点 C 和 A 的高程分别为 202.8m 及 207.4m，若取等高距为 1m，则其间有高程为 203、204、205、206m 及 207m 等五条等高线通过。根据平距与高差成正比例的原理，先目估定出高程为 203m 的 m 点和高程为 207m 的 q 点，然后将 mq 的距离四等分，定出高程为 204、205、206m 的 n、o、p 点。同法定出其他相邻两碎部点间等高线应通过的位置。将高程相等的相邻点连成光滑的曲线，即为等高线，如图 9-11 所示。

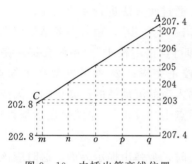

图 9-10　内插出等高线位置

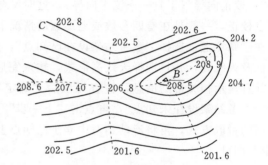

图 9-11　等高线图

勾绘等高线时，要对照实地情况，先画计曲线，后画首曲线，并注意等高线通过山脊线、山谷线的走向。地形图等高距的选择与测图比例尺和地面坡度有关，见表 9-5。

表 9-5　　　　　　　　　等 高 距 的 选 择

地面倾斜角	比 例 尺				备　　注
	1:500	1:1000	1:2000	1:5000	
0°～6°	0.5m	0.5m	1m	2m	等距离为 0.5m 时，地形点高程可注至 cm，其余均注至 dm
6°～15°	0.5m	1m	2m	5m	
15°以上	1m	1m	2m	5m	

三、地形图的拼接、检查与整饰

1. 地形图的拼接

测区面积较大时，整个测区必须划分为若干幅图进行施测。这样，在相邻图幅连接处，由于测量误差和绘图误差的影响，无论是地物轮廓线，还是等高线往往不能完全吻合。图 9-12 表示相邻上、下两图幅相邻边

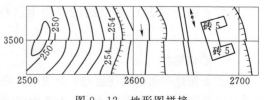

图 9-12　地形图拼接

的衔接情况，房屋、河流、等高线都有偏差。数字地形图拼接时，是借助图形编辑软件，对已建立拓扑关系的相邻图幅进行接边处理，使接边处的同名点具有等同平面坐标，接边两侧的符号注记必须保持语意一致，从而达到图幅的无缝拼接。纸质地形图拼接时，用宽5～6cm 的透明纸蒙在左图幅的接图边上，用铅笔把坐标格网线、地物、地貌描绘在透明纸上，然后再把透明纸按坐标格网线位置蒙在右图幅衔接边上，同样用铅笔描绘地物和地貌。当用聚酯薄膜进行测图时，不必描绘图边，利用其自身的透明性，可将相邻两幅图的坐标格网线重叠。若相邻处的地物、地貌偏差不超过表 9-6 中规定的 $2\sqrt{2}$ 倍时，则可取其平均位置，并据此改正相邻图幅的地物、地貌位置。

表 9-6   地 形 地 物 误 差 控 制

地 区 类 别	图 上 点位误差 (mm)	图 上 邻近地物点间距中误差 (mm)	等高线高程中误差			
			平地	丘陵地	山地	高山地
山地、高山地和设站施测困难的旧街坊内部	0.75	0.6	1/3	1/2	2/3	1
城市建筑区和平地、丘陵地	0.5	0.4				

2. 地形图的检查

为了确保地形图质量，除施测过程中加强检查外，在地形图测完后，必须对成图质量进行一次全面检查。

(1) 室内检查。室内检查的内容有：图上地物、地貌是否清晰易读，各种符号注记是否正确；等高线与地形点的高程是否相符，有无矛盾可疑之处；图边拼接有无问题等。如发现错误或疑点，应到野外进行实地检查修改。

(2) 外业检查。

1) 巡视检查：根据室内检查的情况，有计划地确定巡视路线，进行实地对照查看。主要检查地物、地貌有无遗漏，等高线是否逼真合理，符号、注记是否正确等。

2) 仪器设站检查：根据室内检查和巡视检查发现的问题，到野外设站检查，除对发现的问题进行修正和补测外，还要对本测站所测地形进行检查，看原测地形图是否符合要求。仪器检查量每幅图一般为 10% 左右。

3. 地形图的整饰

当原图经过拼接和检查后，还应清绘和整饰，使图面更加合理、清晰、美观。整饰的顺序是先图内后图外，先地物后地貌，先注记后符号。图上的注记、地物以及等高线均按规定的图式进行注记和绘制，但应注意等高线不能通过注记和地物。最后，应按图示要求写出图名、图号、比例尺、坐标系统及高程系统、施测单位、测绘者及测绘日期等。

第四节 地 籍 测 量 简 介

一、地籍调查与地籍测量

地籍是指由国家管理的、以土地权属为核心的、以地块为基础的土地及其附着物的权属、位置、数量、质量和利用现状等土地基本信息的集合，用数据、表册和图等形式表示。地籍调查是遵照国家的法律法规，采取行政、法律手段，运用科学方法，对土地及其附着物的位置、权属、数量、质量、利用现状等基本情况进行的调查。地籍测量是为获取和表达地籍信息所进行的测绘工作。其基本内容是测定土地及其附着物的位置、权属界线、用途、面积等。地籍调查与地籍测量具体工作如下：

（1）调查土地权属者状况，包括权属单位名称或个人姓名、住址和门牌号、土地编号、土地数量、面积、利用状况、土地类别及房产属性等。

（2）进行地籍控制测量，测设地籍基本控制点和地籍图根控制点。

（3）测定行政区划界线和土地权属界线的界址点坐标。

（4）由测定和调查获取的资料和数据填写地籍册、编制地籍图、计算地块和宗地面积。

（5）进行土地信息的更新，进行地籍更新测量，包括地籍图的修测、重测和地籍簿册的修编工作。

目前我国的地籍已由税收为目的的税收地籍扩大为产权保护和土地利用规划的多用途地籍，在我国社会主义市场经济中发挥着重要的功能：

（1）为征收土地税提供正确的科学的依据。

（2）为土地登记和颁发土地证，保护土地所有者和使用者的合法权益提供法律依据。

（3）为土地利用规划管理和制定土地政策提供可靠的依据。

二、地籍调查

地籍调查的主要内容包括土地权属、房产情况、土地利用类别及土地等级等。

土地权属调查的单元是一宗地（或丘）。凡被界址线所封闭的一块地，就称一宗地。一宗地原则上由一个土地使用者使用，但由几个土地使用者使用又难以完全划清的也合称一宗地。权属调查是要查清宗地权属性质、权属来源、权属主名称身份、宗地位置及四者的关系、利用状况等。房产情况调查是查明产权类别、房屋结构、层数、门牌号、占地面积和建筑面积等。土地利用类别调查主要是查清土地利用类型及分布，并量算出各类土地分类面积。

地籍调查是一项十分细致和严肃的工作，因此调查人员应认真按照有关部门制定的法规、条例和实施细则进行，同时应取得当地政府的有关部门的支持。必要时，应组成由测量人员、国土（政府）部门、地产户主三方一起实地调查，以利于调查工作的顺利开展和确保调查结果的可靠性。

地籍调查结果应编制成地籍簿册，并按规定方法、符号表示在地籍图上。

三、地籍控制测量

地籍控制测量包括基本控制点测量和地籍图根控制点测量。基本控制点包括国家各等级大地控制点、城镇地籍控制网二、三、四等控制点和一、二级小三角（或导线）控制点。以上各等级控制点，除二级外，均可作为地籍测量的首级控制。在较小地区二级控制点也可作首级控制。

上述各等级控制点的施测方法、精度要求以及各项技术规定，可参阅有关规程和规范。

地籍图根控制点是在各等级基本控制点的基础上加密施测的,主要供测绘地籍图和恢复地籍界址点使用。其施测方法可采用第六章所述的导线测量、小三角测量和交会法等。

小地区地籍平面控制网应尽量与国家(或城市)已建立的高级控制网(点)联测,若无法定测,也可建立独立的地籍控制网。

四、地籍图的测绘

地籍图是地籍要素、地物要素和数学要素的综合。地籍要素是指行政境界、权属界线、界址点、土地编号、土地利用类别、面积、等级等;地物要素是指作为界标物或地理参照的房屋、围墙、栏栅、道路、水系等地物和地理名称;地籍图数学要素则应按规定符号展绘各等级控制点、地籍图根埋石点、测绘坐标系统、图幅分幅与编号等。地籍图的测绘方法如下:

(1)全站仪测图。用全站仪观测,可自动计算并显示界址和碎部点的三维坐标 x、y、h,也可用电子手簿自动记录,并通过接口将数据输入计算机进行处理,再与绘图机连接进行自动绘图。

(2)GPS-RTK 测图。利用 GPS-RTK 接收机在野外实地测量各种地籍要素的数据,经过 GPS 数据处理软件进行预处理,按相应的格式存储在数据文件中,同时配绘草图,供测图软件进行编辑成图。GPS-RTK 接收机是一种实时、快速、高精度、远距离数据采集设备,发展于 20 世纪 90 年代中期。其显著的优点是控制点大大减少,在平坦地区,一个控制点可测量几十平方公里甚至几百平方公里,在复杂地区,也比前三种模式的控制点减少 10 倍以上,因此其测量效率大大提高。

(3)平板测图。可选用经纬仪测绘法、小平板仪与经纬仪联合测绘法、大平板仪测量等进行实地测绘。平板测图速度慢,成本高,适用于乡镇精度要求不高的小范围地籍测量。

(4)航空摄影测量。航空摄影测量在地籍测量中的应用主要有这几个方面:

1)测制多用途地籍图。

2)应用于土地利用现状图。

3)用高精度的航摄方法加密界址点坐标。

4)用数字摄影测量系统作为地籍数据库的数据采集站。航测法适用于测制大面积地籍图,其成图方法见本章第五节。

(5)编绘法。编绘法是利用符合地籍规范精度要求的已有地形图、影像平面图复制成二底图,在二底图上加测地籍要素,保留必要的地形要素,经着墨后,制作成地籍图的工作底图,再在工作底图上用薄膜透绘,清绘整饰后,制作成正式的地籍图。此法具有成图速度快成本低的优点,但精度较低,是我国目前普遍采用的为解决地籍管理中急需用图时的一种方法。

图 9-13 是城镇地籍图的一个示例。图中台基东路为街道办事处行政辖区界,以此划分为南北两个地籍区,北部属乐新街道,南部属嘉永街道。由台基东路等周边道路或河流等固定地物所包围的单元,即为街坊(地籍子区),图中表示的是乐新街道的土地编号为23 的街坊和嘉永街道的 12 号街坊。23 号街坊的代码为 W,故其界址点编号为 Wi(图中

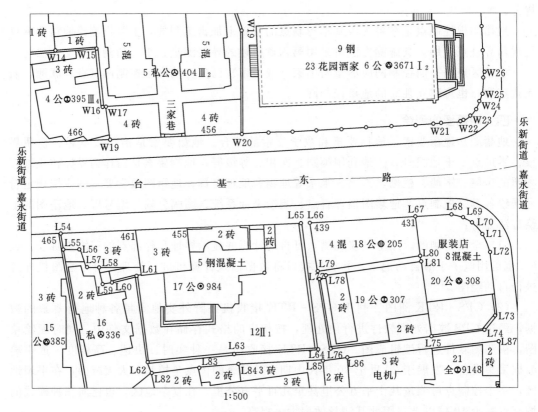

图 9-13 城镇地籍图

i 从 14 到 26）。12 号街坊的代码为 L，故其界址点编号为 Li（图中 i 从 54 到 87）。23 号街坊中的被界址点 W19、W20、W21、…、W26 所构成的界址线封闭包围的某地块——花园酒家，就成为一宗地。其地籍编号为乐新街道 23 街坊第 6 宗，该宗地土地权属为国有划拨，土地用途为商业服务业，面积 3671m²，土地等级为一等二级，房屋结构为 9 层钢结构。又如服装店是由界址点 L67、L68、L69、…、L73、L74、L75、L81、L80 所构成的界址线封闭包围的宗地，宗地编号为嘉永街道 12 街坊第 20 宗，土地权属为国有划拨，土地用途为商业服务业，面积 308m²，房屋结构是 8 层的钢筋混凝土结构。

五、土地面积量算

面积的量算有多种方法，比较常用的方法主要有解析法、图解法（包括膜片法、求积仪法等）。在地籍测量中的土地面积量算，往往要对一定行政区域内（如县、镇、村等）土地面积计算汇总或分类土地面积计算汇总。

为保证量算面积正确可靠，量算时应按下列几点要求进行：

（1）量算面积应在聚酯薄膜原图上进行。当用其他图纸时，必须考虑图纸变形的影响。

（2）面积计算不论采用何种方法，均应独立进行两次量算。两次量算结果的较差 ΔS 应满足下式

$$\Delta S \leqslant 0.0003M\sqrt{S} \tag{9-1}$$

式中　S——量算面积；

　　　M——原图比例尺分母。

（3）量算面积采用两级控制，两级平差的原则。第一级以图幅理论面积为首级控制。当各区块（街坊或村）面积之和与图幅理论面积之差小于±0.0025S_0（S_0为图幅理论面积）时，将面积闭合差按"等比例，反符号"配赋给各区块，得出各分区的面积。

第二级以上述平差后的各分区区块面积为二级控制。当量算完区块内各宗地（或图斑）的面积之后，其面积之和与该区块面积之差，即面积闭合差小于限差（相对误差小于1/100时），将面积闭合差按"等比例，反符号"配赋给各宗地，得出各宗地面积的平差值。

闭合差的平差配赋步骤如下：

（1）计算平差改正系数 K

$$K = \frac{\Delta S}{S_0} \qquad (9-2)$$

式中　ΔS——闭合差；

　　　S_0——控制面积（图幅理论面积或平差后的区块面积）。

（2）计算未经平差的各区块面积或宗地面积的改正数 V_i。改正数的符号与闭合差的符号相反，即

$$V_i = -KS_i' \qquad (9-3)$$

式中　S_i'——未经平差的各区块面积或宗地面积。

（3）计算各碎部图形平差改正后的面积 S_i 为：

$$S_i = S_i' + V_i \qquad (9-4)$$

（4）检核：用 $\sum S_i - S_0 = 0$ 进行检核。

采用实测坐标解析法计算的面积和用实量边长计算的区块面积只参与闭合差的计算，原则上不参与闭合差的配赋。

第五节　航空摄影测量简介

长期以来，实测成图法一直是测制大比例尺地形图最基本的方法。它分为地面实地测图和航空摄影测量。地面实地测图以全站仪、经纬仪等为主要仪器，外业工作强度大、成图周期长。航空摄影测量则是利用航空摄影像片测绘地形图的方法，与实地测图相比，它不仅可将大量外业测量工作改到室内完成，还具有成图速度快、精度均匀、成本低、不受气候季节限制等优点。因此，目前我国 1：5000～1：50000 国家基本比例尺地形图均采用航测方法实测成图。有条件的地区或工业、交通、电力等行业也用它来测制 1：2000、1：5000 等大比例尺地形图，并编制像片平面图供工程规划设计用。自 20 世纪 60 年代，在航空摄影测量、航空地质探矿、航空像片判读应用发展的基础上，国际上正式提出了"遥感"（Remote Sensing）这一科学术语。其后，随着计算机技术、航空航天技术应用于测绘领域，从而发展了地理信息系统（Geographical Information System）、全球定位系统（Globle Position System）。因为这三者的英文名称最后一个单词首字母都是"S"，故将这

三种技术合称为"3S"技术。

一、航摄像片的基本知识

航空摄影是用航空摄影机在飞机上对地面进行摄影，所摄得的像片是测图的基本资料。航摄像片的质量直接影响到航测内、外业的工作量、测图精度及成本等。因此，航摄时一般要在晴朗无云的天气进行，按选定的航高在测区内规划好的航线上飞行，对地面作连续摄影。航摄像片影像范围的大小叫像幅，通常采用的像幅有 18cm×18cm、23cm×23cm 等。航空摄影得到的像片要能覆盖整个测区面积，并有一定重叠度。所谓重叠度是指两张相邻像片之间重叠影像的长度，如图 9-14 所示。航摄规范规定航向重叠为60%～65%，最小不得小于 53%，旁向重叠为 15%～30%。航摄负片四周有框标志，依据框标志可以量测出像点坐标。在几何特征上，航摄像片属于中心投影，它与属于垂直投影的地形图相比有以下特点：

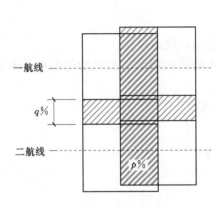

图 9-14 航摄重叠度

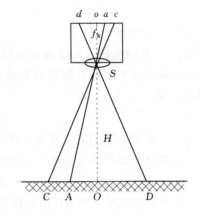

图 9-15 航摄原理图

1. 比例尺的差别

地形图是垂直投影，投影原理是将地面上的地物、地貌通过互相平行的光线投影到与光线垂直的水平面上绘制而成，因此地形图比例尺处处一致且与投影距离无关。而航摄像片是中心投影。如图 9-15 所示，地面 A 点发出的光线通过航摄仪镜头 S 投影到底片 a 点，镜头 S 是投影中心。由于点 S 到底片的距离为摄影机焦距，以 f_k 表示。由投影中心点 S 到地面的铅垂距离称为航高，以 H 表示。则可得到像片的比例尺为

$$\frac{1}{M} = \frac{oa}{OA} = \frac{f_k}{H} \tag{9-5}$$

由式（9-5）可知，中心投影受投影距离（航高）影响，像片比例尺与航高 H 和焦距 f_k 有关，所以航摄像片上比例尺并非处处一致。

2. 像点位移

由图 9-15 及航摄像片比例尺公式可知，只有当地面绝对平坦摄影时像片又能严格水平，这时中心投影图才与地形图所要求的铅垂投影保持一致，当像片水平面地面起伏时，如图 9-16 所示，A、B 为两个地面点，它们对基准面 T_o 的高差为 $+h_a$ 和 $-h_b$，A_o、B_o 地面点在基准面 T_o 上的铅垂投影，a、b 为地面点在像片上的投影，线段 aa_o、bb_o 即为由

地面起伏引起的在中心投影像片上产生的像点位移，也称投影误差。

投影误差的大小与地面点对基准面 T_o 的高差成正比例，高差越大投影误差越大。在基准面上的地面点，投影误差为零。由此可见投影误差可随着选择基准面的高度不同而变，因此，在航测内业中，可根据少量的地面已知高程点，采取分层投影的方法，将投影误差限制在一定的范围内，使之不影响地形图的精度。

3. 航摄像片倾斜误差

当航摄像片倾斜时，如图 9-17 所示，本来在水平像片上的 a_o、b_o、c_o、d_o 四个点，由于像片倾斜产生位移成为在倾斜像片上的 a、b、c、d 四点，这种 $a_o a$、$b_o b$ 等叫做倾斜误差。由于倾斜误差的存在会使各处的比例尺不一致。因此，航测内业中可利用少量地面已知控制点，采取像片纠正的方法予以消除。

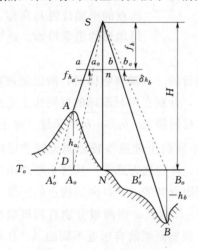

图 9-16 像点位移的产生

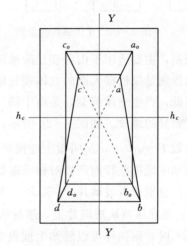

图 9-17 航摄像片倾斜误差

二、航测成图的方法

1. 地物综合测图法

地物综合测图法的成图过程如图 9-18 所示。首先进行航空摄影。大比例尺测图航摄时，像片倾角不应大于 $2°$，并适当选择比例尺。成图比例尺为 $1:1000$ 时，航摄比例尺一般为 $1:3500 \sim 1:6000$；成图比例尺为 $1:2000$ 时，航摄比例尺为 $1:6000 \sim 1:12000$。

航空摄影完成后，底片要及时冲洗出来并进行检查，查看底片是否符合要求。航摄像片由于摄影时航高变化、像片倾斜以及地面起伏而产生各种误差，需要用一定数量的已知平面坐标和高程的控制点作为依据来加以纠正，因此要进行外业控

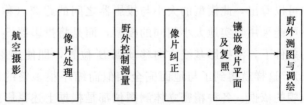

图 9-18 地物综合测图法

制测量，测定少量外业控制点，又以这些外业控制点为基础，在室内进一步加密，以满足内业成图的需要。航摄像片纠正是利用纠正仪进行的，目的是使倾斜像片变成为规定比例

尺的水平像片。把纠正好的像片拼接在一起，将重叠部分切除，镶嵌起来便成为像片平面图。像片平面图经野外地物调绘和地貌测绘后，再经内业退色整饰，就得到了航测地形原图。

地物综合法主要适用于平坦地区。

2. 立体摄影测量法

立体摄影测量法的成图过程如图 9-19 所示。除同样进行航空摄影、像片处理、外业控制测量和调绘以及内业控制点加密外，主要的特点是根据立体像片建立与地面相似的几何模型，通过模型测量，同时确定地面点的平面位置和高程，从而获得地形的铅垂投影。此法不受地

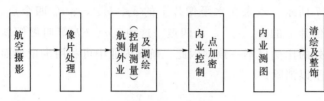

图 9-19　立体摄影测量法

形高差的限制，主要适用于山区和丘陵地区。

立体摄影测量是依据人眼的立体视觉原理进行的。当观察物体时，所以能辨别出物体的远近和高低，产生立体感觉，是由于同一物点，分别在两只眼球的视网膜上造成的影像点的位置有差异的缘故。如图 9-20 所示，由于视网膜上 $\overset{\frown}{a_1b_1}$ 和 $\overset{\frown}{a_2b_2}$ 的长度（称生理视差）不等，其差数 $P=\overset{\frown}{a_1b_1}-\overset{\frown}{a_2b_2}$ 叫做生理视差较，不同的生理视差较传到大脑皮层的视觉中心，便会感知生理视差较而产生对相应地物点 A、B 的远近感觉。从这个原理出发，如果在人的两眼前分别放置玻璃片 P_1 和 P_2，并将两眼看到的 A、B 两地物点的影像 a_1'、b_1' 和 a_2'、b_2' 分别记录在该两块玻璃片上，然后去掉 A、B 两点。当两眼分别看到玻璃片上的影像 $a_1'b_1'$ 和 $a_2'b_2'$ 时，则同样可以感知生理视差较，而感到眼前有远近不同的 A、B 两个地物点。所以从两个摄影站对同一物体摄取两张像片可以看出立体。

立体摄影测量中应用的精密立体测图仪，其测图原理是摄影过程的几何反转。如图 9-21 所示，P_1、P_2 为相邻两张航空摄影像片（称为立体像对）。地面上任意一点 M 的反射光线，分别在两张像片上构成的像点 m_1 和 m_2，称为相应像点。反过来，如果将 m_1 和 m_2 的光线投影下来，则相应光线也一定会相交在原来的 M 点上。因此，当将两张像片放回与原航摄仪相同的投影器内，保持摄影时的空中位置，并在像片上方设置光源，投影后相应光线必成对相交在原地面点上，构成一个与原地面完全相似的立体模型。从图 9-20 中可以看出，此模型的大小与投影器之间的距离（称为摄影基线）成正比。实际工作中，不可能采用与实地大小相同的模型，而是将投影器 S_2 在保持与投影器 S_1 的相应位置不变的条件下，沿摄影基线方向移动到 S_2' 位置，即使摄影基线长 B 缩小为 b（称为投影基线长），这样就得到了与地面完全相似而缩小很多倍的地面模型，用此模型作为测绘地物、地貌的依据。各种精密立体测图仪都是根据上述摄影过程几何反转的原理建立几何模型并测制地形图的。

此外，国内外正在用正射投影技术，将中心投影的航摄像片转换为铅垂投影的摄像地图，它与现行的线划图相比，具有内容信息丰富、形象直观逼真、便于阅读和量测等优点。

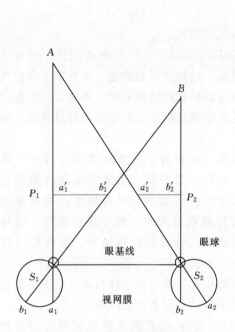

图 9-20 立体摄影测量原理图

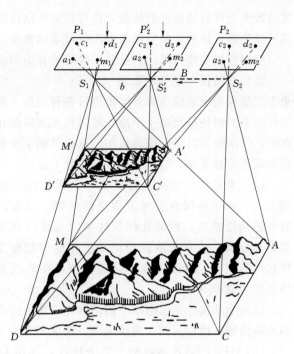

图 9-21 航摄立体像对图

第六节 "3S" 技 术 简 介

一、概述

"3S"是当今测绘技术应用的集成。传统的测量利用大平板仪、小平板仪、经纬仪对各种地物和地貌要素进行测定,用专用符号和按一定的比例尺绘制成图,其成果是人工绘制的模拟地图。

科学技术的进步,计算机的普及,各种软件的开发和电子测绘仪器的发展和应用,促进了测绘技术向"3S"集成方向发展。测量成果不再是纸质图,而是以数字形式存储在计算机中可以传输、处理、共享的数字图。

"3S"测绘其实质是一种全解析的,机助测图的方法。"3S"测绘是以计算机为核心,在外连输入输出设备及硬、软件的支持下,对各种数据进行采集、输入、成图、绘图、输出、管理的测绘方法。"3S"测绘是一个融测量外业、内业于一体的综合性作业系统。它的最大优点是在完成测绘的同时可建立数据库,从而为实现现代化空间信息管理奠定了基础。

"3S"测绘模式有三种:一是野外"3S"测绘模式;二是数字摄影测量模式;三是内业扫描数字化模式。这三种模式各有优缺点,它们相互补充,从而实现空间信息的全覆盖采集。

1. 野外"3S"测绘模式

对于尚未测绘大比例尺地图的城镇地区是一种可行和非常值得推荐的测量模式。所采集的数据经过后续软件的处理，便可得到该地区的大比例地图以及其他各种专题图，同时还可以为建立该地区的空间数据库提供基础数据。

根据数据采集所使用的硬件不同又可分为如下几种模式：

（1）全站仪＋电子记录簿（如 PC—E500、GRE3、GRE4 等）＋测图软件。这种采集方式是利用全站仪在野外实地测量各种地物、地貌、地籍要素的数据，在数据采集软件的控制下实时传输给电子手簿，经过预处理后按相应的格式存储在数据文件中，同时配绘草图，供测图软件进行编辑成图。这是早期主要的数字测量模式。其优点是容易掌握，缺点为草图绘制复杂，容易出错，其功效不高。

（2）全站仪＋便携式计算机＋测图软件。这是一种集数据采集和数据处理于一体的方式，由全站仪在实地采集全部地物、地貌、地籍要素数据，由通信电缆将数据实时传输给便携机，数据处理软件实时地处理并显示所测要素的符号和图形，原始采样数据和处理后的有关数据均记录于相应的数据文件或数据库中。由于现场成图，这种模式具有直观、速度、效率高的优点，其缺点为便携式计算机价格昂贵、适应野外环境的能力较差。

（3）全站仪＋掌上电脑＋测图软件。这种模式的作业方式与上一种相同。由于掌上电脑价格低廉、操作简便、现场成图、速度和效率都很高，其前景十分广阔。

（4）GPS－RTK 接收机＋测图软件。利用 GPS－RTK 接收机在野外实地测量各种地物、地貌、地籍要素的数据，经过 GPS 数据处理软件进行预处理，按相应的格式存储在数据文件中，同时配绘草图，供测图软件进行编辑成图。GPS－RTK 接收机是一种实时、快速、高精度、远距离数据采集设备，发展于 20 世纪 90 年代中期。其显著的优点是控制点大大减少，在平坦地区，一个控制点可测量几十平方公里甚至几百平方公里，在复杂地区，也比前三种模式的控制点减少 10 倍以上，因此其测量效率大大提高。其缺点为必须绘制测量草图，一些无线电死角和卫星信号死角无法采集数据，必须用全站仪进行补充。这种模式在土地利用现状调查及其变更调查、土地利用监测中将大显身手。

（5）GPS－RTK 接收机＋全站仪＋掌上电脑＋测图软件。这种模式将克服以前集中数字测量模式的缺点，发挥他们各自的优点，可适应任何地形环境条件和任意比例尺地图的测绘，实现全天候、无障碍、快速、高精度、高效率的内外业一体化采集信息，是未来发展的必然方向。

2. 数字摄影测量模式

这种数据采集的方式是基于数字影像和摄影测量的基本原理，应用计算机技术、数字影像处理、影像匹配、模式识别等多学科的理论与方法，在数字影像上利用专业的摄影测量软件来采集数据和处理采集的数据，从而获得所需要的地形图、地籍图和各种专题图。

3. 模拟地图数字化模式

这种数据采集方式是利用数字化仪或扫描仪对已有的地图进行数字化，将地图的图解位置转换成统一坐标系中的解析坐标，并应用数字化的符号和计算机键盘输入地图符号、属性代码和注记。而特定的碎部点、界址点的坐标数据可由全野外测量得到，或把已有碎部点、界址点的坐标数据输入计算机，然后将这两部分数据叠加并在数据处理软件的控制下得到各种地图和统计表册。

二、"3S" 测绘的特点

"3S" 测绘是一种先进的测量方法，与模拟测图相比具有明显的优势和广阔的发展前景。

1. 自动化程度高

"3S" 测绘的野外测量能够自动记录，自动解算处理，自动成图、绘图，并向用图者提供可处理的数字地图。"3S" 测绘自动化的效率高，劳动强度小，错误几率小，绘制的地图精确、美观、规范。

2. 精度高

模拟测图方法的比例尺精度决定了图的最高精度，图的质量除点位精度外，往往和图的手工绘制有关。无论所采用的测量仪器精度多高，测量方法多精确，都无法消除手工绘制对地籍图精度的影响。"3S" 测绘在记录、存储、处理、成图的全过程中，观测值是自动传输，数字地图毫无损失地体现外业测量精度。

3. 现势性强

"3S" 测绘克服了纸质地籍图连续更新的困难。只需将数字地图中变更的部分输入GIS，经过数据处理即可对原有的数字地图和相关的 GIS 信息作相应的更新，保证地图的现势性。

4. 整体性强

常规测绘是以图幅为单位组织施测。"3S" 测绘在测区内部不受图幅限制，作业小组的任务可按照河流、道路的自然分界来划分，也可按街道或街坊来划分，当测区整体控制网建立后，就可以在整个测区内的任何位置进行实测和分组作业，成果可靠性强，精度均匀，减少了常规测绘接边的问题。

5. 适用性强

"3S" 测绘是以数字形式储存的，可以根据用户的需要在一定范围内输出不同比例尺和不同图幅大小的地图，输出各种分层叠加的专题图。数字地图可以方便地传输、处理和多用户共享，可以自动提取点位坐标、两点距离、方位角、量算宗地面积、输出各种 GIS 属性表格等等；通过接口，数字地图可以供 GIS 建库使用；可依软件的性能，方便地进行各种处理、计算，完成各项任务。

"3S" 测绘的缺点是：①硬件要求高，一次性投入太大，成本高；②利用全站仪或GPS 与电子手簿野外采集数据时，必须绘制草图，这在一定程度上会影响工作效率，增加野外操作人员的负担。但是，随着便携式计算机和掌上电脑在野外测绘的应用，这种状况已经得到改进，并使 "3S" 测绘工作向内外业一体化方向发展。

三、"3S" 测绘的作业流程

"3S" 测绘可以分为三个阶段：数据采集、数据处理和数据的输出，如图 9 - 22 所示。数据采集是在野外和室内通过电子测量与记录仪器获取数据，这些数据要按照 GIS 能够接受的格式记录。从采集的数据转换为 GIS 数据，需要在人机交互方式下进行复杂的处理，如投影变换、矢量化、构建拓扑关系、地图符号的生成和注记的配置等，这就是数据处理阶段。GIS 数据的输出以图解和数字方式进行。图解方式是自动绘图仪绘图，数字方式是数据的存储，建立数据库。

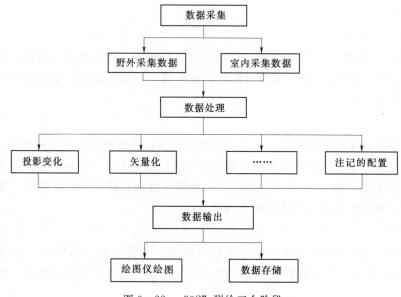

图 9 - 22　"3S"测绘三个阶段

思 考 题 与 习 题

1. 说明大比例尺地形图的数字化测图方法。

2. 根据表 9 - 7 视距测量记录的数据，计算水平距离及高程。

表 9 - 7

点号	尺间距 (m)	中丝读数 (m)	竖盘读数 (° ′)	竖直角	初算高差 (m)	改正数 (m)	改正后高差 (m)	水平角 (° ′)	水平距离 (m)	测点高程 (m)	备注
				测站 A　后视点 B　仪器高 i=1.50m　测站高程＝234.50m							
1	0.395	1.50	84　36					43　30			
2	0.575	1.50	85　18					69　22			
3	0.614	2.50	93　15					105　00			
⋮											

注　望远镜视线水平时，竖盘读数为 90°，望远镜视线向上倾斜时，读数减少。

3. 试述经纬仪配合展点器测绘法在一个测站测绘地形图的工作步骤。

4. 根据图 9 - 23 上各碎部点的平面位置和高程，试勾绘等高距为 1m 的等高线。

5. 试述全站仪测绘地形图的工作步骤。

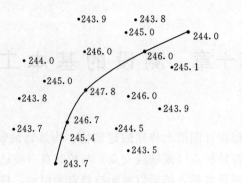

图 9-23 碎部点位图

6. 试述地籍测量的任务和作用。

7. 地籍图与地形图有什么区别？

8. 航摄像片与地形图的差别有哪些？

9. 试述"3S"测绘的作业流程。

第十章　测设的基本工作

测设工作是根据工程设计图纸上待建的建筑物、构筑物的轴线位置、尺寸及其高程，算出待建的建、构筑物各特征点（或轴线交点）与控制点（或已建成建筑物特征点）之间的距离、角度、高差等测设数据，然后以地面控制点为根据，将待建的建、构筑物的特征点在实地标定出来，以便施工。建筑物或构筑物的测设也称之为放样，测设工作与测绘工作目的不同，两者的工作顺序恰好相反。

不论测设对象是建筑物还是构筑物，测设的基本工作是测设已知的水平直线距离、水平角度和高程。

为了避免因建筑物众多而引起测设工作的紊乱，并能严格地保持所有测设建筑各部分之间的几何关系，测设的程序应遵循从整体到局部的原则。即首先测设建筑物的轴线，然后测设建筑物的细部。轴线的测设是依据施工控制网来进行的，而细部测设则是依据轴线进行的。

根据测设的操作过程不同，测设方法可以分为两类：直接测设法和归化测设法。

直接测设法是根据已知点和测设点之间的几何关系在实地直接测设出点的位置的一种方法。归化测设法则是先用直接测设法初步测设出点位，然后将此点作为过渡点，再用测量的方法测定过渡点与已知点之间的关系，计算出过渡点和设计点位的差值，最后在实地上根据该差值将过渡点改正到设计点的位置上。归化测设法的作业过程大致可分为初放、精测、计算、改点几个过程。当直接测设法不能满足测设的精度要求时，可以采用归化测设法，以提高测设的精度。

对于测图工作而言，测量的精度是由测图的比例尺而定的。比例尺越大其精度就越高。但在测设工作中，测设的精度取决于下列因素：

（1）设计中确定建筑物的方法。
（2）建造建筑物所用的材料。
（3）建筑物之间有无连接设备。
（4）建筑物的用途。
（5）施工的方法和程序。

第一节　水平距离、水平角和高程的测设

距离和角度的测设是确定平面点位的基本放样元素，它们的不同组合就产生了不同的点位放样方法。在平面测设中，以确定水平直线距离、水平角为目的。高程的测设是利用水准测量的方法，根据已知水准点，将设计高程测设到现场作业面上。

一、测设已知水平距离

测量地面上两点的水平距离时，首先是用测量仪器量出两点间的距离，再进行必要的改正，以求得准确的实地水平距离。而测设已知的水平距离时，其程序恰恰相反：通过图纸可知两点间的水平距离，然后在实地上确定设计距离。

现将其作法叙述如下。

1. 用一般方法测设水平距离

测设已知水平距离时，线段起点和方向是已知的。若要求以一般精度进行测设，可在给定的方向，根据给定的距离值，从起点用钢尺丈量的一般方法，量得线段的另一端点。为了检核起见，应往返丈量测设的距离，往返丈量的较差若在限差之内，则取其平均值作为最后结果。

2. 用测距仪或电子速测仪测设水平距离

如图 10-1 所示，安置测距仪于 A 点，瞄准已知方向。沿此方向移动反光棱镜位置，使仪器显示值略大于测设的距离 D'，定出 C' 点。在 C' 点安置反光棱镜，测出反光棱镜的竖直角 α 及斜距 S（加气象改正）。计算水平距 $D' = S\cos\alpha$，求出 D' 与应测设的水平距离 D 标定之差 $\Delta D = D' - D$。据 ΔD 的符号在实地用小钢

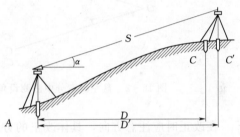

图 10-1　测设水平距离

尺沿已知方向改正 C' 至 C 点，并用木桩标定其点位。为了检核，应将反光棱镜安置于 C 点再实测 AC 的距离，若不符合应再次进行改正，直到测设的距离符合限差为止。

如果用具有跟踪功能的测距仪或电子速测仪测设水平距离，则更为方便，它能自动进行气象改正及将倾斜距离归算成平距并直接显示。测设时，将仪器安置在 A 点，瞄准已知方向，测出气象要素、气温及气压，并输入仪器，此时按功能键盘上的测量水平距离和自动跟踪键（或钮），一人手持反光棱镜杆（杆上圆水准气泡居中，以保持反光棱镜杆竖直）立在 C 点附近。只要观测者指挥手持棱镜者沿已知方向线前后移动棱镜，观测者即能在速测仪显示屏上测得瞬时水平距离。当显示值等于待测设的已知水平距离值时，即可定出 C 点。

二、测设已知水平角

测设已知水平角是根据水平角的已知角度和一个已知方向，把该角的另一个方向测设在地面上。测设方法如下。

1. 一般方法

当测设水平角的精度要求不高时，可用盘左、盘右取中数的方法，如图 10-2 所示。

设地面上已有 OA 方向线，从 OA 向右测设已知水平角 β 值。为此，将经纬仪安置在 O 点用盘左瞄准 A 点，读取度盘数值，松开水平制动螺旋，旋转照准部，使度盘读数增加 β 角值，在此视线方向上定出 C' 点。为了消除仪器误差和提高测设精度，用盘右重复上述步骤，再测设一次，得 C'' 点，取 C' 和 C'' 的中点 C，则 $\angle AOC$ 就是要测设的 β 角。此法又称盘左盘右分中法。

2. 精确方法

测设水平角的精度要求较高时，可采用作垂线改正的方法，以提高测设的精度。如图 10-3 所示，在 O 点安置经纬仪，先用一般方法测设该角，在地面上定出 C 点；再用测回法测几个测回，较精确地测得 $\angle AOC$ 为 β'，再测出 OC 的距离。即可按下式计算出垂直改正值 CC_0：

$$CC_0 = OC\tan(\beta-\beta') \approx OC\,\frac{(\beta-\beta')''}{\rho''} \tag{10-1}$$

式中 $\rho'' = 206265''$。

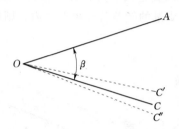

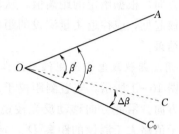

图 10-2 盘左盘右分中法测设角度　　图 10-3 精确测设角度法

在改正时应注意方向，具体改正的方法是：当 CC_0 为正时，即 β 大于 β'，过 C 点作 OC 的垂线，再从 C 点沿垂线方向向外测量 CC_0，定出点 C_0，则 $\angle ACC_0$ 就是要测设的 β 角；反之则向内侧改正。为检查测设是否正确，还需进行检查测量。

【**例 10-1**】　设 $OC = 70.000\text{m}$，$\beta - \beta' = +45''$；则
$$CC_0 = 70.000\text{m} \times 45''/206265'' = +0.015\text{m}$$

过 C 点作 OC 的垂线，再从 C 点沿垂线方向向 $\angle AOC$ 外侧量垂距 0.015m，定出 C_0 点，则 $\angle ACC_0$ 即为要测设的 β 角。

三、测设已知高程

高程测设通常利用水准仪进行，有时也用经纬仪测设或卷尺直接丈量。

1. 高程测设的一般方法

测设设计所给定的高程是根据施工现场已有的水准点引测的。它与水准测量的不同之处在于：高程测设不是测定两固定点之间的高差，而是根据一个已知高程的水准点，测设设计所给定的点的高程。在建筑设计和施工的过程中，为了计算方便，一般把建筑物的室内地坪用 ± 0.000 标高表示，基础、门窗等的标高都是以 ± 0.000 为依据，相对于 ± 0.000 测设的。

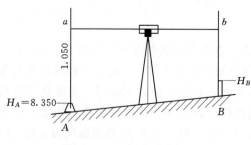

图 10-4 一般法测设高程

【**例 10-2**】　假设在设计图纸上查得建筑物的室内地坪高程为 $H_i = 8.500\text{m}$，而附近有一个水准点 A（图 10-4），其高程为 8.350m，现要求把建筑物的室内地坪标高测设到木桩 B 上。在木桩 B 和水准点 A 之间安

置水准仪，先在水准点 A 上立尺，若尺上读数为 1.050m，则视线高程：

$$H_A = 8.350 + 1.050 = 9.400(m)$$

根据视线高程和室内地坪高程即可算出 B 点尺上的应有读数为：

$$b = H_A - H_i = 9.400 - 8.500 = 0.900(m)$$

然后在 B 点立尺，使尺根紧贴木桩一侧上下移动，直至水准仪水平视线在尺上的读数为 0.900m 时，紧靠尺底在木桩上划一道红线，此线就是室内地坪 ±0.000 标高的位置。

在某些工程中，例如在坑道掘进中，需要测设的高程常常设在洞顶。如图 10-5 所示，设 A 为已知高程的水准点，B 为待测设的高程点。在测设顶部的高程点时，应将水准尺倒立在 B 点上。故在 B 点应有前视读数为：

$$b = H_B - (H_A + a) \qquad (10-2)$$

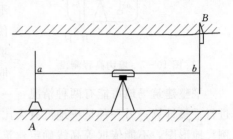

图 10-5　坑道测设高程

2. 传递高程测设法

当测设的高程点和水准点之间的高差很大时，可以用悬挂的钢尺来代替水准尺，以测设给定的高程。当要测定楼层的标高或安装厂房内的吊车轨道时，只用水准尺已无法测定点位的高程，就必须采用高程传递法，即用钢尺将地面水准点的高程（或室内地坪 ±0.000）传递到楼层地坪上或吊车梁上所设的临时水准点，然后再根据临时水准点测设所求各点的高程。

图 10-6 所示是向楼层上进行高程传递的示意图。向楼层上传递高程可通过楼梯间，将检定过的钢尺悬吊在楼梯处，零点一端向下，挂以重锤，并放入油桶中。然后即

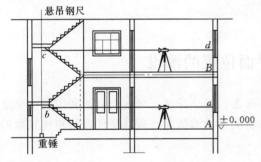

图 10-6　高程传递法测设

可用水准仪逐层引测，楼层 B 点的标高为：

$$H_B = H_A + a - b + c - d \qquad (10-3)$$

式中　a、b、c、d——标尺读数；

$\qquad H_A$——楼底层 ±0.000 室内地坪高程。

为了检核，可采用改变悬吊钢尺位置后，再用上述方法进行读数，两次测得的高程较差不应超过 3mm。

当利用地面水准点测设建筑物的基础、壕沟底部或高层建筑物上部的情况时，可以利用两台水准仪并借助一把钢尺，将已知点的高程向下或向上传递，然后按一般高程测设法进行测设。

如图 10-7 所示，若钢尺的零点在下端，则前视 B 尺应有的读数为

$$b_2 = H_A + a_1 - (b_1 - a_2) - H_B \qquad (10-4)$$

式（10-4）中（$b_1 - a_2$）为两水准仪的视线在钢尺上截得的长度，根据实际需要，应考

虑是否做尺长、温度、拉力、垂曲和自重等项改正。

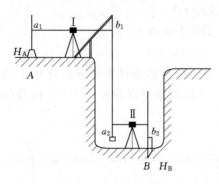

图 10-7　壕沟高程测设

3. 抄平测量

在施工测量中，往往遇到需要测设若干个高程相等的点的高程，俗称抄平测量。如整平场地、基础施工和结构安装等施工中，抄平测量是项经常性的工作。

对于一般的建筑场地，应在测设之前，对起伏不平的自然地貌进行平整，高处挖去，低处填平，使之成为一定高程的平坦地面。平整场地应考虑挖、填土方量基本平衡的原则，也就是挖高填低，就地取土，进行平整。

平整建筑场地可能有两种情况：一是场地有大比例尺地形图资料，可根据地形图资料进行平整计算；另一种是场地没有大比例尺地形图。现介绍如下：如果建筑场地没有大比例尺地形图，不能依据等高线确定建筑场地范围内各方格角点的高程，此时需进行面水准测量解决方格角点的高程，其方法如下：

(1) 在建筑场地的范围内，用经纬仪和皮尺在地面设置方格网。

(2) 进行面水准测量，求各方格角点高程。

(3) 计算场地平整后的设计高程。

第二节　点的平面位置的测设

测设点的平面位置的方法主要有：直角坐标法、极坐标法、角度交会法和距离交会法等。可根据施工控制网的形式、控制点的分布情况、地形情况、现场条件及待建建筑物的测设精度要求等进行选择。

一、直角坐标法

如果在待测设的建筑物附近已有所设的彼此垂直的主轴线或格网线，以及量距又不困难时，则用直角坐标法测设最为适合。

【例 10-3】　已知 A、B、C 三点坐标，分别为 $A(x,y)=A(0,0)$、$B(x,y)=B(10,0)$、$C(x,y)=C(5,5)$。如图 10-8 所示，并且场地上已确定 A、B 两点位置，拟在场地上确定第三点 C（用直角坐标法测设）。

解：

(1) 参数计算：

1) 坐标系假定：AB 向为 x 轴。

2) 确认相关的等级及精度要求：距离测设采用一般方法。

3) 设备要求：经纬仪或电子速测仪、钢尺、水准尺、木桩等。

4) 按直角坐标法确定参数：即 x 方向 Δx 和 y 方向 Δy 两个参数

$$\Delta x_{AC}=x_C-x_A=5-0=5(\text{m})$$

$$\Delta y_{AC}=y_C-y_A=5-0=5(\text{m})$$

（2）现场测设（图 10 - 9）。

方法一：

1）先在 x 方向（即 AB 向）按水平直线距离测设的方法，用钢尺丈量距离 5m，为了检核起见，应往返丈量测设的距离，往返丈量的较差若在限差之内，取其平均值作为最后结果，记为 C' 点。如果不能直接量测的，先用经纬仪定线，然后再分步量测。

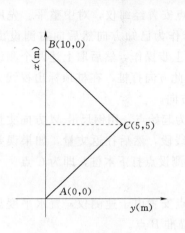

图 10 - 8 点平面位置测设　　　图 10 - 9 直角坐标法测设

2）然后在 C' 点安置经纬仪，先瞄准 B 点，然后用盘左盘右分中法沿 x 方向向右测设出 $90°$，在此方向打桩，在桩顶标出视线方向，记为 y' 方向。

3）以 C' 为起点沿 y' 方向用距离测设的方法量得 5m 处并钉桩，这点即为 C 点。

方法二：

1）在 A 点上安置电子速测仪，对中并整平，在 AB 方向上测出离 A 点 5m 的点 C'。

2）在 C' 点上安置电子速测仪，对中并整平，直接测设出与 AB 成 $90°$的方向线，以及离 C' 为 5m 的点 C。

上述测设方法计算简单、施测方便、精度较高，是应用较广泛的一种方法。

二、极坐标法

极坐标法是根据角度和距离测设点的平面位置。在测设距离较短，且便于量距的情况下宜采用极坐标法测设点位。

【例 10 - 4】 用极坐标法测设例 10 - 3。

解：

（1）参数计算。

1）坐标系假定：AB 向为极坐标轴。

2）确认相关的等级及精度要求：角度和距离测设采用一般方法。

3）设备要求：经纬仪或电子速测仪、钢尺、木桩、水准尺等。

4）按极坐标法确定参数：

已知 $A(x,y)=A(0,0)$，$C(x,y)=C(5,5)$

$$\angle BAC=\arctan\frac{y_C-y_A}{x_C-x_A}=\arctan\frac{5-0}{5-0}=\arctan 1=45°$$

$$\Delta_{AC} = \frac{y_C - y_A}{\sin \angle BAC} = \frac{5-0}{\frac{\sqrt{2}}{2}} = 5\sqrt{2} \approx 7.071(\text{m})$$

（2）现场测设（图 10-10）。

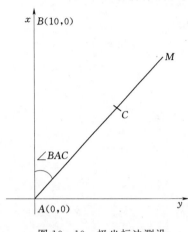

图 10-10 极坐标法测设

方法一：

1）在 A 点安置经纬仪，对中整平。先用盘左瞄准 B 点方向，作为已知方向然后向右测设出 45°角，再用盘右重复上步操作，然后取上述两个测设方向的平均方向，在此方向打桩，在桩顶标出视线方向，此方向记为 M 方向。

2）以 A 为起始点，用钢尺沿 M 方向丈量出距离为 7.071m 的线段，然后往返丈量，如果误差在允许范围内，就在测设点打下木桩，即为 C 点。

方法二：

1）在 A 点安置电子速测仪，置水平度盘读数为 $0°00'00''$，并瞄准 B 点。

2）用手工输入 C 点的设计坐标和控制点 A 点的坐标，就能自动计算出测设数据：水平角 $\angle BAC$ 和水平距离 Δ_{AC}。

3）照准部转动一已知角度 $\angle BAC$，观测者指挥持镜者在视线方向上前后移动棱镜位置。当显示屏上显示的数值正好等于放样值 Δ_{AC} 时，指挥持镜者定点，即为 C 点。

在测设工作中，为了提高精度，无论是测设数据的计算还是在实地上测设的点位，都必须具有可靠的检核。例如，在计算测设数据时要求两人分别独立计算，或用不同公式计算；用重复测设、加测某个元素或采用不同控制点采点等方法来检核测设的点位。

三、角度交会法

此法又称方向线交会法。角度交会法适用于待测点离控制点较远或量距较困难的场合，如测设桥墩中心、烟囱顶部中心等，采用此法较为适宜。

【例 10-5】 用角度交会法测设例 10-3。

解：

（1）参数计算：

1）坐标系假定：AB 向为极坐标轴。

2）确认相关的等级及精度要求：测设角度采用一般方法。

3）设备要求：经纬仪、木桩、水准尺等。

4）按极坐标法确定参数

$$\angle BAC = \arctan \frac{y_C - y_A}{x_C - x_A} = \arctan \frac{5-0}{5-0} = \arctan 1 = 45°$$

$$\angle ABC = \arctan \frac{y_C - y_B}{x_C - x_B} = \arctan \left| \frac{5-0}{5-10} \right| = \arctan |-1| = 45°$$

（2）现场测设（如图 10－11）：

1）在 A 点安置经纬仪，对中整平。先瞄准 B 点方向，作为已知方向然后向右测设出 $45°$ 角，在此方向打桩，在桩顶标出视线方向，记为 M 方向。

2）在 B 点安置经纬仪，同法测设出 $\angle ABC=45°$。此方向记为 N 方向。

3）根据两方向线 AM 和 BN 的交点确定 C 点，在交点打桩，即为 C 点的位置。

四、距离交会法

距离交会法是根据两段已知距离交会出点的平面位置。一般适用于较短距离的测设，如建筑场地平坦，量距方便，且控制点离测设点又不超过一整尺段的长度时，用此法比较适宜。在施工中细部位置测设常用此法，距离交会也需要检核。

【**例 10－6**】　用距离交会法测设例 10－3。

解：

（1）参数计算：

1）坐标系假定：AB 向 x 轴。

2）确认相关的等级及精度要求：距离测设采用一般方法。

3）设备要求：钢尺、木桩等。

4）按直角坐标法确定参数

$$\Delta x_{AC}=x_C-x_A=5-0=5(\text{m})$$
$$\Delta y_{AC}=y_C-y_A=5-0=5(\text{m})$$
$$\Delta x_{BC}=x_C-x_B=5-10=-5(\text{m})$$
$$\Delta y_{BC}=y_C-y_B=5-0=5(\text{m})$$
$$\triangle_{AC}=\sqrt{\Delta x_{AC}^2+\Delta y_{AC}^2}=\sqrt{5^2+5^2}=5\sqrt{2}=7.071(\text{m})$$
$$\triangle_{BC}=\sqrt{\Delta x_{BC}^2+\Delta y_{BC}^2}=\sqrt{(-5)^2+5^2}=5\sqrt{2}=7.071(\text{m})$$

（2）现场测设（图 10－12）：

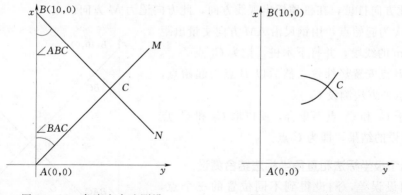

图 10－11　角度交会法测设　　　图 10－12　距离交会法测设

1）以 A 为起点，用钢尺在 AC 大致方向上测设出距离为 7.071m 的若干个点 1、2、3、…形成一圆弧。

2）同法以 B 点为起点，在 BC 的大致方向上测设出距离为 7.071m 的若干个点 $1'$、

$2'$、$3'$、…形成另一圆弧。

　3) 两个圆弧的交点就是所要测设的 C 点。

五、两个极坐标法测设

为了提高测设的精度，采用两个极坐标进行测设。

【例 10 - 7】 用两个极坐标法测设例 10 - 3。

解:

（1）参数计算:

1）坐标系假定: AB 向为极坐标轴。

2）确认相关的等级及精度要求:角度和距离测设采用一般方法。

3）设备要求:经纬仪、钢尺、木桩、水准尺等。

4）按直角坐标法确定参数:

$$\Delta x_{AC}=x_C-x_A=5-0=5(\text{m})$$

$$\Delta y_{AC}=y_C-y_A=5-0=5(\text{m})$$

$$\Delta x_{BC}=x_C-x_B=5-10=-5(\text{m})$$

$$\Delta y_{BC}=y_C-y_B=5-0=5(\text{m})$$

$$\Delta_{AC}=\sqrt{\Delta x_{AC}^2+\Delta y_{AC}^2}=\sqrt{5^2+5^2}=5\sqrt{2}=7.071(\text{m})$$

$$\Delta_{BC}=\sqrt{\Delta x_{BC}^2+\Delta y_{BC}^2}=\sqrt{(-5)^2+5^2}=5\sqrt{2}=7.071(\text{m})$$

$$\angle BAC=\arctan\frac{y_C-y_A}{x_C-x_A}=\arctan\frac{5-0}{5-0}=\arctan 1=45°$$

$$\angle ABC=\arctan\frac{y_C-y_B}{x_C-x_B}=\arctan\left|\frac{5-0}{5-10}\right|=\arctan|-1|=45°$$

（2）现场测设（图 10 - 13）:

1）在 A 点安置经纬仪，对中整平。先瞄准 B 点方向，作为已知方向然后向右测设出 $45°$ 角，在此方向打桩，在桩顶标出视线方向，此方向记为 M 方向。

2）以 A 为起始点，用钢尺沿 AM 方向丈量出距离为 7.071m 的线段，并打下木桩，记为 C_1 点。

3）在 B 点安置经纬仪，然后以 B 点为起始点，用测设 C_1 点的方法测设 C_2 点。

4）由于 C_1 和 C_2 点不重合，所以取 C_1 和 C_2 点的中点为测设的结果，即为 C 点。

六、两个极坐标法和直角坐标法结合测设

由于测设误差，测设得到不同位置的三个点，会出现一个很小的三角形，称为误差三角形。当误差三角形边长在允许范围内时，可取误差三角形的几何中心作为测设点的点位。如超限，则应重新交会。

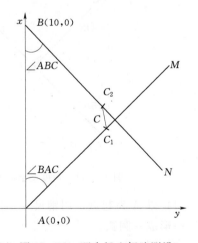

图 10 - 13　两个极坐标法测设

【例 10-8】 用两个极坐标法和直角坐标法测设例 10-3。

解：

（1）参数计算：

1）坐标系假定：AB 向为极坐标轴，再取 AB 为 x 方向。

2）确认相关的等级及精度要求：角度和距离测设采用一般方法。

3）设备要求：经纬仪、钢尺、木桩、水准尺等。

4）按直角坐标法确定参数：

$$\Delta x_{AC} = x_C - x_A = 5 - 0 = 5(\text{m})$$

$$\Delta y_{AC} = y_C - y_A = 5 - 0 = 5(\text{m})$$

$$\Delta x_{BC} = x_C - x_B = 5 - 10 = -5(\text{m})$$

$$\Delta y_{BC} = y_C - y_B = 5 - 0 = 5(\text{m})$$

$$\triangle_{AC} = \sqrt{\Delta x_{AC}^2 + \Delta y_{AC}^2} = \sqrt{5^2 + 5^2} = 5\sqrt{2} = 7.071(\text{m})$$

$$\triangle_{BC} = \sqrt{\Delta x_{BC}^2 + \Delta y_{BC}^2} = \sqrt{(-5)^2 + 5^2} = 5\sqrt{2} = 7.071(\text{m})$$

$$\angle BAC = \arctan\frac{y_C - y_A}{x_C - x_A} = \arctan\frac{5-0}{5-0} = \arctan 1 = 45°$$

$$\angle ABC = \arctan\frac{y_C - y_B}{x_C - x_B} = \arctan\left|\frac{5-0}{5-10}\right| = \arctan|-1| = 45°$$

（2）现场测设（图 10-14）：

1）在 A 点安置经纬仪，对中整平。先瞄准 B 点方向，作为已知方向然后向右测设出 $45°$ 角，在此方向打桩，在桩顶标出视线方向，此方向记为 M 方向。

2）以 A 为起始点，用钢尺沿 AM 方向丈量出距离为 7.071m 的线段，并打下木桩，记为 C_1 点。

3）在 B 点安置经纬仪，然后以 B 点为起始点，用测设 C_1 点的方法测设 C_2 点。

4）用例 10-3 直角坐标法测设出 C_3 点。

5）取 C_1、C_2、C_3 三点的几何中心，就是所测设出的 C 点位置。

直角坐标法测设、极坐标法测设、角度交会法测设、距离交会法测设是基本方法，两个极坐标法测设、两个极坐标法和直角坐标法结合测设是综合方法，在工程中以测设便利为目的选择测设方法。

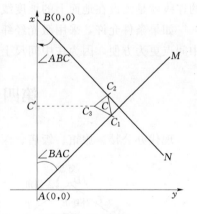

图 10-14 两个极坐标法和直角坐标法测设

第三节 已知坡度直线的测设

测设指定的坡度线，在道路建筑、铺设上下水管道及排水沟等工程上应用较广泛。测设已知的坡度线时，如果坡度较小，一般用水准仪来做，而坡度较大，宜采用经纬仪，经纬仪和水准仪测设原理相同。如图 10-15（a）所示，设地面上 A 点高程是 H_A，现要从 A 点沿 AB 方向测设出一条坡度 i 为-10‰的直线。先根据已定坡度和 AB 两点间的水平距离 D 计算出 B 点的高程。

$$H_B = H_A - iD \qquad\qquad (10-5)$$

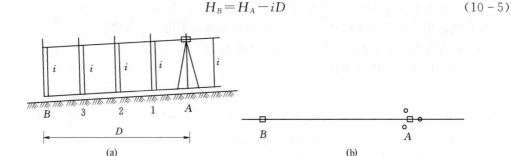

图 10-15 坡度测设方法

(a) 测设坡度；(b) 放置经纬仪脚螺旋位置

再用本章第一节所述测设已知高程的方法，把 B 点的高程测设出来。在坡度线中间的各点即可用经纬仪的倾斜视线进行标定，若坡度不大也可用水准仪。用水准仪测设时，在 A 点安置仪器，使一个脚螺旋在 AB 方向线上，而另两个脚螺旋的连线垂直于 AB 线[图 10-15（b）]；量取仪器高，用望远镜瞄准 B 点上的水准尺，旋转 AB 方向上的脚螺旋使视线倾斜，水准尺上读数为仪器高 i 值，此时仪器的视线即平行于设计的坡度线。在中间点 1、2、3 处打木桩，然后在桩顶上立水准尺使其读数皆等于仪器高 i，这样各桩顶的连线就是测设在地面上的坡度线。

如果条件允许，采用激光经纬仪及激光水准仪代替经纬仪及水准仪，则测设坡度线的中间点更为方便，因为在中间尺上可根据光斑在尺上的位置，调整尺子的高低。

第四节 圆曲线测设

现代办公楼、旅馆、饭店、医院、交通建筑物等建筑平面图形常被设计成圆弧形。有的整个建筑为圆弧形，有的建筑物是由一组或数组圆弧曲线与其他平面图形组合而成，都需测设圆曲线。

圆曲线的测设通常分两步进行。见图 10-16，先测设曲线上起控制作用的主点（曲线起点 ZY、曲线中点 QZ 和曲线终点 YZ），依据主点再测设曲线上每隔一定距离的加密细部点，用以详细标定圆曲线的形状和位置。图中偏角 Δ，根据所测的线路转角（右角或左角）算得，R 为圆曲线半径，根据地形条件及工程要求选定。

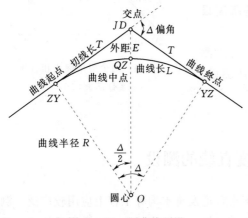

图 10-16 圆曲线测设

一、圆曲线主点测设

1. 圆曲线要素计算

（1）T：切线长，为交点至直圆点或圆直点的长度。

（2）L：曲线长，即圆曲线的长度（自 ZY 经 QZ 至 YZ 的圆弧长度）。

（3）E：外矢距，为 JD 到 QZ 的距离。

T、L、E 称为圆曲线要素。

由图 10-16 可以看出，若 Δ、R 为已知，则

$$\left. \begin{aligned} &\text{切线长} \quad T=R\tan\frac{\Delta}{2} \\ &\text{曲线长} \quad L=R\frac{\Delta}{\rho}=R\Delta\frac{\pi}{180°} \\ &\text{外矢距} \quad E=R\sec\frac{\Delta}{2}-R=R\left(\sec\frac{\Delta}{2}-1\right) \\ &\text{圆曲线弦长} \quad C=2R\sin\frac{\Delta}{2} \\ &\text{切线差} \quad J=2T-L \end{aligned} \right\} \qquad (10-6)$$

式中偏角 Δ，单位为（°）。

2. 主点里程的计算

交点 JD 的里程由中线丈量得到，根据交点的里程和曲线测设元素，即可算出各主点的里程，由图 10-16 可知：

$$ZY\ 里程=JD\ 里程-T$$
$$YZ\ 里程=ZY\ 里程+L$$
$$QZ\ 里程=YZ\ 里程-L/2$$
$$JD\ 里程=QZ\ 里程+J/2（检核）$$

【例 10-9】 设交点 JD 里程为 $K_2+968.43$，圆曲线元素 $T=61.53\text{m}$，$L=119.38\text{m}$，$J=3.68\text{m}$，试求曲线主点桩里程。

JD	$K_2+968.43$
$-T$	61.53
ZY	$K_2+906.90$
$+L$	119.38
YZ	$K_3+026.28$
$-L/2$	59.69
QZ	$K_2+966.59$
$+J/2$	1.84
JD	$K_2+968.43$（计算校核）

3. 主点的测设方法

置经纬仪于 JD，望远镜后视 ZY 方向，自 JD 点沿此方向量切线长 T，打下曲线起点桩。然后转动望远镜前视 YZ 方向，自 JD 点沿此方向量切线长 T，打下曲线终点桩。

再以 YZ 为零方向，测设水平角 $\left(\dfrac{180-\Delta}{2}\right)$，可得两切线的分角线方向，沿此方向，从 JD 量外矢矩，打下曲线中点桩。

二、圆曲线的详细测设

由于曲线较长，仅将曲线主点测设于地面上，还不能满足设计和施工的需要，还要在曲线上每隔一定距离测设一些细部点，这样就能把圆曲线的形状和位置详细的桩定于实地，这种工作称圆曲线的详细测设。在实测时一般规定：$R \geqslant 150\text{m}$ 时，曲线上每隔 20m 测设一个细部点；$150\text{m} > R > 50\text{m}$ 时，曲线上每隔 10m 测设一个细部点；$R < 50\text{m}$ 时，曲线上每隔 5m 测设一个细部点；若平坦且曲线半径大于 800m 时，曲线内的中桩间距可为 40m，在地形变化处或按设计需要应另设加桩，则加桩宜设在整米处。

按桩距 l_0 在曲线上设桩，通常有两种方法：

（1）整桩号法。将曲线上靠近起点 ZY 的第一个桩的桩号凑整成 l_0 倍数的整桩号，然后按桩距 l_0 连续向曲线终点 YZ 设桩。这样设置的桩号均为整桩号。

（2）零桩号法。从曲线起点 ZY 和终点 YZ 开始，分别以桩距 l_0 连续向曲线中点 QZ 设桩。由于这样设置的桩号均为零桩号，因此应注意加设百米桩和公里桩。

中线测量中一般采用整桩号法。

下面介绍几种常用的圆曲线细部点测设方法，在实际工作中，可结合地形情况、精度要求和仪器条件合理选用。

1. 偏角法

偏角法是根据曲线起点 ZY 或终点 YZ 至曲线上任一待定点 P 的弦线与切线 T 之间的弦切角（这里称为偏角）Δ 和弦长 C' 来确定 P 点的位置。

偏角法实质上是一种方向距离交会法，根据偏角 Δ（即数学上的弦切角）和弦长 C' 测设细部点，如图 10-17 所示。从 ZY（或 YZ）点出发根据偏角 Δ_l 及弦长 $C'(ZY-1)$ 测设细部点 1，根据 Δ_2 及弦长 $C'(1-2)$ 测设细部点 2，以此类推。按几何原理，偏角等于弦长所对圆心角的半，则

$$\left. \begin{array}{l} \text{偏角} \qquad \Delta_1 = \dfrac{1}{2}\dfrac{l}{R}\rho'' \\[2mm] \text{弦长} \qquad C' = 2R\sin\Delta_1 \\[2mm] \text{弦弧差} \qquad \delta = C' - l = -\dfrac{l^3}{24R^2} \end{array} \right\} \qquad (10-7)$$

式中　l——相邻细部点间弧长；

$\quad C'$——相邻细部点间之弦长。

当曲线上各相邻细部点间的弧长均等于 l 时，则各细部点的偏角均为 Δl 的整倍数，即

$$\Delta_2 = 2\Delta_1$$
$$\Delta_3 = 3\Delta_1$$
$$\vdots$$
$$\Delta_n = n\Delta_1$$

由图 10 - 17 可知，中点（QZ）的偏角 ΔQZ 是 $\alpha/4$，终点（YZ）的偏角 Δ 终为 $\alpha/2$，用这两个偏角值，作为测设检核。

弦弧差的影响：道路曲线半径一般较大，20m 的圆弧长与相应的弦长相差较小，$R=450$m 时，弦弧差为 2mm，两者的差值在距离丈量的容许误差范围内，因而通常情况下，可将 20m 的弦长当作弧长看待，只有当 $R\leqslant 400$m 时，测设中才考虑弧弦差的影响。

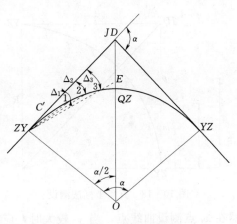

图 10 - 17 偏角法测设

用偏角法测设各细部点的具体步骤如下：

（1）检核三个主点（ZY、QZ、YZ）的位置，看原先测设的主点位置是否有误。

（2）安置经纬仪于 ZY 点，将水平度盘配置为 $0°00'00''$，照准 JD 点。

（3）向右转动照准部，将度盘读数对准 1 点之偏角值 Δ_1，用钢尺沿 ZY—1 方向测设弦长 C' 以标定细部点 1。继续转动照准部，将度盘读数对准 2 点之偏角值 Δ_2，并从点 1 起量弦长 C' 与 ZY—2 方向相交（即距离与方向交会），以定细部点 2，依法逐一测设曲线上所有细部点。

（4）最后应闭合于曲线终点 YZ。即转动照准部，将度盘读数对准 YZ 点的偏角值 $\Delta_终=\alpha/2$，由曲线上最后一个细部点起量出尾段弧长（曲线终点与相邻细部点间弧长不一定是整弧长 l）相应的弦长与视线方向相交，应为先前测设的主点 YZ。如两者不重合，其闭合差一般不得超过如下规定：

$$半径方向（横向）\pm 0.1m$$
$$切线方向（纵向）\pm L/2000 \text{ 或 } L/1000（L \text{ 为曲线长}）$$

此法灵活性较大，但存在测点误差累积的缺点。为提高测设精度，可将经纬仪安置在 ZY 和 YZ 点，分别向中点 QZ 测设曲线，以减少误差的累积。

2. 直角坐标法

直角坐标法又叫切线支距法，以曲线起点 ZY 或终点 YZ 为坐标原点，以切线为 x 轴，切线的垂线为 y 轴，如图 10 - 18 所示。根据坐标 x_i，y_i 来测设曲线上各细部点。设各细部点间弧长为 l，所对的圆心角为 φ，则

$$
\left.
\begin{aligned}
x_i &= R\sin(i\varphi) \\
y_i &= R[1-\cos(i\varphi)] \\
\varphi &= \frac{l}{R}\frac{180°}{\pi}
\end{aligned}
\right\}
\tag{10-8}
$$

已知 R，又定出 l 值后即可求出 x_i、y_i。l 一般为 10m（即每隔 10m 测设一个细部点）、20m、30m、…测设前可按上述公式计算，将算得结果列表备用。测设的具体步骤如下：

（1）首先检核先前测设的三个主点 ZY、QZ、YZ 的点位有无错误。

（2）如图 10 - 18 所示，用钢尺沿切线 ZY—JD 方向测设 x_1、x_2、x_3、…，并在地面

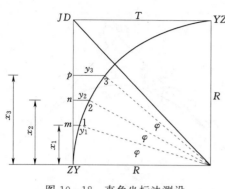

图 10-18　直角坐标法测设

上桩定出垂足 m、n、p、…。

（3）在垂足 m、n、p、…处用经纬仪、直角尺或以"勾股弦"法作切线的垂线，分别在各自的垂线上测设 y_1、y_2、y_3、…，以桩定细部点 1、2、3、…。

（4）为了避免支距过长，影响测设精度，可用同法，从 $YZ-JD$ 切线方向上测设圆曲线另一半弧上的细部点。

测设从 ZY 或 YZ 开始，沿切线方向直接量出 x_i 并钉桩；若 y_i 较小时，可用方向架或直角器在 x_i 点测设曲线点，当 y_i 较大时，应在 x_i 处安置经纬仪来测设。

3. 弦线支距法

弦线支距法测设圆曲线是将曲线等分成若干段，则每段弦长

$$C' = 2R\sin\frac{\varphi}{2} \qquad\qquad (10-9)$$

若如 P 点为弦线中点，则

$$OP = \sqrt{R^2 - \left(\frac{C'}{2}\right)^2} \qquad\qquad (10-10)$$

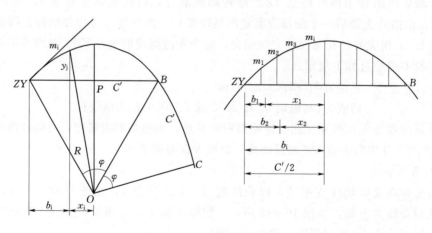

图 10-19　弦线支距法测设

如图 10-19 所示，测设曲线上细部点时，又将弦长 C' 再分成若干等长线段（一般每段弦长为 2～4m）。设圆曲线上细部点 m_i，它在弦上的垂足到 P 点的距离为 x_i。距 $ZY-B$ 弦为 y_i，当 x_i 值确定后，即可求得相应的 y_i 值：

$$y_i = \sqrt{R^2 - x_i^2} - OP \qquad\qquad (10-11)$$

$$b_i = \frac{C'}{2} - x_i \qquad\qquad (10-12)$$

$$b_i' = \frac{C'}{2} + x_i \text{（在 } PB \text{ 段内）} \qquad\qquad (10-13)$$

为了计算和量距方便，分段弦长 x_i 值应尽量取整数，圆曲线中间点的 $y_{中}$ 值为

$$y_{中} = R - OP$$

测设前应计算出各细部点的 x_i、y_i 值列表备用。此法的具体测设步骤为：经纬仪安置于 ZY 点，将水平度盘读数配置成 $0°00'00''$ 后，转动照准部瞄准 JD，再顺时针转动照准部测设 $\varphi/2$ 角（弦切角），得出弦线方向（$ZY-B$），沿此方向用钢尺量取 b_i（或 b_i'）可定出弦线上的各分段点，最后用直角尺（或"勾股弦"法）测设出相应的 y_i 值，即可桩定出曲线上各细部点 m_1、m_2、$\cdots$、m_i。同法再测曲线右半部的各细部点。

思 考 题 与 习 题

1. 简述测设点位的方法。

2. 在地面上要求测设一个直角，先用一般方法测设出 $\angle AOB$，再测量该角若干测回取平均值为 $\angle AOB = 90°00'30''$，如图 10-20 所示。又知 OB 的长度为 100m，问在垂直于 OB 的方向上，B 点应该移动多少距离才能得到 $90°$ 的角？

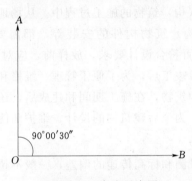

图 10-20 角度示意图

3. 已知 A 点高程为 126.85，AB 间的水平距离为 68m，设计坡度 $i = +10‰$，试述其测设过程。

4. 已知 $\angle AMN = 300°04'$，已知点 M 的坐标为 $X_M = 14.22$m，$Y_M = 86.71$m；若要测设坐标为 $X_A = 42.34$m，$Y_A = 85.00$m 的 A 点，试计算仪器安置在 M 点用极坐标法测设 A 点所需的数据。

5. 测设圆曲线的三主点需知道哪些要素？它们是怎样确定的？

第十一章 建 筑 施 工 测 量

第一节 概 述

一、施工测量的目的和内容

施工测量的主要工作是测设点位，又称施工放样。施工测量的目的是把设计的建筑物、构筑物的平面位置和高程，按设计要求以一定的精度测设在地面上，作为施工的依据，并在施工过程中进行一系列的测量工作，以衔接和指导各工序间的施工。

施工测量贯穿于整个建（构）筑物的施工过程中。从场地平整、建筑物定位、基础施工、室内外管线施工到建（构）筑物构件的安装等，都需要进行施工测量，才能使建（构）筑物各部分的尺寸、位置符合设计要求。放样前，应对建筑物施工平面控制网和高程控制网进行检核。建设项目竣工后，为了便于管理、维修和扩建，还应编绘竣工总平面图。有些高层建筑物和特殊构筑物，在施工期间和建成后，还要定期进行变形观测，以便积累资料，掌握变形的规律，为今后建筑物的设计、维护和使用提供资料。

二、施工测量的相关要求

建筑物施工放样、轴线投测和标高传递的偏差，一般不超过表 11-1 的规定。

表 11-1　　　　　　　建筑物施工放样、轴线投测和标高传递的允许偏差

项目	内　　容		允许偏差（mm）
基础桩位放样	单排桩或群桩中的边桩		±10
	群桩		±20
各施工层上放线	外廓主轴线长度 L（m）	$L \leqslant 30$	±5
		$30 < L \leqslant 60$	±10
		$60 < L \leqslant 90$	±15
		$90 < L$	±20
	细部轴线		±2
	承重墙、梁、柱边线		±3
	非承重墙边线		±3
	门窗洞口线		±3
轴线竖向投测	每层		3
	总高 H（m）	$H \leqslant 30$	5
		$30 < H \leqslant 60$	10
		$60 < H \leqslant 90$	15
		$90 < H \leqslant 120$	20
		$120 < H \leqslant 150$	25
		$150 < H$	30

续表

项 目	内 容		允许偏差（mm）
标高竖向传递	每 层		±3
	总高 H（m）	H≤30	±5
		30＜H≤60	±10
		60＜H≤90	±15
		90＜H≤120	±20
		120＜H≤150	±25
		150＜H	±30

三、施工测量的特点

测绘地形图是将地面上的地物、地貌测绘在图纸上，而施工放样则和它相反，是将设计图纸上的建筑物、构筑物按其设计位置测设到相应的地面上。

测设精度的要求取决于建筑物或构筑物的大小、材料、用途和施工方法等因素。一般高层建筑物的测设精度应高于低层建筑物，钢结构厂房的测设精度一般应高于钢筋混凝土结构厂房，装配式建筑物的测设精度应高于非装配式建筑物。

施工测量工作与工程质量及施工进度有着密切的联系。测量人员必须了解设计的内容、性质及其对测量工作的精度要求，熟悉图纸上的尺寸和高程数据，了解施工的全过程，并掌握施工现场的变动情况，使施工测量工作能够与施工密切配合。

另外，施工现场工种多，交叉作业频繁，并有大量土、石方填挖，地面变动很大，又有动力机械的震动，因此各种测量标志必须埋设稳固且埋在不易破坏的位置，还应做到妥善保护，经常检查，并对破坏及时恢复。

四、施工测量的原则

施工现场上有各种建筑物、构筑物，且分布较广，往往又不是同时开工兴建。为了保证各个建筑物、构筑物的平面和高程位置都符合设计要求，互相连成统一的整体，施工测量和测绘地形图一样，也要遵循"从整体到局部，先控制后碎部"的原则。即先在施工现场建立统一的平面控制网和高程控制网，然后以此为基础，测设出各个建筑物和构筑物的位置。

施工测量的检核工作也很重要，必须采用各种不同的方法加强外业和内业的检核工作。

五、准备工作

在施工测量之前，应建立健全测量组织和检查制度，并核对设计图纸，检查总尺寸和分尺寸是否一致，总平面图和大样详图尺寸是否一致，不符之处要向有关部门提出，并进行修正。然后对施工现场进行实地踏勘，根据实际情况编制测设详图，计算测设数据。对施工测量所使用的仪器、工具应进行检验校正，否则不能使用。工作中必须注意人身和仪器的安全，特别是在高空和危险地区进行测量时，必须采取防护措施。

第二节 建筑场地上的施工控制测量

施工的控制，可利用原区域内的平面与高程控制网，作为建筑物、构筑物定位的依据。当原区域内的控制网不能满足施工测量的技术要求时，应另测设施工的控制网。

建筑物施工控制网，一般根据建筑物的设计形式和特点，布设成十字轴线或矩形控制网。控制网一般根据场区控制网进行定位、定向和起算；控制网的坐标轴，一般与工程设计所采用的主副轴线一致；建筑物的±0.000高程面，一般根据场区水准点测设。

施工控制网包括平面控制网和高程控制网。

一、施工测量的平面控制

施工测量的平面控制网，一般符合下列规定：

（1）施工平面控制网的坐标系统，一般与工程设计所采用的坐标系统相同。

（2）当利用原有的平面控制网时，其精度应满足需要；投影所引起的长度变形，一般不超过1/40000；当超过时应进行换算。

（3）当原控制网精度不能满足需要时，可选用原控制网中个别点作为施工控制网坐标和方位的起算点。

建筑物施工平面控制网，一般根据建筑物的分布、结构、高度、基础埋深和机械设备传动的连接方式、生产工艺的连续程度，分别布设一级或二级控制网。其主要技术要求，一般符合表11-2的规定。

在大中型建筑施工场地上，施工控制网多用正方形或矩形格网组成，称为建筑方格网（或矩形网）。在面积不大又不十分复杂的建筑场地上，常布置一条或几条基线，作为施工测设的平面控制，称为建筑基线。布设建筑方格网或建筑基线的目的是为了便于使用直角坐标法测设。

（一）建筑方格网

建筑方格网的主要技术要求，一般符合表11-3的规定。

表11-2 建筑物施工平面控制网的主要技术要求

等级	边长相对中误差	测角中误差
一级	≤1/30000	$7''/\sqrt{n}$
二级	≤1/15000	$15''/\sqrt{n}$

注 n 为建筑物结构的跨数。

表11-3 建筑方格网的主要技术要求

等级	边长（m）	测角中误差（"）	边长相对中误差
一级	100～300	5	≤1/30000
二级	100～300	8	≤1/20000

1. 建筑方格网的坐标系统

在设计和施工部门，为了工作上的方便，常采用一种独立坐标系统，称为施工坐标系或建筑坐标系。如图11-1所示，施工坐标系的纵轴通常用 A 表示，横轴用 B 表示，施工坐标也叫 A、B 坐标。

　　施工坐标系的 A 轴和 B 轴，一般与厂区主要建筑物或主要道路、管线方向平行。坐标原点设在总平面图的西南角，使所有建筑物和构筑物的设计坐标均为正值。施工坐标系与国家测量坐标系之间的关系，可用施工坐标系原点 O' 的测量系坐标 x_0'、y_0' 及 O' 的坐标方位角 α 来确定。在进行施工测量时，上述数据由勘测设计单位给出。

　　2. 建筑方格网的布设

　　(1) 建筑方格网的布置和主轴线的选择。建筑方格网的布置，一般根据建筑设计总平面图上各建筑物、构筑物、道路及各种管线的布设情况，结合

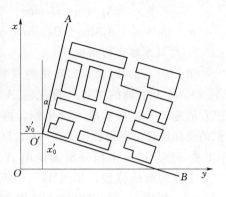

图 11-1　施工坐标系

现场的地形情况拟定。布置时一般先选定建筑方格网的主轴线 MN 和 CD，然后再布置方格网。方格网的形式可布置成正方形或矩形，当场区面积较大时，常分两级。首级可采用"十"字形、"口"字形或"田"字形，然后再加密方格网。当场区面积不大时，尽量布置成全面方格网。

　　布网时，如图 11-2 所示，方格网的主轴线一般布设在场地的中部，并与主要建筑物基本轴线平行。方格网的折角一般严格成 90°。方格网的边长一般为 100～300m；矩形方格网的边长视建筑物的大小和分布而定，为了便于使用，边长尽可能为 50m 或是它的整倍数。方格网的边应保证通视且便于测距和测角，点位标石应能长期保存。

　　(2) 确定主点的施工坐标。如图 11-3，MN、CD 为建筑方格网的主轴线，它是建筑方格网扩展的基础。当场区很大、主轴线很长时，一般只测设其中的一段，如图中的 AOB 段，该段上 A、O、B 点是主轴线的定位点，称主点。主点的施工坐标一般由设计单位给出，也可在总平面图上用图解法求得一点的施工坐标后，再按主轴线的长度推算其他主点的施工坐标。

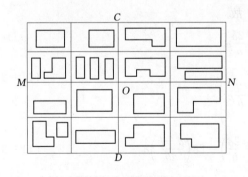

图 11-2　建筑方格网

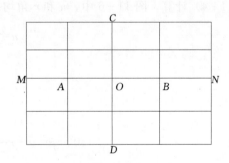

图 11-3　主点示意图

　　(3) 求主点的测量坐标。当施工坐标系与国家测量坐标系不一致时，在施工方格网测设之前，一般把主点的施工坐标换算为测量坐标，以便求算测设数据。

　　如图 11-4 所示，设已知 P 点的施工坐标为 A_P 和 B_P，换算为测量坐标时，可按下式计算

$$\left.\begin{array}{l} x_P = x_0' + A_P\cos\alpha - B_P\sin\alpha \\ y_P = y_0' + A_P\sin\alpha + B_P\cos\alpha \end{array}\right\} \quad (11-1)$$

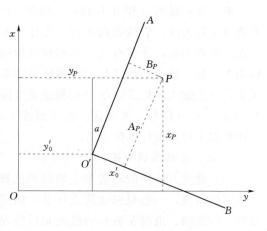

3. 建筑方格网的测设

图 11-5 的 1、2、3 点是测设控制点，A、O、B 为主轴的主点。首先将 A、O、B 三点的施工坐标换算成测设坐标，再根据它们的坐标反算出测设数据 D_1、D_2、D_3 和 β_1、β_2、β_3，然后按极坐标分别测设出 A、O、B 三个主点的概略位置，如图 11-6 所示，以 A'、O'、B' 表示，并用混凝土桩把主点固定下来。混凝土桩顶部位置常设一块 10cm × 10cm 的铁板，供调整点位使用。由于主点测设误差的影响，致使三个主点不在一条直线

图 11-4　主点坐标换算示意图

上，因此需在 O' 点上安置经纬仪，精确测量 $\angle A'O'B'$ 的角值 β，β 与 180° 之差超过限差时应进行调整。

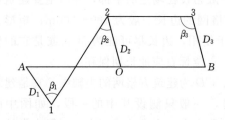

图 11-5　建筑方格网的测设

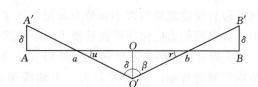

图 11-6　建筑方格网的测设

调整时，各主点 AOB 的垂线方向移动同一改正值 δ，使三主点成一直线。δ 值可按式 (11-4) 计算。图 11-6 中，u 和 r 角均很小。故

$$\left.\begin{array}{l} u = \dfrac{\delta}{\dfrac{a}{2}}\rho = \dfrac{2\delta}{a}\rho \\[4mm] r = \dfrac{\delta}{\dfrac{b}{2}}\rho = \dfrac{2\delta}{b}\rho \end{array}\right\} \quad (11-2)$$

而

$$180° - \beta = u + r = \left(\frac{2\delta}{a} + \frac{2\delta}{b}\right) = 2\delta\left(\frac{a+b}{ab}\right)\rho \quad (11-3)$$

$$\delta = \frac{ab}{2(a+b)}\frac{1}{\rho}(180° - \beta) \quad (11-4)$$

移动 A'、O'、B' 三点之后再测量 $\angle AOB$，如果测得的结果与 180° 之间仍超限，应再进行调整，直到误差在允许范围之内为止。

A、O、B 三个主点测设好后，如图 11-7 所示，将经纬仪安置在 O 点，瞄准 A 点，分别向左、向右转 90°，测设出第一主轴线 COD，同样用混凝土桩在地上定出其概略位置

C' 和 D'，再精确测出 $\angle AOC'$ 和 $\angle AOD'$，分别算出它们与 90° 之差 ε_1 和 ε_2，并算出改正值 l_1 和 l_2

$$l = L\frac{\varepsilon''}{\rho''} \qquad (11-5)$$

式中 L 为 OC' 或 OD' 距离。

将 C' 沿垂直方向移动距离 l_1 得 C 点，同法定出 D 点。最后再实测改正后的 $\angle COD$，其角值与 180° 之差不应超过规定的限差。

最后，分别自 O 点起，用钢尺分别沿直线 OA、OC、OB 和 OD 量取主轴线的距离。主轴线的量距必须用经纬仪定线，用检定过的钢尺往、返丈量。丈量精度一般为 $1/10000 \sim 1/20000$，若用测距仪或全站仪代替钢尺进行测距，则更为方便，且精度更高。

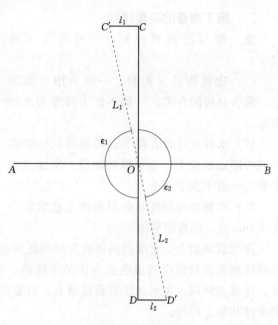

图 11-7　主点测设计算图

主轴线点 A、O、B、C、D 要在地面上用混凝土桩标志出来。

主轴线测设好后，分别在主轴线端点上安置经纬仪，均以 O 点为起始方向，分别向左、向右测设出 90° 角，这样就交会出田字形方格网点。为了进行校核，还要安置经纬仪于方格网点上，测量其角值是否为 90°，并测量各相邻点间的距离，看它是否与设计边长相等，误差均应在允许范围之内。此后再以基本方格网点为基础，加密方格网中其余各点。

（二）建筑基线

建筑基线的布置也是根据建筑物的分布，场地的地形和原有控制点的状况而选定

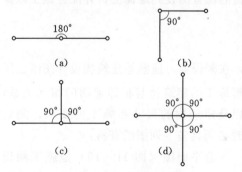

图 11-8　建筑基线布置图

的。建筑基线的布置一般靠近主要建筑物，并与其主要轴线平行，以便采用直角坐标法进行测设，通常可布置成三点直线形、三点直角形、四点直角形和五点十字形等，如图 11-8 所示。

为了便于检查建筑基线点有无变动，基线点数一般不少于三个。

根据建筑物的设计坐标和附近已有的测量控制点，在图上选定建筑基线的位置，求算测设数据，并在地面上测设出来。如图 11-9 所示，根据测量控制点 1、2，用极坐标法分别测设出 A、O、B 三个点。然后把经纬仪安置在 O 点，观测 $\angle AOB$ 是否等于 90°，其差值一般不超过 $\pm24''$。丈量 OA、OB 两段距离，分别与设计距离相比较，其差值一般不大于 $1/10000$。否则，应进行必要的点位调整。

二、施工测量的高程控制

施工测量的高程控制，一般符合下列规定：

（1）建筑物高程控制，一般采用水准测量。附合路线闭合差，一般不低于四等水准的要求。

（2）水准点可设置在平面控制网的标桩或外围的固定地物上，也可单独埋设。水准点的个数，一般不少于两个。

（3）当场地高程控制点距离施工建筑物小于 200m 时，可直接利用。

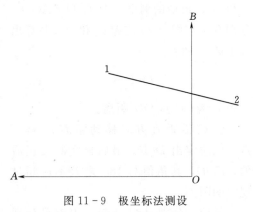

图 11-9　极坐标法测设

在建筑场地上，水准点的密度应尽可能满足安置一次仪器即可测设出所需的高程点。而测绘地形图时敷设的水准点往往是不够的，因此，还需增设一些水准点。在一般情况下，建筑方格网点也可兼作高程控制点。只要在方格网点桩面上中心点旁边设置一个突出的半球状标志即可。

在一般情况下，采用四等水准测量方法测定各水准点的高程，而对连续生产的车间或下水管道等，则需采用三等水准测量的方法测定各水准点的高程。当施工中高程控制点标桩不能保存时，一般将其高程引测至稳固的建筑物或构筑物上，引测的精度，一般不低于四等水准。

此外，为了测设方便和减少误差，一般在建筑物的内部或附近专门设置±0.000 水准点。但需注意设计中各建、构筑物的±0.000 的高程不一定相等，应严格加以区别。

第三节　建筑施工中建筑物的测量工作

工程测量的任务是按照设计的要求，把建筑物的位置测设到地面上，并配合施工以保证工程质量。

一、测设前的准备工作

（1）熟悉图纸。设计图纸是施工测量的依据，在测设前，应熟悉建筑物设计图纸。了解施工的建筑物与相邻地物的相互关系，以及建筑物的尺寸和施工的要求。测设时必须具备下列图纸资料：

总平面图（图 11-10）是施工测设的总体依据。建筑物就是根据总平面图上所给的尺寸关系进行定位的。

建筑平面图（图 11-11），给出建筑物各定位轴线间的尺寸关系及室内地坪标高等。

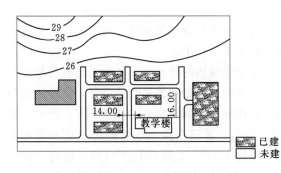

图 11-10　总平面图

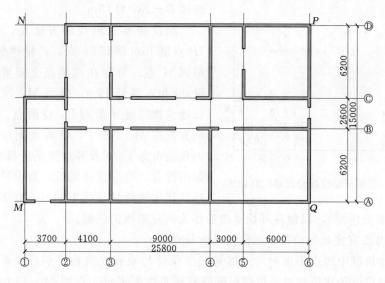

图 11-11 建筑平面图

基础平面图，给出基础轴线间的尺寸关系和编号。

基础详图（即基础大样图），给出基础设计宽度、形式及基础边线与轴线的尺寸关系。

还有立面图和剖面图，它们给出基础、地坪、门窗、楼板、屋架和屋面等设计高程是高程测设的主要依据。

（2）现场踏勘，目的是为了解现场的地物、地貌和原有测量控制点的分布情况，并调查与施工测量有关的问题。

（3）平整和清理施工现场，以便进行测设工作。

（4）拟定测设计划和绘制测设草图，对各设计图纸的有关尺寸及测设数据应仔细核对，以免出现差错。

二、建筑物的定位

建筑物的定位，就是把建筑物外廓各轴线交点（如图 11-11 中的 M、N、P、Q）测设在地面上，然后再根据这些点进行细部放样。

建筑物主轴线的测设方法，可根据施工现场情况和设计条件，采用以下几种方法。

1. 根据建筑红线、建筑基线或建筑方格网进行建筑物的定位

如果在施工现场已有拨地单位在现场测设出的建筑红线桩，或施工现场已建立建筑基线或建筑方格网时，则可以根据其中一种来进行建筑物定位。

规划道路红线是城市规划部门所测设的城市的道路规划用地与单位用地的界址线，新建建筑物的设计位置一般是以规划道路红线为依据来审批的，因此，测设工作也一般以规划道路红线为依据。

如图 11-12 所示，A、BC、MC、EC、D 点为城市规划道路红线点，其中，$A-BC$，$EC-D$ 为直线段，BC 为圆曲线起点，MC 为圆曲线中点，IP 为两直线段的交点，设交角为 90°；M、N、P、Q 为设计建筑物的轴线（外墙中线）交点。假设经规划部门批准，设计建筑物的 $M-N$ 轴线离道路红线 $A-BC$ 为 12m，且与红线平行；$N-P$ 轴线离道路

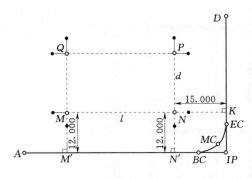

图 11-12 根据道路红线测设建筑物轴线

红线 $D-EC$ 为 15m。

测设建筑物轴线的方法是：在红线上从 IP 点量 15m 得到 N' 点，再量建筑物的长度 l 得到 M' 点。分别在这两点上安置经纬仪，测设 90°角，并量 12m，得到 M，N 两点，并延长建筑物宽度 d 得到 P，Q 两点。将经纬仪分别安置在 M、N、P、Q 角点上，测量矩形的内角是否等于 90°及各边长是否符合限差要求，如不符合，则需重新测设，直至符合为止。然后放样出轴线延长线上的点，打下控制桩（图 11-12 中黑圆点所示），以便在开挖基槽后作为恢复轴线的依据。

2. 根据与已有建筑物的关系测设建筑物轴线

在原有建筑群中增造房屋时，一般是按照保持与原有建筑物的平行关系来规划设计的，因此，测设设计建筑物时，也应根据原有建筑物来进行。在图 11-13 中，填充了斜线图案的为原有建筑物，粗虚线表示设计建筑物，图中给出了实践中常见的新旧建筑物关系的三种情况。

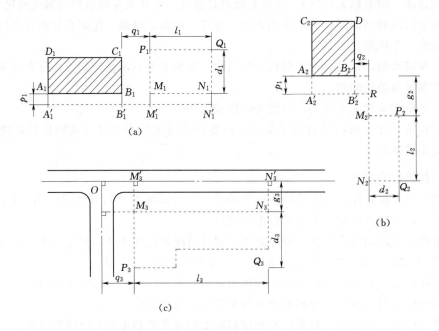

图 11-13 根据现有建筑物测设建筑物轴线
(a) 延长直线法；(b) 直角坐标法；(c) 平行线法

图 11-13 (a) 是设计建筑物与原有建筑共一条外墙线且相距 q_1 的情形。先作 A_1B_1 边的平行边 $A_1'B_1'$，将 D_1A_1 边和 C_1B_1 边分别向外延伸长度 p_1（p_1 可以根据实地情况选择，如为 1~5m 均可）得到 A_1'、B_1' 点，在 A_1' 点安置经纬仪，沿 $A_1'B_1'$ 方向从 B_1' 点量距 q_1 得到 M_1' 点，再从 M_1' 点量距 l_1 得到 N_1' 点。再分别在 M_1' 和 N_1' 点安置

经纬仪，在垂直于 $M'_1 N'_1$ 方向上量距 p_1，得到 M_1、N_1 点；从 M_1 和 N_1 点量距 d_1 得到 P_1、Q_1 点。

图 11-13（b）是设计建筑物与原有建筑的外墙线相互平行，且横线纵横方向分别相距 g_2、q_2 的情形。以上述同样方法作 $A_2 B_2$ 边的平行边 $A'_2 B'_2$；在 A'_2 点安置经纬仪，沿 $A'_2 B'_2$ 方向从 B'_2 点量距 q_2 得到 R 点；将经纬仪安置在 R 点，在垂直于 $R A'_2$ 的方向上量距 $g_2 - p_1$ 得到 M_2，量距 $g_2 - p_1 + l_2$ 得到 N_2 点；分别在 M_2、N_2 点安置经纬仪，按上述同样方法测设出 P_2、Q_2 点。

图 11-13（c）是设计建筑物的墙线与道路中线平行且分别相距 g_3、q_3 的情形。一般先找出道路中心线和其交点 O，在 O 点安置经纬仪，沿中线方向按图中尺寸测设出 M'_3、N'_3 点；分别将经纬仪安置在 M'_3、N'_3 点，瞄准 O 点，按上述同样方法可以测设出建筑物轴线点 M_3、N_3、P_3、Q_3。

三、龙门板和轴线控制桩的设置

建筑物定位以后，所测设的轴线交点桩（或称角桩），在开挖基槽时将被破坏。施工时为了能方便地恢复各轴线的位置，一般是把轴线延长到安全地点，并作好标志。延长轴线的方法有两种：龙门板法和轴线控制桩法。

1. 测设龙门板

龙门板法适用于一般小型的民用建筑物，为了方便施工，在建筑物四角与隔墙两端基槽开挖边线以外 1.5～2m 处（具体根据土质情况和挖槽深度确定）钉设龙门桩（如图 11-14 所示）。桩要钉得竖直、牢固，桩的外侧面与基槽平行。根据建筑场地的水准点，用水准仪在龙门桩上测设建筑物的 ±0.000 的标高线。根据 ±0.000 标高线把龙门板钉在龙门桩上，使龙门板的顶面在一个水平面上，且与 ±0.000 标高线一致。分别在轴线桩上安置经纬仪，将墙、

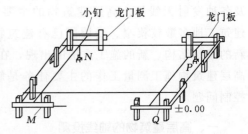

图 11-14　龙门板测设图

柱轴线投测到龙门板上，并钉上小钉作为标志，投点误差一般不超过 ±5mm。用钢尺沿龙门板顶面检查轴线钉的间距，应符合要求。以龙门板上的轴线钉为准，将墙宽线划在龙门板上。采用挖掘机开挖基槽时，为了不妨碍挖掘机工作，一般只测设控制桩，不设置龙门桩和龙门板。

2. 测设轴线控制桩

轴线控制桩设置在基槽外基础轴线的延长线上，作为开槽后各施工阶段确定轴线位置的依据（见图 11-15）。轴线控制桩离基槽外边线的距离根据施工场地的条件确定。如果附近有已建的建筑物，也可将轴线投设在建筑物的墙上。为了保证控制桩的精度，施工中往往将控制桩与定位桩一起测设，有时先测设控制桩，再测设定位桩。

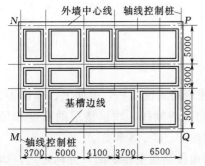

图 11-15　轴线控制桩测设图

四、基础施工的测量工作

基础开挖前，根据轴线控制桩（或龙门板）的轴线位置和基础宽度，并顾及到基础挖深一般放坡的尺寸，在地面上用白灰放出基槽边线（或称基础开挖线）。开挖基槽时，不得超挖基底，要随时注意挖土的深度，当基槽挖到离槽底 0.300～0.500m 时，需用水准仪在槽壁上每隔 2～3m 和拐角处钉一个水平桩，如图 11-16 所示，例如要钉出标高为－1.000m 的水平桩，首先把木杆放在附近一龙门板上，按十字丝横丝在木杆上所示位置画一水平红线，然后从此红线处再向上量出 1.000m 的一段长度，画出第二条红线。把木杆紧贴基槽上下移动，直到第二条红线和十字丝的横丝重合时，靠木杆底部钉一小木桩即为要设置的水平桩，用以控制挖槽深度及作为清理槽底和铺设垫层的依据。

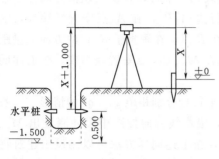

图 11-16　基槽开挖示意图

第四节　高层建筑物施工测量

高层建筑一般是指立面尺寸与平面尺寸比较大的建筑，如高层建筑物、烟囱、水塔及各种发射天线等。高层建筑物的主要特点是：层数多、高度大、施工技术要求高、建筑工地多数较狭窄、受周围已有建筑物的限制。由于高层建筑物的以上特点，加之新的建筑结构、新的施工方法的出现，在施工过程中，对施工测量的要求也相应提高。高层建筑物施工测量工作的主要任务是解决轴线、中心线在不同高度的定位及高程的控制问题。

一、高层建筑物的轴线投测

高层建筑物施工测量中的主要问题是控制竖向偏差，也就是各层轴线如何精确地向上引测的问题。一般规定指出：竖向误差在本层内不得超过 5mm，全楼的累积误差不得超过 20mm。

高层建筑物轴线的投测，一般分为经纬仪引桩投测法和激光铅垂仪投测法两种，下面分别介绍这两种方法。

（一）经纬仪引桩投测法

现以某高层为例介绍经纬仪引桩投测法如下。

1. 选择中心轴线

图 11-17 为某高层平面位置示意图，用经纬仪将建筑物定位之后，地面上已标出①、②、…和Ⓐ、Ⓑ、Ⓒ、…各轴线，其中 C 轴与③轴作为中心轴线。根据楼层的高度和场地情况，在距主楼尽可能远的地方，定出四个轴线控制桩 C、C′、3 和 3′。

当基础工程完工之后，用经纬仪将②轴和⑥轴精确地投测在主楼底部，并标定之，如图 11-18 中的 a、a′、b 和 b′。

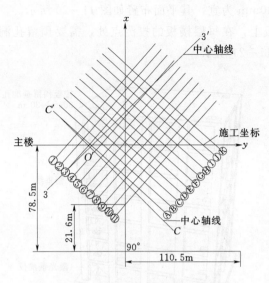

图 11-17　某高层平面位置示意图

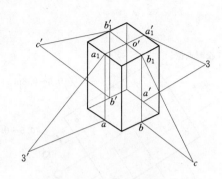

图 11-18　轴线投测图

2. 向上投测中心轴线

随着建筑物不断升高，要逐层将轴线向上传递，可将经纬仪安置在③轴和©轴的控制桩上，瞄准主楼底部的标志 a、a' 和 b'，用盘左和盘右两个竖盘位置向上投测到每层楼板上，并取其中点作为该层中心轴线的投影点，如图 11-18 的 a_1、a_1'、b_1 和 b_1'，$a_1 a_1'$、$b_1 b_1'$ 两线的交点 O' 即为主楼的投测中心。

3. 增设轴线引桩

当楼房逐渐增高，而轴线控制桩距建筑物又较近时，望远镜的仰角较大，操作不便，投测精度将随仰角的增大而降低。

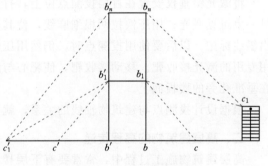

图 11-19　增设轴线引桩

为此，要将原中心轴控制桩引测到更远的安全地方，或者附近大楼的屋顶上。具体作法是将经纬仪安置在已经投上去的中心轴线上，瞄准地面上原有的轴线控制桩 c 和 c'、3 和 $3'$，将轴线引测到远处，如图 11-19 的 c_1 和 c_1' 即为新的©轴控制桩。更高的各层中心轴线可将经纬仪安置在新的引桩上，按上述方法继续进行投测。

4. 注意事项

经纬仪一定要经过严格检校才能使用，尤其是照准部水准轴应严格垂直于竖轴，作业时要仔细整平，确保照准部管水准气泡居中。

为了减小外界条件（如日照和大风等）的不利影响，投测工作在阴天及无风天气进行为宜。

（二）激光铅垂仪投测法

为了把建筑物的平面定位轴线投测至各层上去，每条轴至少需要两个投测点。根据梁、柱的结构尺寸，投测点距轴线 500～800mm 为宜，其平面布置如图 11 - 20 所示。

为了使激光束能从底层投测到各层楼板上，在每层楼板的投测点处，需要预留孔洞，洞口大小一般在 300×300mm 左右，如图 11 - 21 所示。

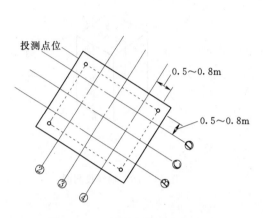

图 11 - 20　投测点位平面布置图

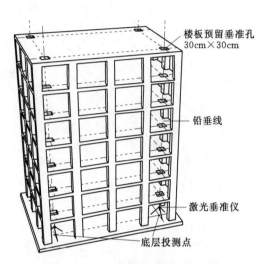

图 11 - 21　各层楼板投测点示意图

将激光铅垂仪安置在首层投测点位上，打开电源，在投测楼层的垂准孔上，就可以看见一束可见激光；用压铁拉两根细麻线，使其交点与激光束重合，在垂准孔旁的楼板上弹出墨线标记。以后要使用投测点时，仍然用压铁拉两根细麻线恢复其中心位置。也可以使用专用的激光接收靶。移动接收靶，使靶心与激光光斑重合，拉线将投测上来的点位标记在垂准孔旁的楼板面上。

根据设计投测点与建筑物轴线的关系，就可以测设出投测楼层的建筑轴线。

二、高层建筑物的高程传递

高层建筑物施工过程中，常常要有下层楼板向上层传递高程，以便使楼板、门窗口、室内装修等工程的标高符合实际要求。高程传递一般可以采用以下几种方法。

1. 利用皮数杆传递高程

皮数杆（也称线尺或程序尺）是砌基础或墙时掌握各部分高程的主要依据，应立在建筑物拐角或隔墙处。绘制皮数杆的主要依据是建筑物剖面图及各种构件的标高尺寸等。皮数杆上除画有砖的层数外，还画有门窗口、过梁、预留孔及房屋其他部分的高度和尺寸。

2. 利用钢尺直接传递高程

如由某墙角的"±0"点起向上（或向下）丈量，将高程传递上（或下）去。

3. 利用水准仪传递高程

根据高程放样的方法进行高程传递。

首层墙体砌到 1.5m 高后，用水准仪在墙面测设一条"＋50mm"的标高线，作为首层地面施工及室内装修的标高依据。以后每砌高一层，就从楼梯间用钢尺从下层的"＋50mm"标高线，向上量出设计层高，测出上一楼层的"＋50mm"标高线。根据情况也可以用吊钢尺法向上传递高程。

以第二层为例，图 11-22 中各读数见方程 $(a_2-b_2)-(a_1-b_1)=l_1$，由此解出 b_2 为

$$b_2=a_2-l_1-(a_1-b_1) \tag{11-6}$$

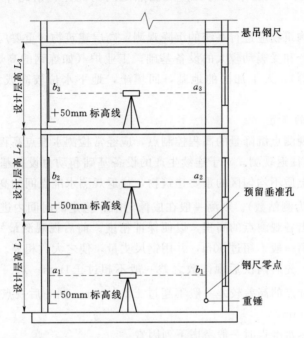

图 11-22　某楼层剖面图

在进行第二层的水准测量时，上下移动水准尺，使其读数为 b_2，沿水准尺底部在墙面上划线，即可得到该层的"+50mm"标高线。

同理，第三层的 b_3 为

$$b_3=a_3-(l_1+l_2)-(a_1-b_1) \tag{11-7}$$

第五节　建筑物的变形观测

一、建筑物的沉降观测

1. 沉降观测的意义

沉降观测实质上是根据水准点用水准仪定期进行水准测量，测出建筑物上观测点的高程，从而计算其下沉量。

在工业与民用建筑中，为了掌握建筑物的沉降情况，及时发现对建筑物不利的下沉现象，以便采取措施，保证建筑物安全使用，同时也为今后合理的设计提供资料，因此，在建筑物施工过程中和投入使用后，必须进行沉降观测。建筑物的下沉是逐渐产生的，并将延续到竣工交付使用后的相当长一段时期。因此建筑物的沉降观测一般按照沉降产生的规律进行。

沉降观测在高程控制网的基础上进行。

在建筑物周围一定距离远的、基础稳固、便于观测的地方，布设一些专用水准点，在建筑物上能反映沉降情况的位置设置一些沉降观测点，根据上部荷载的加载情况，每隔一定的时期观测一次基准点与沉降观测点之间的高差，据此计算与分析建筑物的沉降规律。

下列建筑物和构筑物应进行系统的沉降观测：高层建筑物，重要厂房的柱基及主要设备基础，连续性生产和受震动较大的设备基础，工业炉（如炼钢的高炉等），高大的构筑物（如水塔、烟囱等），人工加固的地基，回填土，地下水位较高或大孔性地基的建筑物等。

2. 场地水准点的布置

水准点是测量观测点沉降量的高程控制点，应经常检测水准点高程有无变动。测定时一般用 S1 级水准仪往返观测。对于连续生产的设备基础和动力设备基础，高层钢筋混凝土框架结构及地基土质不均匀区的重要建筑物，往返观测水准点间的高差，其较差一般不超过 $\pm 1\sqrt{n}\,\mathrm{mm}$（$n$ 为测站数）。观测一般在成像清晰、稳定的时间内进行，同时应尽量在不转站的情况下测出各观测点的高程，以便保证精度。前后视观测最好用同一根水准尺，水准尺离仪器的距离一般不超过 50m，并用钢尺丈量，使之大致相等。测完观测点后，必须再次后视水准尺，先后两次后视读数之差一般不超过 $\pm 1\mathrm{mm}$。对一般厂房的基础或构筑物，往返观测水准点的高差较差一般不超过 $\pm 2\sqrt{n}\,\mathrm{mm}$，同一后视点先后两次后视读数之差一般不超过 $\pm 2\mathrm{mm}$。

在布设沉降观测水准点时一般考虑下列因素：

（1）一般基准点不少于 3 个，构成基准网，经常检测 3 点间的高差，以判断基准点的高程有无变动。基准点应尽可能埋设在基岩上。

（2）一般是在建（构）筑物的外围布设成一条闭合的水准环形路线。根据观测精度要求，力求布置成网形最合理、测站数最少的观测环路。

（3）水准点一般布设在较为明显，便于施测，通视条件良好，在全部观测期间内均可使用的地方。

（4）水准点一般布设在受震区域以外，易于保存点位的地方。避免在低洼易积水处、松软填土地带以及能使标石、标志易遭腐蚀和破坏的地点埋设。

（5）水准点一般布设在待测建筑物之间，离建筑物的距离通常为 20m～40m，民用建筑与厂房一般不小于 15m，较大型并略有震动的工业建筑一般不小于 25m，高层建筑一般不小于 30m。

（6）水准点距公路、铁路、地下管道与滑坡至少 5m。

（7）当埋设水准点处有基岩露出时，可用水泥砂浆直接将水准标志浇灌于岩层中。在冰冻地区，一般埋设在冻土深度线以下 0.5m 处。墙上水准点一般埋设在稳定的永久性建筑物上，距地面高度 0.5m 左右。

水准基点的标石，可根据点位所处的不同地质条件选埋基岩水准点标石 ［图 11-23 (a)］、深埋钢管水准基点标石 ［图 11-23 (b)］、深埋双金属管水准基点标石 ［图11-23 (c)］、混凝土基本水准标石 ［图 11-23 (d)］。

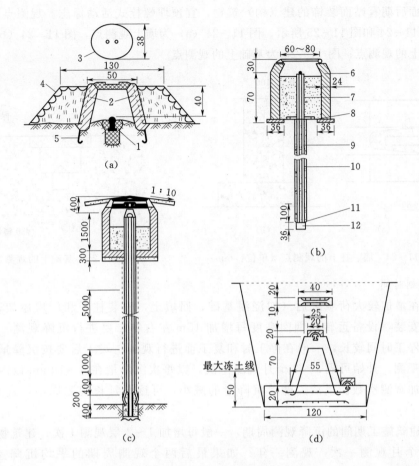

图 11-23 水准点标石埋设（单位：cm）

（a）基岩水准基点标石；（b）深埋钢管水准基点标石；（c）深埋双金属管水准基点标石；（d）混凝土基本水准标石
1—抗蚀的金属标志；2—钢筋混凝土井圈；3—井盖；4—砌石土丘；5—井圈保护层；6—保护井；7—外管；
8—外管悬空卡子；9—内管；10—钻孔（内填）；11—基点底靴；12—钻孔底

3. 建筑物沉降观测点的布置

观测点的数目和位置一般能全面正确反映建筑物沉降的情况，这与建筑物的大小、荷载、基础形式和地质条件等有关。

沉降观测点，一般布设在建（构）筑物的下列部位：

（1）建（构）筑物的主要墙角及沿外墙每 10～15m 处或每隔 2～3 根柱基上。

（2）沉降缝、伸缩缝、新旧建（构）筑物或高低建（构）筑物接壤处的两侧。

（3）人工地基和天然地基接壤处、建（构）筑物不同结构分界处的两侧。

（4）烟囱、水塔和大型储藏罐等高耸构筑物基础轴线的对称部位，且每一构筑物不得少于 4 个点。

（5）基础底板的四角和中部。

（6）当建（构）筑物出现裂缝时，布设在裂缝两侧。

沉降观测标志应稳固埋设，高度以高于室内地坪（±0.000 面）0.2～0.5m 为宜。对于建筑立面后期有贴面装饰的建（构）筑物，宜预埋螺栓式活动标志。观测点的标志形式，如图11-24和图11-25所示。图11-24（a）为墙上观测点，图11-24（b）为钢筋混凝土柱上的观测点；图11-25为基础上的观测点。

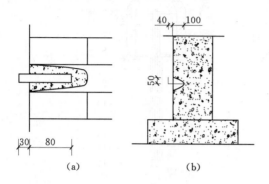

图11-24 墙、柱上的观测点（单位：mm）

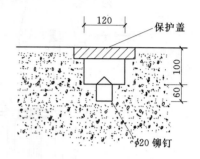

图11-25 基础上的观测点

4. 观测时间

一般在增加较大荷载之后（如浇灌基础，回填土，安装柱子和厂房屋架，砌筑砖墙，设备安装，设备运转，烟囱高度每增加15m左右等）要进行沉降观测。施工中，如果中途停工时间较长，一般在停工时和复工前进行观测。竣工后要按沉降量的大小，定期进行观测。开始可隔1～2个月观测一次，以每次沉降量在5～10mm以内为限度，否则要增加观测次数。以后，随着沉降量的减小，可逐渐延长观测周期，直至沉降稳定为止。

高层建筑施工期间的沉降观测周期，一般每增加1～2层观测1次；建筑物封顶后，一般每3个月观测一次，观测一年。如果最后两个观测周期的平均沉降速率小于0.02mm/日，可以认为整体趋于稳定，如果各点的沉降速率均小于0.02mm/日，即可终止观测。否则，一般继续每3个月观测一次，直至建筑物稳定为止。

工业厂房或多层民用建筑的沉降观测总次数，一般不少于5次。竣工后的观测周期，可根据建（构）筑物的稳定情况确定。

5. 成果整理

沉降观测一般有专用的外业手簿，并需将建筑物、构筑物施工情况详细注明，随时整理，其主要内容包括：建筑物平面图及观测点布置图，基础的长度、宽度与高度，挖槽或钻孔后发现的地质土壤及地下水情况；施工过程中荷重增加情况，建筑物观测点周围工程施工及环境变化的情况；建筑物观测点周围笨重材料及重型设备堆放的情况，施测时所引用的水准点号码、位置、高程及其有无变动的情况；地震、暴雨日期及积水的情况，裂缝出现日期，裂缝开裂长度、深度、宽度的尺寸和位置示意图等等。如中间停止施工，还应将停工日期及停工期间现场情况加以说明。

沉降观测成果表格可参考表11-4的格式。

为了预估下一次观测点沉降的大约数值和沉降过程是否渐趋稳定或已经稳定，可分别绘制时间与沉降量关系曲线和时间与荷重的关系曲线。

时间与沉降量的关系曲线系以沉降量S为纵轴，时间T为横轴，根据每次观测日期

表 11 - 4　　　　　　　　　　　　沉 降 观 测 记 录 表

观测次数	观测日期（月·日）	各 观 测 点 的 沉 降 情 况									荷载情况（kN/m²）
		1			2			3			
		高程（m）	本次下沉（mm）	累计下沉（mm）	高程（m）	本次下沉（mm）	累计下沉（mm）	高程（m）	本次下沉（mm）	累计下沉（mm）	
1	12.28	0	±0	±0	0	±0	±0	0	±0	±0	0
2	1.25	0	−11	−11	0	−9	−9	0	−14	−14	35
3	2.06	0	−2	−13	0	−5	−14	0	−5	−19	55
4	2.10	0	−5	−18	0	−6	−20	0	−4	−23	55
5	2.13	0	−1	−19	0	−2	−22	0	−0.5	−23.5	75
6	2.15	0	0	−19	0	−1	−23	0	−1	−24.5	75
7	2.22	0	−0.5	−19.5	0	−1.5	−24.5	0	−3.5	−28	75
备注		此栏一般说明如下事项：1. 点位草图；2. 水准点号码及高程；3. 基础底面土壤；4. 其他									

和每次下沉量按比例画出各点位置，然后将各点连接起来，便成为 $S-T$ 关系曲线图（见图 11 - 26）。

时间与荷重的关系曲线系以荷载的重量 P 为纵轴，时间 T 为横轴。根据每次观测日期和每次荷载的重量画出各点，将各点连接起来便成为 $P-T$ 关系曲线图（见图 11 - 27）。

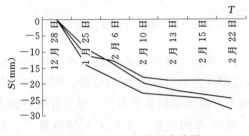

图 11 - 26　$S-T$ 关系曲线图

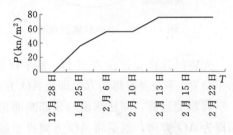

图 11 - 27　$P-T$ 关系曲线图

6. 沉降观测的注意事项

（1）在施工期间，经常遇到的是沉降观测点被毁，为此，一方面可以适当地加密沉降观测点，对重要的位置如建筑物的四角可布置双点；另一方面观测人员应经常注意观测点变动情况，如有损坏及时设置新的观测点。

（2）建筑物的沉降量一般随着荷重的加大及时间的延长而增加，但有时却出现回升现象，这时需要具体分析回升现象的原因。

（3）建筑物的沉降观测是一项较长期的系统的观测工作，为了保证获得资料的正确性，应尽可能地固定观测人员，固定所用的水准仪和水准尺；按规定日期、方式及路线从固定的水准点出发进行观测。

二、建筑物的主体倾斜观测

建（构）筑物的主体倾斜观测，一般符合下列规定：

（1）整体倾斜观测点，宜布设在建（构）筑物竖轴线或其平行线的顶部和底部，分层倾斜观测点宜分层布设高低点。

（2）观测标志，可采用固定标志、反射片或建（构）筑物的特征点。

（3）观测精度，宜采用三等水平位移观测精度。

（4）观测方法，可采用经纬仪投点法、前方交会法、正垂线法、激光准直法、差异沉降法、倾斜仪测记法等。

对圆形建筑物和构筑物（烟囱等）的倾斜观测，是在两个垂直方向上测定其顶部中心 O' 点对底部中心 O 点的偏心距，这种偏心距称为倾斜量，如图 11-28 中的 OO'。其具体作法如下：

如图 11-29 所示，在烟囱附近选择两个点 A 和 B，使 AO、BO 大致垂直，且 A、B 两点距烟囱的距离尽可能大于 $1.5H$，H 为烟囱高度。

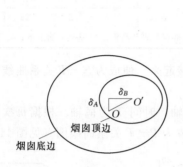

图 11-28　烟囱的倾斜观测

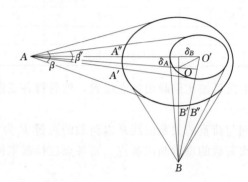

图 11-29　烟囱倾斜观测投测图

先将经纬仪安置在 A 点上，整平仪器后测出与烟囱底部断面相切的两个方向所夹的水平角 β，平分 β 所得的方向即为 AO 方向，并在烟囱筒身上标出 A' 的位置。

仰起望远镜，同法测出与顶部断面相切的两个方向所示的水平角 β'，平分 β' 所得的方向即为 AO' 方向，然后将 AO' 方向投影到下部，标出 A'' 的位置。量出 $A'A''$ 的距离，令 $\delta_A = A'A''$，则 O' 点的垂直偏差 δ_A、δ_B 为

$$\delta_A = \frac{L_A + R}{L_A}\delta_A' \qquad (11-8)$$

$$\delta_B = \frac{L_B + R}{L_B}\delta_B' \qquad (11-9)$$

式中　R——烟囱底部半径，可量出四周计算 R 值；

　　L_A——A 点至 A' 点的距离；

　　L_B——B 点至 B' 点的距离；

　　δ_A——与 BO 同向取"＋"号，反之取"－"号；

　　δ_B——与 AO 同向取"＋"号，反之取"－"号。

烟囱的倾斜量 $\qquad\qquad\qquad OO' = \sqrt{\delta_A^2 + \delta_B^2} \qquad (11-10)$

烟囱的倾斜度 $\qquad\qquad\qquad i = \frac{OO'}{H} \qquad (11-11)$

根据 δ_A、δ_B 的正负号可计算出倾斜量 OO' 的假定方位角

$$\theta = \arctan \frac{\delta_B}{\delta_A} \qquad\qquad (11-12)$$

设 α_{BO} 为 BO 的方位角，可用罗盘仪测出，于是烟囱倾斜方向的磁方位角为 $\alpha_{BO} + \theta$。

第六节　竣工总平面图的编绘

竣工总平面图是设计总平面图在施工后实际情况的全面反映，所以设计总平面图不能完全代替竣工总平面图。编绘竣工总平面图的目的在于：

（1）在施工过程中可能由于设计时没有考虑到的问题而使设计有所变更，这种临时变更设计的情况必须通过测量反映到竣工总平面图。

（2）它将便于日后进行各种设施的维修工作，特别是地下管道等隐蔽工程的检查和维修工作。

（3）为项目的扩建提供原有各项建筑物、构筑物、地上和地下各种管线及交通线路的坐标、高程等资料。

新建的项目竣工总平面图的编绘，最好是随着工程的陆续竣工同步进行。一面竣工，一面利用竣工测量成果编绘竣工总平面图。如发现地下管线的位置有问题，可及时到现场查对，使竣工图能真实反映实际情况。边竣工边编绘的优点是：当项目全部竣工时，竣工总平面图也大部分编制完成，既可作为交工验收的资料，又可大大减少实测工作量，从而节约了人力和物力。一般规定如下：

（1）建筑工程项目施工完成后，一般根据工程需要编绘或实测竣工总图。地面建（构）筑物，一般按实际竣工位置和形状进行编制。地下管道及隐蔽工程，一般根据回填前的实测坐标和高程记录进行编制。竣工总图，宜采用数字竣工图。

（2）竣工总图的比例尺，宜选用 1：500；坐标系统、高程基准、图幅大小、图上注记、线条规格，一般与原设计图一致；图例符号，一般采用现行国家标准。

（3）竣工总图一般根据设计和施工资料进行编绘。当资料不全无法编绘时，应进行实测。当平面布置改变超过图上面积 1/3 时，不宜在原施工图上修改和补充，应重新编制。

（4）竣工总图编绘完成后，应经原设计及施工单位技术负责人审核、会签。

竣工总平面图的编绘，包括室外实测和室内资料编绘两方面的内容。现分别介绍成果如下：

一、竣工测量

在每一个单项工程完成后，必须由施工单位进行竣工测量，提出工程的竣工测量成果。其内容包括以下各方面。

1. 一般建筑物

包括房角坐标，各种管线进出口的位置和高程，并附房屋编号、结构层数、面积和竣工时间等资料。

2. 铁路和公路

包括起止点、转折点、交叉点的坐标，曲线元素，桥涵等构筑物的位置和高程。

3. 地下管网

窨井、转折点的坐标，井盖、井底、沟槽和管顶等的高程；并附注管道及窨井的编号、名称、管径、管材、间距、坡度和流向。

4. 架空管网

包括转折点、结点、交叉点的坐标，支架间距，基础面高程。

5. 其他

竣工测量完成后，应提交完整的资料，包括工程的名称，施工依据，施工成果，作为编绘竣工总平面图的依据。

二、竣工总平面图的编绘

竣工总平面图的编绘，一般收集的资料有：①总平面布置图；②施工设计图；③设计变更文件；④施工检测记录；⑤竣工测量资料；⑥其他相关资料。编绘前，应对所收集的资料进行实地对照检核。不符之处，应实测其位置、高程及尺寸。

编绘竣工总平面图的工作，主要包括竣工总平面图、专业分图和附表等的编制工作。

1. 竣工总平面图的绘制

（1）建筑总平面图的绘制，一般满足下列要求：

1）由于总平面图既要表示建（构）筑物平面位置，还要表示细部点坐标、高程和各种元素数据，因此构成了相当密集的图面，所以比例尺的选择以能够在图面上清楚地表达出这些要素、用图者易于阅读、查找为原则，一般选用1∶1000的比例尺，对于特别复杂的厂区可采用1∶500的比例尺。

2）对于一个生产流程系统，例如炼钢厂、炼铁厂、轧钢厂等，一般尽量放在一个图幅内，如果一个生产流程的工厂面积过大，也可以分幅，分幅时应尽量避免主要生产车间被切割。

3）竣工总平面图上一般包括建筑方格网点、水准点、厂房、辅助设施、生活福利设施、架空与地下管线、铁路等建筑物或构筑物的坐标和高程，以及厂区内空地和未建区的地形。有关建筑物、构筑物的符号一般与设计图例相同，有关地形的图例应使用国家地形图图式符号。

4）总图可以采用不同的颜色表示出图上的各种内容，如厂房、车间、铁路、仓库、住宅等以黑色表示，热力管线用红色表示，高、低压电缆线用黄色表示，绿色表示通信线，而河流、池塘、水管用蓝色表示等。

5）在已编绘的竣工总平面图上，要有工程负责人和编图者的签字，并附有以下资料：①测量控制点布置图、坐标及高程成果表；②每项工程施工期间测量外业资料，并装订成册；③对施工期间进行的测量工作和各个建筑物沉降与变形观测的说明书。最后，把竣工总平面图及附表移交使用单位。

（2）管线总平面图的绘制，一般满足下列要求：

1）道路的起终点、交叉点，一般注明中心点的坐标和高程；弯道处，一般注明交角、半径及交点坐标；路面，一般注明宽度及铺装材料。

2）铁路中心线的起终点、曲线交点，一般注明坐标；曲线上，一般注明曲线的半径、切线长、曲线长、外矢矩、偏角等曲线元素；铁路的起终点、变坡点及曲线的内轨轨面一般注明高程。

2. 专业分图的绘制

（1）给水排水管道专业图的绘制，一般满足下列要求：

1）给水管道，一般绘出地面给水建筑物及各种水处理设施和地上、地下各种管径的给水管线及其附属设备。

对于管道的起终点、交叉点、分支点，一般注明坐标；变坡处一般注明高程；变径处一般注明管径及材料；不同型号的检查井一般绘制详图。当图上按比例绘制管道结点有困难时，可用放大详图表示。

2）排水管道，一般绘出污水处理构筑物、水泵站、检查井、跌水井、水封井、雨水口、排出水口、化粪池以及明渠、暗渠等。检查井，一般注明中心坐标、出入口管底高程、井底高程、井台高程；管道，一般注明管径、材质、坡度；对不同类型的检查井，一般绘出详图。

3）给水排水管道专业图上，一般还要绘出地面有关建（构）筑物、铁路、道路等。

（2）动力、工艺管道专业图的绘制，一般满足下列要求：

1）一般绘出管道及有关的建（构）筑物。管道的交叉点、起终点，一般注明坐标、高程、管径和材质。

2）对于沟道敷设的管道，一般在适当地方绘制沟道断面图，并标注沟道的尺寸及各种管道的位置。

3）动力、工艺管道专业图上，一般还绘出地面有关建（构）筑物、铁路、道路等。

（3）电力及通信线路专业图的绘制，一般满足下列要求：

1）电力线路，一般绘出总变电所、配电站、车间降压变电所、室内外变电装置、柱上变压器、铁塔、电杆、地下电缆检查井等；并注明线径、送电导线数、电压及送变电设备的型号、容量。

2）通信线路，一般绘出中继站、交接箱、分线盒（箱）、电杆、地下通信电缆入孔等。

3）各种线路的起终点、分支点、交叉点的电杆一般注明坐标；线路与道路交叉处一般注明净空高。

4）地下电缆，一般注明埋设深度或电缆沟的沟底高程。

5）电力及通信线路专业图上，一般还绘出地面有关建（构）筑物、铁路、道路等。

厂区地上和地下所有建筑物、构筑物绘在一张竣工总平面图上时，如果线条过于密集而不醒目，则可采用分类编图。如综合竣工总平面图，交通运输竣工总平面图和管线竣工总平面图等等。比例尺一般采用1∶1000。如不能清楚地表示某些特别密集的地区，也可局部采用1∶500的比例尺。

如果施工的单位较多，多次转手，造成竣工测量资料不全，图面不完整或与现场情况不符时，只好进行实地施测，这样绘出的平面图，称为实测竣工总平面图。

思 考 题 与 习 题

1. 已知 A 点高程为 126.85m，AB 间的水平距离为 68m，设计坡度 $i=+10‰$，试述其测设过程。

2. 测设铅垂线有哪几种方法？各适用于什么场合？

3. 施工平面控制网有哪些形式？如何进行测设？

4. 已知某建筑物两个相对房角的坐标，放样时顾及基坑开挖范围，欲在建筑物轴线以外 6m 处设置矩形控制网，如图 11-30 所示，求建筑物控制网四角点 P、Q、R、S 的坐标值。

5. 如何测设建筑物轴线？龙门板的作用是什么？在施工工地，有时标定了轴线桩，为什么还要测设控制桩？

6. 如图 11-31 所示，在建筑方格网中拟建一建筑物，其外墙轴线与建筑方格网线平行，已知两相对房角设计坐标和方格网坐标，现按直角坐标放样，请计算测设数据，并说明测设步骤。

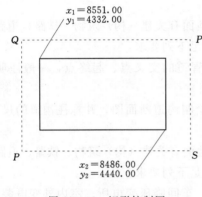

图 11-30　矩形控制网

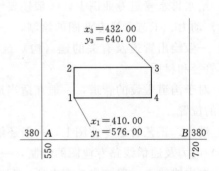

图 11-31　建筑物平面位置

7. 在房屋放样中，设置轴线控制桩的作用是什么，如何测设？

8. 建筑物为什么要进行沉降观测？它的特点是什么？

9. 简述建筑物变形观测的意义及主要内容。

10. 编绘竣工总平面图的目的是什么？

第十二章 线 路 测 量

第一节 线路测量的基本要求

线路测量在工程建设中，适用于铁路、公路、架空索道、架空送电线路、各种自流和压力管线及地下管线工程的通用性测绘工作，它要满足测量的一些基本技术。

一、线路控制测量的平面坐标系统

线路控制测量的坐标系统应在满足测区内投影长度变形不大于 2.5cm/km 的要求下，作下列选择：

（1）采用统一的高斯投影 3°带平面直角坐标系统。

（2）采用高斯投影 3°带，投影面为测区抵偿高程面或测区平均高程面的平面直角坐标系统；或采用任意带，投影面为 1985 年国家高程基准面的平面直角坐标系统。

（3）小测区或有特殊精度要求的控制网，可采用独立坐标系统。

（4）在已有平面控制网的地区，可沿用原有的坐标系统。

（5）厂区内可采用建筑坐标系统。

二、线路测量的高程系统

线路测量的高程系统，应该采用 1985 年国家高程基准。在已有高程控制网的地区测量时，可沿用原有的高程系统；当小测区联测有困难时，也可采用假定高程系统。

线路的高程控制，宜采用水准测量或电磁波测距三角高程测量方法，并靠近线路布设。

三、线路的平面控制

线路的平面控制，宜采用导线或 GPS 测量方法，并靠近线路贯通布设。

四、控制点的点位

平面控制点的点位，宜选在土质坚实、便于观测、易于保存的地方。高程控制点的点位，应选在施工干扰区的外围。平面和高程控制点的点位，应根据需要埋设标石。

五、比例尺

线路测图的比例尺，可按表 12-1 选用。

表 12-1　　　　　　　　　　线 路 测 图 的 比 例 尺

线路名称	带状地形图	工点地形图	纵断面图		横断面图	
			水平	垂直	水平	垂直
铁路	1:1000 1:2000 1:5000	1:200 1:500	1:1000 1:2000 1:10000	1:100 1:200 1:1000	1:100 1:200	1:100 1:200

续表

线路名称	带状地形图	工点地形图	纵断面图		横断面图	
			水平	垂直	水平	垂直
公路	1：2000 1：5000	1：200 1：500 1：1000	1：2000 1：5000	1：200 1：500	1：100 1：200	1：100 1：200
架空索道	1：2000 1：5000	1：200 1：500	1：2000 1：5000	1：200 1：500	—	—
自流管线	1：1000 1：2000	1：500	1：1000 1：2000	1：100 1：200	—	—
压力管线	1：2000 1：5000	1：500	1：2000 1：5000	1：200 1：500	—	—
架空送电线路	—	1：200 1：500	1：2000 1：5000	1：200 1：500	—	—

注　1. 1：200 比例尺的工点地形图，可按 1：500 比例尺地形测图的技术要求测绘。

2. 当架空送电线路通过市区的协议区或规划区时，应根据当地规划部门的要求，施测 1：1000～1：2000 比例尺的带状地形图。

3. 当架空送电线路需要施测横断面图时，水平和垂直比例尺宜选用 1：200 或 1：500。

六、其他要求

（1）当线路与已有的道路、管道、送电线路等交叉时，应根据需要测量交叉角、交叉点的平面位置和高程及净空高或负高。

（2）纵断面图图标格式中平面图栏内的地物，可根据需要实测位置、高程及必要的高度。

（3）所有线路的起点、终点、转角点和铁路、公路的曲线起点、终点，均应埋设固定桩。

（4）线路施工前，应对其定测线路进行复测，满足要求后方可放样。

第二节　铁路、公路测量

铁路、公路线路测量的目的就是为铁路和公路的设计搜集所需地形、地质、水文、气象、地震等方面的资料，经过室内研究、分析和对比，在线路的起、终点之间找出在平面上直而短，在立面上坡度小的线路位置，以保证所选线路和工程在经济上合理、技术上可行，使其在国民经济和国防建设中充分发挥效益。

一、高速公路和一级公路的控制测量

高速公路和一级公路的平面控制可采用 GPS 测量和导线测量等方法。

采用 GPS 测量时，首级网布设宜联测两个以上高等级国家控制点或地方坐标系的高等级控制点，对控制网内的长边，最好构成大地四边形或中点多边形。控制网应由独立观测边构成一个或若干个闭合环或附合路线。各等级控制网中构成闭合环或附合路线的边数不宜多于 6 条。各等级控制网中独立基线的观测总数，不宜少于必要观测基线数的 1.5 倍。

采用导线测量时，导线网应布设成环形网，且宜联测两个已知方向。结点间或结点与已知点间的导线段应该布设成直伸形状，相邻边长不宜相差过大，网内不同环节上的点也最好不要相距过近。相邻两点之间的视线倾角不宜过大。

高程控制应布设成附合路线，并按照四等水准测量的有关规定执行。

二、铁路和二级及以下等级公路的控制测量

1. 铁路和二级及以下等级公路的平面控制测量

（1）平面控制测量可采用导线测量方法。导线的起点、终点及间隔不大于 30km 的点，应与高等级控制点联测检核；当联测有困难时，可分段增设 GPS 控制点。为了减小导线的横向误差，应尽量减少转折角的个数，导线边则宜长些。但考虑到定线和地形测图的需要，导线平均边长限定在 400～600m 较为适宜。

（2）导线测量的主要技术要求，应符合表 12－2 的规定。

表 12－2　　　　铁路、二级及以下等级公路导线测量的主要技术要求

导线长度 （km）	边长 （m）	仪器精度 等级	测绘数	测角中误差 （"）	测距相对 中误差	联 测 检 核	
						方位闭合差 （"）	相对闭合差
≤30	400～600	2"级仪器	1	12	≤1/2000	$24\sqrt{n}$	≤1/2000
		6"级仪器		20		$40\sqrt{n}$	

2. 铁路和二级及以下等级公路的高程控制测量

（1）高程控制测量的主要技术要求，应符合表 12－3 的规定。

表 12－3　　　　铁路、二级及以下等级公路高程控制测量的主要技术要求

等级	每千米高差全中误差 （mm）	路线长度 （km）	往返较差、附合或环线闭合差 （mm）
五等	15	30	$30\sqrt{L}$

（2）根据规定五等的每千米高差全中误差为 15mm。而线路端点高程中误差要满足 1：2000 比例尺的测图需要，取基本等高距的 1/20，即 $m_h = 10cm$。由中误差公式 $m_h = Mw\sqrt{L}$ 计算可得 $L = 44km$。为了留有一定的储备精度，并与平面控制的联测距离相协调，故规定水准路线应每隔 30km 与高等级水准点联测一次。

三、定测放线测量

（1）作业前，应收集初测导线或航测外控点的测量成果，并对初测高程控制点逐一检测。高程检测较差不应超过 $30\sqrt{L}$ mm（L 为检测路线长度，单位为 km）。由于定测与初测阶段有一定的时间间隔，对定测时所收集的控制点成果必须作相应的检测，确保定、初测成果的一致性。检测的精度要求与初测一致，即要求采用五等水准的精度。

（2）放线测量应根据图纸上定线线位，采用极坐标法、拨角法、支距法或 GPS－RTK 法进行。极坐标法和 GPS－RTK 法定线，是目前较常用的方法。

（3）交点的水平角观测，正交点 1 测回，副交点 2 测回。副交点水平角观测的角值较

差不应大于表 12-4 的规定。根据铁道部门的实践经验，确定正交点点位，有时会遇到各种障碍，直接设置仪器会比较困难，通常采用副交点观测代替。为防止误差累积，故规定副交点观测 2 测回。

（4）线路中线测量，应与初测导线、航测外控点或 GPS 点联测。联测间隔宜为 5km，特殊情况下不应大于 10km。线路联测闭合差不应大于表 12-5 的规定。铁路、一级及以上公路的测量限差相当于图根导线的指标，而二级及以下公路的限差比图根导线的指标还低一级，是容易达到的。

表 12-4　副交点测回间角值较差的限差

仪器精度等级	副交点测回间角值较差的限差（″）
2″级仪器	15
6″级仪器	20

表 12-5　中线联测闭合差的限差

线路名称	方位角闭合差（″）	相对闭合差
铁路、一级及以上公路	$30\sqrt{n}$	1：2000
二级及以下公路	$60\sqrt{n}$	1：1000

四、定测中线桩位测量

（1）线路中线上，应立设线路起终点桩、千米桩、百米桩、平曲线控制桩、桥梁或隧道轴线控制桩、转点桩和断链桩，并应根据竖曲线的变化适当加桩。这些相关的中线桩，都是线路中线控制的必要桩位。

（2）线路中线桩的间距，直线部分不应大于 50m，平曲线部分宜为 20m。当铁路曲线半径大于 800m 且地势平坦时，其中线桩间距可为 40m；当公路曲线半径为 30～60m 或缓和曲线长度为 30～50m 时，其中线桩间距不应大于 10m；对于公路曲线半径小于 30m、缓和曲线长度小于 30m 或回头曲线段，中线桩间距均不应大于 5m。

（3）中线桩位测量误差，直线段不应超过表 12-6 的规定；曲线段不应超过表 12-7 的规定。传统方法进行曲线测设的纵向闭合差，主要由总偏角的测角误差、切线和弦长的丈量误差所构成。通常，总偏角的测角中误差将使计算的各项曲线要素产生同向误差，这种误差在曲线测设中互相抵消，切线和弦长丈量时的系统误差在纵向闭合差中影响甚微，偶然误差是影响纵向闭合差的主要因素。

表 12-6　直线段中线桩位测量限差

线路名称	纵向误差（m）	横向误差（cm）
铁路、一级及以上公路	$\dfrac{S}{2000}+0.1$	10
二级及以下公路	$\dfrac{S}{1000}+0.1$	10

注　S 为转点桩至中线桩的距离（m）。

表 12-7　曲线段中线桩位测量闭合差限差

线路名称	纵向相对闭合差（m）		横向闭合差（cm）	
	平地	山地	平地	山地
铁路、一级及以上公路	1/2000	1/1000	10	10
二级及以下公路	1/1000	1/500	10	15

（4）断链桩应设立在线路的直线段，不得在桥梁、隧道、平曲线、公路立交或铁路车

站范围内设立。

（5）中线桩的高程测量，应布设成附合路线，其闭合差不应超过 $50\sqrt{L}$ mm（L 为附合路线长度，单位为 km）。中线桩位高程测量的限差，是按下式计算

$$W=\pm 2\sqrt{m_{起}^2+m_{测}^2}\sqrt{L} \tag{12-1}$$

当起算点中误差 $m_{起}$ 取用 15mm（五等水准），测量中误差 $m_{测}$ 取用 20mm（图根水准）时，即为 $50\sqrt{L}$。

五、测量误差的限制

横断面测量的误差，不应超过表 12-8 的规定。

表 12-8　横断面测量的限差（m）

线路名称	距离	高程
铁路、一级及以上公路	$\dfrac{l}{100}+0.1$	$\dfrac{h}{100}+\dfrac{l}{200}+0.1$
二级及以下公路	$\dfrac{l}{50}+0.1$	$\dfrac{h}{50}+\dfrac{l}{100}+0.1$

注　1. l 为测点至线路中线桩的水平距离（m）。
　　2. h 为测点至线路中线桩的高差（m）。

六、中线桩复测与原测成果较差

施工前应复测中线桩，当复测成果与原测成果的较差符合表 12-9 的限差规定时，应采用原测成果。

表 12-9　　中线桩复测与原测成果较差的限差

线路名称	水平角（″）	距离相对中误差	转点横向误差（mm）	曲线横向闭合差（cm）	中线桩高程（cm）
铁路、一级及以上公路	≤30	≤1/2000	每 100m 小于 5，点间距大于等于 400m 小于 20	≤10	≤10
二级及以下公路	≤60	≤1/1000	每 100m 小于 10	≤10	≤10

第三节　架 空 索 道 测 量

索道是交通工具的一种，通常在崎岖的山坡上运载乘客或货物上下山。索道是利用悬挂在半空中的钢索，承托及牵引客车或货车。除了车站外，一般在中途每隔一段距离建造承托钢索的支架。部分的索道采用吊挂在钢索之下的吊车，亦有索道是没有吊车的。

一、平面控制测量

架空索道的平面控制测量，宜采用导线测量，也可采用 GPS 测量方法。随着测绘仪器设备的不断更新与发展，全站仪与 GPS 接收机已成为较常用的仪器装备，这里将其列为首选。当然，对精度要求不高的架空索道测量也可以选择其他测量设备。

按索道设计对施工要求，一般索道相邻支架间的偏角不许超过±30″，支架间距误差不超过架间距的 1/500，由此确定了架空索道导线测量的基本精度指标。导线测量的相对闭合差，不应大于 1/1000；方位角闭合差，不应超过 $30\sqrt{n}$（方位角闭合差单位为″，n 为测站数）。

当架空索道起点至转角点或转角点间的距离大于 1km 时，应增加方向点。增加方向点主要是为了满足施工需要和通视要求。方向点偏离直线，应在 $180°\pm20″$ 以内，这主要

是出于对载人索道和大型运输索道安全的考虑。

二、高程测量

架空索道的起点、终点、转点和方向点的高程测量，可采用图根水准或图根电磁波测距三角高程的测量方法。

纵断面测量，在转角点及方向点之间应进行附合。其距离相对闭合差不应大于 $1/300$，高程闭合差不应超过 $0.1\sqrt{n}$（高程闭合差单位为 m，n 为测站数）。山脊、山顶的纵断面点，不应少于 3 点；山谷、沟底，可适当简化。

为了保证高程精度和提高杆塔位置设计的准确性，当线路走向与等高线平行时，线路附近的陡峭地段，应视需要加测横断面。

第四节　自流和压力管线测量

自流管线是指输送的液体是在其自重作用下运行的管道，其运行最高水头不超过管道截面内顶者为无压管道。压力管线是利用一定的压力，用于输送气体或者液体的管状设备，其范围规定为最高工作压力大于或者等于 0.1MPa（表压）的气体、液化气体、蒸汽介质或者可燃、易爆、有毒、有腐蚀性，最高工作温度高于或者等于标准沸点的液体介质，且公称直径大于 25mm 的管道。

一、自流和压力管线平面控制测量

自流和压力管线平面控制测量可采用 GPS－RTK 测量方法或导线测量方法。当采用 GPS－RTK 测量方法时，应符合下列 1～4 款规定；当采用导线测量方法时，应符合下列 5～6 款规定。

（1）应沿线路每隔 10km 布设（或成对布设）GPS 控制点，并埋设标石。标石的规定的埋设规格，应符合：一、二级平面控制点标石规格及埋设结构图，如图 12－1 所示；二、三级平面控制点标石规格及埋设结构图，如图 12－2 所示；柱石与盘石间应放 1～2cm 厚粗砂，两层标石中心的最大偏差不应超过 3mm。

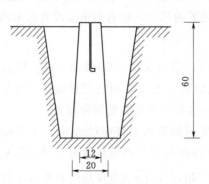

图 12－1　一、二级平面控制点标石规格及埋设结构图

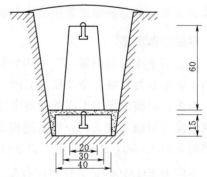

图 12－2　二、三级平面控制点标石规格及埋设结构图

（2）所有 GPS 控制点宜沿线路贯通布设。

（3）GPS 控制点测量，应采用 GPS 静态测量模式进行观测。

（4）线路其他控制点，可采用 GPS－RTK 定位方式测量。GPS－RTK 方法的作业半径不宜超过 5km，对每个图根点均应进行同一参考站或不同参考站下的两次独立测量，其点位较差不应大于图上 0.1mm，高程较差不应大于基本等高距的 1/10。

（5）导线的起点、终点及间隔不大于 30km 的点，应与高等级平面控制点联测。当导线联测有困难时，可分段测设 GPS 控制点作为检核。

（6）导线点宜埋设在管道线路附近且在施工干扰区的外围。管道线路的起点、终点和转角点也可作为导线点。

二、自流和压力管线高程控制测量

（1）水准测量和电磁波测距三角高程测量的主要技术要求，应符合表 12 - 10 的规定。管线高程控制测量的精度，对压力管线，采用图根水准即可满足精度要求；自流管线对高程的精度要求稍高些，规定采用五等水准测量。

表 12 - 10　　　　　　　自流和压力管线高程控制测量的主要技术要求

等级	每千米高差全中误差 （mm）	路线长度 （km）	往返较差、附合或环线闭合差 （mm）	使用范围
五等	15	30	$30\sqrt{L}$	自流管线
图根	20	30	$40\sqrt{L}$	压力管线

注　1. L 为路线长度（km）。
　　2. 作业时，根据需要压力管线的高程控制精度可放宽 1～2 倍执行。

（2）GPS 拟合高程测量，应符合下列相关规定：

1）GPS 网应与四等或四等以上的水准点联测。联测的 GPS 点，宜分布在测区的四周和中央。若测区为带状地形，则联测的 GPS 点应分布于测区两端及中部。

2）联测点数，宜大于选用计算模型中未知参数个数的 1.5 倍，点间距宜小于 10km。

3）地形高差变化较大的地区，应适当增加联测的点数。

4）地形趋势变化明显的大面积测区，宜采取分区拟合的方法。

5）GPS 观测天线高应在观测前后各量测一次，取其平均值作为最终高度。

三、自流和压力管线的中线测量

（1）当管道线路相邻转角点间的距离大于 1km 或不通视时，应加测方向点。

（2）线路的起点、终点、转角点和方向点的位置和高程应实测，并符合下列规定：

1）当采用极坐标法测量时，角度、距离 1 测回测定，距离读数较差应小于 20mm。高程可采用变化镜高的方法各测一次，两次所测高差较差不应大于 0.2m。

2）当采用 GPS－RTK 测量时，每点应观测两次，两次测量的纵、横坐标及高程的较差均不应大于 0.2m。

（3）当管道线路的转弯为曲线时，应实测线路偏角，计算曲线元素，测设曲线的起点、中点和终点。

（4）断链桩应设置在管道线路的直线段，不得设置在穿跨越段或曲线段。断链桩上应注明管道线路来向和去向的里程。

四、管线的断面测量

（1）纵断面测量时，在转角点与转角点之间或转角点与方向点之间应进行附合。其距离相对闭合差不应大于 1/500，高程闭合差不应超过 $0.2\sqrt{n}$（高程闭合差单位为 m，n 为测站数）。

（2）纵断面测量的相邻断面点间距，不应大于图上 5cm；在地形变化处应加测断面点，局部高差小于 0.5m 的沟坎可舍去；当线路通过河流、水塘、道路或其他管道时也应加测断面点。

（3）横断面测量的相邻断面点间距，不应大于图上 2cm。

第五节　架空送电线路测量

架空送电线路跨越通航大河流、湖泊或海峡等，因间距较大（一般在 1000m 以上）或塔的高度较高（一般在 100m 以上），因此导线选型或塔的设计需予以特殊考虑，且发生故障时严重影响航运或修复特别困难的耐张段，应按大跨越工程进行勘测。

一、架空送电线路的选线

架空送电线路的选线，是根据不同的电压等级和不同的地段，在各种不同的比例尺地形图上进行方案设计（一般为 1∶5 万～1∶1 万），并经相关部门批准，才能进行实地选线。当线路通过协议区和相关地物比较密集的地段时，应进行必要的联测和相关地物、地貌测量。

二、定线测量

（1）方向点偏离直线，应在 $180°\pm1'$ 以内。对于方向点偏离直线的精度，根据一般设计要求，杆塔偏离直线相差 $3'\sim4'$ 时，所引起的垂直于线路方向的水平负荷、放电间隙的改变及绝缘子串的歪斜程度是允许的。从施工工艺来看，当偏离 $1'$ 时，相邻杆塔的绝缘子串的歪斜是用肉眼观察不出来的。取其较高要求，方向点偏离直线不应超过 $1'$。

（2）定线方式可采用直接定线或间接定线。直接定线可采用正倒镜分中法；间接定线，可采用钢尺量距的矩形法、等腰三角形法。经综合试验分析，正倒镜分中法延伸直线，其精度受仪器对中误差、置平误差、目标偏斜误差和照准误差等的影响。采用规范规定的指标，基本上能满足定线误差不超过 $180°\pm1'$ 的精度要求。但在前视过长或后视过短时，则应从严掌握。

（3）对于间接定线，根据间接定线的方向偏差不大于 $1'$ 的要求，其精度公式为

$$m_U=\frac{L\times60}{2\rho} \tag{12-2}$$

取桩间距为 300m，有 $m_U=0.043$m。

根据电力部门的试验论证，当采用四边形时，量距精度估算公式为

$$m_L=\frac{1}{2}\sqrt{m_U^2+m_A^2} \tag{12-3}$$

式中，m_A 是量距边起始点的横向误差，取值为 0.016m，将 m_U 和 m_A 数值代入式 12-3，

得 $m_L=0.02\text{m}$。

当采用钢尺量距时，相对中误差大于 1/4000 时，就需采取必要的量距措施，才能达到精度要求。根据试验证明，当丈量长度小于 20m 时，求得的延伸直线也很难满足精度要求。因此，规定丈量长度大于 80m 或丈量长度小于 20m 时，应适当提高测量精度。

定线测量的主要技术要求，应符合表 12-11 的规定。

表 12-11　　　　　　　　　　　定线测量的主要技术要求

定线方式	仪器精度等级	仪器对中误差	管水准气泡偏离值	正倒镜定点差	距离相对误差
直接定线	6″级仪器	≤3mm	≤1 格	每 100m 不大于 60mm	—
间接定线	6″级仪器	≤3mm	≤1 格	每 10m 不大于 3mm	≤1/2000

注　钢尺量距应往返进行，当量距边小于 20m 或大于 80m 时，应适当提高测量精度。

（4）定线桩之间距离测量的相对误差，同向观测不应大于 1/200，对向观测不应大于 1/150，这是根据 500kV 架空送电线路确定的裕度值不大于 1m 的规定，并在各项误差概略分析的基础上推算的。大跨越档间距，宜采用电磁波测距，测距相对中误差不应大于 $1/D$（D 为档距，单位为 m）。

（5）定线桩之间对向观测的高差较差，不应大于 $0.1S$（高差较差单位为 m，S 为以 100m 为单位的桩间距离）；大跨越档高差测量，宜采用图根电磁波测距三角高程。

（6）定线也可采用导线测量法或用 GPS-RTK 方法直接放线。

三、纵断面测量

（1）纵断面测量的视距长度，不宜大于 300m，距离的相对误差不应大于 1/200，垂直角较差不应大于 $1'$。超过 300m 时，宜采用电磁波测距方法。断面测量的精度要求是和定线桩之间的距离和高差测量精度相匹配的。

（2）断面点的间距不宜大于 50m，地形变化处应适当加测点。断面点的选取，直接与设计排位有关。设计排位与送电导线弧垂变化对地面安全距离、杆塔类型及地形、地物的变化特征等因素有关。对于山区送电线路，杆塔位通常立在山头制高点或附近位置，要求不应少于 3 个断面点以反映地形变化；送电导线的最大弧垂处，如对应地形为深凹山谷，断面点可少测或不测。

（3）在送电导线对地安全距离的危险地段或在离杆塔位 1/4 档距内地形高差变化较大的区段，由于送电导线轨迹对地切线变化较大，则要求加测断面点。

（4）在线路经过山谷、深沟等不影响送电导线对地距离安全之处，纵断面线可中断。

（5）对于送电导线排列较宽的线路，边线断面施测的位置，由设计人员确定。通常，当送电线路与所通过的缓坡、梯田、沟渠、堤坝交叉角较小时，如边线对应中线高出 0.5m 以上的地形、地物，要求施测边线断面。

（6）纵断面图图标格式中平面图栏内的地物测量，除根据需要实测位置、高程及必要的高度外，还应进行线路走廊内的植被测量。

四、杆（塔）位桩测量

杆（塔）位桩宜用邻近的控制桩进行定位，方向点偏离直线，应在 $180°\pm1'$ 以内。定线桩之间距离测量的相对误差，同向观测不应大于 1/200，对向观测不应大于 1/150；大跨越档间距，宜采用电磁波测距，测距相对中误差不应大于 $1/D$（D 为档距，单位为 m）。定线桩之间对向观测的高差较差，不应大于 $0.1S$（高差较差单位为 m，S 为以 100m 为单位的桩间距离）；大跨越高差测量，宜采用图根电磁波测距三角高程。

1. 杆（塔）定位

在杆（塔）位排定后，对于送电导线排列较宽的线路，当对地构成危险时，不仅要测中线与被交叉跨（穿）越物的位置和高程，还要施测边线与被交叉跨（穿）越物的位置和高程。由于送电导线的风偏摆动，可能对地面安全构成威胁，故规范要求施测风偏横断面或风偏危险点。

所以，在杆（塔）定位应进行下列内容的测量：

（1）有危险影响的中线、边线点。

（2）有危险影响的被交叉跨（穿）越物的位置和高程。

（3）当送电线路通过或接近斜坡、陡岸、高大建（构）筑物时，应按设计需要施测风偏横断面或风偏危险点。

（4）线路的直线偏离度和转角。

（5）当设计需要时，应施测杆（塔）基断面图和地形图。

2. 杆（塔）施工前的复测

在杆（塔）施工前，应对杆（塔）位桩或直线桩进行复测，并满足下列要求：

（1）桩间距的相对误差，不应大于 1/100。

（2）所测高差与原成果较差，不应大于规定的 1.5 倍。

（3）直线偏离度、线路转角的复测成果与原成果的较差，不应大于 $1'30''$。

五、架空送电线路测量

10kV 以下的架空送电线路一般为单杆，距地面较近，送电导线横向跨度也较小。测量时，其技术要求可适当放宽。对于 500kV 及以上电压等级的架空送电线路，由于投资大，为了降低工程造价，选择最优路径方案，一般要求采用数字摄影及 GPS 测量等技术。

第十三章　全站型电子速测仪

第一节　概　述

随着现代科学技术的发展和计算机的广泛应用，一种集测距装置、测角装置和微处理器为一体的新型测量仪器应运而生。这种能自动测量和计算，并通过电子手簿直接实现自动记录、存储和输出的测量仪器，称为全站型电子速测仪（Electronic Total Station），简称全站仪（Total Station）。

在传统的测量中，人们已经提到了"速测法"，它是指一种从仪器站同时测定某一点的平面位置和高程的方法，也称作"速测术"（Tachymetry）。而速测仪（Tachymeter）就是根据速测法原理而设计的测量仪器。

电子测距技术的出现，大大地推动了速测仪的发展。用电磁波测距仪代替光学视距经纬仪，使得测程更大、测量时间更短、精度更高。人们将距离由电磁波测距仪测定的速测仪笼统地称之为"电子速测仪"（Electronic Tachymeter）。

电子速测仪根据测角方法的不同分为半站型电子速测仪和全站型电子速测仪。

半站型电子速测仪是指用光学方法测角的电子速测仪，也有人将其称之为"测距经纬仪"。这种速测仪出现较早，在进行了不断的改进后，可将光学角度读数通过键盘输入到测距仪，对斜距进行化算，最后得出平距、高差、方向角和坐标差，并且这些结果都可自动地传输到外部存储器中。

全站型电子速测仪是由电子测角、光电测距、微型机及其软件组合而成的智能型光电测量仪器。它除了具有速测仪的功能之外，更重要的是通过传输的接口把全站型速测仪野外采集的数据终端与计算机、绘图机连接起来，配以数据处理软件和绘图软件，实现测图的自动化。全站仪具有三维坐标测量系统，测量结果能自动显示，并能与外围设备交换信息的多功能测量仪器。由于全站型电子速测仪比较完善地实现了测量和处理过程的电子化和一体化，所以人们将其称为全站仪。

全站仪由于只要一次安置，仪器便可以完成在该测站上所有的测量工作，所以发展也比较迅速。世界上第一台商品化的全站仪是 1968 年西德 OPTON 公司生产的 Reg Elda14。

目前，世界上最高精度的全站仪测角精度（一测回方向标准偏差）为 0.52，测距精度为 1mm±1ppm。既可人工操作也可自动操作，既可远距离遥控运行也可在机载应用程序控制下使用，同时可使用在精密工程测量、变形监测、几乎是无容许限差的机械引导控制等应用领域。

第二节 全站仪结构及原理

一、全站仪基本结构

全站仪分为分体式和整体式两类。分体式全站仪的照准头和电子经纬仪不是一个整体，进行作业时将照准头安装在电子经纬仪上，作业结束后卸下来分开装箱。整体式全站仪是分体式全站仪的进一步发展，照准头和电子经纬仪的望远镜结合在一起，形成一个整体，使用起来更为方便。对于基本性能相同的各种类型的全站仪，其外部可视部件基本相同，如图 13-1 所示。

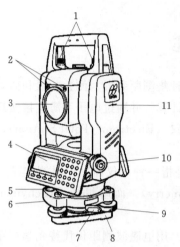

图 13-1 全站仪结构示意图
1—提手固定螺旋；2—定线点指示器，(仅适用于有定线点指示器类型)；3—物镜；4—显示屏；5—圆水准器；6—圆水准器矫正螺旋；7—基座固定钮；8—底板；9—整平脚螺旋；10—光学对中器；11—仪器中心标志

全站仪照准部主要由五个系统组成：控制系统、测角系统、测距系统、记录系统和通信系统，基座由电源部分、通信接口、显示屏、键盘等组成。全站仪几乎可以用在所有的测量领域。

全站仪组成及各系统之间的示意图如图 13-2 所示，上部是集中了全站仪照准部的测量四大光电系统，即测距、测水平角、测竖直角和水平补偿系统。键盘指令是测量过程中的控制系统，测量人员按动键盘的按键便启动内部的键盘指令指挥全站仪的测量工作过程。以上各系统通过 I/O 接口接入总线与数字计算机联系起来。

控制系统是全站仪的核心，主要由微处理机、键盘、显示器、存储卡、制动和微动旋钮、控制模块和通信接口等软硬件组成。根据要求，通过键盘（面板）可以进行各种控制操作。如：参数预置，选择显示和记录模式，进行存储卡格式化，建立或选择工作文件，数据输入输出，确定测量模式等。全站型仪器的键盘和显示屏均为双面式，便于正、倒镜作业时操作。全站仪可以通过 BS—232C 通信接口和通信电缆将内存中存储的数据输入计算机，或将计算机中的数据和信息经通信电缆传输给全站仪，实现双向信息传输。

微处理机是全站仪的核心部件，主要由寄存器系列（缓冲寄存器、数据寄存器、指令寄存器）、运算器和控制器组成。微处理机的主要功能是根据键盘指令启动全站仪进行测量工作的，执行测量工作过程的检验和数据的运输、处理、显示、储存等工作，保证整个光电测量工作有条不紊地完成，输入输出单元是与外部连接的装置（接口）。

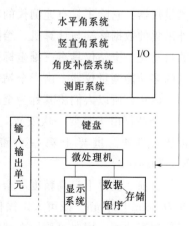

图 13-2 全站仪组成及各系统之间的示意图

数据存储器是测量成果数据库。为便于测量人员设计软件系统，处理某种用途的测量参数，全站仪中的数字计算机还没有程序存储器。全站仪存储器的作用是将实时采集的测量数据存储起来，再根据需要传送到其他设备如计算机等中，供进一步的处理或利用。全站仪内存储器相当于计算机的内存（RAM），存储卡是一种外存储媒体，又称 PC 卡，全站仪的存储器有内存储器和存储卡两种。

全站仪的望远镜实现了视准轴、测距光波的发射、接收光轴同轴化。同轴化的基本原理是：在望远物镜与调焦透镜间设置分光棱镜系统，通过该系统实现望远镜的多功能，即可瞄准目标，使之成像于十字丝分划板，进行角度测量；同时其测距部分的外光路系统又能使测距部分的光敏二极管发射的调制红外光在经物镜射向反光棱镜后，经同一路径反射回来，再经分光棱镜作用使回光被光电二极管接收。为了测距需要在仪器内部另设一内光路系统，通过分光棱镜系统中的光导纤维将由光敏二极管发射的调制红外光也传送给光电二极管接收，进行由内、外光路调制光的相位差间接计算光的传播时间，计算实测距离。

同轴性使得望远镜一次瞄准即可实现同时测定水平角、垂直角和斜距等全部基本测量要素的测定功能。加之全站仪强大、便捷的数据处理功能，使全站仪使用极其方便。

二、光电测角原理

光电测角系统有三种：编码度盘测角系统、光栅度盘测角系统和动态测角系统。具体可参第三章电子经纬仪光电测角原理。

三、光电测距原理

光电测距有两种：脉冲式测距、相位式测距。具体可参第四章测距原理。

第三节 全站仪测量功能

全站测量要求在一个测站上同时测定地面点的平面位置和高程。为了实现这些功能，全站仪除了具有测距和测角的基本功能外，一般还有坐标测量、对边测量、三角高程测量、悬高测量、自由设站等功能。

一、全站仪的基本功能

1. 测量功能

（1）单测量。单次测角后单次测距。

（2）全测量。角度、距离的同时测量。

（3）跟踪测量。跟踪测距或测角。

（4）连续测量。角度、距离的连续测量。

2. 数据输入存储功能

（1）角度、距离、高差的输入存储。

（2）点位坐标、方位角、高程的输入存储。

（3）参数（如温度、气压、棱镜常数等）的输入存储。

（4）测量术语、代码、指令的输入存储。

3. 计算与显示功能

（1）观测值（水平角、竖直角、斜距）的显示。

（2）水平距离、高差的计算显示。

（3）点位坐标、高差的计算显示。

（4）存储参数的显示。

4．测量的记录、通信传输功能

（1）将测量成果以数据文件形式记录存储于仪器内存或存储卡内。

（2）可以直接将内存中的数据文件传送到计算机，也可以从计算机将坐标数据文件和编码库数据直接装入仪器内存。

全站仪的记录系统又称为电子数据记录器，它是一种存储测量资料的具有特定软件的硬件设备。目前，全站仪记录系统主要有三种形式：接口式、磁卡式和内存式。数据记录器也有许多类型，但基本功能都一样，起着全站仪与电子计算机之间的桥梁作用，它使野外记录工作实现了自动化，减少了记录计算的差错，大大提高了野外作业的效率。

二、坐标测量

如图 13-3 所示，在站点 A 上安置全站仪，照准已知方向 AB 或控制点 B，输入测站点 A 的坐标、测站至已知方向的方位角 α_{AB} 或控制点 B 的坐标后，照准目标点 P 上的反射棱镜，测量距离 d_{AP} 和角度 β，则可按下式求得目标点 P 的坐标。

$$\alpha_{AP} = \alpha_{AB} + \beta \tag{13-1}$$

$$x_p = x_A + \Delta x_{AP} = x_A + d_{AP}\cos\alpha_{AP} \tag{13-2}$$

$$y_p = y_A + \Delta y_{AP} = y_A + d_{AP}\sin\alpha_{AP} \tag{13-3}$$

三、对边测量

如图 13-4 所示，在测站点 A 上依次测量至反射镜 P_1、P_2 的距离 d_1、d_2 和相应的水平角 β，可利用下式求得 P_1 到 P_2 的距离 d 有

$$d = \sqrt{d_1^2 + d_2^2 - 2d_1 d_2 \cos\beta} \tag{13-4}$$

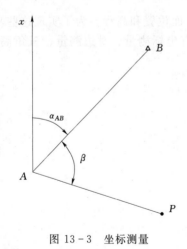

图 13-3 坐标测量

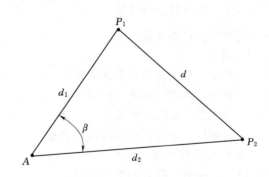

图 13-4 对边测量

四、三角高程测量

1．三角高程测量基本原理

三角高程测量基本原理如图 13-5 所示，已知 A 点高程为 H_A，欲求点 B 高程 H_B。将仪器安置在 A 点，照准 B 目标顶端 M，测得竖直角 α_A，取得仪器高 i_A，棱镜高 v_B。如

果测得仪器至目标顶端 M 的斜距 S，则初算高差 h_{AB} 为

$$h' = S\sin\alpha_A \qquad (13-5)$$

平距

$$D = S\cos\alpha_A \qquad (13-6)$$

则高差 h_{AB} 为

$$h_{AB} = D\tan\alpha_A + i_A - v_B \qquad (13-7)$$

则 B 点高程为

$$H_B = H_A + h_{AB} \qquad (13-8)$$

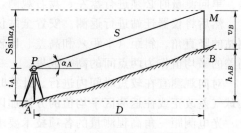

图 13-5 三角高程测量

2. 地球曲率和大气折光对高差的影响

上述公式是在水准面为水平面。观测视线为直线的假定条件下导出的。在地面上两点间的距离较短时是适用的。两点间距离较长时就要顾及地球曲率和大气垂直折光的影响，即加入球气差改正，用符号 f 表示。

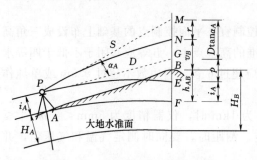

图 13-6 地球曲率对高差的影响

如图 13-6 所示，A、B 为地面上两点，D 为 A、B 两点间水平距离，PE 和 AF 分别为过 P 点和 A 点的水准面。水平线 PG 与水准面 PE 相切，GE 就是由于地球曲率而产生的误差 p。PN 为光程曲线，由于大气折光的影响，当位于 P 点的望远镜指向与 PN 相切的 PM 方向时，来自 N 点的光正好落在望远镜的横丝上，此时，仪器至于 A 点测得 P 点与 N 点之间的竖直角 $\alpha_A = \angle MPG$，MN 即为大气垂直折光带来的误差 r。由于 A、B 两点间的水平距离 D 与地球平均曲率半径 R 的比值很小，例如当 $D=3$km 时，其所对的圆心角约为 $2.8'$，故可认为 PG 近似垂直于 MG，故 $MG=\tan\alpha_A$。从图中可得

$$h_{AB} = BF = MG + GE + EF - MN - NB = D\tan\alpha_A + p + i_A - r - v_B \qquad (13-9)$$

则

$$h_{AB} = D\tan\alpha_A + i_A - v_B + p - r \qquad (13-10)$$

式中 p 为球差，r 为气差，f 为球气差，即

$$f = p - r \approx 0.43\frac{D^2}{R} \qquad (13-11)$$

则

$$h_{AB} = D\tan\alpha_A + i_A - v_B + f \qquad (13-12)$$

三角高程测量一般采用对向观测，则由 A 点到 B 点观测时可得

$$h_{AB} = d\tan\alpha_B + i_B - v_A + f \qquad (13-13)$$

可见取对向观测平均值，在理论上可以消除地球曲率和大气折光的影响。但是，在实际工作中折光系数 K 受多种因素影响，变化较大，即使在同一条边上进行往返测量，由于时间地点的差异，K 值也不可能完全相同，所以与地球曲率的影响不同。大气折光的影响在实际工作中是不能完全消除的，只能选择合适的测量方案加以减弱。

3. 三角高程测量的观测和数据处理

（1）三角高程对向测量。首先，进行往测。在测站上安置全站仪，量取仪器高，在待测目标点上安置觇标或反射棱镜，量取觇标高或棱镜高，将测站高程、仪器高和棱镜高输

入全站仪储存。用望远镜照准觇标或反射棱镜中心，测量记录竖直角、斜距（平距）和高差。单向测量时必须进行盘左、盘右观测，较差不超限时取平均。

然后将仪器迁站进行返测。安置全站仪在待测目标点上，按同样方法测量待测点至原测站的竖直角、斜距（平距）和高差。比较往、返测高差值，较差不超限时取往测和返测高差的平均值作为两点间的高差成果。

对向观测宜在较短时间内进行。计算时应考虑地球曲率和大气折光差的影响，可通过加球气差改正或往返测区平均值的方法加以消减。

光电测距三角高程测量的各项技术要求，应符合表 13-1。

表 13-1   光电测距三角高程的主要技术指标

等级	仪器	测回数 （中丝法）	指标差较差 (″)	竖直角指标差 (″)	对向观测指标差 (″)	附合或环形闭合差 (mm)
四等	2″级仪器	3	<7	<7	$40\sqrt{D}$	$20\sqrt{\sum D}$
五等	2″级仪器	2	<10	<10	$60\sqrt{D}$	$30\sqrt{\sum D}$

注　D 为光点测距长度（km）。

（2）三角高程控制测量及计算。三角高程控制宜在平面控制点的基础上布设成三角高程网或高程导线。四等应起闭于不低于三等水准的高程点上，五等应起闭于不低于四等水准的高程点上，其边长不应超过 1km，边数不应超过 6 条，当边数不超过 0.5m 或单纯作高程测量时，边数可增加一倍。

边长应采用不低于 Ⅱ 级精度（当测距长率为 1km 时，仪器精度为 5mm$< | m_D | \leqslant$ 10mm，m_D 为仪器的标称精度）的测距仪测定。测距时，要同时测定气温和气压值，并对所测距离进行气象改正。

技术指标：四等应往返各一测回，仪器高应在观测前后量测，采用量杆量测，较差不大于 2mm；五等应采用一测回。用钢尺量测，较差不大于 4mm。

四等和五等较差不超限时取用两次两测的平均值，取值均精确至 1mm。

各边高差计算完成后，须计算路线闭合差 f_h，当 f_h 满足表 13-1 的规定时，应将 f_h 反号按比例分配原则成正比（边长占总边长的比例与 $-f_h$ 之积）分配给各边高差见表13-2，最后按改正后的高差推算出各点的高程。

表 13-2   三角高程路线高差计算表

测站点	Ⅲ10	401	401	402	402	Ⅲ12
觇点	401	Ⅲ10	402	401	Ⅲ12	402
觇法	直	反	直	反	直	反
α	$+3°24'15''$	$-3°22'47''$	$-0°47'23''$	$+0°46'56''$	$+0°27'32''$	$-0°25'58''$
S(m)	557.157	557.137	703.485	703.490	417.653	417.697
$h'=S\sin\alpha$(m)	$+34.271$	-34.024	-9.696	$+9.604$	$+3.345$	-3.155
i (m)	1.565	1.537	1.611	1.592	1.581	1.601
v (m)	1.695	1.680	1.590	1.610	1.713	1.708
$f=0.43\dfrac{d^2}{R}$(m)	0.022	0.022	0.033	0.033	0.012	0.012
$h=h'+i-v+f$(m)	$+34.163$	-34.145	-9.642	$+9.619$	$+3.225$	-3.250
h 平均 (m)	$+34.154$		-9.630		$+3.238$	

五、悬高测量

架空的电线和管道等因远离地面而无法安置反射棱镜时，可采用悬高测量测量其高度。如图 13-7 所示，将反射棱镜安置在欲测目标 P 点之下的 B 点，将反射棱镜高 h_1 输入全站仪，先照准反射棱镜进行测量，再旋转望远镜照准欲测目标 P，悬高测量程序便能计算、显示地面至目标 P 的高度 h。

目标的高度计算式为

$$h = h_1 + h_2 \tag{13-14}$$

$$h_2 = S\cos\alpha_1 (\tan\alpha_2 - \tan\alpha_1) \tag{13-15}$$

六、自由测站

自由测站也称边角联合后方交会。如图 13-8 所示，P 点为待定点，A，B，…，E 为已知点。在 P 点安置全站仪，依次对已知点进行角度和距离测量，达到足够观测时，全站仪就可以计算显示 P 点坐标。一般情况下，有两个已知点就可以实现自由测站。多余观测条件下，P 点坐标的计算需用测量平差方法求解。具有自由设站功能的全站仪多具备测量平差功能。

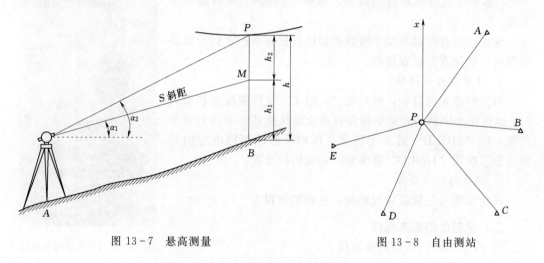

图 13-7　悬高测量　　　　　　　　　　图 13-8　自由测站

第四节　全站仪的使用方法

随着社会和科技的高速发展，全站仪的生产厂家和型号呈现多种多样，不同厂家和型号的全站仪使用方法均有区别，因此，下面介绍全站仪的一些较为通用的基本操作。

一、测量使用前的准备、检查工作

为了保证测量工作的顺利进行和观测成果的精度，使用全站仪前应做好各项准备和检查工作，包括全站仪自身和附属配件的检查。其主要检查步骤如下。

1. 电池的安装

（1）测量前电池需充足电，按"power"键可以检查电池的消耗程度。

（2）把电池盒底部的导块插入装电池的导孔。

（3）按电池盒的顶部直至听到"咔嚓"响声。

（4）向下按解锁钮，取出电池。

2. 仪器的安置

（1）在实验场地上选择一点作为测站，另选两点作为观测点。

（2）将全站仪安置于测站点，对中、整平。

（3）在两点分别安置棱镜。

3. 打开电源

将开关打开，显示屏显示，所有点阵发亮，几秒后即可进行测量。对各种类型的仪器可参照仪器使用说明书进行操作。

4. 竖直度盘和水平度盘指标的设置

（1）竖直度盘指标设置：设置垂直零点。松开望远镜制动螺旋将望远镜上下转动，当望远镜通过水平线时，将指示出垂直零点，并显示垂直角。即：松开竖直度盘制动钮，将望远镜纵向转动一周（望远镜处于盘左，当物镜穿过水平面时），竖直度盘指标即已设置。随即听见一声鸣响，并显示出竖直角。

（2）水平度盘指标设置：松开水平制动螺旋，旋转照准部360°，水平度盘指标即自动设置。随即一声鸣响，同时显示水平角。

至此，竖直度盘和水平度盘指标已设置完毕；在打开仪器电源时，必须重新设置指标。

5. 设置度盘初始值

可先照准定向目标，然后按"0 SET"键设置度盘初值为0°，也可用水平制动和微动螺旋转动全站仪使其水平角为要求的值，用"HOLD"键锁定度盘，再转动照准部瞄准定向目标，第二次用"HOLD"键解锁，完成初始设置。

6. 调焦与照准目标

操作步骤与一般经纬仪相同，注意消除视差。

二、全站仪的基本操作

图13-9为GTS系列全站仪。

（一）按键简介

1. 基本键（见表13-3）

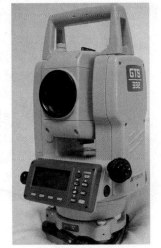

图13-9　GTS系列全站仪

表 13-3　　　　　　　　　　　　　　基 本 键 操 作

键	名　称	功　　能
★	星键	星键模式用于如下项目的设置或显示： （1）显示屏对比度 （2）十字丝照明 （3）背景光 （4）倾斜改正 （5）定线电指示器（仅适用于有定线电指示器类型） （6）设置音响模式

键	名　　称	功　　能
	坐标测量键	坐标测量模式
	距离测量键	距离测量模式
ANG	角度测量键	角度测量模式
POWER	电源键	电源开关
MENU	菜单键	在菜单模式和正常测量模式之间切换，在菜单模式下可设置应用测量与照明调节，仪器系统误差改正
ESC	退出键	(1) 返回测量模式或上一层模式 (2) 从正常测量模式直接进入数据采集模式成放样模式 (3) 也可用做为正常测量模式下的记录键
ENT	确认输入键	在输入值末尾按此键
F1 F4	软键（功能键）	对应于显示的软键功能信息

2. F1～F4 操作键功能（见表 13－4）

表 13－4　　　　　　　　　　F1～F4 操 作 键

键	显示符号	功　　能
F1		显示屏背景光开关
F2		设置倾斜改正，若设置为开，则显示倾斜改正值
F3		定线点指示器开关（仅适用于有定线点指示器类型）
F4		
▼		调节显示屏对比度（0～9 级）

（二）GTS 系列全站仪操作技术要点

1. 开机

按"power"键开机，检查电池容量。电量不足，电池应进行充电或更换。

电池工作要求：①电池工作时间的长短取决于环境条件，如周围温度、充电时间和充放电的次数等，为安全起见，建议提前充电或准备一些充好的备用电池；②电池剩余容量显示级别与当前的测量模式有关，在角度测量模式下，电池剩余容量够用，并不能保证电池在距离测量模式下也能用，因为距离测量模式耗电高于角度测量模式，当从角度模式转换为距离模式时，由于电池容量不足，有时会中止测距。

2. 系统参数设置

设置好仪器的观测值单位等系统参数。

（1）设置参数组

[ON]，[MENU]，[F4]，[F4]，[F1]。

建议设置如下：

最小读数：	角度：1″
精测：	10mm
自动电源关机：	开
倾斜：	双轴
误差改正：	开
电池类型：	Ni-MH
加热器：	开

（2）按住 [F2] + [ON]，建议设置如下：

单位设置：　　温度：℃	
气压：hPa	
角度：DEG	
距离：m	
英尺：美国英尺	

（3）模式设置

开机模式：	测角
精测/粗测/跟踪：	精测
平距/斜距：	斜距
竖角：	天顶0
N一次/重复：	N 次
测量次数：	1 次
NEZ/ENZ：	NEZ
H 角存储：	开
ESC 键模式：	关
坐标检查：	开
EDM 关闭时间：	3 分
精读数：	1mm
偏心竖角：	自由

（4）其他设置：水平角蜂鸣声：关

信号蜂鸣声：	开
两差改正：	0.14
坐标记忆：	开
记录类型：	REC—A
CR，LF：	开
NEZ 记录格式：	标准方式
输入 NEZ 记录：	开

ACK 模式： 标准方式

格网因子： 使用

挖与添： 标准方式

回显： 开

对比度菜单： 关

3. 边角测量

角度测量模式见表 13-5。

表 13-5 角 度 测 量 模 式

页数	键	显示符号	功 能
1	F1	置零	水平角置为 0°00′00″
	F2	锁定	水平角读数锁定
	F3	置盘	通过键盘输入数字设置水平角
	F4	P1↓	显示第 2 页软键功能
2	F1	倾斜	设置倾斜改正开或关，若选择开，则显示倾斜改正值
	F2	复测	角度重复测量模式
	F3	V%	垂直角百分比坡度（%）显示
	F4	P2↓	显示第 3 页软键功能
3	F1	H 蜂鸣	仪器每转动水平角 90°是否要发出蜂鸣声的设置
	F2	R/L	水平角右/左计数方向的转换
	F3	竖盘	垂直角显示格式（高度角/天顶距）的切换
	F4	P3↓	显示下一页（第一页）软键功能

距离测量模式见表 13-6。

表 13-6 距 离 测 量 模 式

页数	键	显示符号	功 能
1	F1	测量	启动测量
	F2	模式	设置测距模式精测/粗测/跟踪
	F3	S/A	设置音响模式
	F4	P1↓	显示第 2 页软键功能
2	F1	偏心	偏心测量模式
	F2	放样	放样测量模式
	F3	m/f/l	m、英尺或者英尺、英寸单位的变换
	F4	P2↓	显示第 1 页软键功能

边角测量示意图见图 3-10。

（1）边角测量（不自动记录观测数据）。只测边长和角度，不需要将观测数据自动记录在仪器内存中。

1）设置零方向：[ON]，精确照准起始零方向，[F1]，[F3]。

2）观测：照准观测点，[△]，开始测距，显示：V，HR，SD。

3）继续观测：照准下一个观测点，[F1] 继续观测。

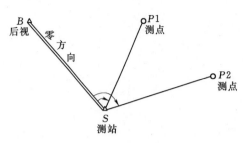

图 13-10 边角测量示意图

（2）边角测量（自动记录观测数据）。只测边长和角度，需要将观测数据自动记录在仪器内存中。

1）设置数据记录文件：

［ON］，［MENU］，［F1］，［F1］输入文件名。

2）记录测站点号和仪高：

［F1］显示上次的测站信息；

［F1］输入测站点号、标识符、仪高等信息，仪器显示上次的测站坐标；

［F3］，［F3］记录，回到数据采集［1/2］界面。

3）设置零方向：

［F2］显示上次的后视点信息；

［F1］输入零方向点号、编码、镜高等信息；

［F4］，［F3］，［F3］，［F1］输入零方向值（0°00′00″），精确照准起始零方向；

［F3］，［F1］，［F3］则设置零方向完毕。

4）观测：照准观测点，［F1］输入点号等信息；

［F3］，［F2］，开始测距；

显示：V，HR，SD；

［F4］，［F3］自动记录观测数据。

5）继续观测：照准下一个观测点，［F3］继续观测。

4. 坐标测量

坐标测量模式（见表 13-7）。

表 13-7　　　　　　　　坐 标 测 量 模 式

1	F1	测量	开始测量
	F2	模式	设置测量模式，精测/粗测/跟踪
	F3	S/A	设置音响模式
	F4	P1↓	显示第 2 页软键功能
2	F1	镜高	输入棱镜高
	F2	仪高	输入仪器高
	F3	测站	输入测站点（仪器站）坐标
	F4	P2↓	显示第 3 页软键功能
3	F1	偏心	偏心测量模式
	F3	m/f/l	米、英尺或者英尺、英寸单位的变换
	F4	P3	显示第 1 页软键功能

坐标测量示意图见图 13-11。

（1）坐标测量（不自动记录观测数据）。已知测站点坐标和后视方位角，要求观测未知点坐标，不需要将观测数据自动记录在仪器内存中。

1）设置后视方位角：

[ON]，精确照准后视点，[F3]，[F1]
输入后视方位角。

2）输入测站坐标：

[⌐]，[F4]，[F3]，[F1] 输入测站点坐
标 X、Y、Z。

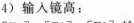

3）输入仪器高：

[F4]，[F2]，[F1] 输入仪器高。

图 13-11 坐标测量示意图

4）输入镜高：

[F4]，[F1]，[F1] 输入镜高。

5）观测：照准观测点，[F1]，显示：观测点坐标 X、Y、Z。

6）继续观测：照准下一个观测点，[F1] 继续观测。

（2）坐标测量（自动记录观测数据）。已知测站点坐标和后视方位角，要求观测未知
点坐标，需要将观测数据自动记录在仪器内存中。

1）设置数据记录文件：

[ON]，[MENU]，[F1]，[F1] 输入文件名。

2）设置测站点信息：

[F1] 显示上次的测站信息；

[F1] 输入测站点号、标识符、仪高等信息，仪器显示上次的测站坐标，[F4]；

[F4]，[F3]，[F1] 输入测站点坐标 X、Y、Z；

[F3]，[F4]，[ESC] 回到数据采集 [1/2] 界面。

3）设置后视方位角：

[F2] 显示上次的后视点信息，[F1] 输入后视点号、编码、镜高等信息；

[F4]，[F3]，[F3]，[F1] 输入后视方位角，精确照准后视点；

[F3]，[F1]，[F3] 则设置后视方位角完毕。

4）观测：

[F3]，[F1] 输入点号、编码、镜高等信息，照准观测点；

[F3]，[F3]，显示：观测点坐标 X、Y、Z；

[F4]，[F3] 自动记录观测数据。

5）继续观测：照准下一个观测点，[F3] 继续观测。

5. 坐标放样

（1）坐标放样一。已知测站点坐标和后视方位角，已知放样点设计坐标，要求放样出
该点的位置（见图 13-12）。

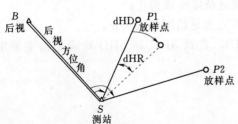

图 13-12 坐标放样示意图

1）设置数据记录文件：

[ON]，[MENU]，[F2]，[F1] 输入文
件名。

2）设置测站点信息：

[F1]，[F3]，[F1] 输入测站点坐标 X、
Y、Z，[F3]；

[F1] 输入测站点号，[F1] 输入仪高，回

到放样 [1/2] 界面。

3）设置后视方位角：

[F2]，[F1] 输入后视点号，[F3]，[F3]；

[F1] 输入后视方位角，精确照准后视点；

[F3] 则设置后视方位角完毕。

4）放样：

[F3]，[F1] 输入放样点号；

[F3]，[F1] 输入放样点设计坐标 X、Y、Z；

[F3]，[F4]，[F1] 输入镜高，照准棱镜；

[F1] 显示 HR 和 dHR，直到 dHR 为零或满足精度要求为止；

[F1] 显示 HD、dHD 和 dZ，直到 dHD 为零或满足精度要求为止；

[F2] 再次检查 dHR，[F1] 再次检查 dHD，直到 dHR 和 dHD 均满足精度要求为止。

5）继续放样：

[F4] 继续放样其他点位。

（2）坐标放样二。已知测站点坐标和后视点坐标，已知放样点设计坐标，要求仪器自动设置后视方位角，放样出该点的位置。

1）设置数据记录文件：

[ON]，[MENU]，[F2]，[F1] 输入文件名。

2）设置测站点信息：

[F1]，[F3]，[F1] 输入测站点坐标 X、Y、Z；

[F3]，[F1] 输入测站点号；

[F1] 输入仪高，回到放样 [1/2] 界面。

3）设置后视方位角：

[F2]，[F1] 输入后视点号；

[F3]，[F1] 输入后视点坐标 X、Y、Z；

[F3]，[F4]，精确照准后视点；

[F3] 则设置后视方位角完毕。

4）放样：

[F3]，[F1] 输入放样点号；

[F3]，[F1] 输入放样点，设计坐标 X、Y、Z；

[F3]，[F4]，[F1] 输入镜高，照准棱镜；

[F1] 显示 HR 和 dHR，直到 dHR 为零或满足精度要求为止；

[F1] 显示 HD、dHD 和 dZ，直到 dHD 为零或满足精度要求为止；

[F2] 再次检查 dHR，[F1] 再次检查 dHD，直到 dHR 和 dHD 均满足精度要求为止。

5）继续放样：

[F4] 继续放样其他点位。

6. 其他

（1）格网因子。

作用：对观测的边长进行比例改正。

如果观测边长＝1.000m，当格网因子设为1.01时，则计算坐标用的边长为：

$$观测边长×格网因子＝1.01m$$

当格网因子设为0.99时，则计算坐标用的边长为：

$$观测边长×格网因子＝0.99m$$

（2）双轴补偿。

作用：当仪器竖轴倾斜时，对水平角观测值进行补偿改正。

现象：当双轴补偿设置为开时，固定水平度盘，垂直抬高望远镜，则水平角读数会有明显的变化。

原因：双轴补偿在起作用。

（3）导线测量。

1）关闭"坐标自动计算"设置：

数据采集－设置－坐标自动计算

2）用"测站设置"输入测站信息：

测站点号、仪高

3）用"侧视"观测导线的前视、后视：

视点号、镜高、V、HR、SD

前视点号、镜高、V、HR、SD

4）可以盘左、盘右观测，也可以多测回观测。

STN	10，1.500
FS	11，1.600
SD	0.00000，89.59370，1.6130
FS	12，1.600
SD	139.08190，89.59320，1.1600
FS	12，1.600
SD	319.08350，270.01370，1.1580
FS	11，1.600
SD	180.00000，270.01320，1.6150

（4）后方交会。

1）可以观测最多7个已知点；

2）可以观测部分边长；

3）只有在第一个点、第二个点观测了边长时，才会提示：

选择格网因子；

F1：使用上次数据；

F2：计算测量数据；

其他观测组合不会出现该提示，只采用仪器设置的格网因子。

（5）极坐标法测定新点。可用于支测站点：

[MENU]—放样—新点—极坐标法

采用仪器设置的格网因子。

（6）点坐标的调用。当要调用点号的坐标时，只能调坐标数据文件中的点坐标，不能调测量数据文件中的点坐标。即：测量数据文件记录的是原始观测数据，其坐标值是不能被调用的。

如果需要调用观测点的坐标，则必须打开"坐标自动计算"设置，将观测点的坐标存入坐标数据文件。

（7）测量数据文件和坐标数据文件中的坐标。测量数据文件记录的是原始观测数据，其坐标值是没有加格网因子改正的。坐标数据文件记录的计算出的坐标值，其坐标值是加了格网因子改正的。

（8）盘左、盘右测出的坐标。盘左测出的坐标值和盘右测出的坐标值是不一样的。原因：盘右测出的坐标值并没有归算到盘左。

（9）设置新点时的重复点号。当用某一点号设置新点时，如果在坐标数据文件中已有该点，则会提示：

该点已存在，是否要覆盖该点？

选择"是"则覆盖该点；选择"否"则以该点号继续存入一个新坐标。此时，点号查找只能找到最后存入的坐标，需要翻页才能找到相同点号的其他坐标。这点在用点号调用坐标时，要特别注意。

（10）其他设置。

1）"数据采集"中的"设置"：

［MENU］—数据采集—设置。

2）"存储管理"中的"通信参数"设置：

［MENU］—存储管理—数据通信—通信能数。

第五节　全站仪的检校

全站仪同其他测量仪器一样，要定期地到有关鉴定部门进行检验校正。其检校项目主要有以下三个方面：电子测角部分的检验与校正；光电测距部分的检验与校正；系统误差补偿的检验与校正。

一、电子测角部分的检校

大部分检校项目与光学经纬仪类似，主要有照准部水准管轴垂直于仪器竖轴的检验与校正，望远镜的视准轴垂直于横轴的检验与校正，横轴垂直于仪器竖轴的检验与校正，竖盘指标差的检验与校正等。

1. 照准部水准器的检校

与普通经纬仪照准部水准器检校相同，即水准管轴垂直于竖轴的检校。

2. 圆水准器的检校

照准部水准器校正后，使用照准部水准器仔细地整平仪器，检查圆水准气泡的位置，若气泡偏离中心，则转动其校正螺旋，使气泡居中。注意应使三个校正螺旋的旋松程度相同。

3. 十字丝竖丝应垂直于横轴的检校

检验时，用十字丝竖丝瞄准一清晰小点，使望远镜绕横轴上下转动，如果小点始终在竖丝上移动则条件满足，否则需要进行校正。

校正时，松开四个压环螺钉，转动目镜筒使小点始终在十字丝竖丝上移动，校好后将压环螺钉旋紧。

4. 视准轴应垂直于横轴的检校

选择一水平位置的目标，盘左盘右观测之，取它们的读数（顾及常数180°），即得两倍的 $c[c=1/2(\alpha_左-\alpha_右)]$。

5. 横轴应垂直于竖轴的检校

选择较高墙壁近处安置仪器。以盘左位置瞄准墙壁高处一点 P（仰角最好大于30°），放平望远镜在墙上定出一点 m_1。倒转望远镜，盘右再瞄准 P 点，又放平望远镜在墙上定出另一点 m_2。如果 m_1 与 m_2 重合，则条件满足，否则需要校正。校正时，瞄准 m_1、m_2 的中点 m，固定照准部，向上转动望远镜，此时十字丝交点将不对准 P 点。抬高或降低横轴的一端，使十字丝的交点对准 P 点。此项检验也要反复进行，直到条件满足为止。每项检验完毕后必须旋紧有关的校正螺钉。

6. 十字丝位置的检校

检验时，在距离仪器50～100m处，设置一清晰目标，精确整平仪器。打开开关设置垂直和水平度盘指标，盘左照准目标，读取水平角 α_1 和垂直度盘读数 β_1，用盘右再照准同一目标，读取水平角和垂直度盘读数。计算水平角读数差值在180°±20°以内，同时垂直竖盘读数和值在360°±20°以内，说明十字丝位置正确，否则应校正。

校正时，先计算正确的水平角和垂直度盘数 A 和 B，$A=(\alpha_1+\alpha_2)/2+90°$，$B=(\beta_1+\beta_2)/2+180°$。仍在盘右位置照准原目标，用水平和垂直微动螺旋，将显示的角值调整为上述计算值。观察目标已偏离十字丝分划板校正螺旋，旋下分划板盖的固定螺丝，取下分划板盖，用左右分划板校正螺旋，向着中心移动竖丝，再使目标置于竖丝上；然后用上下校正螺旋，再使目标置于水平丝上。注意：要将竖丝移向右（或左）校正螺丝。水平丝上（下）移动，也是先松后紧。重复检校，直到十字丝照准目标为止，最后旋上分划板校正盖。

7. 测距轴与视准轴同轴的检校

（1）将仪器和棱镜面对面地安置在相距约为2m的地方，使全站仪处于开机状态。

（2）通过目镜照准棱镜并调焦，将十字丝瞄准棱镜中心。

（3）设置为测距或音响模式。

（4）将望远镜顺时针旋转调焦至无穷远，通过目镜可以观测到一个红色光点，如果十字丝与光点在竖直或水平方向上的偏差不超过光点直径的五分之一，则不需校正。若上述偏差超过五分之一，再检查仍如此，应交专业人员修理。

8. 光学对中器的检校

整平仪器：将光学对中器十字丝中心精确地对准测点（地面标志），转动照准部180度，若测点仍位于十字丝中心，则无需校正，若偏离中心，则按下述步骤进行校正：

用脚螺旋校正偏离量的一半，旋松光学对中器的调焦环，用四个校正螺丝校正剩余的一半偏差，致使十字丝中心精确地吻合。另外，当测点看上去有一个绿色（灰色）区域时，轻轻松开上（下）校正螺丝，以同样的程度固紧下（上）螺丝。

二、光电测距部分的检验与校正

测距部分的检验项目及方法应遵照《光电测距仪检定规范》（CH8001—1991）进行，

主要有发射、接收、照准三轴关系正确性检验、周期误差检验、仪器常数检验、精测频率检验、测程检验等。

通常，仪器常数一般不含偏差，但还是建议应将仪器在某一精确测定过距离的基线上进行观测与比较，该基线应是建立在紧实地面上并具有特定的精度，如果找不到这样一种检验仪器常数的场地，也可自己建立一条20多m的基线（购买仪器时），然后将新购置的仪器对其进行观测作比较。这两种情况，仪器安置的误差，棱镜误差，基线精度，照准误差，气象改正，大气折射以及地球曲率的影响等因素决定了检验结果的精度。

测距前须将棱镜常数输入仪器中，仪器会自动对所测距离进行改正。设置大气改正值或气温、气压值：光在大气中的传播速度会随大气的温度和气压而变化，15℃和760mmHg是仪器设置的一个标准值，此时的大气改正为0ppm。实测时，可输入温度和气压值，全站仪会自动计算大气改正值（也可直接输入大气改正值），并对测距结果进行改正。量仪器高、棱镜高并输入全站仪。距离校正见图13-13。

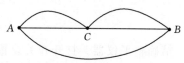

图13-13 距离校正

检验方法如下：

（1）在一条近似水平长约100m的直线 AB 上，选择一点 C，观测直线 AB，AC 和 BC 的长度。

（2）通过重复以上观测多次，得到仪器的常数。

仪器常数 $$c = AC + BC - AB$$

（3）在某一标准的基线上再次比较仪器基线的长度。

（4）如果通过以上过程均未发现仪器常数与出厂常数值有差异，或发现相差超过5mm，请与生产公司或经销商联系。

对 c 值测定若干次，若绝大多数不超过±3mm，取若干次的平均值作为距离加常数。注意：若有棱镜常数，由上式计算结果为仪器加常数与棱镜常数之和。

表13-8为经修理后的和使用中的仪器检定的所有项目，"中、短程光电测距规范"提到全站仪的测角部分，应按照"国家三角测量和精密导线测量规范"及仪器说明书的有关规定作相应的检验，但未具体开列检验的项目及方法。为此，针对工程中使用的全站仪，其测角精度一般相当于 2″、6″ 级仪器，提出以下检验项目供参考（表中第5、6两项要求6～12个月内应检验一次）。

表13-8 仪 器 检 定 项 目

序号	检 定 项 目	检定方法或设备
1	测距部的检视	目视
2	发射、接收、照准三轴关系正确性	信号强度对称法
3	内部符合精度	定点重复读数法
4	精测频率	彩电副载波校频仪
5	周期误差	平台法
6	仪器常数	基线比较法
7	检定综合精度	比较法
8	调制光相位均匀性	偏差法

续表

序号	检 定 项 目	检定方法或设备
9	分辨精度	位移法
10	电压—距离特性	直流可调稳压电源
11	幅相误差	灰度滤光镜
12	测程	比较法
13	整机高低温性能	高低温试验箱
14	反射棱镜常数一致性	对比法
15	光学对中器、对中杆	光学对中器检验台、经纬仪

三、系统误差补偿的检验与校正

目前许多全站仪自身提供了对竖轴误差、视准轴误差、竖直角零基准的补偿功能，对其补偿的范围和精度也要进行相应的检校。

全站仪特有的双轴（或单轴）倾斜自动补偿系统，可对纵轴的倾斜进行监测，并在度盘读数中对因纵轴倾斜造成的测角误差自动加以改正（某些全站仪纵轴最大倾斜可允许至 $\pm 6'$），也可通过将由竖轴倾斜引起的角度误差，由微处理器自动按竖轴倾斜改正计算式计算，并加入度盘读数中加以改正，使度盘显示读数为正确值，即所谓纵轴倾斜自动补偿。

双轴自动补偿所采用的水平构造（如 Topcon，Trimble 系列）：使用一个水泡（该水泡不是从外部可以看到的，与检验校正中所描述的不是一个水泡）来标定绝对水平面，该水泡是中间填充液体，两端是气体。在水泡的上部两侧各放置一发光二极管，而在水泡的下部两侧各放置一根光电管，用一接收发光二极管透过水泡发出的光。而后，通过运算电路比较两二极管获得的光的强度。当在初始位置，即绝对水平时，将运算值置零。当作业中全站仪器倾斜时，运算电路实时计算出光强的差值，从而换算成倾斜的位移，将此信息传达给控制系统，以决定自动补偿的值。自动补偿的方式初由微处理器计算后修正输出外，还有一种方式即通过步进马达驱动微型丝杆，把此轴方向上的偏移进行补正，从而使轴时刻保证绝对水平。

第六节 误 差 分 析

一、误差来源

全站仪测量和其他测量一样不可避免地存在着误差，主要概括为仪器误差、观测误差以及外界条件的影响三个方面，因此要提高测量时的精度，需要对测量进行误差分析。

1. 仪器误差

仪器误差主要是指仪器检校后残余误差和仪器零件部件加工不够完善引起的误差（可以在工作中通过一定的方法予以消除），仪器误差也与测量模式的选择有关。

（1）全站仪自身精度的衡量指标：

1）照准部正确性：0.8 格

2）视准轴与横轴垂直度：8s

3）横轴与竖轴垂直度：15s

4）指标差：16s

5）望远镜调焦运行误差：10s

6）对中器与竖轴同轴度：1mm

7）一测回水平方向标准偏差：1.6s

8）一测回竖直角标准偏差：6.0s

（2）全站仪测量时可根据所需精度选择测量模式，选择情况见表13-9。

2．观测误差

造成观测误差的原因有两个：一是工作时不够细心；二是受人的器官及仪器性能的限

表13-9　全站仪测量精度模式

测量模式	测量时间	最小测量单位
精测模式	2.5s	1mm
跟踪模式	0.3s	1cm
粗测模式	0.7s	1mm～1cm

制。主要的误差有：对中误差、整平误差、目标偏心、照准误差及读数误差。

光电测距是测定测距仪中心至棱镜中心的距离，因此，仪器对中误差包括测距仪的对中误差和棱镜的对中误差。用经过校准的光学对中器对中，此项误差一般不大于2mm。

3．外界条件的影响

外界条件对测量的影响是多方面的，如天气的变化、地面土质松紧的差异、地形的起伏以及周围建筑物的状况等都会影响测量的精度。

二、影响测距精度的因素分析

全站仪是由红外线测距部和电子测角部组成，因此在分析误差和检验时，两部分是分别进行的。只有个别项目，两者之间有关联，譬如测距部的发射光轴和接收光轴与测角部望远镜的视准轴一致性（三轴应平行或重合）的问题。

电子测角部分析可参电子经纬仪，这里主要对影响测距的因素进行分析。

在测距基本公式，顾及大气中的光速 $c=\dfrac{c_0}{n}$ 及仪器加常数 k，则可写成

$$D=\frac{c_0}{2fn}\left(N+\frac{\Delta\varphi}{2\pi}\right)+k \qquad (13-16)$$

由上式可以看出，式中的 c_0、f、n、$\Delta\varphi$ 和 k 的测定误差及变化，都将导致距离产生误差。对上式全微分得

$$\mathrm{d}D=\frac{D}{c_0}\mathrm{d}c_0+\frac{D}{n}\mathrm{d}n-\frac{D}{f}\mathrm{d}f+\frac{\lambda}{4\pi}\mathrm{d}\phi+\mathrm{d}k \qquad (13-17)$$

按误差传播定律得中误差关系式

$$m_D^2=\left(\frac{m_{c_0}^2}{c_0^2}+\frac{m_n^2}{n^2}+\frac{m_f^2}{f^2}\right)D^2+\left(\frac{\lambda}{4\pi}\right)^2 m_{\Delta\varphi}^2+m_k^2 \qquad (13-18)$$

由式（13-18）可见，前一项误差与被测距离成正比，称为比例误差。而后两项则与距离无关，一般称为固定误差。

式（13-18）可缩写为

$$m_D^2=A'^2+B'^2D^2 \qquad (13-19)$$

也可写成下列经验公式

$$m_D = \pm(A + BD) \tag{13-20}$$

式中：A 为固定误差；B 为比例误差系数。

实际上，测距仪的测距误差，除上述以外，还有仪器和反射镜的对中误差、对准误差、周期误差和侧相误差等。其中侧相误差包括自动数字侧相系统的误差、测距信号在大气传输的信噪比误差等（信噪比为接收到的测距信号强度与大气中杂散光的强度之比）。前者决定于测距仪的性能与精度，后者与测距时的自然环境有关，例如空气的透明程度、干扰因素的多少和视线离地面及障碍物的远近。

下面对式中各项误差的来源及削弱方法进行简要分析。

（1）真空光速测定误差 mc_0

$$\frac{mc_0}{c_0} = \frac{1.2}{299792458} = 4.03 \times 10^{-9} = 0.004\text{ppm}$$

也就是说，真空光速测定误差对测距的影响是 1km 产生 0.004mm 的比例误差，可以忽略不计。

（2）精测尺调制频率误差 m_f。目前，国内外厂商生产的红外测距仪的经测尺调制频率的相对误差 m_f/f 一般为 $1 \sim L = l(l + Ka) \sim 5\text{ppm}$，其对测距的影响是 1km 产生 $1 \sim 5\text{mm}$ 的比例误差。但是仪器在使用中，电子元件的老化和外部环境温度的变化，都会使设计频率发生漂移，这就需要通过对仪器进行检定，以求出比例改正数，对所测距离进行改正。也可以应用高精度野外便携式频率计，在测距的同时测定仪器的精测尺调制频率来对所测距离实行改正。

（3）气象参数误差 m_n。大气折射率主要是大气温度 t 和大气压力 p 的函数。严格地说，计算大气折射率 n 所用的气象参数 t，p 应该是测距光波沿线的积分平均值，由于在实践中难以测到它们，所以一般是在测距的同时测定仪器站和棱镜站的 t、p 并取平均值来代替其积分值。由此引起的折射率误差称为气象代表误差。实验表明，选择阴天、有微风的天气测距时，气象代表误差较小。

光线在空气中的传播速度并非常数。它随大气的温度和压力而变，GTS—330N 一旦设置了大气改正值即可自动对测距结果实施大气改正，仪器的标准大气状态为：温度 15℃/59F℃，气压 1013.25hPA/760mmHg/29.9inHg，此时大气改正为 0ppm，大气改正值在关机后仍可保留在仪器内存中。

大气改正的计算改正公式如下

$$K_a = \left\{ 279.85 - \frac{79.585 \times p}{273.15 + t} \right\} \times 10^{-6} \tag{13-21}$$

式中　K_a——大气改正值（m）；

　　　p——周围大气压力（hPa）；

　　　t——周围大气温度（℃）。

经过大气改正后的距离 L 可由下式得到

$$L = l(l + K_a) \tag{13-22}$$

式中　l——未加大气改正的距离测量值。

例：设气温为 $+20℃$，大气压力为 847hPa，$l=$ 1000m 则

$$K_a = \left\{ 279.85 - \frac{79.585 \times 847}{273.15 + 20} \right\} \times 10^{-6}$$
$$\approx 50 \times 10^{-6} (50\text{ppm})$$

仪器在进行距离测量时已顾及大气折光和地球曲率改正（见图 13 - 14）。顾及大气折光和地球曲率改正，按下式对平距和高差进行计算。

平距 $D = AC(\alpha)$ 或 $BE(\beta)$

高差 $Z = BC(\alpha)$ 或 $EA(\beta)$

$$D = L[\cos\alpha - (2\theta - \gamma)\sin\alpha] \qquad (13 - 23)$$
$$Z = L[\sin\alpha + (\theta - \gamma)\cos\alpha] \qquad (13 - 24)$$

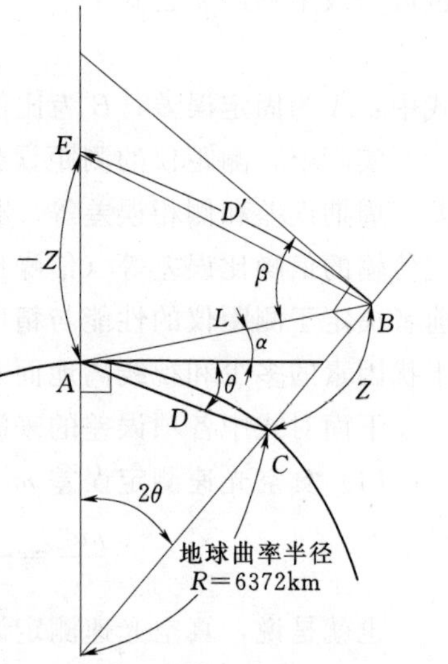

式中　θ——地球曲率改正项，$\theta = L\cos\alpha / 2R$；

　　　γ——大气折光改正项，$\gamma = KL\cos\alpha / 2R$；

　　　K——大气折光系数，$K = 0.14$ 或 0.2；

　　　R——地球曲率半径，$R = 6372\text{km}$；

　α、β——高度角；

　　　L——倾斜距离。

若不进行大气折光和地球曲率改正，则计算平距和高差公式为

$$D = L\cos\alpha \qquad\qquad\qquad (13 - 25)$$
$$Z = L\sin\alpha \qquad\qquad\qquad (13 - 26)$$

图 13 - 14　大气折光和地球曲率改正

第十四章 GPS 全球定位系统简介

第一节 概 述

GPS 全球定位系统（Global Positioning System），一般来说，是指由美国陆海空三军20 世纪 70 年代联合研制的新一代空间卫星导航定位系统。当时的主要目的是为陆、海、空三大领域提供实时、全天候和全球性的导航服务，并用于情报收集、核爆监测和应急通讯等一些军事目的。

目前，这个由覆盖全球 24 颗卫星组成的卫星系统，可以保证在任意时刻，地球上任意一点都可以同时观测到 4 颗卫星，可以保证卫星可以采集到该观测点的经纬度和高度，以便实现导航、定位、授时等功能。

一、国内外定位系统的发展

1957 年 10 月，世界上第一颗人造地球卫星发射成功，1958 年底，美国海军武器实验室就开始建立为美国军用舰艇导航服务的"海军导航卫星系统"（Navy Navigation Satellite System，简称 NNSS）的计划。NNSS 于 1964 年建成并在美国军方使用，1967 年 7月 29 日美国政府宣布解密 NNSS 部分导航电文供民用。NNSS 共有 6 颗工作卫星，距离地球表面的平均高度约为 1070km，因其运行轨道面均通过地球南北极构成的子午面，所以又称为"子午卫星导航系统"，其使用的卫星接收机称多普勒接收机。

70 年代中期，我国开始引进多普勒接收机并首先应用于西沙群岛的大地测量基准联测，国家测绘局和总参测绘局联合测量了全国卫星多普勒大地网，石油和地质勘探部门也在西北地区测量了卫星多普勒定位网。

与传统导航、定位方法比较，使用 NNSS 导航和定位具有不受气象条件的影响、自动化程度较高和定位精度高等优点，它开创了海空导航的新时代，也揭开了卫星大地测量（satellite geodesy）的新篇章。

为了满足军事和民用部门对连续实时定位和导航的迫切要求，1973 年 12 月，美国国防部开始组织陆海空三军联合研制新一代军用卫星导航系统，该系统的英文全称为"Navigation by Satellite Timing And Ranging/Global Positioning System（NAVSTAR/GPS）"，其中文意思是"用卫星定时和测距进行导航/全球定位系统"。

随着 GPS 的投入使用，NNSS 于 1996 年 12 月停止使用。

在我国测绘行业，GPS 应用起步较晚，但发展速度很快。据不完全统计，至 1992 年底我国已有上百个单位拥有数百台 GPS 接收机。测绘者们在 GPS 应用基础研究和实用软件开发等方面取得了大量的成果，从而为 GPS 技术全面推广提供了技术保证，同时，还对 GPS 测量在适合我国国情的可行性研究方面做了大量的试验。

二、用途

GPS 的主要用途：①陆地应用，主要包括车辆导航、应急反应、大气物理观测、地球物理资源勘探、工程测量、变形监测、地壳运动监测、市政规划控制等；②海洋应用，包括远洋船最佳航程航线测定、船只实时调度与导航、海洋救援、海洋探宝、水文地质测量以及海洋平台定位、海平面升降监测等；③航空航天应用，包括飞机导航、航空遥感姿态控制、低轨卫星定轨、导弹制导、航空救援和载人航天器防护探测等。

三、GPS 的优势

与传统测量相比，GPS 测量的主要特点是：

(1) 功能多、用途广。不仅可以测量、导航，还可测速、测时。

(2) 测量精度高。GPS 观测的精度要明显高于一般常规的测量手段，特别是长基线的观测精度。现已完成的大量实验表明，目前在小于 50km 的基线上，其相对精度可达 $1\times10^{-6}\sim2\times10^{-6}$。而在 $100\sim500$km 的基线上可达 $10^{-6}\sim10^{-7}$。随着观测技术与数据处理方法的改善，可望在大于 1000km 的距离上，相对定位精度可达到或优于 10^{-8}。

(3) 全球覆盖和全天候。在任何时候、任何地点、任何气候条件下，均可以进行 GPS 观测，大大方便了测量作业。观测站之间无需通视，既要保持良好的通视条件，又要保障测量控制网的良好结构，这一直是经典测量技术在实践方面的困难问题之一。GPS 测量不要求观测站之间相互通视，因而不需要建造觇标，这一优点既可大大减少测量工作的经费和时间，同时也使点位的选择变得甚为灵活。不过为了接收 GPS 卫星信号不受干扰，必须保持观测站的上空开阔。

(4) 快速、省时、高效率。采用快速静态定位方法，可以在数分钟内获得观测结果。观测精度要求不高时，可以进行实时 GPS 定位，观测时间更短。目前，利用经典的静态定位方法，完成一条基线的相对定位所需要的观测时间，根据要求的精度不同，一般为 $1\sim3$h。为了进一步缩短观测时间，提高作业速度，近年来发展的短基线（例如不超过 20km）快速相对定位法，其观测时间仅需数分钟。

(5) 观测、处理自动化。GPS 的观测过程和数据处理过程均是高度自动化的，操作简便。GPS 测量的自动化程度很高，在观测中测量员的主要任务只是安置并开关仪器，量取仪器高，监视仪器的工作状态和采集环境的气象数据，而其他观测工作如卫星的捕获，跟踪观测和记录等均由仪器自动完成。另外，GPS 用户接收机一般重量轻，体积较小，因此便于携带和搬运。

(6) 提供三维坐标 GPS 测量。在精确定位观测站平面位置的同时，可以精确观测站的大地高程。GPS 测量的这一特点，不仅为研究大地水准面的形状和确定地面点的高程开辟了新途径，同时也为其在航空物探，航空摄影测量及精确导航中的应用，提供了重要的高程数据。

四、GPS 的技术开发

目前，在 GPS 技术开发和实际应用方面，国际上较为知名的生产厂商有美国 Trimble（天宝）导航公司，瑞士 Leica Geosystems（徕卡测量系统），日本 TOPCON（拓普康）

公司，美国 Magellan（麦哲伦）公司（原泰雷兹导航），国内有中海达、上海华测导航、南方测绘等。

日本 TOPCON（拓普康）公司生产的 GPS 接收机主要有 GR－3、GB－1000、Hiper 系列、Net－G3 等。其中，GR－3 大地测量型接收机可 100％兼容三大卫星系统（GPS＋GLONASS＋GALIEO）的所有可用信号，拓普康公司不仅仅是世界上最早研发出能同时接收美国的 GPS 与俄罗斯 GLONASS 两种卫星信号的双星技术的厂家，也是现今世界上唯一可以同时接收所有 GNSS 卫星的接收机技术，有 72 个超级跟踪频道，每个频道都可独立追踪三种卫星信号，采用抗 2m 摔落坚固设计，支持蓝牙通信，内置 GSM/GPRS 模块（可选）的厂家。值得一提的是，该款接收机于 2007 年 2 月在德国获得了 2007 年度 iF 工业设计大奖，这款仪器的外观打破了测量型 GPS 的常规模式，更具科学性与人性化设计。

第二节　GPS 全球定位系统的组成

一、GPS 卫星

从 1989 年 2 月 14 日第一颗工作卫星发射成功，到 1994 年 3 月 28 日完成第 24 颗工作卫星的发射，GPS 共发射了 24 颗（其中 21 颗工作卫星，3 颗备用卫星，目前的卫星数已经超过 32 颗）均匀分布在 6 个相对于赤道的倾角为 55°的近似圆形轨道上，每个轨道上有 4 颗卫星运行，它们距地球表面的平均高度约为 20200km，运行速度为 3800m/s，运行周期为 11 小时 58 分。每颗卫星可覆盖全球 38％的面积，卫星的分布，可保证在地球上任何地点、任何时刻、在高度 15°以上的天空同时能观测到 4 颗以上卫星。

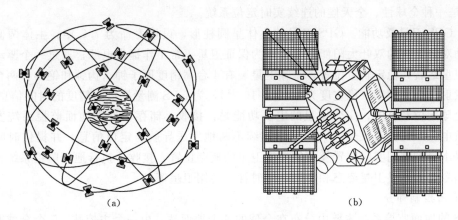

图 14－1
(a) GPS 工作卫星分布图；(b) GPS 工作卫星外形图

卫星呈圆柱形，直径为 1.5m，重约 843kg，两侧有 4 片拼接成的双叶太阳能电池翼板。两侧翼板受对日定向系统控制，可以自动旋转使电池翼板面始终对准太阳，给 3 组 15A 的镉镍蓄电池充电，以保证卫星的电源供应。卫星上装有 4 台高精度原子钟，为距离测量提供高精度的时间基准。

卫星姿态调整采用三轴稳定方式，由四个斜装惯性轮和喷气控制装置构成三轴稳定系统，使 12 根螺旋形天线组成的天线阵列所辐射的电磁波束始终对准卫星的可见面。

二、GPS 的组成

GPS 全球卫星定位系统主要由三部分组成：空间部分，即空间星座部分（GPS 卫星星座）；地面控制部分，即地面监控系统；用户设备部分，即 GPS 信号接收机。

1. 空间部分

卫星的分布使得在全球任何地方、任何时间都可观测到 4 颗以上的卫星，并能保持良好定位解算精度的几何图像，这就提供了在时间上连续的全球导航能力。

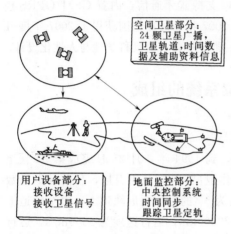

图 14-2　卫星与地球地面关系图

（1）GPS 卫星星座。全球定位系统的空间星座部分，由 24 颗卫星组成，其中包括 3 颗可随时启用的备用卫星。工作卫星分布在 6 个近圆形轨道面内，每个轨道面上有 4 颗卫星。如图 14-2 所示卫星轨道面相对地球赤道面的倾角为 55°，各轨道平面升交点的赤经相差 60°，同一轨道上两卫星之间的升交角距相差 90°。轨道平均高度为 20200km，卫星运行周期为 11 小时 58 分。同时在地平线以上的卫星数目随时间和地点而异，最少为 4 颗，最多时达 11 颗。

上述 GPS 卫星的空间分布，保障了在地球上任何地点、任何时刻均至少可同时观测 4 颗卫星，加之卫星信号的传播和接收不受天气的影响，因此 GPS 是一种全球性、全天候的连续实时定位系统。

（2）GPS 卫星及功能。GPS 卫星的主体呈圆柱形，设计寿命为 7.5 年。主体两侧配有能自动对日定向的双叶太阳能集电板，为保证卫星正常工作提供电源；通过一个驱动系统保持卫星运转并稳定轨道位置。每颗卫星装有 4 台高精度原子钟（钩钟和铯钟各两台），以保证发射出标准频率（稳定度为 $10^{-12} \sim 10^{-13}$），为 GPS 测量提供高精度的时间信息。

在全球定位系统中，GPS 卫星的主要功能是：接收、储存和处理地面监控系统发射来的导航电文及其他有关信息，向用户连续不断地发送导航与定位信息，并提供时间标准、卫星本身的空间实时位置及其他在轨卫星的概略位置，接收并执行地面监控系统发送的控制指令，如调整卫星姿态和启用备用时钟、备用卫星等。

2. 地面控制部分

GPS 的地面监控系统主要由分布在全球的 5 个地面站，由一个主控站，5 个全球监测站和 3 个地面控制站组成，按其功能分为主控站（MCS）、注入站（GA）和监测站（MS）3 种。

监测站均配装有精密的铯钟和能够连续测量到所有可见卫星的接受机。监测站将取得的卫星观测数据，包括电离层和气象数据，经过初步处理后，传送到主控站。主控站从各监测站收集跟踪数据，计算出卫星的轨道和时钟参数，然后将结果送到 3 个地面控制站。地面控制站在每颗卫星运行至上空时，把这些导航数据及主控站指令注入到卫星。这种注入对每颗 GPS 卫星每天一次，并在卫星离开注入站作用范围之前进行最后的注入。如果某地面站发生故障，那么在卫星中预存的导航信息还可用一段时间，但导航精度会逐渐降低。

主控站一个，设在美国的科罗拉多的斯普林斯（Colorado Sprints）。主控站负责协调和管理所有地面监控系统的工作，其具体任务有：根据所有地面监测站的观测资料推算编制各卫星的星历、卫星钟差和大气层修正参数等，并把这些数据及导航电文传送到注入站；提供全球定位系统的时间基准，调整卫星状态和启用备用卫星等。

注入站又称地面天线站，其主要任务是通过一台直径为 3.6m 的天线，将来自主控站的卫星星历、钟差、导航电文和其他控制指令注入到相应卫星的存储系统，并监测注入信息的正确性。注入站现有 3 个，分别设在印度洋的迭哥加西亚（Diego Garcia）、南太平详的卡瓦加兰（Kwajalein）和南大西洋的阿松森群岛（Ascencion）。

监测站共有 5 个，除上述 4 个地面站具有监测站功能外，还在夏威夷（Hawaii）设有一个监测站。监测站的主要任务是连续观测和接收所有 GPS 卫星发出的信号并监测卫星的工作状况，将采集到的数据连同当地气象观测资料和时间信息经初步处理后传送到主控站。

图 14-3 是 GPS 地面监控系统示意图。整个系统除主控站外，均由计算机自动控制，而无需人工操作。各地面站间由现代化通讯系统联系，实现了高度的自动化和标准化。

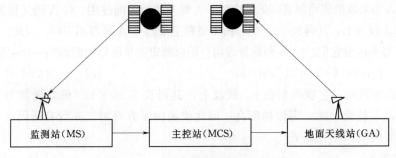

图 14-3　GPS 地面监控系统示意图

3. 用户设备部分

全球定位系统的用户设备部分，包括 GPS 接收机硬件、数据处理软件和微处理机及其终端设备等。

用户设备部分的主要功能是能够捕获到按一定卫星截止角所选择的待测卫星，并跟踪这些卫星的运行。当接收机捕获到跟踪的卫星信号后，即可测量出接收天线至卫星的伪距离和距离的变化率，解调出卫星轨道参数等数据。根据这些数据，接收机中的微处理计算机就可按定位解算方法进行定位计算，计算出用户所在地理位置的经纬度、高度、速度、时间等信息。接收机硬件和机内软件以及 GPS 数据的后处理软件包构成完整的 GPS 用户设备。GPS 接收机的结构分为天线单元和接收单元两部分。接收机一般采用机内和机外两种直流电源。设置机内电源的目的在于更换外电源时不中断连续观测。在用机外电源时机内电池自动充电。关机后，机内电池为 RAM 存储器供电，以防止数据丢失。目前各种类型的接受机体积越来越小，重量越来越轻，便于野外观测使用。

GPS 信号接收机是用户设备部分的核心，一般由主机、天线和电源三部分组成。其主要功能是跟踪接收 GPS 卫星发射的信号并进行变换、放大、处理，以便测量出 GPS 信号从卫星到接收机天线的传播时间，解译导航电文，实时地计算出测站的三维位置，甚至三维速度和时间。GPS接收机根据其用途可分为导航型、大地型和授时型；根据接收的卫星信号频率，又可分为单频（L1）和双频（L1、L2）接收机等。

在精密定位测量工作中，一般均采用大地型双频接收机或单频接收机。单频接收机适用10km左右或更短距离的精密定位工作，其相对定位的精度能达 $5mm+1ppm \cdot D$（D 为基组长度，以 km 计）。而双频接收机由于能同时接收到卫星发射的两种频率（L1＝1575.42MHz 和 L2＝1227.60MHz）的载波信号，故可进行长距离的精密定位工作，其相对定位的精度可优于 $5mm+1ppm \cdot D$，但其结构复杂，价格昂贵。用于精密定位测量工作的 GPS 接收机，其观测数据必须进行后期处理，因此必须配有功能完善的后处理软件，才能求得所需测站点的三维坐标。

三、GPS卫星信号

GPS卫星信号发射两种频率的载波信号，即频率为 1575.42MHz 的 L1 载波和频率为1227.60MHz 的 L2 载波，它们的频率分别是基本频率为 10.23MHz 的 154 倍和 120 倍，它们的波长分别为 19.03cm 和 24.42cm。在 L1 和 L2 上又分别调制着多种信号，这些信号主要有：

1. C/A 码（Coarse/ Acquisition Code11023MHz）

C/A 码人为采取措施而刻意降低精度后，主要开放给民间使用。C/A 码又称为粗捕获码，它被调制在 L1 载波上，其码长 1023 位。由于每颗卫星的 C/A 码都不一样，因此，我们经常用它们的 PRN 号来区分它们。C/A 码是普通用户用以测定卫星测站间距离的一种主要信号。

2. P 码（Procise Code 10123MHz）

P 码又称为精码，它被调制在 L2 载波上，其码长 2.35×10^{14} 位，周期为 7 天。P 码因频率较高，不易受干扰，定位精度高，因此受美国军方管制，并设有密码，一般民间无法解读，主要为美国军方服务。

3. 导航信息

导航信息被调制在 L1 载波上，包含有 GPS 卫星的轨道参数、卫星钟改正数和其他一些系统参数。用户一般需要利用此导航信息来计算某一时刻 GPS 卫星在地球轨道上的位置，因此导航卫星也被称为卫星广播星历。

第三节　GPS 坐 标 系 统

任何一项测量工作都离不开一个基准，都需要一个特定的坐标系统。例如，在常规大地测量中，各国都有自己的测量基准和坐标系统，如我国的 1980 年国家大地坐标系（C80）。由于 GPS 是全球性的定位导航系统，其坐标系统也必须是全球性的。为了使用方便，它是通过国际协议确定的，通常称为协议地球坐标系（Conventional Terrestrial System CTS）。

目前，GPS 测量中所使用的协议地球坐标系统称为 WGS－84 世界大地坐标系（World Geodetic System）。

WG5－84 世界大地坐标系的几何定义是：原点是地球质心，z 轴指向 BIHl984.0 定义的协议地球极（CTP）方向，x 轴指向 BIHl984.0 的零子午面和 CTP 赤道的交点，y 轴与 z 轴、x 轴构成右手坐标系，如图 14－4 所示。

上述 CTP 是协议地球极（Conventional Terrestrial Pole）的简称，由于极移现象的存在，地极的位置在地极平面坐标系中是一个连续的变量，其瞬时坐标（x_p，y_p）由国际时间局（Bureau International del'Heure 简称 BIH）定期向用户公布。WGS−84 世界大地坐标系就是以国际时间局 1984 年第一次公布的瞬时地极（BIH1984.0）作为基准，建立的地球瞬时坐标系，严格来讲属准协议地球坐标系。

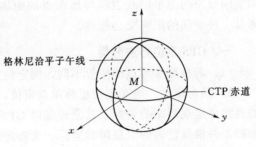

图 14−4　GPS 坐标系统

除上述几何定义外，WGS−84 还有它严格的物理定义，它拥有自己的重力场模型和重力计算公式，可以求出相对 WGS−84 椭球的大地水准面差距。现将 WGS−84 世界大地坐标系与我国 1980 年国家大地坐标系的基本大地参数列于表 14−1，以便比较。

表 14−1　　　　　　　　　我国 1980 年国家大地坐标系的基本大地参数

基本大地参数	WGS−84	C80
a（m）	6378137	6378140
ω（rad·s^{-1}）	7.292115×10^{-5}	7.292115×10^{-5}
GM（m^3/s^2）	3.986005×10^{14}	3.986005×10^{14}
f	$1/298.257223563$	$1/298.257$

注　a 为地球椭球长半径；ω 为地球自转角速度；GM 为从地心引力常数与地球质量的乘积；f 为地球椭球的极扁率。

在实际测量定位工作中，虽然 GPS 卫星的信号依据于 WGS−84 坐标系，但求解结果则是测站之间的基线向量或三维坐标差。在数据处理时，根据上述结果，并以现有已知点（三点以上）的坐标值作为约束条件，进行整体平差计算，得到各 GPS 测站点在当地现有坐标系中的实用坐标，从而完成 GPS 测量结果向 C80 或当地独立坐标系的转换。

我国 GPS 测量的常用坐标系如下：

（1）WGS−84：WGS−84 坐标是 GPS 所采用的坐标系统，GPS 发布的星历参数都是基于此坐标系的。

WGS−84 的椭球参数：$a=6378137$m，$1/f=298.257223563$。

（2）1954 年北京坐标系：1954 年北京坐标系是目前我国使用比较广泛的大地测量坐标系，参考椭球是克拉索夫斯基椭球。其高程是以 1956 年黄海平均海水面为基准。

克拉索夫斯基椭球参数：$a=6378245$m，$1/f=298.3$。

（3）1980 年西安坐标系：1980 年西安坐标系是我国新建的大地测量坐标系，参考椭球是 IUGG1975 椭球，其高程是以 1956 年黄海平均海水面为基准。

IUGG1975 椭球参数：$a=6378140$m，$1/f=298.257$。

第四节　GPS 定位的基本原理

测量学中的交会法测量里有一种测距交会确定点位的方法。GPS 的定位原理就是利用空间分布的卫星以及卫星与地面点的距离交会得出地面点位置。简言之，GPS 定位原理是一种空间的距离交会原理。

一、GPS 定位方法分类

（1）若按照参考点的位置不同，则定位方法可分为：

1）绝对定位。绝对定位也称单点定位，是指相对于地球质心为坐标原点的坐标系中的直接确定观测站的坐标。其原理是以 GPS 卫星到用户接收机天线之间距离的观测量为基础，并根据已知的卫星瞬时坐标，来确定用户接收机天线所对应点位坐标。这里可认为参考点与协议地球质心相重合。GPS 定位所采用的协议地球坐标系为 WGS−84 坐标系。因此绝对定位的坐标最初成果为 WGS−84 坐标。

2）相对定位。相对定位方法是用两台 GPS 接收机分别安置在基线的两端，并同步观测相同的 GPS 卫星，以确定基线在地球坐标中的相对位置或基线向量。也就是测定地面参考点到未知点的坐标增量。因为在两个或多个观测点同步观测相同的卫星，可有效地消除或减弱卫星的轨道误差、卫星钟差、接收机钟差等的影响。因此相对定位的精度远高于绝对定位的精度。目前我国地壳运动监测就是采用这种静态相对定位的方法，其精度可达 $10^{-8} \sim 10^{-9}$。

（2）按用户接收机在作业中的运动状态不同，则定位方法可分为：

1）静态定位。即在定位过程中，将接收机安置在测站点上并固定不动。严格说来，这种静止状态只是相对的，通常指接收机相对与其周围点位没有发生变化。

2）动态定位。即在定位过程中，接收机处于运动状态。

GPS 绝对定位和相对定位中，又都包含静态和动态两种方式。即动态绝对定位、静态绝对定位、动态相对定位和静态相对定位。

GPS 静态测量概念。在进行 GPS 定位时，认为接收机的天线在整个观测过程中的位置是保持不变的。在数据处理时，将接收机天线的位置作为一个不随时间的改变而改变的量。其具体观测模式为：多台接收机在不同的测站上进行静止同步观测，时间有几分钟、几小时甚至数十小时不等。接收机测得卫星发送的伪距、载波相位等信号观测值，再将观测值下载到计算机中处理，一般要通过基线处理、网平差、坐标转换和高程转换求出高精度的网点坐标。在测量中，静态定位测量方式一般用于高精度的测量定位，如主要用于各种等级的大地测量跟踪网、基准网、工程控制网、变形监测网等的测量。

（3）若依照测距的原理不同，又可分为：

1）测码伪距法定位。

2）测相伪距法定位。

3）差分定位等。

由于实际观测点至卫星间的距离，因测量瞬时卫星钟与接收机钟难以保持严格的同步，这种含有钟差影响的距离，称为"伪距"。其中卫星钟差可以应用导航电文中给出的钟差参数加以改正，而接收机钟差无法事先知道，故需把它作为一个未知数与观测点的三维坐标在数据处理中一并求解，因此一个观测点上要实时求解 4 个未知数，也就是必须至少同时观测 4 颗卫星。

二、伪距测量

利用 GPS 定位，不管采用何种方法，都必须通过用户接收机来接收卫星发射的信号并加以处理，获得卫星至用户接收机的距离，从而确定用户接收机的位置。GPS 卫星到用户接收机的观测距离，由于各种误差源的影响，并非真实地反映卫星到用户接收机的几何距离，而是含有误差，这种带有误差的 GPS 观测距离称为伪距。由于卫星信号含有多种定位信息，根据不同的要求和方法，可获得不同的观测量：

(1) 测码伪距观测量（码相位观测量）。

(2) 测相伪距观测量（载波相位观测量）。

(3) 多普勒积分计数伪距差。

(4) 干涉法测量时间延迟。

目前，在 GPS 定位测量中，广泛采用的观测量为前两种，即码相位观测量和载波相位观测量。用多普勒积分计数法进行静态定位时，所需要的观测时间一般为数小时，它一般应用于大地测量中。

1. 伪距法

(1) 伪距的概念及伪距测量。GPS 接收机对码的量测就可得到卫星到接收机的距离，由于含有接收机卫星钟的误差及大气传播误差，故称为伪距。对 OA 码测得的伪距称为 UA 码伪距，精度约为 20m，对 P 码测得的伪距称为 P 码伪距，精度约为 2m。

GPS 卫星能够按照星载时钟发射某一结构为"伪随机噪声码"的信号，称为测距码信号（即粗码 C/A 码或精码 P 码）。该信号从卫星发射经时间 Δt 后，到达接收机天线；用上述信号传播时间 Δt 乘以电磁波在真空中的速度 C，就是卫星至接收机的空间几何距离 ρ，即

$$\rho = \Delta t C \tag{14-1}$$

实际上，由于传播时间 Δt 中包含有卫星时钟与接收机时钟不同步的误差，测距码在大气中传播的延迟误差等，由此求得的距离值并非真正的站星几何距离，习惯上称之为"伪距"，用 $\tilde{\rho}$ 表示，与之相对应的定位方法称为伪距法定位。

为了测定上述测距码的时间延迟，即 GPS 卫星信号的传播时间，需要在用户接收机内复制测距码信号，并通过接收机内的可调延时器进行相移，使得复制的码信号与接收到的相应码信号达到最大相关，即使之相应的码元对齐。为此所调整的相移量便是卫星发射的测距码信号到达接收机天线的传播时间，即时间延迟 τ。

假设在某一标准时刻 t_a，卫星发出一个信号，该瞬间卫星钟的时刻为该信号到达接收机的标准时刻 t_b，此时相应接收机时钟的读数为 t_b，于是伪距测量测得的时间延迟 τ 即为 t_a 与 t_b 之差，即

$$\tilde{\rho} = \tau C = (t_b - t_a)C \tag{14-2}$$

由于卫星钟和接收机时钟与标准时间存在着误差，设信号发射和接收时刻的卫星和接收机钟差改正数分别为 V_a 和 V_b，则有

$$\left. \begin{array}{l} t_a + V_a = T_a \\ t_b + V_b = T_b \end{array} \right\} \tag{14-3}$$

将式 (14-3) 代入式 (14-2)，可得

$$\tilde{\rho} = (T_b - T_a)C + (V_a - V_b)C \tag{14-4}$$

式中 $(T_b - T_a)$ 即为测距码从卫星到接收机的实际传播时间 ΔT。由上述分析可知，在

ΔT 中已对钟差进行了改正，但由 ΔTC 所计算出的距离中，仍包含有测距码在大气中传播的延迟误差，必须加以改正。设定位测量时，大气中电离层折射改正数为 $\delta\rho_I$，对流层折射改正数为 $\delta\rho_T$，则所求 GPS 卫星至接收机的真正空间几何距离 ρ 应为

$$\rho = \Delta TC + \delta\rho_I + \delta\rho_T \tag{14-5}$$

将式（14-4）代入式（14-5），就得到实际距离 ρ 与伪距 $\tilde{\rho}$ 之间的关系式

$$\rho = \tilde{\rho} + \delta\rho_I + \delta\rho_T - CV_a + CV_b \tag{14-6}$$

式（14-6）即为伪距测量的基本观测方程。

伪距测量的精度与测量信号（测距码）的波长及其与接收机复制码的对齐精度有关。目前，接收机的复制码精度一般取 1/100，而公开的 C/A 码码元宽度（即波长）为 293m。故上述伪距测量的精度最高仅能达到 3m（293×1/100≈3m），难以满足高精度测量定位工作的要求。

（2）绝对定位。在伪距测量的观测方程中，若卫星钟和接收机时钟改正数 V_a 和 V_b 已知，且电离层折射改正和对流层折射改正均可精确求得，那么测定伪距 $\tilde{\rho}$ 就等于测定了星站之间的真正几何距离 ρ，而 ρ 与卫星坐标 (x_s, y_s, z_s) 和接收机天线相位中心坐标 (x, y, z) 之间有如下关系

$$\rho = [(x_s - x)^2 + (y_s - y)^2 + (z_s - z)^2]^{1/2} \tag{14-7}$$

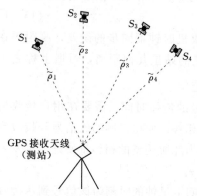

图 14-5 后方交会示意图

卫星的瞬时坐标 (x_s, y_s, z_s) 可根据接收到的卫星导航电文求得，故在式（14-7）中仅有三个未知数，即得求点三维坐标 (x, y, z)。如果接收机同时对三颗卫星进行伪距测量，从理论上说，就可解算出接收机天线相位中心的位置。因此 GPS 单点定位的实质，就是空间距离后方交会，如图 14-5 所示。

实际上，在伪距测量观测方程中，由于卫星上配有高精度的原子钟，且信号发射瞬间的卫星钟差改正数 V_a 可由导航电文中给出的有关时间信息求得。但用户接收机中仅配备一般的石英钟，在接收信号的瞬间，接收机的钟差改正数不可能预先精确求得。因此，在伪距法定位中，把接收机钟差 V_b 也当作未知数，与待定点坐标在数据处理时一并求解。由此可见，在实际单点定位工作中，在一个观测站上为了实时求解四个未知数 x、y、z 和 V_b，便至少需要四个同步伪距观测值 $\rho_i (i=1\sim4)$。也就是说，至少必须同时观测四颗卫星。

由式（14-6）和式（14-7）两式，可得伪距法绝对定位原理的数学模型：其中 $i=1, 2, 3, 4, \cdots$

$$[(x_{si} - x)^2 + (y_{si} - y)^2 + (z_{si} - z)^2]^{1/2} - CV_b = \tilde{\rho}_i + (\delta\rho_I)_i + (\delta\rho_T)_i - CV_{ai} \tag{14-8}$$

2. 载波相位测量

（1）载波相位测量的概念。载波相位测量顾名思义就是利用 GPS 卫星发射的载波为测距信号，由于载波的波长（$\lambda_{L1} = 19\text{cm}$，$\lambda_{L2} = 24\text{cm}$）比测距码波长要短得多，因此对载

波进行相位测量，就可能得到较高的测量定位精度。

（2）载波相位测量。假设卫星 S 在 t_0 时刻发出一载波信号，其相位为 $\varphi(S)$，此时若接收机产生一个频率和初相位与卫星载波信号完全一致的基准信号，在 t_0 瞬间的相位为 $\varphi(R)$。假设这两个相位之间相差 N_0 个整周信号和不足一周的相位 $F_r(\varphi)$，由此可求得 t_0 时刻接收机天线到卫星的距离为

$$\rho = \lambda[\varphi(R) - \varphi(S)] = \lambda[N_0 + F_r(\varphi)] \tag{14-9}$$

载波信号是一个单纯的余弦波。在载波相位测量中，接收机无法判定所测信号的整周数 N_0，但可精确测定其零数 $F_r(\varphi)$。并且当接收机对空中飞行的卫星作连续观测时，接收机借助于内含多普勒频移计数器，可累计得到载波信号的整周变化数 $I_n t(\varphi)$。因此，$\varphi' = I_n t(\varphi) + F_r(\varphi)$ 才是载波相位测量的真正观测值，见图 14-6。

而 N_0 称为整周模糊度，它是一个未知数，但只要观测是连续的，则各次观测的完整测量值中应含有相同的 N_0，也就是说，完整的载波相位观测值应为

$$\varphi = N_0 + \varphi' = N_0 + I_n t(\varphi) + F_r(\varphi) \tag{14-10}$$

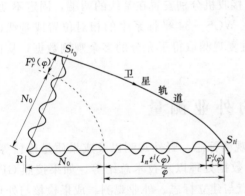

图 14-6 载波相位测量

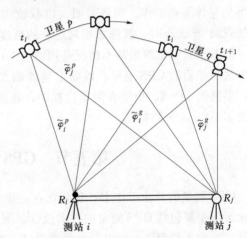

图 14-7 载波测量接收示意图

图 14-6 所示，在 t_0 时刻首次观测值中 $I_n t(\varphi)=0$，不足整周的零数为 $F_r(\varphi)$，N_0 是未知数；在 t_i 时刻 N_0 值不变，接收机实际观测值 φ 由信号整周变化数 $I_n t^i(\varphi)$ 和其零数 $F_r(\varphi)$ 组成。

与伪距测量一样，考虑到卫星和接收机的钟差改正数 V_a、V_b 以及电离层折射改正 $\delta \rho_I$ 和对流层折射改正 $\delta \rho_T$ 的影响，可得到载波相位测量的基本观测方程式为

$$\varphi' = \frac{f}{C}(\rho - \delta \rho_I - \delta \rho_T) - f V_b - f V_a - N_0 \tag{14-11}$$

式中 $\varphi' = I_n t(\varphi) + F_r(\varphi)$ 为实际观测值，若在等号两边同乘上载波波长 $\lambda = \dfrac{C}{f}$，并简单移项后，则有

$$\rho = \rho' + \delta \rho_I + \delta \rho_T + C V_a + C V_b + \lambda N_0 \tag{14-12}$$

从式（14-12）与式（14-6）两式比较可看出，载波相位测量观测方程中，除增加了整周未知数 N_0 外，与伪距测量的观测方程在形式上完全相同。

整周未知数 N_0 的确定是载波相位测量中特有的问题，也是进一步提高 GPS 定位精度，

提高作业速度的关键所在。目前，确定整周未知数的方法主要有三种：伪距法、N_0 作为未知数参与平差法和三差法。伪距法就是在进行载波相位测量的同时，再进行伪距测量。

由两种方法的观测方程可知，将未经过大气改正和钟差改正的伪距观测值 $\tilde{\rho}$ 减去载波相位实际观测值 $\varphi' = I_{nt}(\varphi) + F_r(\varphi)$ 与波长 λ 的乘积，便可得到 N_0 值，从而求出整周未知数 N_0。N_0 作为未知数参与平差，就是将 N_0 作为未知参数，在测后数据处理和平差时与测站坐标一并求解，根据对 N_0 的处理方式不同，可分为"整数解"和"实数解"。

三差法就是从观测方程中消去 N_0 的方法，又称多普勒法，因为对于同一颗卫星来说，每个连续跟踪的观测中，均含相同的 N_0，因而将不同观测历元的观测方程相减即可消去整周未知数 N_0，从而直接解算出坐标参数。

3. 相对定位

GPS 测量结果中不可避免地存在着种种误差，但这些误差对观测量的影响具有一定的相关性，所以利用这些观测记的不同线性组合进行相对定位，便可能有效地消除或减弱上述误差的影响，提高 GPS 定位的精度，同时消除了相关的多余参数，也大大方便了 GPS 的整体平差工作。实践表明，以载波相位测量为基础，在中等长度的基线上对卫星连续观测 1～3 小时，其静态相对定位的精度可达 $10^{-6} \sim 10^{-7}$。

静态相对定位的最基本情况是用两台 GPS 接收机分别安置在基线的两端，固定不动，同步观测相同的 GPS 卫星，以确定基线端点在 WGS－84 坐标系中的相对位置或基线向量，参见图 14－7。由于在测量过程中，通过重复观测取得了充分的多余观测数据，从而改善了 GPS 定位的精度。

第五节　GPS 的外业测量

GPS 测量的外业工作主要包括选点、建立观测标志、野外观测以及成果质量检核等。内业工作主要包括 GPS 测量的技术设计、测后数据处理以及技术总结等。如果按照 GPS 测量实施的工作程序，则可分为技术设计、选点与建立标志、外业观测、成果检核与处理等阶段。现将 GPS 测量中最常用的精密定位方法——静态相对定位方法的工作程序作一简单介绍。

一、GPS 测量的观测工作和作业模式

由上所述，动态定位显著于静态定位。在用户天线以每秒几米到几公里的速度相对于地球运动的情况下，需要用 GPS 信号测定它们的七维状态参数：三维坐标、三维速度、时间。

1. 作业模式

作业模式一般有两种：图解法和解析法。现以管道测量为例。

（1）图解法。当管道规划设计图的比例尺较大，而且管道主点附近又有明显可靠的地物时，可按图解法来采集测设数据，如图 14－8，A、B 是原有管道检查井

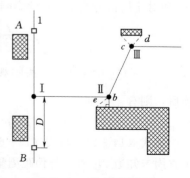

图 14－8　管道测量图解

位置，Ⅰ、Ⅱ、Ⅲ点是设计管道的主点。欲在地面上定出Ⅰ、Ⅱ、Ⅲ等主点，可根据比例尺在图上量出长度 D、a、b、c、d 和 e，即为测设数据。然后，沿原管道 AB 方向，从 B 点量出 D 即得Ⅰ点；用直角坐标法从房角量取 a，并垂直房边量取 b 即得Ⅱ点，再量 e 来校核Ⅱ点是否正确，用距离交会法从两个房角同时量出 c、d 交出Ⅲ点。图解法受图解精度的限制，精度不高。当管道中线精度要求不高的情况下，可以采用此方法。

（2）解析法。当管道规划设计图上已给出管道主点的坐标，而且主点附近又有控制点时，可用解析法来采集测设数据。图 14-9 中 1、2 等为导线点，A、B 等为管道主点，如用极坐标法测设 B 点，则可根据 1、2 和 B 点坐标，按极坐标法计算出测设数据 $\angle 12B$ 和距离 D_{2B}。测设时，安置经纬仪于 2 点，后视 1 点，转 $\angle 12B$，得出 $2B$ 方向，在此方向上用钢尺测设距离 D_{2B}，即得 B 点。其他主点均可按上述方法进行测设。

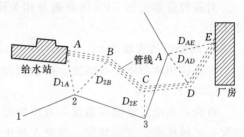

图 14-9 管道测量解析

主点测设工作必须进行校核，其校核方法是：先用主点的坐标计算相邻主点间的长度；然后在实地量取主点间距离，看其是否与算得的长度相符。如果在拟建管道工程附近没有控制点或控制点不够时，应先在管道附近附设一条导线，或用交会法加密控制点，然后按上述方法采集测设数据，进行主点的测设工作。在管道中线精度要求较高的情况下，均用解析法测设主点。

2. 中桩测设

为了测定管道的长度、进行管线中线测量和测绘纵横断面图，从管道起点开始，沿管线方向在地面上设置整桩和加桩，这项工作称为中桩测设。从起点开始按规定每隔某一整数设一桩，这个桩叫整桩。根据不同管线，整桩之间距离也不同，一般为 20m、30m，最长不超过 50m。相邻整桩间管道穿越的重要地物处（如铁路、公路、旧有管道等）及地面坡度变化处要增设加桩。

为了便于计算，管道中桩都按管道起点到该桩的里程进行编号，并用红油漆写在木桩侧面，如整桩号为 0+150，即此桩离起点 150m（"＋"号前的数为公里数），如加桩号 2+182，即表示离起点距离为 2182m，故管道中线上的整桩和加桩都称为里程桩。

为了避免测设中桩错误，量距一般用钢尺丈量两次，精度为 1/1000。

二、GPS 的外业

（一）测前工作

1. 项目的提出

一项 GPS 测量工程项目，往往是由工程发包方、上级主管部门或其他单位或部门提出，由 GPS 测量队伍具体实施。对于一项 GPS 测量工程项目，一般有如下一些要求：测区位置及其范围；用途和精度等级；提交成果的内容；时限要求；投资经费。

2. 技术设计

一个完整的技术设计，主要应包含如下内容：项目来源；测区概况；工程概况；技术依据；现有测绘成果；施测方案；作业要求；观测质量控制；数据处理方案；详细的数据处理方案；提交成果要求。

3. 测绘资料的搜集与整理

需要收集整理的资料主要包括测区及周边地区可利用的已知点的相关资料（点之记、坐标等）和测区的地形图等。

4. 仪器的检验

对各种仪器包括 GPS 接收机及相关设备、气象仪器等进行检验，以确保它们能够正常工作。

5. 踏勘、选点埋石

综合应用地形图、遥感图、摄影图和有关点之记进行选点、埋石工作。

（二）测量实施

首先，实地了解测区情况，点位情况（点的位置、上点的难易等）、测区内经济发展状况、民风民俗、交通状况、测量人员生活安排等。

其次了解卫星状况预报：需要评估障碍物对 GPS 观测可能产生的不良影响。

最后确定作业方案：根据卫星状况、测量作业的进展情况以及测区的实际情况来确定具体的布网和作业方案。

1. 选点

为保证对卫星的连续跟踪观测和卫星信号的质量，要求测站上空应尽可能的开阔，在 $10°\sim15°$ 高度角以上不能有成片的障碍物。

为减少各种电磁波对 GPS 卫星信号的干扰，在测站周围约 200m 的范围内不能有强电磁波干扰源，如大功率无线电发射设施、高压输电线等。

为避免或减少多路径效应的发生，测站应远离对电磁波信号反射强烈的地形、地物，如高层建筑、成片水域等。

为便于观测作业和今后的应用，测站应选在交通便利、测点方便的地方，还应选择在易于保存的地方。

2. 布网

（1）GPS 网的技术设计。GPS 网的技术设计是一项基础性的工作。这项工作应根据网的用途和用户的要求来进行，其主要内容包括精度指标的确定和网的图形设计等。

GPS 网设计的出发点是在保证质量的前提下，尽可能地提高效率，努力降低成本。因此，在进行 GPS 的设计和测设时，既不能脱离实际的应用需求，盲目地追求不必要的高精度和高可靠性，也不能为追求高效率和低成本，而放弃对质量的要求。

1）GPS 测量的精度指标。精度指标的确定取决于网的用途，设计时应根据用户的实际需要和可以实现的设备条件，恰当地确定 GPS 网的精度等级。精度指标通常以网中相邻点之间的距离误差 m_R 来表示，其形式为：

$$m_R=\delta_0+pp\times D \qquad (14-13)$$

式中 D 为相邻点间的距离（km），现将我国不同类级 GPS 网的精度指标列于表14-2供参考。

表 14-2　我国不同类级 GPS 网的精度指标

类级	测量类型	常量误差 δ_0 (mm)	比例误差 pp (ppm)
A	地壳形变测量或国家精度 GPS 网	≤5	≤0.1
B	国家基本控制测量	≤8	≤1

2）网形设计。GPS 网的图形设计就是根据用户要求，确定具体的布网观测方案，其核心是如何高质量低成本地完成既定的测量任务。通常在进行 GPS 网设计时，必须顾及到站选址、卫星选择、仪器设备装置与后勤交通保障等因素。当网点位置、接收机数量确定以后，网的设计就主要体现在观测时间的确定、网形构造及各点设站观测的次数等方面。

一般 GPS 网应根据同一时间段内观测的基线边，即同步观测边构成闭合图形（称同步环），例如三角形（需三台接收机，同步观测三条边，其中两条是独立边）、四边形（需四台接收机）等多边形，以增加检核条件，提高网的可靠性。然后，可按点连式、边连式和网连式这三种基本构网方法，将各种独立的同步环有机地连接成一个整体。由不同的构网方式，又可额外地增加若干条复测基线闭合条件（即对某一线多次观测之差）和非同步图形（异步环）闭合条件（即用不同时段观测的独立基线联合推算异步环中的某一基线，将推算结果与直接解算的该基线结果进行比较，所得到的坐标差闭合条件），从而进一步提高了 GPS 网的几何强度及其可靠性。关于各点观测次数的确定，通常应遵循"网中每点必须至少独立设站观测两次"的基本原则。

GPS 网的精度指标，通常是以网中相邻点之间的距离误差来表示的，其具体形式为

$$\sigma = \sqrt{a^2 + (bD)^2} \tag{14-14}$$

式中　σ——网中相邻点间的距离中误差（mm）；

a——固定误差（mm）；

b——比例误差（ppm）；

D——相邻点间的距离（km）。

对于不同等级的 GPS 网，有下列的精度要求：

表 14-3　　　　　　　　　　不同等级的 GPS 网的精度要求

测量分类	固定误差 a （mm）	比例误差 b （ppm）	相邻点距离 （km）	测量分类	固定误差 a （mm）	比例误差 b （ppm）	相邻点距离 （km）
A	≤5	≤0.1	100~2000	D	≤10	≤10	2~15
B	≤8	≤1	15~250	E	≤10	≤20	1~10
C	≤10	≤5	5~40				

注　A 级网一般为区域或国家框架网、区域动力学网；B 级网为国家大地控制网或地方框架网；C 级网为地方控制网和工程控制网；D 级网为工程控制网；E 级网为测图网。

美国联邦大地测量分管委员会（Federal Geodet1c Control Subeomm1ttee—FGCS）在 1988 年公布的 GPS 相对定位的精度标准中有一个 AA 级的等级，此等级的网一般为全球性的坐标框架。

（2）GPS 基线向量网的布网形式。GPS 网常用的布网形式有以下几种：

跟踪站式、会战式、多基准站式（枢纽点式）、同步图形扩展式、单基准站式。

1）跟踪站式。布网形式：若干台接收机长期固定安放在测站上，进行常年、不间断的观测，即一年观测 365 天，一天观测 24h，这种观测方式很像是跟踪站，因此，这种布网形式被称为跟踪站式。

特点：由于在采用跟踪站式的布网形式布设 GPS 网时，接收机在各个测站上进行了

不间断的连续观测，观测时间长、数据量大，而且在处理采用这种方式所采集的数据时，一般采用精密星历，因此，采用此种形式布设的 GPS 网具有很高的精度和框架基准特性。

每个跟踪站为保证连续观测，一般需要建立专门的永久性建筑即跟踪站，用以安置仪器设备，这使得这种布网形式的观测成本很高。

此种布网形式一般用于建立 GPS 跟踪站（AA 级网），对于普通用途的 GPS 网，由于此种布网形式观测时间长、成本高，故一般不被采用。

2）会战式。布网形式：在布设 GPS 网时，一次组织多台 GPS 接收机，集中在一段不太长的时间内，共同作业。在作业时，所有接收机在若干天的时间里分别在同一批点上进行多天、长时段的同步观测，在完成一批点的测量后，所有接收机又都迁移到另外一批点上进行相同方式的观测，直至所有的点观测完毕，这就是所谓的会战式的布网。

特点：采用会战式布网形式所布设的 GPS 网，因为各基线均进行过较长时间、多时段的观测，所以可以较好地消除 SA 等因素的影响，因而具有特高的尺度精度。此种布网方式一般用于布设 A、B 级网。

3）多基准站式。布网形式：所谓多基准站式的布网形式就是有若干台接收机在一段时间里长期固定在某几个点上进行长时间的观测，这些测站称为基准站，在基准站进行观测的同时，另外一些接收机则在这些基准站周围相互之间进行同步观测。

特点：采用多基准站式的布网形式所布设的 GPS 网，由于在各个基准站之间进行了长时间的观测，因此，可以获得较高精度的定位结果，这些高精度的基线向量可以作为整个 GPS 网的骨架。另外一方面，其余的进行了同步观测的接收机间除了自身间有基线向量相连外，它们与各个基准站之间也存在有同步观测，因此，也有同步观测基线相连，这样可以获得更强的图形结构。

4）同步图形扩展式。布网形式：所谓同步图形扩展式的布网形式，就是多台接收机在不同测站上进行同步观测，在完成一个时段的同步观测后，又迁移到其他的测站上进行同步观测，每次同步观测都可以形成一个同步图形。在测量过程中，不同的同步图形间一般有若干个公共点相连，整个 GPS 网由这些同步图形构成。

特点：同步图形扩展式的布网形式具有扩展速度快，图形强度较高，且作业方法简单的优点。同步图形扩展式是布设 GPS 网时最常用的一种布网形式。

同步图形扩展式的作业方式具有作业效率高，图形强度好的特点，它是目前在 GPS 测量中普遍采用的一种布网形式。

采用同步图形扩展式布设 GPS 基线向量网时的观测作业方式主要有以下几种方式：点连式、边连式、网连式、棍连式（图 14-10）等。

（3）布设 GPS 基线向量网时的设计指标。在布设 GPS 网时，我们除了遵循一定的设计原则外，还需要一些定量的指标来指导我们的工作。在我们进行 GPS 网的设计时经常需要采用效率指标、可靠性指标和精度指标。

1）效率指标。在进行 GPS 网的设计时，我们经常采用效率指标来衡量某种网设计方案的效率，以及在采用某种布网方案作业时所需要的作业时间、消耗等。

2）可靠性指标。GPS 网可靠性，可以分为内可靠性和外可靠性。所谓 GPS 网的内可靠性就是指所布设的 GPS 网发现粗差的能力，即可发现的最小粗差的大小。所谓

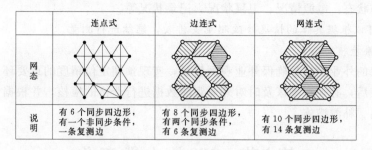

	连点式	边连式	网连式
网态			
说明	有6个同步四边形，有一个非同步条件，一条复测边	有8个同步四边形，有两个同步条件，6条复测边	有10个同步四边形，14条复测边

图 14-10 布设 GPS 基线向量网时的观测作业方式

GPS 网的外可靠性就是指 GPS 网抵御粗差的能力，即未剔除的粗差对 GPS 网所造成的不良影响的大小。由于内、外可靠性指标在计算上过于烦琐，因此，我们在实际的 GPS 网的设计中采用了另外一个计算较为简单的反映 GPS 网可靠性的数量指标，这个可靠性指标就是整网的多余独立基线数与总的独立基线数的比值，称为整网的平均可靠性指标（η），即

$$\eta = \frac{l_r}{l_t} \tag{14-15}$$

式中　l_r——多余的独立基线数；

　　　l_t——总的独立基线数。

（4）提高 GPS 网可靠性的方法主要有：增加观测期数（增加独立基线数）；保证一定的重复设站次数；保证每个测站至少与 3 条以上的独立基线相连；在布网时要使网中所有最小异步环的边数不大于 6 条等。

（5）提高 GPS 网精度的方法。为保证 GPS 网中各相邻点具有较高的相对精度，对网中距离较近的点一定要进行同步观测，以获得它们间的直接观测基线。

为提高整个 GPS 网的精度，可以在全面网之上布设框架网，以框架网作为整个 GPS 网的骨架；精心制定一个子区和子环路的实测方案。在布网时要使网中所有最小异步环的边数不大于 6 条。

在布设 GPS 网时，引入高精度激光测距边，作为观测值与 GPS 观测值（基线向量）一同进行联合平差，或将它们作为起算边长。

若要采用高程拟合的方法，测定网中各点的正常高/正高，则需在布网时，选定一定数量的水准点，水准点的数量应尽可能地多，且应在网中均匀分布，还要保证有部分点分布在网中的四周，将整个网包含在其中。

为提高 GPS 网的尺度精度，可采用如下方法：增设长时间、多时段的基线向量。

（三）外业观测

1. 制定测量安排表

内容包括：同步环测量起止时间、搬站时间、每一个同步环里各接收机所在观测点。车辆、司机的安排和调度等，一定要保证所采用的起算点的成果不能有质量问题。

2. 应严格按照作业规定要求进行外业观测

按时到站、严格对中整平、认真在 GPS 测量前和测量后量取天线高并记录、定时检查接收机工作状态：电源情况、卫星状况、记录状况等。

3.每天可以根据具体的情况修改测量安排表，继续进行测量。

（四）成果检核

观测成果的外业检核是确保外业观测质量，实现预期定位精度的重要环节。所以，当观测任务结束后，必须在测区及时对外业观测数据进行严格的检核，并根据情况采取淘汰或必要的重测、补测措施。

第六节　GPS 的内业工作

静态相对测量数据处理基本步骤：粗加工、预处理、基线解算、GPS 网与地面网的联合网平差处理、坐标转换和高程转换。

只有按照《规范》要求，对各项检核内容严格检查，确保准确无误，才能进行后续的平差计算和数据处理。处理过程如图 14-11 所示。

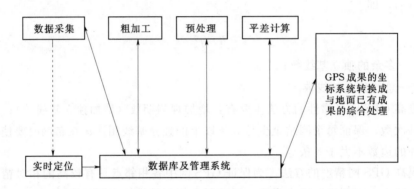

图 14-11　数据处理示意图

GPS 测量采用连续同步观测的方法，一般 15s 自动记录一组数据，其数据之多、信息量之大是常规测量方法无法相比的；同时，采用的数学模型、算法等形式多样，数据处理的过程相当复杂。在实际工作中，借助于电子计算机，使得数据的处理工作的自动化达到了相当高的程度，这也是 GPS 能够被广泛采用的重要原因之一。

一、粗加工（人工）

1.原始观测数据的下装

在进行基线解算之前，首先需要从接收机上下装原始的 GPS 观测值数据，至少应当有：

（1）观测值文件。

（2）星历参数文件。

有些接收机还另外列出了：测站信息文件、电离层参数和 UTC 参数文件。

2.外业输入数据的检查与修改

在读入了 GPS 观测值数据后，就需要对观测数据进行必要的检查，检查的项目包括：测站名、点号、测站坐标、天线高等。

二、预处理（计算机）

（1）GPS 卫星轨道方程的标准化。

1）目的：解决因来源、时段不同而产生的差异。

2）方法：多项式拟合 GPS 卫星轨道方程。

（2）时钟多项式的拟合和标准化。

（3）观测值文件的标准化：各接收文件的记录格式、类型、项目、采样、密度、数据单位应统一。

（4）对观测值进行各种模型改正。

（5）双频观测相位线性合成为单频观测值。

（6）将同步环中每两台接收机同步测量的单频或合成单频载波相位形成单差分、双差分、三差分观测值。

（7）诊断、确定、修复各种组合载波相位或单频载波相位、各种差分载波相位整周跳变。

（8）平均计算每一个观测点的伪距定位坐标。

三、基线向量的解算

1. 基线计算过程

（1）由三差分载波相位观测方程计算基线矢量。

（2）由双差分载波相位观测方程计算基线向量。

2. 设定基线解算的控制参数（人工）

基线解算的控制参数用以确定数据处理软件采用何种处理方法来进行基线解算，设定基线解算的控制参数是基线解算时的一个非常重要的环节，通过控制参数的设定，可以实现基线的精化处理。

3. 基线质量分析和检验

基线的质量检验需要通过如下分析检验才能进行网平差：

（1）每一条基线的检验。模糊度的可靠指标 Ratio：短边绝对值 3，或相对值为 95%，长边应降低要求。

基线实际误差与估计误差的比值：越小越好 <10，不能大于 20。

反映观测值质量的均方根误差 RMS、参考因子单位权中误差 m_0，有关项的精度估值 m_1。

残差分析：载波相位残差图（应单频、双频分别在 $0.02\sim0.04m$ 之内），分析残余误差类型。

（2）调整参数。

1）观测值测除率：使用残差为 RMS 的倍数；Editor 为 1.5～3 之间；调整卫星高度角为 10～20°之间。

2）选择时段、卫星取舍。

3）双频接收机选择采用处理：L1 单频数据、宽相数据、窄相数据、消去电离层影响等的载波相位。

（3）基线间检验。同步环闭和差、异步环闭和差和重复基线较差，分别满足测量规范规定的等级相对精度要求的 3/5、2×（3n）0.5、2×20.5 倍。

调整：通过比较找出超限闭合环中共同的基线，通过调整有关参数，再处理，方法同前。

四、基线向量网平差

1. 概述

（1）概念：以 GPS 基线向量为观测值、以其方差阵之逆为权，进行计算求定各 GPS 网点的坐标并进行精度评定。

（2）分类：

1）无约束平差：只约束一个点坐标。

2）约束平差：约束条件多于一个点的坐标，如还有其他已知点坐标或边长、方位角等。

3）联合平差：观测值有：GPS 基线向量观测值、地面常规测量观测值（边长、方位、高差），一起参与平差计算。

4）三维平差：求出三维地理坐标或平面坐标和海拔高程。

5）二维平差：只求定平面坐标。

2. 网平差参数设置

（1）观测量范围选择。

（2）参考因子的要求（单位权中误差）限制：$M_0 \leqslant 1.0$。

对原观测量做小量的调整，达到彼此协调，正确的平差观测值精度大小应同先验的精度大小一样。

（3）调整尺度（Scale）：观测值先验精度估计值的调整尺度。

3. 网平差过程

（1）三维无约束平差。

（2）约束平整。

（3）精度评定。

单位权中误差 m_0 应取值在 1 左右。

基线向量改正数绝对值满足：$V\Delta x \leqslant 2$ 倍的 M_x 中误差、$V\Delta y \leqslant 2$ 倍的 M_y 中误差、$V\Delta z \leqslant 2$ 倍的 M_z 中误差。

（4）调整参数。

第七节　误　差　分　析

GPS 卫星在距离地面 20200km 的高空，向地面上的广大用户发送测距信号和导航电文等信息。GPS 定位的观测量不可避免地受到多种误差源的影响。按照这些误差的来源，一般可分为三种情况：①与 GPS 卫星有关的误差；②与信号传播有关的误差；③与接收设备有关的误差。

一、与 GPS 卫星有关的误差

1. 卫星星历误差

卫星星历误差是指广播星历或其他轨道信息给出的卫星位置与卫星真实位置之间的差值。GPS 卫星星历是由布设在地面上、具有一定数量与空间分布的监测站连续跟踪观测 GPS 卫星，并结合环境要素等其他信息，再由主控站对卫星作精密定轨计算得到的。而广播星历又是由定轨结果推出，因此广播星历的精度是有限的。另外由于 SA 政策的实施，人为地对广播星历的精度又做了降低，这都不利于高精度用户对广播星历的使用。

2. 卫星钟误差

由于卫星位置是时间的函数，所以 GPS 的观测量均以精密观测为前提。虽然 GPS 卫星均配有高精度的原子钟，但它们与理想的 GPS 之间仍会有偏差或漂移。而对于 IGS 精密星历，在解算出各历元时刻 GPS 的卫星轨道位置时，一般也提供了关于此卫星的时钟偏差量。

二、与信号传播有关的误差

与 GPS 信号传播有关的误差主要是大气折射误差和多路径效应。而大气折射误差根据其性质，往往区分为电离质折射影响和对流层折射影响。实际上，这里对流层折射影响也包括来自平流层与中间层的折射，因此也可以合称为中性大气折射影响，但一般还是简单地称为对流层折射。

所谓多路径效应，是指接收机天线除直接来自 GPS 卫星的信号外，还有可能收到天线周围地物反射来的信号。这两种信号叠加在一起将会引起测量参考点（相对中心）的变化，而且这种变化随天线周围反射面的性质而异，难以控制。多路径效应具有周期性误差，其变化幅度可达数厘米。

消除或减弱多路径效应，除了采用载波相位测量方法外，一般是采用造型适宜且屏蔽良好的天线。这种天线一般装备有抑径板或抑径圈，可以阻挡来自水平面以下的多路径信号被接收。但实际上，有些多路径信号并不是来自地面的反射，而是来自竖立的高大建筑物表面。经过这种表面反射的多路径信号，往往也具有较大的高度角值，可以从水平面以上进入接收机天线。因此在进行 GPS 测量工作选址时，还应当考虑多路径信号产生的可能性，尽量避开这种高大的建筑物。

三、与接收设备有关的误差

这类误差主要有：观测误差、接收机钟差、相对中心误差和载波相位观测的整周不定性误差等。

1. 观测误差

观测误差分观测的分辨误差与接收机天线相对测站点的安置误差。一般认为观测的分辨误差约为信号波长的 1‰。由于载波的波长远小于 GPS 随机测距码的波长，因此采用载波相位观测量一般可以达到更高的精度，而天线的安置误差主要有天线的置平和量取天线高的误差。只要在观测中认真操作，可以尽量减少这些误差的影响。

2. 接收机的钟差

对于这种误差，一般是在数据处理中作为未知数来解出。另外在作差分法相对定位时，也可以通过在不同卫星之间求差来消除这部分影响。

3. 天线的相对中心的误差

GPS 测量的观测值都是以天线的相位中心为准的，而我们一般只能观察到天线的几何中心，因此要求天线的几何中心和相位中心一致，这应在天线的生产和设计上达到，是天线生产厂家的任务。另外。若采用同种型号的接收机天线，可以近似认为相位中心与几何中心的偏差情况是一样的，因此用观测值的求差和相对定位能削弱这种影响，但这时要求统一按天线的方向标，使各天线的指北针都指向正北方向。

关于载波相位测量的整周不定性误差，主要是指观测中整周未知数的跳变现象（周跳）。另外也有在数据处理时求解整周未知数时的失败，不能将整周未知数固定为某一整数，而只能取实数解的情况。周跳的发生是与多种因素有关的，如信号受阻挡失锁、接收机内部热噪音影响、电离层活动出现异常变化等。

实验、实习指导书

第一部分 测量实验指导书

实验一 水准仪的使用和水准测量

（一）自动安平水准仪的使用和水准测量

【一】自动安平水准仪的使用

一、目的和要求

（1）了解 NL—32A 级水准仪的基本构造，认清其主要部件的名称及作用。

（2）练习水准仪的安置、瞄准与读数。

（3）测定地面两点间高差。

二、仪器和工具

（1）NL—32A 级水准仪（附件：水准尺 1 把，记录本 1 个，伞 1 把）。

（2）望远镜。望远镜是用来照准远处竖立的水准尺并读取水准尺上的读数，要求望远镜能看清水准尺上的分划和注记并有读数标志。根据在目镜端观察到的物体成像情况，望远镜可以分为正像望远镜和倒像望远镜。自动安平水准仪的望远镜为正像望远镜。

三、方法和步骤

（1）整置仪器。

1）选择合适高度支好三脚架，将水准仪用中心螺丝与三脚架联接牢固。

2）用三脚架粗整平仪器并与地面安放牢固，旋转脚螺丝手轮 A、B、C 使水泡向右移动。

（2）瞄准和调焦。

1）通过粗瞄准器，瞄准标尺，转动目镜使分划板视距丝成像清晰。

2）旋转水平微动手轮使标尺成像在视场中央，旋转调焦手轮，直到标尺成像清晰。

3）通过目镜观察视场中的成像，将眼睛稍微上下左右移动，确认标尺像相对于十字丝不动，没发生相对位移，即可开始测量，否则重复予以调整。

（3）用中丝在水准尺上读取 4 位读数，即米、分米、厘米及毫米位。读数时应先估出毫米数，然后按米、分米、厘米及毫米，一次读出 4 位数。

（4）测定地面两点间的高差。

1）在地面选定 A、B 两个较坚固的点。

2）在 A、B 两点之间安置水准仪，使仪器至 A、B 两点的距离大致相等。

3）竖立水准尺于点 A 上，瞄准点 A 上的水准尺，读数，此为后视读数，记入表中测点 A—行的后视读数栏下。

4）再将水准尺立于点 B，瞄准点 B 上的水准尺，精平后读取前视读数，并记入测点 B—行的前视读数栏下。

5）计算 A、B 两点的高差，即

$$h_{AB}=后视读数-前视读数$$

四、记录格式

日　　期＿＿＿＿＿＿＿＿　天　气＿＿＿＿＿＿＿＿　班　级＿＿＿＿＿＿＿＿　小　组＿＿＿＿＿＿＿＿

仪器型号＿＿＿＿＿＿＿＿　观　测＿＿＿＿＿＿＿＿　记　录＿＿＿＿＿＿＿＿

测　　点	后 视 读 数	前 视 读 数	高　差 （m）	备　　注

五、识别下列部件并写出它们的功能

部　件　名　称	功　　　　能
圆水泡	
粗瞄准器	
调焦手轮	
脚螺丝手轮	

【二】自动安平水准仪水准测量

一、目的和要求

（1）掌握自动安平水准仪的使用方法。

（2）了解高差测量、距离测量及水平方位角测量的基本方法。

二、仪器和工具

NL－32A 级水准仪 1 台，水准尺 2 把，尺垫 2 把，记录本 1 个，伞 1 把。

三、方法和步骤

（1）高差测量。

1）安置仪器于 A、B 之间，目估前、后视距离大致相等。

2）垂直安放标尺于 A 点，中丝读数为 a。

3）垂直安放标尺于 B 点，中丝读数为 b。

4）A、B 两点高差值为 $a-b$。

5）当 A、B 两点距离过长时，则应分为若干个区间进行测量。

计算如下：

$$高差=后视值总和-前视值总和$$
$$被测点的高程=已知点的高程+高差$$

（2）距离测量。瞄准标尺，用视距上丝和视距下丝读出标尺上的读数，两读数之差乘

以 100 就得到仪器中心到标尺间的距离。如果上丝读数为 360.1cm，下丝读数为 330.9cm。

则标尺到水准仪中心的距离为 $S=(360.1-330.9)\times100=29.2$ (m)

（3）水平方位角测量。

1）利用垂球使仪器中心与地面点重合。

2）瞄准 A 点，转动度盘使 O 位置对准度盘刻度线。

3）转动望远镜瞄准 B 点，读取度盘刻度值，则两者之差即为方位角 γ。

（4）尺垫应踏入土中或置于坚固地面上，在观测过程中不得碰动仪器或尺垫，迁站时应保护前视尺垫不得移动。

（5）水准尺必须扶直，不得前、后倾斜。

四、记录与计算表

水 准 测 量 记 录 表

工程名称：　　　　　　　　仪器：　　　　　　　　天气：

观测者：　　　　　　　　　记录者：　　　　　　　日期：

测　点	水准尺读数 (m)		高差 (m)		高程 (m)	备　注
	后视	前视	＋	－		
计算校核						

｛二｝ 微倾式水准仪的使用

一、目的和要求

（1）了解微倾式水准仪各轴线间应满足的几何条件。

（2）掌握微倾式水准仪的检验和校正的方法。

（3）要求检验后的 Ⅰ 角不得超过 20″，其他条件检校到无明显偏差为止。

二、仪器和工具

（1）DS3 级水准仪，水准尺 2 把，钢卷尺 1 盘，木桩（或尺垫）2 个，拨针 1 个，螺丝刀 1 把。

（2）望远镜。微倾式水准仪的望远镜为倒像望远镜。它由物镜、调焦透镜、十字丝分划板和目镜组成。

三、方法和步骤

（1）安置仪器。将脚架张开，使其高度适当，架头大致水平，并将脚尖踩入土中。再开箱取出仪器，将其固定在三脚架。

（2）粗略整平。先用双手同时向内（或向外）转动一对脚螺旋，使圆水准器气泡移动到中间，再转动另一只脚螺旋使圆气泡居中，通常须反复进行。注意气泡移动的方向与左手拇指或右手食指运动的方向一致。

（3）瞄准水准尺、精平与读数。

1）瞄准。甲立水准尺于某地面点上，乙松开水准仪制动螺旋，转动仪器，用准心粗略瞄准水准尺，固定制动螺旋，用微动螺旋使水准尺大致位于视场中央。

转动目镜对光螺旋进行对光，使十字丝分划清晰，再转动物镜对光螺旋看清水准尺影像。

转动水平微动螺旋，使十字丝纵丝靠近水准尺一侧，若存在视差，则应仔细进行物镜对光予以消除。

2）精平。转动微倾螺旋使水准器气泡两端的影像吻合（即成一圆弧状）。

3）读数。用中丝在水准尺上读取 4 位读数，即米、分米、厘米及毫米位。读数时应先估出毫米数，然后按米、分米、厘米及毫米，一次读出 4 位数。

实验二　水准仪的检验和校正

一、目的和要求

（1）掌握自动安平水准仪的检验和校正的方法。

（2）要求检校到无明显偏差为止。

二、仪器和工具

NL−32A 级水准仪 1 台，水准尺 2 把，钢卷尺 1 盘。

三、方法和步骤

为保证测量精度，使用前必须对仪器进行检测，若发现偏差，须进行校正。

1. 圆水泡检校

（1）调整脚螺丝手轮使水泡居中。

（2）将仪器旋转 180°，若气泡不偏离为正常，若气泡偏离时按下列方法调整：调整脚螺旋将气泡回复到偏离量的一半，仅用内六角扳手调整水泡螺钉，使气泡移到中心，重复以上步骤，直到水准仪放置到任意方向时水泡始终处于中心。

2. i 角检校

（1）A 和 B 点相距 30～50m，在其中央安置仪器并读取 a_1 和 b_1。

（2）仪器安置在离 A 点 2m 处，读取 a_2 和 b_2。

（3）计算 $b_2' = a_2 - (a_1 - b_1)$，若 $b_2' = b_2$，则说明视线水平无须校正，否则做出如下校正。

（4）仪器瞄准标尺 B，取下防尘罩，调整分划板校正螺丝，使视距丝对准 $b_2 = a_2 - (a_1 - b_1)$，重复上述步骤直到 $|(a_1 - b_1) - (a_2 - b_2)| < 3mm$ 为止。

实验三　经纬仪的使用和水平角测量

｛一｝经 纬 仪 的 使 用

【一】电子经纬仪的使用 （ET－02／05）

一、目的和要求

(1) 了解 ET－02/05 电子经纬仪的基本构造及其主要部件的名称及作用。

(2) 练习经纬仪对中、整平、瞄准与读数的方法，并掌握基本操作要领。

(3) 要求对中误差小于 3mm，整平误差小于一格。

二、仪器和工具

ET－02/05 电子经纬仪 1 台，木桩 1 个，伞 1 把。

三、方法和步骤

1. 测量准备

(1) 仪器的安置、对中和整平。

1) 安置三脚架和仪器。

① 选择坚固地面放置脚架之三脚，架设脚架头至适当高度，以方便观测操作。

② 将垂球挂在三脚架的挂钩上，使脚架头尽量水平地移动脚架位置并让垂球粗略对准地面测量中心，然后将脚尖插入地面使其稳固。

③ 检查脚架各固定螺丝固紧后，将仪器置于脚架头上并用中心螺丝连接固定。

2) 使用光学对中器对中。

① 调整仪器三个脚螺旋使圆水准器气泡居中。通过对中器目镜观察，调整目镜环，使对中分划标记清晰。

② 调整对中器的调焦手轮，直至地面测量标志中心清晰并与对中分划标记在同一成像平面内。

③ 松开脚架中心螺丝（松至仪器能移动即可），通过光学对中器观察地面标志，小心地平移仪器（勿旋转），直到对中十字丝（或圆点）中心与地面标志中心重合。

④ 再调整脚螺旋，使圆水准器的气泡居中。

⑤ 再通过光学对中器，观察地面标志中心是否与对中器中心重合，否则重复（3）、(4) 操作，直至重合为止。

⑥ 确认仪器对中后，将中心螺丝旋紧固定好仪器。

3) 用长水准器精确整平仪器。

① 旋转仪器照准部让长水准器与任意两个脚螺旋连线平行，调整这两个脚螺旋，使长水准器气泡居中。调整两个脚螺旋时，旋转方向应相反。

② 将照准部转动 90°，用另一脚螺旋使长水准器气泡居中。

③ 重复（1）和（2），使长水准器在该两个位置上气泡都居中。

④ 在（1）的位置将照准部转动 180°，如果气泡居中并且照准部转动至任何方向都居中，则长水准器安置正确且仪器已整平。

（2）望远镜目镜调整和目标照准。

1）取下望远镜镜盖，将望远镜对向天空（或白色墙面），转动目镜使十字丝最清晰。

2）用粗瞄准器的准心对准目标。

3）调节望远镜的调焦手轮，直至看清目标。

4）旋紧水平与垂直制动手轮，微调两微动手轮，将十字丝的中心精确照准目标，这时眼睛微微左右移动，若目标与十字丝两影像间有相对移位现象，则应再微调望远镜调焦手轮，直到两影像清晰且相对静止时止。

2. 角度测量

（1）水平角与竖直角测量（HR、V 或 HL、V）。

1）设置水平角右旋与竖直角天顶为 0 测量方式（HR. V）。顺时针方向转动照准部（HR），以十字丝中心照准目标 A，按两次［0 SET］键，目标 A 的水平角度设置为 $0°00'00''$，作为水平角起算的零方向。照准目标 A 时的具体步骤及显示为：

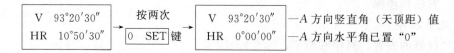

顺时针方向转动照准部（HR），以十字丝中心照准目标 B 时显示为：

$$
\begin{array}{ll}
\text{V} & 91°05'10'' \quad \text{——} B \text{方向竖直角（天顶距）值} \\
\text{HR} & 50°10'20'' \quad \text{——} AB \text{方向间右旋水平角值}
\end{array}
$$

2）按［R/L］键后，水平角设置成左旋测量方式（HL. V）。逆时针方向转动照准部（HL），以十字丝中心照准目标 A，按两次［0 SET］键将 A 方向水平角置"0"。步骤和显示结果与（1）之 A 目标相同。

逆时针方向转动照准部（HL），以十字丝中心照准目标 B 时显示为：

$$
\begin{array}{ll}
\text{V} & 91°05'10'' \quad \text{——} B \text{方向竖直角（天顶距）值} \\
\text{HR} & 309°49'40'' \quad \text{——} AB \text{方向间左旋水平角值}
\end{array}
$$

（2）水平角锁定与解除（HOLD）。在观测水平角过程中，若需保持所测（或对某方向需预置）水平角时，按［HOLD］键两次即可。水平角被锁定后，显示左下角"HRL"符号闪烁，再转动仪器水平角也不发生变化。当照准至所需方向后，再按［HOLD］键一次，解除锁定功能，此时仪器照准方向的水平角就是原锁定的水平角值。

（3）水平角象限鸣响设置。

1）照准定向的第一个目标，按［0 SET］键两次，使水平角置"0"。

2）将照准部转动约 $90°$，至有鸣响时停止，显示：HR $89°59'20''$。

3）旋紧水平制动手轮，用微动手轮使水平读数显示为：HR $90°00'00''$，用望远镜十字丝确定象限目标点方向。

4）用同样的方法转动照准部确定 $180°$、$270°$ 的象限目标点方向。

（4）竖直角的零方向设置。竖直角在作业开始前就应依作业需要而进行初始设置，选择天顶方向为 0°或水平方向为 0°。

（5）天顶距与垂直角的测量。

1）天顶距：如竖直角选择天顶方向为 0°，测得（显示）的竖直角 V 为天顶距，如图。

$$天顶距 = (L + 360 - R)/2$$
$$指标差 = (L + R - 360)/2$$

2）垂直角：如竖直角选择水平方向为 0°，则测得（显示）的竖直角 V 为垂直角，如图。

$$垂直角 = (L \pm 180 - R)/2$$
$$指标差 = (L + R - 180)/2$$

（6）斜率百分比。在测角模式下测量。竖直角可以转换成斜率百分比。按 [$V\%$] 键，显示器交替显示竖直角和斜率百分比。

$$斜率百分比值 = H/D \times 100\%$$

斜率百分比范围从水平方向至 $\pm 45°$（$\pm 50G$），若超过此值则仪器不显示斜率值。

（7）望远镜测距丝测距。利用望远镜分划板上的视距丝（上下或左右视距丝）可以测量目标与仪器间的距离，测量精度 $\leq 0.4\%D$。

1）将仪器安置在 A 点，标尺竖立（平放）在目标 B 点。

2）读出分划板在上下或左右两视距丝在标尺上的截距 d。

3）AB 两点之间的水平距离 $D = 100 \times d$。

四、记录格式

日　　期＿＿＿＿＿＿　天　气＿＿＿＿＿＿　班　级＿＿＿＿＿＿　小　组＿＿＿＿＿＿

仪器型号＿＿＿＿＿＿　观　测＿＿＿＿＿＿　记　录＿＿＿＿＿＿

测　站	目　标	盘 左 度 数	盘 右 度 数	备　注

【二】光学经纬仪的使用（DJ6）

一、目的和要求

（1）了解 DJ6 经纬仪的基本构造及其主要部件的名称及作用。

（2）练习经纬仪对中、整平、瞄准与读数的方法，并掌握基本操作要领。

（3）要求对中误差小于 3mm，整平误差小于一格。

二、仪器和工具

DJ6 级经纬仪 1 台，木桩 1 个，伞 1 把。

三、方法和步骤

1. 经纬仪的安置

（1）在地面打一木桩，桩顶钉一小钉或划十字作为测站点。

（2）松开三脚架，安置于测站上，使高度适当，架头大致水平。打开仪器箱，双手握住仪器支架，将仪器取出，置于架头上。一手紧握支架，一手拧紧连接螺旋。

（3）对中。挂上垂球，平移三脚架，使垂球尖大致对准测站点，并注意架头水平，踩紧三脚架。稍松连接螺旋，两手扶住基座，在架头上平移仪器，使垂球尖端准确对准测站点，再拧紧连接螺旋。

（4）整平。松开水平制动螺旋，转动照准部，使水准管平行于任意一对脚螺旋的连线，两手同时向内（或向外）转动这两只脚螺旋，使气泡居中。将仪器绕竖轴转动90°，使水准管垂直于原来两脚螺旋的连线，转动第三只脚螺旋，使气泡居中。如此反复调试，直到仪器转到任何方向，气泡中心不偏离水准管零点一格为止。

2. 瞄准目标

（1）将望远镜对向天空（或白色墙面），转动目镜使十字丝清晰。

（2）用望远镜上的概略瞄准器瞄准目标，再从望远镜中观看，若目标位于视场内，可固定望远镜制动螺旋和水平制动螺旋。

（3）转动物镜对光螺旋使目标影像清晰，再调节望远镜和照准部微动螺旋，用十字丝的纵丝平分目标（或将目标夹在双丝中间）。

（4）眼睛微微左右移动，检查有无视差，若有，转动物镜对光螺旋予以消除。

3. 读数

（1）调节反光镜使读数窗亮度适当。

（2）旋转读数显微镜的目镜，使度盘及分微尺的刻划清晰，并区别水平度盘与竖盘读数窗。

（3）读取位于分微尺上的度盘刻划线所注记的度数，从分微尺上读取该刻划线所在位置的分数，估读至0.1分（即6s的整倍数）。

盘左瞄准目标，读出水平度盘读数，纵转望远镜，盘右再瞄准该目标读数，两次读数之差约为180°，以此检核瞄准和读数是否正确。

四、记录格式

日　　期＿＿＿＿＿＿＿　天　气＿＿＿＿＿＿＿　班　级＿＿＿＿＿＿＿　小　组＿＿＿＿＿＿＿

仪器型号＿＿＿＿＿＿＿　观　测＿＿＿＿＿＿＿　记　录＿＿＿＿＿＿＿

测　站	目　标	盘　左　度　数	盘　右　度　数	备　注

五、识别下列部件并写出它们的功能

部　件　名　称	功　　能
水平制动螺旋	
水平微动螺旋	
望远镜制动螺旋	
望远镜微动螺旋	
竖盘指标水准管	
竖盘指标水准管微动螺旋	
照准部水准管	

{二} 水 平 角 测 量

【一】测回法测量水平角

一、目的和要求

（1）掌握测回法测量水平角的方法、记录及计算；

（2）每人对同一角度观测一测回，上、下半测回角值之差不得超过±40″，各测回角值互差不得大于±24″。

二、仪器和工具

经纬仪 1 台，记录本 1 个，伞 1 把，木桩 1 个。

三、方法和步骤

（1）每组选一测站点 O 安置仪器，对中、整平后，再选定 A、B 两个目标。

（2）盘左，瞄准 A 目标，置零，读取水平度盘读数 a_1，记入手簿。

（3）顺时针方向转动照准部，瞄准 B 目标，读数 b_2 并记录，盘左测得 $\angle AOB$ 为

$$\beta_左 = b_1 - a_1$$

（4）纵转望远镜为盘右，先瞄准 B 目标，读数 b_2 并记录，逆时针方向转动照准部，瞄准 A 目标，读数 a_2 并记录，盘右测得 $\angle AOB$ 为

$$\beta_右 = b_2 - a_2$$

（5）若上、下半测回角值之差不大于 40″，计算一测回角值 $\beta = 1/2\ (\beta_左 + \beta_右)$。

（6）观测第二测回时，应将起始方向 A 的度盘读数安置于 90°附近。各测回角值互差不大于±24″，则计算平均角值。

四、记录格式

测 回 法 观 测 手 簿

日　期＿＿＿＿＿＿＿　　　班　级＿＿＿＿＿＿＿＿　　小　组＿＿＿＿＿＿＿＿　　姓　名＿＿＿＿＿＿＿＿

测站	竖盘位置	目标	水平度盘读数（° ′ ″）	半测回角值（° ′ ″）	一测回角值（° ′ ″）	各测回平均角值（° ′ ″）	备注
第一测回	左						
	右						
第二测回	左						
	右						

【二】全圆方向观测法测量水平角

一、目的和要求

（1）练习全圆方向观测法观测水平角的操作方法记录和计算。

（2）半测回归零差不得超过±18″。

（3）各测回方向值互差不得超过±24″。

二、仪器和工具

经纬仪 1 台，木桩 1 个，记录本 1 个，伞 1 把。

三、方法和步骤

（1）在测站点 O 安置仪器，对中整平后，选定 A、B、C、D 四个目标。

（2）盘左瞄准起始目标 A，置零，读数并记录。

（3）顺时针方向转动照准部，依次瞄准 B、C、D、A 各目标，分别读取水平度盘读数并记录，检查归零差是否超限。

（4）纵转望远镜，盘右，逆时针方向依次瞄准 A、B、C、D 各目标，读数并记录，检查归零差是否超限。

（5）同一方向两倍视准误差 2C＝盘左读数－（盘右读数±180°）；各方向的平均读数＝1/2［盘左读数＋（盘右读数±180°）］；将各方向的平均读数减去起始方向的平均读数；即得各方向的归零方向值。

（6）第二人观测时，起始方向的度盘读数安置于 0°，同法观测第二测回。各测回同一方向归零方向值的互差不超过±24″，取其平均值，作为该方向的结果。

四、记录格式

全圆方向法观测水平角

日　期_____　班　级_____　小　组_____　姓　名_____

测站	测回	目标	水平度盘读数		2c＝左－右±180°（″）	平均读数＝1/2(左＋右±180)（° ′ ″）	归零后的方向值（° ′ ″）	各测回归零方向值的平均值（° ′ ″）	备注
			盘左（° ′ ″）	盘右（° ′ ″）					
		A							
		B							
		C							
		D							
		A							
		A							
		B							
		C							
		D							
		A							

实验四　竖直角测量

一、目的和要求

练习竖直角观测、记录及计算的方法。

二、仪器和工具

经纬仪 1 台，木桩 1 个，伞重，记录本 1 个。

三、方法和步骤

（1）在测站点 O 上安置仪器，对中、整平后，选定 A、B 两个目标。

（2）盘左，用十字丝中横丝切于目标顶端，转动竖盘指标水准管微动螺旋，使竖盘指标水准管气泡居中，读取竖盘读数 L，记入手簿并算出竖直角 α_L。

（3）盘右，同法观测 A 目标，读取盘右读数 R，记录并算出竖直角 α_R。

（4）计算竖直角平均值 $\alpha = 1/2(\alpha_R + \alpha_L)$ 或 $\alpha = 1/2(R - L - 180°)$。

（5）同法测定 B 目标的竖直角。

四、记录格式

竖 直 角 观 测 手 簿

测站	目标	竖盘位置 (° ′ ″)	竖盘读数 (° ′ ″)	半测回竖直角 (° ′ ″)	一测回竖直角
第一测回					
第二测回					

实验五　电子经纬仪的检验与校正

一、目的和要求

（1）了解 ET−02/05 电子经纬仪各主要轴线之间应满足的几何条件。

（2）掌握经纬仪检验与校正的操作方法。

二、仪器和工具

经纬仪 1，记录本 1，伞 1。

三、方法与步骤

（一）水准器的检验与校正

1. 长水准器

检验：

（1）旋转仪器照准部让长水准器与任意两个脚螺旋连线平行，调整这两个脚螺旋，使长水准器气泡居中。调整两个脚螺旋时，旋转方向应相反。

（2）将照准部转动 90°，用另一脚螺旋使长水准器气泡居中。

（3）重复（1）和（2），使长水准器在该两个位置上气泡都居中。

（4）在（1）的位置将照准部转动 180°，如果气泡居中并且照准部转动至任何方向气泡都居中，则长水准器安置正确且仪器已整平，否则应校正。

校正：

（1）在检验的（4）位置，若长水准器的气泡偏离了中心，先用与长水准器平行的脚螺旋进行调整，使气泡向中心移近一半的偏离量。

（2）剩余的一半用校正针对水准器校正螺丝进行调整。

（3）将仪器旋转 180°，检查气泡是否居中。如果气泡仍不居中，重复上述步骤，直至气泡居中。

（4）将仪器旋转 90°，用第三个脚螺旋调整气泡居中。重复检验与校正步骤直至照准部转至任何方向气泡均居中为止。

2. 圆水准器

检验：长水准器检校正确后，若圆水准器气泡亦居中就不必校正。

校正：若水泡不居中，用校正针或内六角扳手调整气泡下放的校正螺丝使气泡居中。校正时，应先松开气泡偏移方向对面的校正螺丝（1 或 2 个），然后拧紧偏移方向的其余校正螺丝使气泡居中。气泡居中时，三个校正螺丝的紧固力均应一致。

（二）十字丝竖丝应垂直于仪器横轴的检验校正

检验：用十字丝交点精确照准远处一清晰目标点 A。旋紧水平制动螺旋与望远镜制动螺旋，慢慢转动望远镜微动螺旋，如点 A 不离开竖丝，则条件满足，否则需要校正。

校正：旋下目镜分划板护盖，松开 4 个压环螺丝，慢慢转动十字丝分划板座，然后再作检验，待条件满足后再拧紧压环螺丝，旋上护盖。

（三）视准轴应垂直于横轴的检验和校正

检验：距离仪器同高的远处设置目标 A，精确整平仪器并打开电源。在盘左位置将望远镜照准目标 A，读取水平角（例：水平角 $L=10°13'10''$）。松开垂直及水平制动手轮中转望远镜，旋转照准部盘右照准同一 A 点（照准前应旋紧水平及垂直制动手轮）并读取水平角（例：水平角 $R=190°13'40''$）。若 $2C=L-(R\pm180°)=-30''\geqslant\pm20''$，需校正。

校正：用水平微动手轮将水平角读数调整到消除 C 后的正确读数：$R+C=190°13'40''-15''=190°13'25''$。取下位于望远镜目镜与调焦手轮之间的分划板座护盖，调整分划板水平左右两个校正螺丝，先松一侧后紧另一侧的螺丝，移动分划板使十字丝中心照准目标 A。重复检验步骤，校正至 $|2C|<20''$ 符合要求为止。将护盖安装回原位。

（四）横轴与竖轴垂直的检验和校正

横轴不垂直于竖轴的误差的检验一般采用高点法或平高点法。

设水平轴不垂直于竖轴的误差为 i。望远镜绕水平轴上下扫出一个向高端倾斜面（不是竖直面），因而在不同高度的目标点，由 i 引起的水平方向观测的误差是不同的。即

$$\Delta i=i\tan V=i\cot Z$$

式中 V——目标点的竖直角；

Z——天顶距。

高点法的检验方法是：

盘左　瞄高处目标点 B，读数为 L；

盘右　瞄高处目标点 B，读数为 R；

则

$$i = \frac{(L - R - 180°)\cot V}{2}$$

若高点观测 n 个测回，则

$$i = \frac{1}{2n} \sum_{j=1}^{n} \left[(L_j - R_j - 180°)\cot V_j \right]$$

平高点法是把视准误差与水平轴倾斜误差结合到一起检测，并考虑残存的视准误差。其检测方法是在水平视线上（$V = 0$）和水平视线之上各设置一目标，进行盘左盘右平、高点观测，则

$$c = \frac{1}{2n} \sum_{k=1}^{n} (L_k - R_k - 180°)_平$$

$$i = \frac{1}{2n} \sum_{j=1}^{n} \left[(L_j - R_j - 180°)_高 \cot V_j - \frac{c}{\cos V_j} \right]$$

水平轴倾斜误差的检验步骤如下：

（1）设置好仪器，在距仪器 5m 左右的地方，设置大致在同一铅垂线上的两个目标，一个平点，一个高点，高点的竖直角应在 5° 以上。

（2）盘左位置，照准平点，存储盘左水平方向值。

（3）盘右位置，照准平点，仪器求出视准误差并存储。

（4）盘右位置，照准高点，测定水平方向值。

（5）盘左位置，照准高点，测仪器计算、显示并存储新的水平轴倾斜误差值。

水平轴倾斜误差一经测定并存储，只要仪器设置了误差改正功能，此后观察的水平角将自动进行倾斜误差改正。在误差较小的情况下，一般不需要进行校正。

校正：如需校正，一般应交专业维修人员处理。

（五）补偿器的补偿精度的检验与校正

补偿器的作用是当仪器的竖轴倾斜时，只要其倾斜量在补偿范围之内，且补偿器处于工作状态，则对角度的观测精度无影响。

1. 补偿范围的检验

（1）置平仪器，使基座上脚螺旋 A、平行光管与视准轴处于同一个铅垂面内，如图 3 - 27 所示，经纬仪与平行光管大致同高，同时，设置仪器天顶距为 90°。

（2）顺时针旋转脚螺旋 A，使仪器向上倾斜，直至显示窗中竖盘读数不变为止，记录该读数 M_1。

（3）顺时针旋转脚螺旋 A，使仪器向下倾斜，直至显示窗中竖盘读数不变为止，记录该读数 M_2。则应有

$$|90° - M_1| \geqslant w$$

$$|90° - M_2| \geqslant w$$

式中　w——仪器的标称补偿范围（一般为 3′）。

校正：如果达不到上述限差，则需送仪器维修中心调整补偿器的位置。

2．补偿器补偿精度的检验

（1）纵向补偿精度。

1）置平仪器。

2）盘左位置，用望远镜竖直微动螺旋精确照准平行光管水平丝，读取竖盘读数 M_1。

3）旋转脚螺旋 A，使仪器上倾使望远镜重新照准平行光管水平丝，读取竖盘读数 M_2。

4）旋转脚螺旋 A，使仪器下倾 w，再用竖直微动螺旋使望远镜重新照准平行光管水平丝，读取竖盘读数 M_3。

5）旋转脚螺旋 A，使仪器上倾 w，用竖直微动螺旋使望远镜照准平行光管水平丝，读取竖盘读数 M_4，则如下关系式应成立

$$M_1 - M_2 \leqslant m$$
$$M_1 - M_3 \leqslant m$$
$$M_1 - M_4 \leqslant m$$

补偿限差 m 的规定，前述观测相当于对竖直角进行了单面观测，设仪器的一测回方向中误差为 m_0，则单面观测的精度 $m_1 = m_0 \sqrt{2}$，因此，两种状态下读数之差的精度 $m = m_1 \sqrt{2} = 2m_0$，取 3 倍中误差为极限误差，则限差 $m = 6m_0$，例如，标称精度 $m_0 = \pm 0.5''$ 的 TC2002，则 m 的限差为 $3''$。

（2）横向补偿精度。

1）仪器安置。

2）盘左位置，用望远镜垂直微动螺旋精确照准平行光管水平丝，读取竖盘读数 N_1。

3）旋转脚螺旋 B，使仪器下倾 w （4/5），转动脚螺旋 C，使望远镜重新照准平行光管水平丝，读取竖盘读数 N_2。

4）旋转脚螺旋 B，使仪器上倾 w （4/5），转动脚螺旋 C，使望远镜重新照准平行光管水平丝，读取竖盘读数 N_3。

5）旋转脚螺旋 B，使仪器下倾 w （4/5），转动脚螺旋 C，使望远镜再次照准平行光管水平丝，读取竖盘读数 N_4，对如下关系式进行检查

$$N_1 - N_2 \leqslant m$$
$$N_1 - N_3 \leqslant m$$
$$N_1 - N_4 \leqslant m$$

校正：补偿限差 m 的规定同上，如果 3 项中有一项超限，则需对补偿器进行校正，用户不要自行拆卸，请送仪器维修中心修理。

（六）光学对中器的检验校正

常用的光学对中器有两种：一种是装在仪器的照准部上；另一种装在仪器的三角基座上。无论哪一种，都要求其视准轴与经纬仪的竖直轴重合。

1．装在照准部上的光学对中器

检验：将仪器安置到三脚架上，在一张白纸上画一个十字交叉并放在仪器正下方的地面上。调整好光学对中器的焦距后，移动白纸使十字丝交叉位于视场中心。转动脚螺旋，

使对中器的中心标志与十字交叉点重合。旋转照准部，每转 90°，观察对中点的中心标志与十字交叉点的重合度。如果照准部旋转时，光学对中器的中心标志一直与十字交叉点重合，则不必校正。否则需按如下方法进行校正。

校正：将光学对中器目镜与调焦手轮之间的改正螺丝护盖取下。固定好十字交叉白纸，并在纸上标记出仪器每旋转 90°时对中器中心标志落点，记为 A、B、C、D 点。用直线连接对角点 AC 和 BD，两直线交点为 O。用校正针调整对中器的四个校正螺丝，使对中器的中心标志与 O 点重合。重复检验步骤，检查校正至符合要求。将护盖安装回原位。

2. 三角基座上的光学对中器

检验：先校水准器。沿基座的边缘，用铅笔把基座轮廓画在三角架顶部的平面上。然后在地面放一张毫米纸，从光学对中器视场里标出刻划圈中心在毫米纸上的位置；稍松连接螺旋，转动基座 120°后固定。每次需把基座底板放在所画的轮廓线里并整平，分别标出刻划圈中心在毫米纸上的位置，若三点不重合，则找出错误三角形的中心以便改正。

校正：用拨针或螺丝刀转动光学对中器的调整螺丝，使其刻划圈中心对准三角形中心点。

（七）竖盘指标零点自动补偿

检验：竖盘采用了电容式指标零点自动补偿装置的仪器，指标零点是否能自动补偿，可用下述简要方法检验：

（1）安置和整平仪器后，使望远镜的指向和仪器中心与任一脚螺旋（X）的联线相一致，旋紧水平制动手轮。

（2）开机后指示竖盘指标零点，旋紧垂直制动手轮，仪器显示当前望远镜指向的竖直角值。

（3）朝一个方向慢慢转动脚螺旋（X）～10mm（圆周距）左右时，显示的竖直角由相应随着变化到消失出现"b"信息，表示仪器竖轴倾斜已大于 3′，超出竖盘补偿器的设计范围。当反向旋转脚螺旋复原时，仪器又复现竖直角（在临界位置可反复实验观其变化），表示竖盘补偿器工作正常。

校正：当发现仪器补偿失灵或异常时，应送厂检修。

（八）竖盘指标差和竖盘指标零点设置

检验：

（1）安置整平好仪器后开机，将望远镜照准任一清晰目标 A，得竖直角盘左读数 L。

（2）中转望远镜再照准 A，得竖直角盘右读数 R。

（3）若竖直角天顶为 0°，则 $I=(L+R-360°)/2$；若竖直角水平为 0°，则 $I=(L+R-180°)/2$ 或 $(L+R-540°)/2$。

（4）若 $|I| \geqslant 10''$，则需对竖盘指标零点重新设置。

校正（竖盘指标零点设置）：

（1）整平仪器后，按住 V％ 键开机，三声蜂鸣后松开按键，显示：

$$\boxed{\begin{array}{l} \text{V OSET} \\ \text{SET}-1 \end{array}}$$

（2）在盘左水平方向附近上下转动望远镜，待上行显示出竖直角后，转动仪器精确照准与仪器同高的远处任一清晰稳定目标 A，按 V‰ 键，显示：

$$\boxed{\begin{array}{l} \text{V} \quad 90°\,20'\,30'' \\ \text{SET}-2 \end{array}}$$

（3）中转望远镜，盘右精确照准同一目标 A，按 V‰ 键，设置完成，仪器返回测角模式。

（4）重复检验步骤重新测定指标差。若指标差仍不符合要求，则应检查校正（指标零点设置）的（1）、（2）、（3）步骤的操作是否有误，目标照准是否准确等，按要求再重新进行设置。

（5）经反复操作仍不符合要求时，应送厂检修。

（九）其他调整

若脚螺旋出现松动现象，可以调整机座上脚螺旋两侧的 2 个校正螺丝，拧紧螺丝的压紧力到合适的力度为止。

实验六　视距测量

一、目的和要求

（1）练习用视距法测定地面两点间的水平距离和高差。

（2）水平距离和高差要往、返测量，往返测得水平距离的相对误差不大于 1/300，高差之差应不大于 5cm。

二、仪器和工具

经纬仪 1 台，视距尺 1 把，木桩 2 个，伞 1 把，记录本 1 个，计算器 1 台，钢卷尺 1 盘。

三、方法和步骤

（1）在地面任意选择 A、B 两点，相距约 100m，各打一木桩。

（2）安置仪器于 A 点，用皮尺量出仪器高 i（自桩顶量至仪器横轴，精确到厘米），在 B 点竖立视距尺。

（3）盘左，用中横丝对准视距尺上仪器高 i 附近，再使上丝对准尺上整分米处，设读数为 b，然后读取下丝读数 a（精确到毫米）并记录，立即算出视距间隔 $l_L = a - b$。

（4）转动望远镜微动螺旋使中横丝对准尺上的仪器高 i 处；转动竖盘指标水准管微动螺旋，使竖盘指标水准管气泡居中，读竖盘读数并记录，算出竖直角 α_L。

（5）盘右，重复步骤 3 与 4，测得视距间隔 l_R 与竖直角 α_R。

（6）用盘左、盘右观测的视距间隔平均值和竖直角的平均值，计算 A、B 两点的水平距离和高差

水平距离　　　　　　　　$D = Kl\cos^2\alpha$　（取至 0.1m）

高差　　　　　　　　　　$h_{AB} = D\tan\alpha$　（取至 0.01m）

（7）将仪器安置于 B 点，重新量取仪器高 i，在 A 点竖立视距尺，由另一观测者于盘左、盘右两个位置，使中丝对准尺上高度 v 处，读记上、中、下三丝读数（上、下丝均读至毫米）和竖盘读数。计算出水平距离和高差。这时，高差 $h_{AB} = D\tan\alpha + (i - v)$。检查往、返测得水平距离和高差是否超限。

四、记录格式

日　期＿＿＿＿＿＿天　气＿＿＿＿＿＿班级＿＿＿＿＿＿小组＿＿＿＿＿＿仪器型号＿＿＿＿＿＿

仪器高 $i=$＿＿＿＿＿＿测站点高程＿＿＿＿＿＿观测＿＿＿＿＿＿记录＿＿＿＿＿＿

测站	目标	竖盘位置	尺上读数			视距间隔 $l=a-b$	竖盘读数 $(°\ '\ '')$	竖直角 α $(°\ '\ '')$	水平距离 D (m)	初算高差 h' (m)	改正数 $i-v$ (m)	高差 h (m)	高程 (m)
			中丝 v	下丝 a	上丝 b								

实验七　距离丈量与磁方位角的测定

〔一〕距离丈量（钢尺量距）

一、目的和要求

（1）掌握钢尺量距的一般方法。

（2）要求往、返丈量距离，相对误差不大于 1/3000。

二、仪器和工具

钢尺 1 把，标杆 3 个，测钎 6 个，木桩 2 个，记录本 1 个。

三、方法和步骤

（1）在地面选择相距约 100m 的 A、B 两点，打下木桩，桩顶钉一小钉或画十字作为点位，在 A、B 两点的外侧竖立标杆。

（2）后尺手执尺零端、插一根测钎于起点 A，前尺手持尺盒（或尺把）并携带其余测钎沿 AB 方向前进，行至一尺段处停下。

（3）一人立于 B 点后 1～2m 处定线，指挥持标杆者将标杆左、右移动，使其插在 AB 方向上。

（4）后尺手将尺零点对准点 A，前尺手沿直线拉紧钢尺，在尺末端刻线处竖直地插下测钎，这样便量完一个尺段。后尺手拔起 A 点测钎与前尺手共同举尺前进。同法继续丈量其余各尺段，每量完一个尺段，后尺手都要拔起测钎。

（5）最后，不足一整尺段时，前尺手将某一整数分划对准 B 点，后尺手在尺的零端读出厘米及毫米数，两数相减求得余长。往测全长 $D_{往} = nl + q$（n 为整尺段数；l 为钢尺长度；q 为余长）。

（6）同法由 B 向 A 进行返测，但必须重新进行直线定线，计算往、返丈量结果的平均值及相对误差，检查是否超限。

四、记录格式

日　期＿＿＿＿＿　天　气＿＿＿＿＿　班　级＿＿＿＿＿　小　组＿＿＿＿＿
尺　号＿＿＿＿＿　尺　长＿＿＿＿＿　观　测＿＿＿＿＿　记　录＿＿＿＿＿

测线	往测长度 （m）	返测长度 （m）	往返之差 （m）	往返测平均值 （m）	相对误差

〔二〕 磁方位角的测定

一、目的和要求

（1）学会使用罗盘仪测定直线的磁方位角。

（2）往、返测定磁方位角，误差不大于1°。

二、仪器和工具

钢尺1把，罗盘仪1台，标杆3个，测钎6个，木桩2个，记录本1个。

三、方法和步骤

（1）安置罗盘仪于A点，对中、整平后，旋松磁针固定螺丝，放下磁针。

（2）用罗盘仪上的望远镜（或板）瞄准B点标杆，待磁针静止后，读取磁针北端在刻度盘上的读数，即为AB直线的磁方位角。

（3）同法测定BA直线的磁方位角。两者之差与180°相比较，其误差不超过1°时，取平均值作为最后结果。

四、记录格式

日　期＿＿＿＿＿　天　气＿＿＿＿＿　班　级＿＿＿＿＿　小　组＿＿＿＿＿
尺　号＿＿＿＿＿　尺　长＿＿＿＿＿　观　测＿＿＿＿＿　记　录＿＿＿＿＿

测线	磁方位角 （° ′ ″）	相对误差

实验八　经纬仪配合小平板仪测绘地形

一、目的和要求

（1）了解小平板仪的构造和用途。

（2）练习用经纬仪配合小平板仪测绘地形图。

（3）掌握选择地形点的要领。

二、仪器和工具

小平板仪 1 台，经纬仪 1 台，视距尺 1 把，钢卷尺 1 把，计算器 1 个，伞 2 把，记录本 1 个，木桩 1 个，测图纸 1 张。

三、方法和步骤

（1）将经纬仪安置在测站点 A 旁的 A' 点上，距 A 点 1.5～2.0m。在 A 点立尺，使望远镜视线水平，用中丝读取尺上读数 l，经纬仪的视线高程为（H_A+l），取位至 cm；

（2）安置小平板仪于 A 点，使东、西图廓线位于实地南北方向，图板概略水平，高度适当。再用对点器将测站点 A 投到图纸上得 a 点，尽量使点 a 在图上的位置适当。借助水准器整平图板，用罗针对东西图廓线进行定向，然后，用照准器瞄准 A' 点，并用皮尺量出 AA' 的距离，依比例尺在该方向线上定出点 A' 在图上的位置 a'；

（3）在碎部点上立尺，司经纬仪者按视距法测出经纬仪至碎部点的水平距离和碎部点的高程。司平板仪者用照准器瞄准碎部点画出方向线，由方向线与经纬仪至碎部点的水平距离在图上交会出碎部点的位置，并注明高程。同法依次测绘点 A 周围的碎部点，要随测随绘随检查，并对照实地绘出地物和等高线。

四、记录格式

碎　部　测　量　手　簿

测站：A　　后视点：B　　仪器高 $I=$ ____　　指标差 $x=$ ____　　测站高 $H_A=$ ____

小组人员：____

点号	尺间隔 l (m)	中丝读数 (m)	竖盘读数 (m)	竖直角 (α)	初算高差 h (m)	改正数 ($i-v$) (m)	改正后高差 h (m)	水平角 β	水平距离 (m)	高程 (m)	点号	备注

实验九　测设水平角、水平距离和已知高程

一、目的和要求

(1) 练习用精确法测设已知水平角，要求角度误差不超过±40″。

(2) 练习测设已知水平距离，测设精度要求相对误差不应低于1/5000。

(3) 练习测设已知高程点，要求误差不大于±8mm。

二、仪器和工具

经纬仪1台，钢尺1把，木桩5个，测钎6个，伞1把，记录本1个，水准仪1台，水准尺1把，温度计1个，弹簧秤1个。

三、方法和步骤

1. 测设角值为 β 的水平角

(1) 在地面选 A、B 两点打桩，作为已知方向，安置经纬仪于 B 点，瞄准 A 点并使水平度盘读数为 $0°00'00''$（或略大于 $0°$）；

(2) 顺时针方向转动照准部，使度盘读数为 β（或 A 方向读数$+\beta$），在此方向打桩为 C 点，在桩顶标出视线方向和 C 点的点位，并量出 BC 距离。用测回法观测$\angle ABC$ 两个测回，取其平均值为 β_1；

(3) 计算改正数 $CC_1 = D_{BC}(\beta-\beta_1)''/\rho'' = D_{BC}\Delta\beta''/\rho''$，过 C 点作 BC 的垂线，沿垂线向外（$\beta>\beta_1$）或向内（$\beta<\beta_1$）量取 CC_1 定出 C_1 点，则$\angle ABC_1$ 即为要测设的 β 角。再次检测改正，直到满足精度要求为止。

2. 测设长度为 D 的水平距离

利用测设水平角的桩点，沿 BC_1 方向测设水平距离为 D 的线段 BE。

(1) 安置经纬仪于 B 点，用钢尺沿 BC_1 方向概量长度 D，并钉出各尺段桩，用检定过的钢尺按精密量距的方法往、返测定距离，并记下丈量时的温度（估读至 $0.5℃$）。

(2) 用水准仪往、返测量各桩顶间的高差，两次测得高差之差不超过 10mm 时，取其平均值作为成果。

(3) 将往、返测得的距离分别加尺长、温度和倾斜改正后，取其平均值为 D'，与要测设的长度 D 相比较求出改正数 $\Delta D=D-D'$。

(4) 若 ΔD 为负，则应由 E 点向 B 点改正，若 ΔD 为正，则以相反的方向改正。最后再检测 BE 的距离，它与设计的距离之差的相对误差不得低于 1/5000。

3. 测设已知高程

(1) 在水准点 A 与待测高程点 B（打一木桩）之间安置水准仪，读取 A 点的后视读数 a，根据水准点高程 H_A 和待测设高程 $H_{设}$，计算出 B 点的前视读数 $b=H_A+a-H_{设}$。

(2) 使水准尺紧贴 B 点木桩侧面上、下移动，当视线水平，中丝对准尺上读数为 b 时，沿尺底在木桩上画线，即为测设的高程位置。

(3) 重新测定上述尺底线的高程，检查误差是否超限。

四、记录格式

日期_____ 天气_____ 班级_____ 小组_____

仪器型号_____ 观测_____ 记录_____

1. 测设水平角手簿

测站	竖盘位置	目标	设计角度	水平度盘读数	测设略图

2. 水平角检测记录

测站	竖盘位置	目标	水平度盘读数 (° ′ ″)	半测回角值 (° ′ ″)	一测回角值 (° ′ ″)	各测回平均角值 (° ′ ″)	备注
第一测回	左						
	右						
第二测回	左						
	右						

3. 精密量距记录计算表

尺段编号	实测次数	前尺读数(m)	后尺读数(m)	尺段长度(m)	温度(℃)	高差(m)	温度改正数(mm)	尺长改正数(mm)	倾斜改正数(mm)	改正后尺段长(m)

4. 测设高程

水准点高程(m)	后视读数(m)	视线高程(m)	设计高程(m)	前视应读数(m)

5. 高程检测

点号	后视读数(m)	前视读数(m)	高差(m)	高程(m)	备注

实验十 全站仪的使用

一、目的和要求

（1）了解全站仪的应用，对全站仪测角、测距的特点、分类及精度指标有一个全面的认识。

（2）以一种全站仪为例，学会正确安置仪器及反射器的方法。

（3）学会水平角、斜距、平距、高差、坐标增量的测量方法。

（4）掌握仪器的操作和距离的计算。

二、仪器和工具

全站仪主机1台，附件：三脚架3个、单棱镜反射器及支架、基座各2个、记录板1块、测伞1把，铅笔、小刀、记录纸。

三、方法与步骤

（1）将全站仪和棱镜按规定的操作方法分别置于测站和镜站上。

（2）打开电源，进行常数和工作模式等的设置与输入。

（3）选择平距、斜距、高差等测量模式。

（4）输入仪器高、觇标高。

（5）用望远镜十字丝照准反射棱镜。

（6）轻轻按一下测距按键（按一下后即松手），进行测量。

（7）记录水平角、距离观测值、高差等观测结果。

四、识别下列部件并写出它们的功能

部件名称	功能
调焦手轮	
水平微动螺旋	
竖盘微动手轮	
竖盘制动手轮	

实验十一 GPS 的使用

一、目的和要求

（1）了解一般静态GPS接收机的基本构造，掌握静态GPS测量的基本操作方法。

（2）了解一般GPS后处理软件的功能与一般使用。

（3）了解一般GPS接收机的工作方法，使用的要领，掌握仪器的操作方法。

（4）复习教材中有关内容，每个人当场记录一份观测手簿。

（5）根据后处理软件的工作流程，总结GPS测量的基本原理。

二、仪器和工具

GPS 接收机 1 套，附件：小钢卷尺一支，铅笔、小刀、尺子及记录表格。

三、方法和步骤

(1) 在开阔地方，分别将 GPS 接收机由仪器箱中取出，在测站上安置仪器，对中、整平，量取仪器高，并将它和当时的天气情况记入 GPS 测量手簿，提供电源。

(2) 启动 GPS 接收机

1) 起动方式：按接收机上的 ON/OFF 键大于 3s，直到指示灯闪烁，松开按键。

2) 根据靠近开关键的指示灯显示情况，可以看出 GPS 接收机的工作情况。

3) 测量过程中建立的数据文件：

① 每个测站上采集的数据包含两个文件：

*.OBS 文件——观测文件

.×× N——导航文件（其中××表示年，如.94N）

两个观测文件中至少应有一个供后处理软件应用的导航数据文件。在每个时段测量最后，还应记录反映卫星位置和卫星健康状况的年历数据文件，扩展名为*.ALM，并可应用于软件的计划方式。

文件名以 GPS 惯例自动生成，共有 8 个字符，它含有测站名、日期和时段号（ID），如果在同一天重复设站，ID 会自动改变。

文件名各字符的意义为：

×××× ××× ×   Session ID（为 1、2、3、…）

　一年中的第几天天数（年月日）

　点名（至少四个字符）

接收机若接收测站上的年历文件，至少需要跟踪卫星 15 分钟。

② 观测数据文件名由 8 个字符标记，其意思为：

× ×××× ×××× ×

第一个字符为 ID 标记（用字母 A、B、…表示），第二到第四个字符表示接收机系列编号，第五到第七个字符表示一年中观测时的天数，第八个字符表示 Session ID（通常用 A 表示）。其他的如点编号、点码、测站信息、高度角、数据记录间隔、偏心和观测持续时间与前面的意义相同。（注意：不同的接收机可能会有不同的文件名的编排顺序）

(3) 停止测量时，长时间按下 ON/OFF 键（一般 3s 就够了），直到指示灯不再亮了为止。

(4) 数据处理。利用外业观测的资料，在数据处理室由教师演示数据处理工作，主要进行：

1) 数据传输。

2) 基线预处理。

3) 平差计算。

4) 坐标转换。

5) 成果的输出。

四、实验数据处理及结果分析（案例）

平差计算摘要	
项目名	项目值
控制网	
网名	新任务
点数	10
未知数	30
自由度	45
平差类型	无约束平差
后验单位权中误差	1.359
平差日期和时间	06.08.07 08：32：31
参考点	
个数	0
平差基线	
总数	24
未使用数	0
拒绝数	0
降权数	3
先验单位权中误差	1.000
后验单位权中误差	1.359
VPV 测试	
置信度（%）	95
下限值	28.36
上限值	65.41
自由度	45
VPV	83.09
VPV 测试	失败
Tau 测试	
置信度（%）	95
Tau 域值	3.24
被标记的观测个数	3
新任务－WGS84 平差坐标成果（BLH）	

点			坐标			中误差 (mm)			相关系统 (%)		
#	点名	注释	纬度	经度	椭球高 (m)	s (N)	s (E)	s (U)	N—E	N—U	E—U
1	GE07		30°11′50. 14156″N	120°58′57. 65263″E	17. 0884	0. 8	1. 0	3. 2	19	—50	—17
2	GE08		30°11′29. 25223″N	120°58′17. 44625″E	20. 3883	0. 8	1. 0	3. 1	20	—49	—18
3	STJ01		30°08′55. 98505″N	120°56′01. 58011″E	17. 1813	0. 5	0. 5	1. 4	—3	—42	22
4	YJJ01		30°08′14. 83885″N	120°56′04. 92270″E	17. 8864	0. 5	0. 5	1. 4	—4	—41	18
5	YJJ02		30°08′28. 38702″N	120°56′09. 88635″E	17. 4822	0. 8	0. 6	1. 7	—13	—6	1
6	YJJ03		30°08′38. 56655″N	120°56′11. 62335″E	16. 9169	0. 9	0. 7	1. 8	—10	—2	0
7	YJJ04		30°09′00. 25384″N	120°55′56. 64935″E	17. 9421	0. 7	0. 7	1. 9	—9	—24	37
8	YJJ05		30°09′07. 79298″N	120°55′53. 68484″E	17. 9633	0. 4	0. 4	1. 2	—9	—33	36
9	YJJ06		30°09′54. 57886″N	120°55′38. 29648″E	17. 6526	0. 5	0. 7	1. 8	—4	—21	42
10	YJJ07		30°10′11. 03256″N	120°55′58. 71897″E	18. 8885	0. 4	0. 6	1. 7	—9	—26	48

第二部分　测量实习指导书

一、目的和要求

（1）通过实习将已学过的理论知识作一次系统的实践。在课间实验的基础上，各实习小组应具有独立管理仪具和使用仪具的能力，为此，在实习一开始把所需要的仪器和工具，一次性借领，直至实习结束归还。

（2）测量程序按先控制（导线）测量，后碎部测量的原则进行。

（3）测绘图幅 $35cm \times 35cm$ 比例尺为 $1:500$ 的地形图一张。

（4）测绘一建筑物，实地测绘并制作一张地形图。

二、仪器和工具

电子经纬仪 1 台，平板仪 1 台，钢卷尺 1 盘，水准尺 1 把，量角器 1 个，三角板 1 副，绘图纸 3 张，手簿，计算器，橡皮，铅笔等。

三、方法和步骤

大比例尺地形图的测绘：

（一）布设平面和高程控制网

（二）测定图根控制点

（三）碎部测量

（四）描绘，整饰成地形图

1. 平面控制测量

实地踏勘，进行布网选点，布设闭合导线。

（1）在所测建筑物周边地区进行踏勘。要求如下：

1）相邻间通视好，地势较平坦，便于测角和量距。

2）点位应选在土质坚实处，便于保存标志和安置仪器。

3）视野开阔，便于施测碎部。

4）导线的各边长度应大致相等，不大于 $350m$，不小于 $30m$。

5）导线应有足够的密度，分布较均匀，便于控制整个测区。

（2）水平角观测。用测回法观测导线内角一测回。要求上下半测回的角值之差不大于 $\pm 40\sqrt{n''}$，闭合导线角度闭合差不大于 $\pm 40\sqrt{n''}$。

（3）边长测量。往返丈量导线各边长，误差不大于 $1/3000$。

（4）平面坐标的计算。校核外业观测数据，在观测成果合格的情况下进行闭合差的配赋，然后由起算数据推算各个控制点的平面坐标。

2. 高程控制测量

在踏勘的同时布设高程控制网，高程点可设在平面控制点上。

（1）水准测量。等外水准测量，用水准仪沿路线设站单程施测。用仪高和中丝法，视线长度小于 100m，同测站的两次高差不大于 6mm，路线容许高差闭合差为 $\pm 40\sqrt{L}$mm。

测 回 法 观 测 手 簿

日期：_____ 仪器：_____ 天气：_____

地点：_____ 观测者：_____ 记录：_____

测站	竖盘位置	目 标	水平度盘读数 (° ′ ″)	半测回角值 (° ′ ″)	一测回角值 (° ′ ″)
1	2	3	4	5	6
1	左				
	右				
2	左				
	右				
3	左				
	右				
4	左				
	右				
5	左				
	右				
6	左				
	右				
7	左				
	右				

导 线 长 测 量 手 簿

日期：＿＿＿＿＿＿＿ 仪　器：＿＿＿＿＿＿＿ 天气：＿＿＿＿＿＿＿

地点：＿＿＿＿＿＿＿ 观测者：＿＿＿＿＿＿＿ 记录：＿＿＿＿＿＿＿

点号	往测距离 （m）	返测距离 （m）	平均 （m）	相对误差

水 准 测 量 手 簿

日期：＿＿＿＿＿＿＿ 仪　器：＿＿＿＿＿＿＿ 天气：＿＿＿＿＿＿＿

地点：＿＿＿＿＿＿＿ 观测者：＿＿＿＿＿＿＿ 记录：＿＿＿＿＿＿＿

控制点	中丝 （dm）	上丝 （dm）	下丝 （dm）	距离 （m）	相应的仪高 （dm）	高程 （dm）
1						
2						
3						
4						
5						
6						
7						
8						
$1'$						

注　闭合高差的精度为 $f_{h容}=\pm40\sqrt{L}$。

闭 合 导 线 计 算 表

点号	观测角 （左角） (° ′ ″)	改正角 (° ′ ″)	坐标 方位角 α (° ′ ″)	距离 D (m)	增量计算值		改正后增量		坐标值		点号
					Δx (m)	Δy (m)	x (m)	y (m)	x (m)	y (m)	
1	2	3	4	5	6	7	8	9	10	11	
1											
2											
3											
4											
5											
6											
7											
1											
2											
Σ											

辅 助 计 算	$\Sigma\beta$ 测 =	$f_x = \Sigma\Delta x$ 测 =	$f_y = \Sigma\Delta y$ 测 =
	$\Sigma\beta$ 理 =	导线全长闭合差 $f_d = [(f_x)^2 + (f_y)^2]^{1/2} =$	
	$f\beta =$	导线全长相对闭合差 $K =$	
	$f\beta$ 容 =	容许的相对闭合差 K 容 =	

参 考 文 献

[1] 熊春宝，姬玉华．测量学．天津：天津大学出版社，2001.

[2] 王铁生，袁天奇．测绘学基础．郑州：黄河水利出版社，2008.

[3] 张序主编．测量学．南京：东南大学出版社，2007.

[4] 李德仁，袁修孝．误差处理与可靠性理论．武汉：武汉大学出版社，2002.

[5] 高成发．GPS测量．北京：人民交通出版社，1999.

[6] 过静珺．土木工程测量．武汉：武汉工业大学出版社，2000.

[7] 郭卫彤，杨鹏澋．土木工程测量．北京：中国电力出版社，2007.

[8] 刘玉珠．土木工程测量（第二版）．广州：华南理工大学出版社，2007.

[9] 覃辉．土木工程测量．上海：同济大学出版社，2006.

[10] 魏静，王德利．建筑工程测量．北京：机械工业出版社，2004.

[11] 文孔武，高德慈．土木工程测量．北京：工业大学出版社，2002.

[12] 杨俊，赵西安．土木工程测量．北京：科学出版社，2003.

[13] 邓念武．测量学．北京：中国电力出版社，2004.

[14] 同济大学测量系，清华大学测量教研组．测量学．北京：测绘出版社，1991.

[15] 熊春宝，岳树信．测量学．天津：天津大学出版社，1996.

[16] 王侬，过静珺．现代普通测量学．北京：清华大学出版社，2001.

[17] 武汉测绘科技大学《测量学》编写组．测量学．北京：测绘出版社，1991.

[18] 潘延玲．测量学．北京：中国建材工业出版社，2001.

[19] 华南理工大学测量教研组．建筑工程测量．广州：华南理工大学出版，1997.

[20] 陈久文强，刘文生．土木工程测量．北京：北京大学出版社，2006.

[21] 陈刚．建筑环境测量．北京：机械工业出版社，2007.

[22] 彭福坤，彭庆．土木工程施工测量手册．北京：中国建材工业出版社，2002.

[23] 邹永廉．土木工程测量．北京：高等教育出版社，2004.

[24] 周秋生，郭明建．土木工程测量．北京：高等教育出版社，2004.

[25] 张文春，李伟东．土木工程测量．北京：中国建筑工业出版社，2002.

[26] 朱爱民，郭宗河．土木工程测量．北京：机械工业出版社，2005.

[27] 合肥工业大学，重庆建筑大学，天津大学，哈尔滨建筑大学．测量学（第四版）．北京：中国建筑工业出版社，1995.

[28] 宋占峰，李军．土木工程测量．长春：吉林科学技术出版社，2005.

[29] 中华人民共和国国家标准．工程测量规范（GB 50026—93）．北京：中国计划出版社，2001.